幾何学と代数系

Geometric Algebra

ハミルトン, グラスマン, クリフォード

金谷 健一 著

森北出版株式会社

序　文

数学は自由に発展し飛翔する．幾何学に代数的な方法をデカルトが導入して以来，ユークリッド空間の幾何学に対して，数々の代数的な方法が展開された．この中には，本書の主題であるハミルトン，グラスマン，クリフォードの巧妙な多元環代数が含まれる．これは，現代では，一般の次元のテンソル代数および外微分形式に統合され，直接語られることは少ないが，その考え方は現代数学を創る際の基礎となった．

3 次元に限ってみれば，先人たちは一般の次元とは違った巧妙な代数的な手法を発展させた．工学は 3 次元の世界を扱うから，この手法が現代の工学の世界に復権してきた．3 次元の工学問題は，たとえばコンピュータヴィジョン，ロボットのアーム制御，カメラ画像系など，具体的な対象を扱うので，n 次元の一般論を使うのではなくて，まさに 3 次元世界に適した巧妙な計算手法としてこれらが活用できるからである．

画像分野の開拓者であり，数理の手法を用いて数々の優れた業績を挙げてきた金谷健一教授がこの古くて新しい手法に興味をもった．先人の知恵を現代に蘇らせようと，彼らの業績をわかりやすく系統にまとめて解説したのが本書である．ここに先人が工夫を凝らした代数的方法の驚くべき姿が蘇った．さらに現代のテンソル解析との対応が見事に描かれている点も特筆に値する．これを読めば先人の深い知恵を知り，さらに数学の自由さに思いを馳せることができる．味わいの深い本といえよう．

甘利俊一

まえがき

本書は，最近物理学や工学のさまざまな分野で話題になっている「幾何学的代数」(geometric algebra) を紹介することを目的として，その背景をなすハミルトン代数，グラスマン代数，クリフォード代数などのさまざまな代数系を解説するものである．これらは 19 世紀の数学であるが，20 世紀に入るとほとんど忘れられ，幾何学の記述や計算はベクトル解析，テンソル解析，および線形代数による行列計算が主流となった．しかし，20 世紀末から 21 世紀にかけて，これら古い代数的方法が見直されるようになった．その中心になったのは米国の物理学者のヘステネスである．彼は自分の定式化を geometric algebra（幾何学的代数）とよんで普及に努めた．そして，これが物理学のみならず，ロボットアームの制御やコンピュータグラフィクスやコンピュータビジョンなどの工学研究者に大きな影響を与えた．本書がコンピュータグラフィクスやコンピュータビジョンにおける 3 次元形状モデリングに役立つことを期待している．

本書は，数学を専攻としない理工系の学部 3, 4 年生，大学院生，および一般研究者を対象としている．しかし，第 2 章は 3 次元幾何学の基礎を述べたものであり，すべての理工系の学部 1, 2 年次の授業で扱われる範囲である．分量も多く，内容も充実しているので，授業や演習の教材としても役立つであろう．また，コンピュータグラフィクスやコンピュータビジョンなどの実際の応用における 3 次元計算は，この第 2 章の内容のみでほとんどが事足りると思われる．

著者が古典的な幾何学に関する幅広い知識を得たのは，東京大学工学部計数工学科（当時）の大学院に在籍して故大島信徳教授の指導を受けた 1970 年代であった．大島教授の作成された分厚い「幾何数理工学講義資料」は，現在でも大切に保存している．本書を恩師大島先生に捧げたい．著者が大学生時代からご指導頂いている甘利俊一先生（現 理化学研究所）からは，本書の序文を頂いたことに感謝します．また，本書を原稿段階で目を通していろいろなご指摘を頂いた明治大学の杉原厚吉教授，名古屋工業大学の本谷秀堅教授，豊橋技術科学大学の金澤靖准教授，群馬大学の松浦勉准教授，岡山大学の右田剛史助教，（株）朋栄アイ・ビー・イーの松永力博士に感謝します．最後に，本書の編集の労をとられた森北出版（株）の加藤義之氏，福島崇史氏にお礼申し上げます．

2014 年 5 月

金谷健一

目　次

第 1 章 序 論

本章では，本書の目的，構成，およびその他の特徴を述べる．

1.1 本書の目的

本書の目的は，最近物理学や工学のさまざまな分野で話題になっている**幾何学的代数** (geometric algebra) を解説することである．しかし，これを直接に説明することは難しいので，本書では通常とは異なる構成をとっている．幾何学的代数に関しては，すでにいろいろな教科書が国外で発行されている [3, 4, 5, 12, 20]．しかし，どの教科書も「幾何学的代数とは何か」の説明から始まり，数多くの記号や用語が定義され，それらの基本的な性質を表す関係式が列挙されているので，公式の羅列のような印象を与える．このため，これらを読んで初学者が理解するのは非常に困難である．また，幾何学的代数が長い歴史的な経過の上に構築されていることもその理由の一つである．そこで本書では，まず，背景となるさまざまな代数系を個別に説明し，最後にそれらがどのように幾何学的代数として組み合わされているかを示すという順をとっている．

代数学 (algebra) とは，記号に演算を定義する数学の方法を指す．これは古代から代数方程式（多項式からなる方程式）の解法として始まったが，これを幾何学の記述に用いる体系が 19 世紀に発展し，ハミルトン代数，グラスマン代数，クリフォード代数などが誕生した．しかし，これらは 20 世紀に入るとほとんど忘れられ，幾何学の記述や計算はベクトル解析，テンソル解析，および線形代数による行列計算が主流となった．ところが，20 世紀末から 21 世紀にかけて，これら古い代数的方法が見直されるようになった．その中心になったのは，米国の物理学者のヘステネスである．彼は，自分の定式化を geometric algebra（幾何学的代数）とよんで普及に努めた．そして，これが物理学のみならず，ロボットアームの制御やコンピュータグラフィクスやコンピュータビジョンなどの工学研究者に大きな影響を与えた．その普及の理由の一つに，記号間の規則的な，しかし煩雑な演算規則を計算機ソフトウェアによって処理することが可能になったことがある．今日では，幾何学的代数を実行するいろいろなソフトウェアツールが提供されている．それを用いれば，ユーザーはデータを入力するだけで複雑な幾何学的計算が実行できる．これを実行するだけなら背後にある数学的な理論を知る必要はないが，その背景を知れば理解がいっそう深まる．これが本書のねらいである．

1.2 本書の構成

このような背景を考慮して，本書では，ハミルトン代数，グラスマン代数，クリフォード代数などの代数系を個別に説明している．ただし，それらは当時発表された形そのままではなく，今日の幾何学的代数の立場から見直した形で再編している．

まず準備として，第2章では，現代のベクトル解析に基づいた3次元幾何学をまとめる．これが通常の教科書と記述が異なっているのは，**線形代数を用いていないことである**．今日では「ベクトル」を数値を縦に並べた列とみなし，それに行列演算を施してさまざまな結果を得るのが普通である．しかし，本書では「ベクトル」とは大きさと方向をもった幾何学的な対象を表す「記号」であり，数値の並びではない．したがって，**行列を掛けることができない**．このような数値を用いない記述を用いる理由は，一つにはそれ以降の「記号に演算を定義する」という代数学の方法を強調するためである．これはハミルトン代数，グラスマン代数，クリフォード代数に一貫している方法論である．もう一つの理由は，線形代数が20世紀の数学であり，ハミルトン，グラスマン，クリフォードらが活動した19世紀には線形代数が完全には確立していなかったという事情によるものである．

第3章では，直交しない座標系（斜交座標系）を用いる場合を述べる．座標系が直交していると記述が簡単になってわかりやすいので，本書ではすべての代数系を直交座標系に対して説明している．しかし，代数的方法が直交座標に対してしか成り立たないのではないかという誤解を避けるために，第 3 章では座標系が直交しなくても「計量テンソル」という量を用いれば記述ができること，および座標系と座標系の間の変換が規則的に計算できることを示す．ここに述べたことは，**テンソル解析** (tensor calculus) とよばれる 20 世紀の数学の基礎となる考え方である．ただし，簡単のために，他の章ではすべて直交座標系についてのみ説明するので，幾何学的代数の考え方を早く知りたい読者は第 3 章を飛ばして読み進めても構わない．

第 4 章は，ハミルトンの四元数代数の説明である．これは，記号に演算を定義する代数的方法の典型であり，幾何学的代数の原型となるものである．とくに，空間を変換するのに，今日の線形代数のように行列で表される作用素を左から掛けるのではなく，ベクトルをある要素とその共役な要素で**両側からはさむ**という考え方は幾何学的代数の基本である．本書では，左から掛ける作用素に対して，両側からはさむ要素を「作用子」とよんで区別している．

第 5 章では，グラスマンの外積代数について述べる．ここにかなりのページ数を費やしているのは，この外積演算が幾何学的代数の最も基本となる演算の一つであるからである．

第 6 章は，クリフォード代数についての説明であり，これが幾何学的代数の数学的な構造を支えるものである．クリフォード代数では 3 種類の演算が用いられる．一つは通常のベクトルの内積であり，もう一つはグラスマン代数の外積である．そして，「幾何学積」（あるいは「クリフォード積」）とよばれる新しい演算が導入される．これらの演算の中では，内積も外積も幾何学積によって定義できるという意味で，幾何学積が最も基本的な演算である．英国の数学者クリフォードは，このようにハミルトンの四元数代数とグラスマンの外積代数をより一般化して，クリフォード代数を構築した．一方，米国の物理学者ギブスはハミルトンの四元数代数とグラスマンの外積代数を，物理学の記述に必要な最小限に簡略化し，ベクトルの演算を内積とベクトル積とスカラ三重積の三つに帰着させた．これが今日，**ベクトル解析** (vector calculus) とよばれ，大学で物理学や工学の学生に教えられているものであり，本書の第 2 章に述べているものである．このベクトル解析はわかりやすく，3 次元空間の幾何学のほとんどすべてが記述できるので，より複雑なクリフォード代数は一部の数学者を除いてほとんど忘れられていた．幾何学的代数は，このクリフォード代数の再発見であるといえる．

第7章は，3次元空間の点や直線や平面を4次元空間において記述するものであり，現代の「同次座標」を用いる**射影幾何学** (projective geometry) に相当する．しかし，通常の射影幾何学では，同次座標は4個の数値の組であって，最初の3個が3次元空間の座標に相当し，最後の座標が0のとき無限遠点であるという解釈が行われるのに対して，本書の取り扱いでは，3次元空間の基底 e_1, e_2, e_3 に新たに「原点」を表す記号 e_0 を追加し，それら4個の記号を基底とする4次元空間におけるグラスマン代数を考える．すでにグラスマンもこのような考え方をしていたが，これをエレガントな**グラスマン–ケイリー代数** (Grassmann–Cayley algebra) として定式化したのは20世紀の数学者たちである．これは，同じく20世紀の数学である線形代数とテンソル解析によって支えられている．しかし，本書ではそのような数学的な構成には立ち入らず，基本的な考え方のみを述べる．基本となるのは，「プリュッカー座標」による直線や平面の表現と，点や直線や平面の間の「結合」と「交差」に関する双対定理である．

第8章は，**共形幾何学** (conformal geometry) に関する説明である．この章の内容が現在「幾何学的代数」とよばれているものの中心である．ここでは，第7章で考えた4次元空間に，さらに「無限遠点」を表す新しい記号 e_∞ を追加した5次元空間を考える．そしてこの空間を，ノルムの二乗が負になりうるという意味の「正値でない計量」をもつ**非ユークリッド空間** (non-Euclidean space) とみなし，その5次元非ユークリッド空間の中に3次元ユークリッド幾何学を実現する．この5次元空間にグラスマン代数とクリフォード代数を定義し，3次元空間の**共形変換** (conformal transformation)（並進，回転，鏡映，拡大縮小など）を**ベクトル作用子** (versor) によって記述する．この空間では，円周と球面が最も基本的な図形であり，直線，平面はそれぞれ半径無限大の円周，球面であると解釈し，並進は無限遠方の軸の周りの回転とみなす．

第2~7章では，主として直線や平面に関する幾何学を扱うが，第9章では，第8章で考えた球面や円周に関連する幾何学的な問題として，カメラの撮像を取り上げる．とくに，反転は球面や円周に関連する独特な変換である．まず，通常の透視投影カメラについて述べ，**魚眼レンズ** (fisheye lens) を用いるカメラやミラーを用いる**全方位カメラ** (omnidirectional camera, catadioptric camera) による撮像の幾何学的関係を解析し，球面に関する反転が本質的な役割を果たすことを示す．さらに，双曲面，楕円面のミラーを用いるカメラの撮像の幾何学的関係と比較する．これらを取り上げるのは，それ自体として興味深いだけでなく，近年，魚眼レンズカメラや全方位カメラが安価になり，自律ロボットやコンピュータビジョンの応用でよく利用されるようになったことが背景にある．これらに関する解説や教科書が少ないので，本書の記述は多くの読者の参考になるであろう．

1.3 その他の特徴

本書では，一貫して 3 次元空間のみを考える．ギブスが構築した内積，ベクトル積，スカラ三重積に基づくベクトル解析（第 2 章の内容）やハミルトンの四元数代数（第 4 章の内容）が対象とするのは 3 次元空間であって，それ以外には適用できない．一方，第 5 章以降のグラスマン代数やクリフォード代数や共形幾何学は，一般の n 次元空間でもほとんどそのまま成立する．しかし，n 次元に一般化すると記述がやや煩雑になるし，また物理学や工学の応用上も 3 次元でほぼ十分と考えられるので，本書では 3 次元に限定している．

本書の主要な目的は幾何学的代数を紹介することであるが，数学をある程度学んだ読者は，幾何学的代数が線形代数やテンソル解析などの「現代数学」と無関係であるような印象をもつかもしれない．そこで，随所に「古典の世界」というコラムを挿入して，現代数学との対比や関連を述べている．同時に，位相幾何学，射影幾何学，連続群の表現論などのさまざまな現代数学のいろいろな側面も学べるように配慮している．本書で「従来の」と書いてあるのは「20 世紀の現代数学」という意味である．それに対して幾何学的代数は，起源は 19 世紀の数学であるが，発展としては 21 世紀の数学であるといえよう．

本書では，各章で異なる幾何学や代数系を説明している．このため，それぞれの幾何学や代数系の概念や用語を，各章で別々に定義している．これらはほとんどの章を通して共通であるが，あくまでもそれぞれの章における定義であることに注意してほしい．

各章の最後には，その章の内容の「補足」を付け，歴史的な経過や文献を紹介している．また，本書で省略した内容や関連する話題を簡単にまとめている．さらに，その章のポイントを問うような演習問題を付けて，解答を巻末に載せている．

第 2 章
代数的記述による 3 次元幾何学

3 次元空間の幾何学は，通常は数値ベクトル（列ベクトル，行ベクトル）による線形代数によって記述される．しかし，本書で扱う「ベクトル」は方向と大きさともった幾何学的対象であり，数値ベクトルではない．本書で述べるのは，幾何学的対象を「記号」で表し，記号間の演算を定義する「代数的記述」である．本章では，この観点からベクトルの内積，ベクトル積，スカラ三重積を定義し，回転や射影の記述法や平面や直線の表現法をまとめる．本章はこれ以降のすべての章の基礎となる．

2.1 ベクトル

ベクトル (vector) とは，「方向」と「大きさ」をもった矢印のイメージの幾何学的対象である．これは，次の量や関係を表す．

(1) **空間中の移動量，速度，力**
これは，どの方向にどれだけ移動したか，どれだけの速度があるか，力が作用するかを示すもので，その始点がどこにあるかは問題にしない．このようなベクトルを**自由ベクトル** (free vector) とよぶ．

(2) **空間中の方向**
これは，直線の向きや平面の法線方向を指定するもので，方向のみを示し，大きさは問題にしない．このようなベクトルを**方向ベクトル** (direction vector)

とよぶ．通常は，定数を掛けて大きさ 1 の**単位ベクトル** (unit vector) に正規化する．

(3) **空間中の位置**

これは，空間に**原点** (origin) とよぶある点を指定し，空間中の位置を原点からの移動を表すベクトルによって指定する．このようなベクトルを**位置ベクトル** (position vector) とよぶ．そして，このように始点が固定されているベクトルを**束縛ベクトル** (bound vector) とよぶ．

このように，異なる量や関係を同じ「ベクトル」という対象で表す本章の記述法は**ベクトル解析** (vector calculus) ともよばれ，幾何学，および古典力学や電磁気学などの物理学の基礎となっている．後の章では，上記の (1), (2), (3) をそれぞれ異なる幾何学的対象とみなす別の取り扱い方を示すが，本章では区別しない．

まず，ベクトル $\boldsymbol{a}$ に実数 α を掛けた $\alpha\boldsymbol{a}$ を，$\boldsymbol{a}$ と同じ方向をもち，大きさが α 倍のベクトルであると定義する（図 2.1(a)）．α が負の場合は，逆向きに $|\alpha|$ 倍すると解釈する．そして，-1 を掛けた $(-1)\boldsymbol{a}$ を単に $-\boldsymbol{a}$ と書く．これは，ベクトル $\boldsymbol{a}$ の向きを逆にしたものである．このようなベクトルに掛ける数値を，ベクトルと区別して**スカラ** (scalar) とよぶ．以下，ベクトルには小文字の太字 $\boldsymbol{a}, \boldsymbol{b}, \boldsymbol{c}, \ldots$ を，スカラはギリシャ文字 $\alpha, \beta, \gamma, \ldots$ を用いる．とくに，0 を掛けたもの，すなわち大きさ 0 のベクトルを単に $\boldsymbol{0}$ と書く．また，始点と終点が指定されている束縛ベクトルは $\overrightarrow{AB}$ などとも書く．

次に，ベクトル $\boldsymbol{a}$ と $\boldsymbol{b}$ の**和** (sum) $\boldsymbol{a}+\boldsymbol{b}$ を，$\boldsymbol{a}, \boldsymbol{b}$ の始点を一致させたとき，それらを 2 辺とする平行四辺形のその点から出発する対角線と定義する（図 2.1(b)）．これは，$\boldsymbol{b}$ の始点を $\boldsymbol{a}$ の終点に一致させたときの $\boldsymbol{a}$ の始点から $\boldsymbol{b}$ の終点までの移動量とも解釈できる（図 2.1(c)）．$\boldsymbol{a}$ と $\boldsymbol{b}$ の**差** (difference) $\boldsymbol{a}-\boldsymbol{b}$

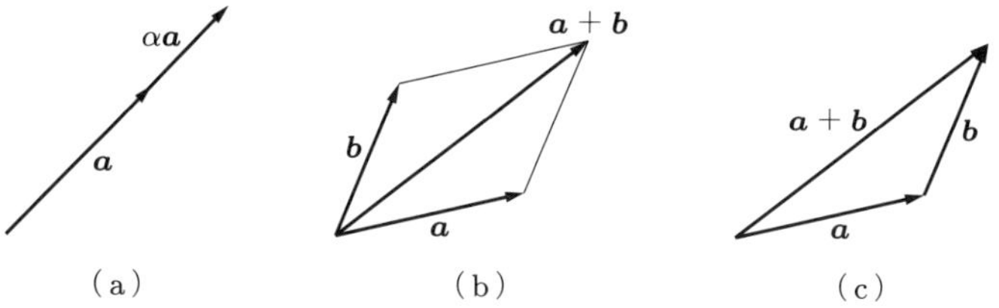

図 2.1　ベクトル $\boldsymbol{a}$ のスカラ倍 (a) とベクトル $\boldsymbol{a}, \boldsymbol{b}$ の和 (b), (c).

とは，$\boldsymbol{a}+(-\boldsymbol{b})$ のことである．ベクトルのスカラ倍と和に関しては，数値の計算と同様に次の関係が成り立つ．

(1) **交換則** (commutativity)　$\boldsymbol{a}+\boldsymbol{b}=\boldsymbol{b}+\boldsymbol{a}$
(2) **結合則** (associativity)　$(\boldsymbol{a}+\boldsymbol{b})+\boldsymbol{c}=\boldsymbol{a}+(\boldsymbol{b}+\boldsymbol{c})$
(3) **分配則** (distributivity)　$(\alpha+\beta)\boldsymbol{a}=\alpha\boldsymbol{a}+\beta\boldsymbol{a},\quad \alpha(\boldsymbol{a}+\boldsymbol{b})=\alpha\boldsymbol{a}+\alpha\boldsymbol{b}$

2.2 基底と成分

空間にある点を固定し，その点を**原点** (origin) O とする xyz **直交座標系** (orthogonal coordinate system)（**デカルト座標系** (Cartesian coordinate system) ともいう）をとる．この x, y, z 軸の正の方向を表すベクトルをそれぞれ e_1, e_2, e_3 とする（図 2.2）．これらは「方向」のみを表し，位置には無関係である．この三つ組 $\{e_1, e_2, e_3\}$ を**基底** (basis) とよぶ．任意のベクトル $\boldsymbol{a}$ は，これらの線形結合で

$$\boldsymbol{a}=a_1e_1+a_2e_2+a_3e_3 \tag{2.1}$$

と表せる．a_1, a_2, a_3 をこの基底に関する $\boldsymbol{a}$ の**成分** (component) とよぶ．$\boldsymbol{a}$ にスカラ α を掛けると，前節の分配則により

$$\alpha\boldsymbol{a}=\alpha a_1e_1+\alpha a_2e_2+\alpha a_3e_3 \tag{2.2}$$

である．別のベクトル $\boldsymbol{b}$ を同様に $\boldsymbol{b}=b_1e_1+b_2e_2+b_3e_3$ と書けば，前節の交換則，結合則により，$\boldsymbol{a}+\boldsymbol{b}$ は

$$\boldsymbol{a}+\boldsymbol{b}=(a_1+b_1)e_1+(a_2+b_2)e_2+(a_3+b_3)e_3 \tag{2.3}$$

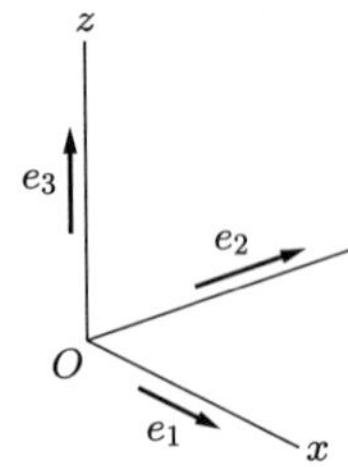

図 **2.2**　xyz 直交座標系の基底 $\{e_1, e_2, e_3\}$．

である．まとめると次のようになる．

命題 2.1 [スカラ倍と和の成分]

ベクトル $\boldsymbol{a}$ の成分が a_1, a_2, a_3，ベクトル $\boldsymbol{b}$ の成分が b_1, b_2, b_3 のとき，スカラ倍 $\alpha\boldsymbol{a}$ の成分は $\alpha a_1, \alpha a_2, \alpha a_3$ であり，和 $\boldsymbol{a}+\boldsymbol{b}$ の成分は a_1+b_1, a_2+b_2, a_3+b_3 である．

古典の世界 2.1 [数値ベクトル]

3 次元空間の幾何学の古典的な取り扱いは**解析幾何学** (analytical geometry) とよばれ，空間にある基底を固定して，ベクトルを**線形代数** (linear algebra) によって扱う．そこでは，「ベクトル」を数値の縦の並び（**列ベクトル** (column vector)）あるいは横の並び（**行ベクトル** (row vector)）とみなす．しかし，本書で扱うベクトルはそのような数値の並びではなく，2.1 節で定義したように方向と大きさをもった幾何学的対象（矢印のイメージ）である．慣例に従ってベクトルを太文字で $\boldsymbol{a}$ のように書いているが，これは単なる「記号」であり，数値の並びではない．

線形代数では 0 のみが並んだ**零ベクトル** (zero vector) を $\mathbf{0}$ と書くが，本書では大きさ 0 のベクトルを細字で 0 と書く．それは，これが単なる記号であり，0 の並びでないことを強調するためである．同様に，線形代数では基底を 0 と 1 の並びで表して $\boldsymbol{e}_1, \boldsymbol{e}_2, \boldsymbol{e}_3$ と書き（たとえば $\boldsymbol{e}_1$ は 1, 0, 0 の並び），これらを原点 O を始点とするベクトルとみなすが，本書では基底は単に「方向を表す記号」である．このことを強調するために，細字で e_1, e_2, e_3 と書いている．

一見すると，これらはどうでもよいように思える．実際，本章に限ればベクトルを数値の列と解釈しても同じ結果になる．しかし，後の章に進むに従って，線形代数の取り扱いと本書の代数系としての取り扱いの違いが明らかになる．**代数系** (algebra) の正確な定義は後の章で述べるが，簡単にいえば「記号の間に演算を定義する体系」のことである．

2.3 内積とノルム

ベクトル $\boldsymbol{a}, \boldsymbol{b}$ に対してある実数値を割り当て，それを $\langle \boldsymbol{a}, \boldsymbol{b} \rangle$ と書くとき，次の規則を満たすように定義されているものを**内積** (inner product) とよぶ．

(1) **正値性** (positivity)　$\langle \boldsymbol{a}, \boldsymbol{a} \rangle \geq 0$（等号が成り立つのは $\boldsymbol{a} = 0$ の場合のみ）

(2) **対称性** (symmetry)　$\langle \boldsymbol{a}, \boldsymbol{b} \rangle = \langle \boldsymbol{b}, \boldsymbol{a} \rangle$

(3) **線形性** (linearity)　$\langle \boldsymbol{a}, \alpha\boldsymbol{b} + \beta\boldsymbol{c} \rangle = \alpha\langle \boldsymbol{a}, \boldsymbol{b} \rangle + \beta\langle \boldsymbol{a}, \boldsymbol{c} \rangle$

内積はベクトルではなくスカラであることから，**スカラ積** (scalar product) ともよぶ．$\langle \boldsymbol{a}, \boldsymbol{b} \rangle$ の代わりに，$\boldsymbol{a} \cdot \boldsymbol{b}$ という記法を用いて，**ドット積** (dot product) とよぶこともある．

ベクトル $\boldsymbol{a}$ の**ノルム** (norm) $\|\boldsymbol{a}\|$ を

$$\|\boldsymbol{a}\| = \sqrt{\langle \boldsymbol{a}, \boldsymbol{a} \rangle} \tag{2.4}$$

と定義し，ベクトル $\boldsymbol{a}$ の大きさの尺度とする．上記の正値性により，根号の中は常に非負であり，$\|\boldsymbol{a}\| = 0$ となるのは $\boldsymbol{a} = 0$ の場合のみである．

基底 e_1, e_2, e_3 が互いに直交する単位ベクトルであるとき，これを**正規直交基底** (orthonormal basis) とよぶ．その場合には，基底間の内積を次のように約束する．

$$\begin{aligned} &\langle e_1, e_1 \rangle = \langle e_2, e_2 \rangle = \langle e_3, e_3 \rangle = 1, \\ &\langle e_1, e_2 \rangle = \langle e_2, e_3 \rangle = \langle e_3, e_1 \rangle = 0 \end{aligned} \tag{2.5}$$

これは，まとめて次のように書ける．

$$\langle e_i, e_j \rangle = \delta_{ij} \tag{2.6}$$

記号 δ_{ij} は**クロネッカのデルタ** (Kronecker delta) とよばれ，$i = j$ のとき 1，$i \neq j$ のとき 0 を表すと約束する．

ベクトルを式 (2.1) のように基底によって表して，対称性や線形性によって展開すれば，ベクトルの内積は，結局は基底 e_1, e_2, e_3 の間の内積に帰着する．ベクトル $\boldsymbol{a}$, $\boldsymbol{b}$ が正規直交基底によって式 (2.1) のように表されているときは，それらの内積が対称性，線形性，および式 (2.5) によって次のように計算される．

$$\begin{aligned} \langle \boldsymbol{a}, \boldsymbol{b} \rangle &= \langle a_1e_1 + a_2e_2 + a_3e_3, b_1e_1 + b_2e_2 + b_3e_3 \rangle \\ &= a_1b_1\langle e_1, e_1 \rangle + a_1b_2\langle e_1, e_2 \rangle + a_1b_3\langle e_1, e_3 \rangle \\ &\quad + a_2b_1\langle e_2, e_1 \rangle + a_2b_2\langle e_2, e_2 \rangle + a_2b_3\langle e_2, e_3 \rangle \\ &\quad + a_3b_1\langle e_3, e_1 \rangle + a_3b_2\langle e_3, e_2 \rangle + a_3b_3\langle e_3, e_3 \rangle \end{aligned}$$

$$= a_1b_1 + a_2b_2 + a_3b_3 \tag{2.7}$$

とくに，$\boldsymbol{b} = \boldsymbol{a}$ とすれば，$\|\boldsymbol{a}\|^2 = a_1^2 + a_2^2 + a_3^2$ である．これらのことは，次のようにまとめられる．

命題 2.2 [ベクトルの内積とノルム]

ベクトル $\boldsymbol{a}$ の成分が a_1, a_2, a_3，ベクトル $\boldsymbol{b}$ の成分が b_1, b_2, b_3 のとき，$\boldsymbol{a}, \boldsymbol{b}$ の内積は

$$\langle \boldsymbol{a}, \boldsymbol{b} \rangle = a_1b_1 + a_2b_2 + a_3b_3 \tag{2.8}$$

であり，$\boldsymbol{a}$ のノルムは次のように書ける．

$$\|\boldsymbol{a}\| = \sqrt{a_1^2 + a_2^2 + a_3^2} \tag{2.9}$$

また，内積とノルムの間に次の関係が成り立つ（$\hookrightarrow$ 演習問題 2.1, 2.2, 2.3）．

命題 2.3 [内積と角度]

ベクトル $\boldsymbol{a}, \boldsymbol{b}$ のなす角を θ とすると，

$$\langle \boldsymbol{a}, \boldsymbol{b} \rangle = \|\boldsymbol{a}\|\|\boldsymbol{b}\| \cos\theta \tag{2.10}$$

である．とくに，$\boldsymbol{a}, \boldsymbol{b}$ が**直交する** (orthogonal) 条件は次のように書ける．

$$\langle \boldsymbol{a}, \boldsymbol{b} \rangle = 0 \tag{2.11}$$

命題 2.4 [シュワルツの不等式，三角不等式]

ベクトル $\boldsymbol{a}, \boldsymbol{b}$ に対して，次の不等式が成り立つ．

$$-\|\boldsymbol{a}\|\|\boldsymbol{b}\| \le \langle \boldsymbol{a}, \boldsymbol{b} \rangle \le \|\boldsymbol{a}\|\|\boldsymbol{b}\| \tag{2.12}$$

$$\|\boldsymbol{a} + \boldsymbol{b}\| \le \|\boldsymbol{a}\| + \|\boldsymbol{b}\| \tag{2.13}$$

等号が成り立つのは，$\boldsymbol{a} = \alpha\boldsymbol{b}$ となるスカラ α が存在するか，$\boldsymbol{a}, \boldsymbol{b}$ のいずれかが 0 である場合である．

式 (2.12), (2.13) は，それぞれ**シュワルツの不等式** (Schwartz inequality)，**三角不等式** (triangle inequality) とよばれる．

古典の世界 2.2 [数値ベクトルの内積]

線形代数では，ベクトル $\boldsymbol{a}, \boldsymbol{b}$ を数値が縦に並んだ列とみなし，その内積を次のように定義する．

$$\langle \boldsymbol{a}, \boldsymbol{b} \rangle = \boldsymbol{a}^\top \boldsymbol{b} = \begin{pmatrix} a_1 & a_2 & a_3 \end{pmatrix} \begin{pmatrix} b_1 \\ b_2 \\ a_3 \end{pmatrix} = a_1 b_1 + a_2 b_2 + a_3 b_3 \quad (2.14)$$

ここで，$\boldsymbol{a}^\top$ は列ベクトルの行ベクトルへの**転置** (transpose) である．しかし，本書ではベクトルは数値の並びではないので，「転置」は意味をもたない．本書では，内積の計算は，代数的な演算規則によって基底 e_1, e_2, e_3 間の内積に帰着させている．結果的には同じであるが，後の章に進むと考え方の違いが明らかになる．

2.4 ベクトル積

ベクトル $\boldsymbol{a}, \boldsymbol{b}$ の**ベクトル積** (vector product) $\boldsymbol{a} \times \boldsymbol{b}$ を，次の性質を満たすベクトルと定義する（図 2.3）．

(1) $\boldsymbol{a}, \boldsymbol{b}$ の両方に直交し，始点を一致させて $\boldsymbol{a}$ を $\boldsymbol{b}$ に近づけるように回したときに右ネジの進む方向をもつ．

(2) 大きさは，$\boldsymbol{a}, \boldsymbol{b}$ の始点を一致させて作る平行四辺形の面積に等しい．

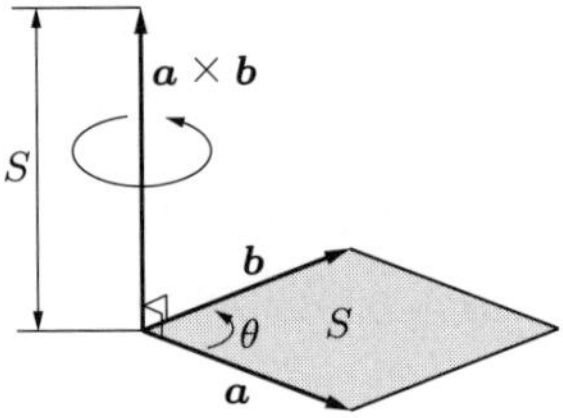

図 2.3　ベクトル $\boldsymbol{a}, \boldsymbol{b}$ のベクトル積 $\boldsymbol{a} \times \boldsymbol{b}$ は $\boldsymbol{a}, \boldsymbol{b}$ の両方に直交し，向きは $\boldsymbol{a}$ を $\boldsymbol{b}$ に近づけるように回したとき右ネジの進む方向であり，長さは $\boldsymbol{a}, \boldsymbol{b}$ の作る平行四辺形の面積 S に等しい．

記号 × を用いることから，$\boldsymbol{a} \times \boldsymbol{b}$ は**クロス積** (cross product) ともよばれる．定義より，$(\alpha \boldsymbol{a}) \times \boldsymbol{b} = \alpha(\boldsymbol{a} \times \boldsymbol{b})$ であるから，括弧を書く必要はない．また，定

義より，次の関係が成り立つ．

命題 2.5 [ベクトル積と角度]

ベクトル $\boldsymbol{a}, \boldsymbol{b}$ のなす角を θ とすると，

$$\|\boldsymbol{a} \times \boldsymbol{b}\| = \|\boldsymbol{a}\|\|\boldsymbol{b}\| \sin\theta \tag{2.15}$$

となる．とくに，$\boldsymbol{a}, \boldsymbol{b}$ が**共線** (collinear)，すなわち始点を一致させれば同一直線上にある条件は，次のように書ける．

$$\boldsymbol{a} \times \boldsymbol{b} = 0 \tag{2.16}$$

ベクトル積に対して，次の関係が成り立つことが導かれる．

(1) **反対称性** (antisymmetry)　$\boldsymbol{a} \times \boldsymbol{b} = -\boldsymbol{b} \times \boldsymbol{a}$（したがって $\boldsymbol{a} \times \boldsymbol{a} = 0$）

(2) **線形性** (linearity)　$\boldsymbol{a} \times (\alpha\boldsymbol{b} + \beta\boldsymbol{c}) = \alpha\boldsymbol{a} \times \boldsymbol{b} + \beta\boldsymbol{a} \times \boldsymbol{c}$

(1) の反対称性は，定義より明らかである．(2) の線形性は，定義の幾何学的解釈から導かれる（↪ 演習問題 2.4）．

ベクトル積は，それぞれのベクトルを基底によって表して，反対称性や線形性によって展開すれば，結局は基底 e_1, e_2, e_3 間のベクトル積に帰着する．基底間のベクトル積は，幾何学的解釈から次のようになる．

$$\begin{gathered} e_1 \times e_1 = 0, \qquad e_2 \times e_2 = 0, \qquad e_3 \times e_3 = 0, \\ e_1 \times e_2 = e_3, \qquad e_2 \times e_3 = e_1, \qquad e_3 \times e_1 = e_2, \\ e_2 \times e_1 = -e_3, \qquad e_3 \times e_2 = -e_1, \qquad e_1 \times e_3 = -e_2 \end{gathered} \tag{2.17}$$

ベクトル $\boldsymbol{a}, \boldsymbol{b}$ を式 (2.1) のように基底によって表せば，反対称性，線形性，および式 (2.17) から，ベクトル積 $\boldsymbol{a} \times \boldsymbol{b}$ が次のように計算される．

$$\begin{aligned} \boldsymbol{a} \times \boldsymbol{b} &= (a_1e_1 + a_2e_2 + a_3e_3) \times (b_1e_1 + b_2e_2 + b_3e_3) \\ &= a_1b_1e_1 \times e_1 + a_1b_2e_1 \times e_2 + a_1b_3e_1 \times e_3 \\ &\quad + a_2b_1e_2 \times e_1 + a_2b_2e_2 \times e_2 + a_2b_3e_2 \times e_3 \\ &\quad + a_3b_1e_3 \times e_1 + a_3b_2e_3 \times e_2 + a_3b_3e_3 \times e_3 \\ &= (a_2b_3 - a_3b_2)e_1 + (a_3b_1 - a_1b_3)e_2 + (a_1b_2 - a_2b_1)e_3 \end{aligned} \tag{2.18}$$

これをまとめると，次のように書くことができる．

命題 2.6 [ベクトル積の成分]

$\boldsymbol{a} = \sum_{i=1}^{3} a_i e_i$, $\boldsymbol{b} = \sum_{i=1}^{3} b_i e_i$ のとき，

$$\boldsymbol{a} \times \boldsymbol{b} = \sum_{i,j,k=1}^{3} \epsilon_{ijk} a_i b_j e_k \tag{2.19}$$

ただし，記号 ϵ_{ijk} は**順列符号** (permutation signature) であり，i, j, k が 1, 2, 3 の二つの数の入れ替えを偶数回行って得られる（これを**偶置換** (even permutation) とよぶ）なら 1，奇数数回行って得られる（これを**奇置換** (odd permutation) とよぶ）なら −1，それ以外（重複がある場合）は 0 と約束する．ϵ_{ijk} は**レビ・チビタのイプシロン** (Levi-Civita epsilon) あるいは**エディングトンのイプシロン** (Eddington epsilon) ともよばれる．

ベクトル積に対しては結合則が成り立たない．このため，$\boldsymbol{a} \times (\boldsymbol{b} \times \boldsymbol{c})$ と $(\boldsymbol{a} \times \boldsymbol{b}) \times \boldsymbol{c}$ は必ずしも一致しない．このような積を**ベクトル三重積** (vector triple product) という．これについては，式 (2.18) の関係から，次の関係が成り立つことが確かめられる．

命題 2.7 [ベクトル三重積]

$$(\boldsymbol{a} \times \boldsymbol{b}) \times \boldsymbol{c} = \langle \boldsymbol{a}, \boldsymbol{c} \rangle \boldsymbol{b} - \langle \boldsymbol{b}, \boldsymbol{c} \rangle \boldsymbol{a},$$
$$\boldsymbol{a} \times (\boldsymbol{b} \times \boldsymbol{c}) = \langle \boldsymbol{a}, \boldsymbol{c} \rangle \boldsymbol{b} - \langle \boldsymbol{a}, \boldsymbol{b} \rangle \boldsymbol{c} \tag{2.20}$$

古典の世界 2.3 [テンソル解析]

ベクトルの成分の計算を一般化したものが，**テンソル解析** (tensor calculus) とよばれる古典的な分野である．基底 e_1, e_2, e_3 間のベクトル積に対する式 (2.17) は，次のように書ける．

$$e_i \times e_j = \sum_{k=1}^{3} \epsilon_{ijk} e_k \tag{2.21}$$

たとえば，$i = 1$, $j = 2$ とすると，ϵ_{12k} が 0 でないのは $k = 3$ の場合のみであるから，$e_1 \times e_2 = e_3$ となる．丹念に調べると，他の場合も同様に確かめられる．そして，次の恒等式が，テンソル解析において重要な役割を果たす．

$$\sum_{m=1}^{3} \epsilon_{ijm}\epsilon_{klm} = \delta_{ik}\delta_{jl} - \delta_{il}\delta_{jk} \tag{2.22}$$

これも丹念に調べると，クロネッカのデルタ δ_{ij} と順列符号 ϵ_{ijk} の定義から，添字のすべての組み合わせについて成り立っていることがわかる．これから，ベクトル三重積の公式 (2.20) が得られる．たとえば，第 1 式について考えると，$\boldsymbol{a}\times\boldsymbol{b} = \displaystyle\sum_{i,j,k=1}^{3} \epsilon_{ijk}a_i b_j e_k$, $\boldsymbol{c} = \displaystyle\sum_{l=1}^{3} c_l e_l$ と書けるから，両者のベクトル積は式 (2.21), (2.22) より，次のようになる．

$$\begin{aligned}
(\boldsymbol{a}\times\boldsymbol{b})\times\boldsymbol{c} &= \Bigl(\sum_{i,j,k=1}^{3} \epsilon_{ijk}a_i b_j e_k\Bigr) \times \Bigl(\sum_{l=1}^{3} c_l e_l\Bigr) = \sum_{i,j,k,l=1}^{3} \epsilon_{ijk}a_i b_j c_l (e_k \times e_l) \\
&= \sum_{i,j,k,l=1}^{3} \epsilon_{ijk}a_i b_j c_l \sum_{m=1}^{3} \epsilon_{klm} e_m = \sum_{i,j,l,m=1}^{3} \Bigl(\sum_{k=1}^{3} \epsilon_{ijk}\epsilon_{klm}\Bigr) a_i b_j c_l e_m \\
&= \sum_{i,j,l,m=1}^{3} (\delta_{il}\delta_{jm} - \delta_{im}\delta_{jl}) a_i b_j c_l e_m \\
&= \sum_{i,j,l,m=1}^{3} \delta_{il}\delta_{jm} a_i b_j c_l e_m - \sum_{i,j,l,m=1}^{3} \delta_{im}\delta_{jl} a_i b_j c_l e_m \\
&= \sum_{i,j=1}^{3} a_i b_j c_i e_j - \sum_{i,j=1}^{3} a_i b_j c_j e_i \\
&= \Bigl(\sum_{i=1}^{3} a_i c_i\Bigr) \sum_{j=1}^{3} b_j e_j - \Bigl(\sum_{j=1}^{3} b_j c_j\Bigr) \sum_{i=1}^{3} a_i e_i \\
&= \langle \boldsymbol{a}, \boldsymbol{c}\rangle \boldsymbol{b} - \langle \boldsymbol{b}, \boldsymbol{c}\rangle \boldsymbol{a}
\end{aligned} \tag{2.23}$$

ただし，途中で添字の反対称性より $\epsilon_{klm} = \epsilon_{lmk}$ であることを用いた．式 (2.20) の第 2 式は，$\boldsymbol{a}\times(\boldsymbol{b}\times\boldsymbol{c})$ を $-(\boldsymbol{b}\times\boldsymbol{c})\times\boldsymbol{a}$ と書き直して第 1 式を用いれば得られるが，式 (2.21), (2.22) を用いて直接に導くこともできる．

2.5 スカラ三重積

ベクトル $\boldsymbol{a}$, $\boldsymbol{b}$, $\boldsymbol{c}$ の始点を一致させて作る平行六面体の体積を $|\boldsymbol{a},\boldsymbol{b},\boldsymbol{c}|$ と書いて，**スカラ三重積** (scalar triple product) とよぶ（図 2.4）．ただし，$\boldsymbol{a}$, $\boldsymbol{b}$ の張る平面に対して，$\boldsymbol{a}$ を $\boldsymbol{b}$ の向きに回したときに右ネジの進む側に $\boldsymbol{c}$ があるとする．このとき，$\boldsymbol{a}$, $\boldsymbol{b}$, $\boldsymbol{c}$ の配置は**右手系** (right-handed system) であるという．そうでない場合は**左手系** (leftt-handed system) であるといい，$|\boldsymbol{a},\boldsymbol{b},\boldsymbol{c}|$ をその体積の符号を変えたものと約束する．ベクトル $\boldsymbol{a}$, $\boldsymbol{b}$, $\boldsymbol{c}$ が同一平面上にある場合は $|\boldsymbol{a},\boldsymbol{b},\boldsymbol{c}| = 0$ である．

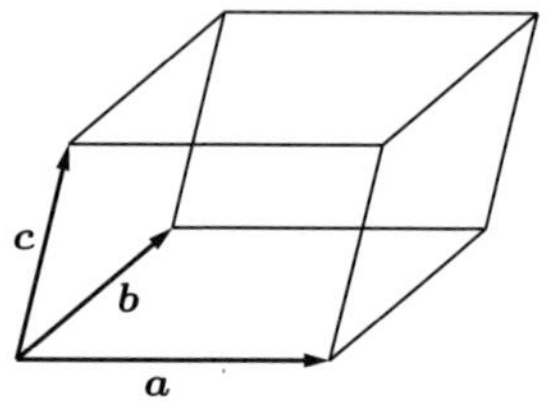

図 2.4　ベクトル $\boldsymbol{a}$, $\boldsymbol{b}$, $\boldsymbol{c}$ のスカラ三重積 $|\boldsymbol{a},\boldsymbol{b},\boldsymbol{c}|$ は，$\boldsymbol{a}$, $\boldsymbol{b}$, $\boldsymbol{c}$ の作る平行六面体の符号付き体積に等しい．

定義の幾何学的な意味から，次の関係が成り立つ．

(1) **線形性** (linearity)　$|\boldsymbol{a},\boldsymbol{b},\alpha\boldsymbol{c}+\beta\boldsymbol{d}| = \alpha|\boldsymbol{a},\boldsymbol{b},\boldsymbol{c}| + \beta|\boldsymbol{a},\boldsymbol{b},\boldsymbol{d}|$

(2) **反対称性** (antisymmetry)　$|\boldsymbol{a},\boldsymbol{b},\boldsymbol{c}| = -|\boldsymbol{b},\boldsymbol{a},\boldsymbol{c}| = -|\boldsymbol{c},\boldsymbol{b},\boldsymbol{a}|$
$= -|\boldsymbol{a},\boldsymbol{c},\boldsymbol{b}|$

(1) の線形性は，図 2.5(a) のような幾何学的意味を表している．また，(2) の反対称性より，二つを入れ替えると符号が変わるので，重複があると 0 となる．

$$|\boldsymbol{a},\boldsymbol{c},\boldsymbol{c}| = |\boldsymbol{a},\boldsymbol{b},\boldsymbol{a}| = |\boldsymbol{a},\boldsymbol{a},\boldsymbol{c}| = 0 \tag{2.24}$$

このことから，一つのベクトルに他のベクトルの定数倍を加えても，スカラ三重積は変化しない．すなわち，

$$|\boldsymbol{a},\boldsymbol{b},\boldsymbol{c}+\alpha\boldsymbol{a}+\beta\boldsymbol{b}| = |\boldsymbol{a},\boldsymbol{b},\boldsymbol{c}| \tag{2.25}$$

である．これは，図 2.5(b) のような幾何学的意味を表している．また，反対称性より，**循環置換** (cyclic permutation)（すなわち $\boldsymbol{a}\to\boldsymbol{b}\to\boldsymbol{c}\to\boldsymbol{a}$ の置き換

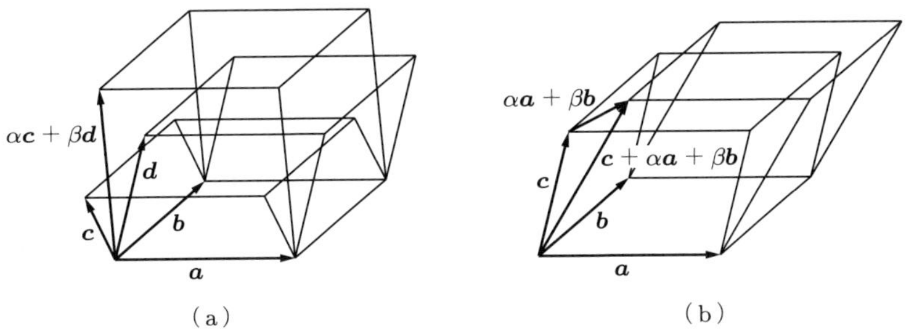

図 2.5 (a) ベクトル $\boldsymbol{a}$, $\boldsymbol{b}$, $\alpha\boldsymbol{c}+\beta\boldsymbol{d}$ の作る平行六面体の体積は，ベクトル $\boldsymbol{a}$, $\boldsymbol{b}$, $\boldsymbol{c}$ の作る平行六面体の体積の α 倍とベクトル $\boldsymbol{a}$, $\boldsymbol{b}$, $\boldsymbol{d}$ の作る平行六面体の体積の β 倍の和に等しい．
(b) ベクトル $\boldsymbol{a}$, $\boldsymbol{b}$, $\boldsymbol{c}$ の作る平行六面体の体積は，ベクトル $\boldsymbol{a}$, $\boldsymbol{b}$, $\boldsymbol{c}+\alpha\boldsymbol{a}+\beta\boldsymbol{b}$ の作る平行六面体の体積に等しい．

え）に対しては符号が変わらない．

$$|\boldsymbol{a},\boldsymbol{b},\boldsymbol{c}| = |\boldsymbol{b},\boldsymbol{c},\boldsymbol{a}| = |\boldsymbol{c},\boldsymbol{a},\boldsymbol{b}|,$$
$$|\boldsymbol{c},\boldsymbol{b},\boldsymbol{a}| = |\boldsymbol{a},\boldsymbol{c},\boldsymbol{b}| = |\boldsymbol{c},\boldsymbol{b},\boldsymbol{a}|\,(=-|\boldsymbol{a},\boldsymbol{b},\boldsymbol{c}|) \tag{2.26}$$

スカラ三重積は，それぞれのベクトルを基底によって表して，線形性や反対称性によって展開すれば，結局は基底 e_1, e_2, e_3 間のスカラ三重積に帰着する．これは定義より，

$$|e_1, e_2, e_3| = 1 \tag{2.27}$$

である．$|e_1, e_2, e_3|$ を**体積要素** (volume element) とよぶ．ベクトル $\boldsymbol{a}$, $\boldsymbol{b}$, $\boldsymbol{c}$ の第 i 成分をそれぞれ a_i, b_i, c_i とすると，線形性，反対称性，および式 (2.27) から，スカラ三重積が次のように計算される．

$$\begin{aligned}
|\boldsymbol{a},\boldsymbol{b},\boldsymbol{c}| &= |a_1e_1+a_2e_2+a_3e_3, b_1e_1+b_2e_2+b_3e_3, c_1e_1+c_2e_2+c_3e_3| \\
&= a_1b_2c_3|e_1,e_2,e_3| + a_2b_3c_1|e_2,e_3,e_1| + a_3b_1c_2|e_3,e_1,e_2| \\
&\quad + a_1b_3c_2|e_1,e_3,e_2| + a_2b_1c_3|e_2,e_1,e_3| + a_3b_2c_1|e_3,e_2,e_1| \\
&= (a_1b_2c_3+a_2b_3c_1+a_3b_1c_2-a_1b_3c_2-a_2b_1c_3-a_3b_2c_1)|e_1,e_2,e_3| \\
&= a_1b_2c_3+a_2b_3c_1+a_3b_1c_2-a_1b_3c_2-a_2b_1c_3-a_3b_2c_1
\end{aligned} \tag{2.28}$$

これは次のように書くことができる．

命題 2.8 [スカラ三重積]

$\boldsymbol{a}=\sum_{i=1}^{3} a_i e_i$, $\boldsymbol{b}=\sum_{i=1}^{3} b_i e_i$, $\boldsymbol{c}=\sum_{i=1}^{3} c_i e_i$ のとき，

$$|\boldsymbol{a},\boldsymbol{b},\boldsymbol{c}| = \sum_{i,j,k=1}^{3} \epsilon_{ijk} a_i b_j c_j \tag{2.29}$$

式 (2.28), (2.29) は，それぞれ式 (2.18), (2.19) の e_i を c_i で置き換えたものになっている．これから次の関係が得られる（↪ 演習問題 2.9）．

命題 2.9 [ベクトル三重積のベクトル積と内積による表現]

スカラ三重積は，ベクトル積と内積によって次のように表すことができる．

$$|\boldsymbol{a},\boldsymbol{b},\boldsymbol{c}| = \langle \boldsymbol{a}\times\boldsymbol{b},\boldsymbol{c}\rangle \tag{2.30}$$

スカラ三重積の反対称性と内積の対称性より，次のようにも書ける．

$$\begin{aligned}|\boldsymbol{a},\boldsymbol{b},\boldsymbol{c}| &= \langle \boldsymbol{a}\times\boldsymbol{b},\boldsymbol{c}\rangle = \langle \boldsymbol{b}\times\boldsymbol{c},\boldsymbol{a}\rangle = \langle \boldsymbol{c}\times\boldsymbol{a},\boldsymbol{b}\rangle \\ &= \langle \boldsymbol{a},\boldsymbol{b}\times\boldsymbol{c}\rangle = \langle \boldsymbol{b},\boldsymbol{c}\times\boldsymbol{a}\rangle = \langle \boldsymbol{c},\boldsymbol{a}\times\boldsymbol{b}\rangle \end{aligned} \tag{2.31}$$

また，スカラ三重積の定義より，次のことがわかる．

命題 2.10 [ベクトルの共面性]

ベクトル $\boldsymbol{a}$, $\boldsymbol{b}$, $\boldsymbol{c}$ が**共面** (coplanar)，すなわち始点を一致させれば同一平面上にある条件は，次のように書ける．

$$|\boldsymbol{a},\boldsymbol{b},\boldsymbol{c}| = 0 \tag{2.32}$$

古典の世界 2.4 [行列式]

線形代数では，ベクトル $\boldsymbol{a}$, $\boldsymbol{b}$, $\boldsymbol{c}$ を数値が縦に並んだ列とみなす．それらを並べた行列を $(\boldsymbol{a},\boldsymbol{b},\boldsymbol{c})$ と書くと，その行列式 (determinant) が次のように書ける．

$$|\boldsymbol{a},\boldsymbol{b},\boldsymbol{c}| = a_1b_2c_3 + b_1c_2a_3 + c_1a_2b_3 - c_1b_2c_3 - b_1a_2c_3 - a_1c_2b_3 \tag{2.33}$$

ただし，a_i, b_i, c_i はそれぞれ $\boldsymbol{a}$, $\boldsymbol{b}$, $\boldsymbol{c}$ の第 i 成分である．これは数値的にはスカラ

三重積 $|\boldsymbol{a}, \boldsymbol{b}, \boldsymbol{c}|$ に一致する．しかし，本書ではスカラ三重積を，数値の並びとみなしたベクトルの成分によって定義するのではなく，幾何学的な意味によって定義し，代数的な演算規則によって体積要素 $|e_1, e_2, e_3|$ に帰着させている．なお，線形代数では a_{ij} を (i,j) 要素とする行列 $\boldsymbol{A} = (a_{ij})$ の行列式 $|\boldsymbol{A}|$（$\det \boldsymbol{A}$ とも書く）は，順列符号 ϵ_{ijk} を用いて次のように定義される．

$$|\boldsymbol{A}| = \begin{vmatrix} a_{11} & a_{12} & a_{13} \\ a_{21} & a_{22} & a_{23} \\ a_{31} & a_{32} & a_{33} \end{vmatrix} = \sum_{i,j,k=1}^{3} \epsilon_{ijk} a_{1i} a_{2j} a_{3k} \tag{2.34}$$

しかし，本書の代数的な取り扱いでは，数値を要素とする行列やその行列式を用いることはない．

2.6 射影，反射影，反射，鏡映

まず，単位ベクトル $\boldsymbol{u}$ の方向に伸びる直線 l を考える．ベクトル $\boldsymbol{a}$ は，l に平行なベクトル $\boldsymbol{a}_\parallel$ と l に直交するベクトル $\boldsymbol{a}_\perp$ の和に表せる（図 2.6(a)）．

$$\boldsymbol{a} = \boldsymbol{a}_\parallel + \boldsymbol{a}_\perp \tag{2.35}$$

$\boldsymbol{a}_\parallel$ をベクトル $\boldsymbol{a}$ の直線 l への**射影** (projection) といい，$\boldsymbol{a}_\perp$ を $\boldsymbol{a}$ の l からの**反射影** (rejection) という．ベクトル $\boldsymbol{a}$ と直線 l とのなす角を θ とすると，$\boldsymbol{u}$ は単位ベクトルであるから，式 (2.10) より $\langle \boldsymbol{a}, \boldsymbol{u} \rangle = \|\boldsymbol{a}\| \cos\theta$ であり，これは $\boldsymbol{a}_\parallel$ の符号付き長さ（$\boldsymbol{u}$ の方向に正）である．これを，$\boldsymbol{a}$ を l に**射影した長さ** (projected length) とよぶ．ゆえに，射影 $\boldsymbol{a}_\parallel$ は $\langle \boldsymbol{a}, \boldsymbol{u} \rangle \boldsymbol{u}$ と書ける．したがって，反射影 $\boldsymbol{a}_\perp$

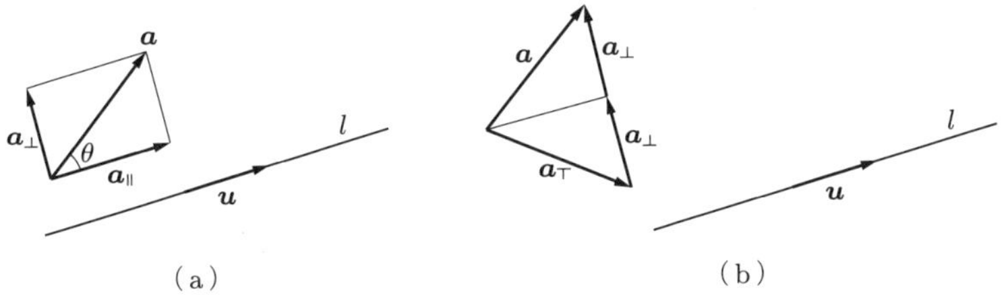

図 2.6　(a) ベクトル $\boldsymbol{a}$ の直線 l 上への射影 $\boldsymbol{a}_\parallel$ と l からの反射影 $\boldsymbol{a}_\perp$．
(b) ベクトル $\boldsymbol{a}$ の直線 l に関する反射 $\boldsymbol{a}_\top$．

は $\boldsymbol{a}-\boldsymbol{a}_{\|}$ である．ベクトル $\boldsymbol{a}$ を直線 l の反対側に折り返した $\boldsymbol{a}_{\top}$ を l に関する**反射** (line reflection) とよぶ（図 2.6(b)）．これは，$\boldsymbol{a}$ から反射影 $\boldsymbol{a}_{\perp}$ の 2 倍を引いたものである．以上より次の結果を得る．

命題 2.11 [直線に関する射影，反射影，反射]

ベクトル $\boldsymbol{a}$ を単位ベクトル $\boldsymbol{u}$ の方向の直線 l に射影した長さは $\langle \boldsymbol{a}, \boldsymbol{u} \rangle$ である．ベクトル $\boldsymbol{a}$ の直線 l に関する射影 $\boldsymbol{a}_{\|}$，反射影 $\boldsymbol{a}_{\perp}$，反射 $\boldsymbol{a}_{\top}$ は次のように書ける．

$$\boldsymbol{a}_{\|} = \langle \boldsymbol{a}, \boldsymbol{u} \rangle \boldsymbol{u}, \qquad \boldsymbol{a}_{\perp} = \boldsymbol{a} - \langle \boldsymbol{a}, \boldsymbol{u} \rangle \boldsymbol{u}, \qquad \boldsymbol{a}_{\top} = -\boldsymbol{a} + 2\langle \boldsymbol{a}, \boldsymbol{u} \rangle \boldsymbol{u} \tag{2.36}$$

次に，単位法線ベクトル $\boldsymbol{n}$ をもつ平面 Π を考える．ベクトル $\boldsymbol{a}$ は，Π に平行な成分 $\boldsymbol{a}_{\|}$ と Π に直交する成分 $\boldsymbol{a}_{\perp}$ の和として，式 (2.35) のように書ける（図 2.7(a)）．$\boldsymbol{a}_{\|}$ をベクトル $\boldsymbol{a}$ の平面 Π への**射影** (projection) といい，$\boldsymbol{a}_{\perp}$ を $\boldsymbol{a}$ の Π からの**反射影** (rejection) という．反射影 $\boldsymbol{a}_{\perp}$ は，$\boldsymbol{a}$ の $\boldsymbol{n}$ に沿って伸びる法線への射影であるから，$\langle \boldsymbol{a}, \boldsymbol{n} \rangle \boldsymbol{n}$ と書ける．したがって，射影 $\boldsymbol{a}_{\|}$ は $\boldsymbol{a} - \langle \boldsymbol{a}, \boldsymbol{n} \rangle \boldsymbol{n}$ である．ベクトル $\boldsymbol{a}$ を平面 Π の反対側に折り返した $\boldsymbol{a}_{\top}$ を Π に関する**鏡映** (surface reflection) とよぶ（図 2.7(b)）．これは $\boldsymbol{a}$ から反射影 $\boldsymbol{a}_{\perp}$ の 2 倍を引いたものである．以上より次の結果を得る．

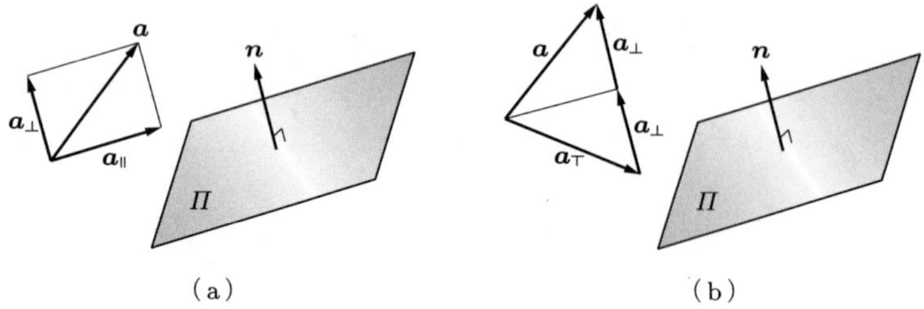

図 2.7　(a) ベクトル $\boldsymbol{a}$ の平面 Π への射影 $\boldsymbol{a}_{\|}$ と Π からの反射影 $\boldsymbol{a}_{\perp}$．
(b) ベクトル $\boldsymbol{a}$ の平面 Π に関する鏡映 $\boldsymbol{a}_{\top}$．

命題 2.12 [平面に関する射影，反射影，鏡映]

ベクトル $\boldsymbol{a}$ を単位法線ベクトル $\boldsymbol{n}$ の平面 Π から反射影した長さは $\langle \boldsymbol{a}, \boldsymbol{n} \rangle$ である．ベクトル $\boldsymbol{a}$ の平面 Π に関する射影 $\boldsymbol{a}_{\parallel}$，反射影 $\boldsymbol{a}_{\perp}$，鏡映 $\boldsymbol{a}_{\top}$ は，次のように書ける．

$$\boldsymbol{a}_{\parallel} = \boldsymbol{a} - \langle \boldsymbol{a}, \boldsymbol{n} \rangle \boldsymbol{n}, \qquad \boldsymbol{a}_{\perp} = \langle \boldsymbol{a}, \boldsymbol{n} \rangle \boldsymbol{n}, \qquad \boldsymbol{a}_{\top} = \boldsymbol{a} - 2\langle \boldsymbol{a}, \boldsymbol{n} \rangle \boldsymbol{n} \tag{2.37}$$

古典の世界 2.5 [線形写像の行列表現]

ベクトルをベクトルに写像するとき，ベクトルの和やスカラ倍の写像が写像したベクトルの和やスカラ倍になるものを**線形写像** (linear mapping) とよぶ．射影や反射影や反射はこの性質をもつので，線形写像である．線形代数ではベクトルを数値の並びとみなし，線形写像をある行列との積で表す．線形写像を行列によって表すことは線形代数の基礎である．しかし，本書ではベクトルは単なる記号であり，数値の並びではないので，行列を掛けることはできない．

ベクトルを数値の列とみなせば，内積は式 (2.14) のように書けるので，式 (2.36) の $\boldsymbol{a}_{\parallel}$ は

$$(\boldsymbol{u}^{\top}\boldsymbol{a})\boldsymbol{u} = \boldsymbol{u}(\boldsymbol{u}^{\top}\boldsymbol{a}) = (\boldsymbol{u}\boldsymbol{u}^{\top})\boldsymbol{a} \tag{2.38}$$

と書ける．したがって，$\boldsymbol{a}_{\perp}$, $\boldsymbol{a}_{\top}$ はそれぞれ

$$\begin{aligned} \boldsymbol{a} - (\boldsymbol{u}\boldsymbol{u}^{\top})\boldsymbol{a} &= (\boldsymbol{I} - \boldsymbol{u}\boldsymbol{u}^{\top})\boldsymbol{a}, \\ -\boldsymbol{a} + 2(\boldsymbol{u}\boldsymbol{u}^{\top})\boldsymbol{a} &= (2\boldsymbol{u}\boldsymbol{u}^{\top} - \boldsymbol{I})\boldsymbol{a} \end{aligned} \tag{2.39}$$

と書ける．ただし，$\boldsymbol{I}$ は単位行列である．ゆえに，式 (2.36) の射影 $\boldsymbol{a}_{\parallel}$，反射影 $\boldsymbol{a}_{\perp}$，鏡映 $\boldsymbol{a}_{\top}$ は，次のような**射影行列** (projection matrix) $\boldsymbol{P}_{\parallel}$，**反射影行列** (rejection matrix) $\boldsymbol{P}_{\perp}$，**反射行列** (line reflection matrix) $\boldsymbol{P}_{\top}$ との積で表せる．

$$\boldsymbol{a}_{\parallel} = \boldsymbol{P}_{\parallel}\boldsymbol{a}, \qquad \boldsymbol{P}_{\parallel} = \boldsymbol{u}\boldsymbol{u}^{\top} = \begin{pmatrix} u_1^2 & u_1u_2 & u_1u_3 \\ u_2u_1 & u_2^2 & u_2u_3 \\ u_3u_1 & u_3u_2 & u_3^2 \end{pmatrix},$$

$$\boldsymbol{a}_{\perp} = \boldsymbol{P}_{\perp}\boldsymbol{a}, \qquad \boldsymbol{P}_{\perp} = \boldsymbol{I} - \boldsymbol{u}\boldsymbol{u}^{\top} = \begin{pmatrix} 1-u_1^2 & -u_1u_2 & -u_1u_3 \\ -u_2u_1 & 1-u_2^2 & -u_2u_3 \\ -u_3u_1 & -u_3u_2 & 1-u_3^2 \end{pmatrix},$$

$$\boldsymbol{a}_\top = \boldsymbol{P}_\top \boldsymbol{a}, \qquad \boldsymbol{P}_\top = -\boldsymbol{I} + 2\boldsymbol{u}\boldsymbol{u}^\top = \begin{pmatrix} 2u_1^2 - 1 & 2u_1u_2 & 2u_1u_3 \\ 2u_2u_1 & 2u_2^2 - 1 & 2u_2u_3 \\ 2u_3u_1 & 2u_3u_2 & 2u_3^2 - 1 \end{pmatrix} \tag{2.40}$$

同様に, 式 (2.37) の射影 $\boldsymbol{a}_\parallel$, 反射影 $\boldsymbol{a}_\perp$, 鏡映 $\boldsymbol{a}_\top$ も次の**射影行列** (projection matrix) $\boldsymbol{P}_\parallel$, **反射影行列** (rejection matrix) $\boldsymbol{P}_\perp$, **鏡映行列** (surface reflection matrix) $\boldsymbol{P}_\top$ との積で表せる.

$$\boldsymbol{a}_\parallel = \boldsymbol{P}_\parallel \boldsymbol{a}, \qquad \boldsymbol{P}_\parallel = \boldsymbol{I} - \boldsymbol{n}\boldsymbol{n}^\top = \begin{pmatrix} 1 - n_1^2 & -n_1n_2 & -n_1n_3 \\ -n_2n_1 & 1 - n_2^2 & -n_2n_3 \\ -n_3n_1 & -n_3n_2 & 1 - n_3^2 \end{pmatrix},$$

$$\boldsymbol{a}_\perp = \boldsymbol{P}_\perp \boldsymbol{a}, \qquad \boldsymbol{P}_\perp = \boldsymbol{n}\boldsymbol{n}^\top = \begin{pmatrix} n_1^2 & n_1n_2 & n_1n_3 \\ n_2n_1 & n_2^2 & n_2n_3 \\ n_3n_1 & n_3n_2 & n_3^2 \end{pmatrix},$$

$$\boldsymbol{a}_\top = \boldsymbol{P}_\top \boldsymbol{a}, \qquad \boldsymbol{P}_\top = \boldsymbol{I} - 2\boldsymbol{n}\boldsymbol{n}^\top = \begin{pmatrix} 1 - 2n_1^2 & -2n_1n_2 & -2n_1n_3 \\ -2n_2n_1 & 1 - 2n_2^2 & -2n_2n_3 \\ -2n_3n_1 & -2n_3n_2 & 1 - 2n_3^2 \end{pmatrix} \tag{2.41}$$

しかし，本書の代数的な取り扱いでは線形写像の行列による表現は行わない．

2.7 回　転

ベクトル $\boldsymbol{a}$ を，単位ベクトル $\boldsymbol{l}$ 方向の直線 l の周りに角度 Ω だけ回転したものを $\boldsymbol{a}'$ とする．直線 l を**回転軸** (axis of rotation)，Ω を**回転角** (angle of rotation) とよび，右ネジ回りを正，左ネジ回りを負と約束する．ベクトル $\boldsymbol{a}$, $\boldsymbol{a}'$ はどこにあってもよいが，説明上，始点が原点 O に一致しているとする．そして，$\boldsymbol{a}$, $\boldsymbol{a}'$ の終点をそれぞれ P, P' とする．P' から回転軸 l に下ろした垂線の足を Q とし，P' から線分 QP に下ろした垂線の足を H とすると，図 2.8(a) より次の関係が成り立つ．

$$\boldsymbol{a}' = \overrightarrow{OQ} + \overrightarrow{QH} + \overrightarrow{HP'} \tag{2.42}$$

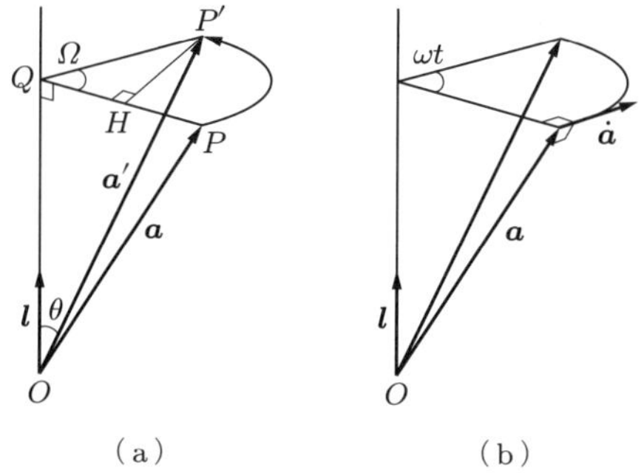

図 **2.8** (a) ベクトル $\boldsymbol{a}$ の軸 $\boldsymbol{l}$ の周りの角度 Ω の回転.
(b) ベクトル $\boldsymbol{a}$ の軸 $\boldsymbol{l}$ の周りの角速度 ω の回転.

ただし，始点が A，終点が B のベクトルを $\overrightarrow{AB}$ と書いている．$\overrightarrow{OQ}$ は $\boldsymbol{a}$ の l への射影であるから，式 (2.36) より次のように書ける．

$$\overrightarrow{OQ} = \langle \boldsymbol{a}, \boldsymbol{l} \rangle \boldsymbol{l} \tag{2.43}$$

$\overrightarrow{QP}$ は $\boldsymbol{a}$ の l からの反射影であるから，$\overrightarrow{QP} = \boldsymbol{a} - \langle \boldsymbol{a}, \boldsymbol{l} \rangle \boldsymbol{l}$ であり，$\overrightarrow{QH}$ は $\overrightarrow{QP'}$ の $\overrightarrow{QP}$ 方向への射影であるから，次のように書ける．

$$\begin{aligned}
\overrightarrow{QH} &= \langle \overrightarrow{QP'}, \frac{\overrightarrow{QP}}{\|\overrightarrow{QP}\|} \rangle \frac{\overrightarrow{QP}}{\|\overrightarrow{QP}\|} = \frac{\langle \overrightarrow{QP'}, \overrightarrow{QP} \rangle}{\|\overrightarrow{QP}\|^2} \overrightarrow{QP} = \frac{\|\overrightarrow{QP}\|^2 \cos \Omega}{\|\overrightarrow{QP}\|^2} \overrightarrow{QP} \\
&= (\boldsymbol{a} - \langle \boldsymbol{a}, \boldsymbol{l} \rangle \boldsymbol{l}) \cos \Omega
\end{aligned} \tag{2.44}$$

$\boldsymbol{l}$ と $\boldsymbol{a}$ のなす角を θ とすると，式 (2.15) より $\|\boldsymbol{l} \times \boldsymbol{a}\| = \|\boldsymbol{a}\| \sin \theta = \|\overrightarrow{QP}\|$ である．$\|\overrightarrow{QP'}\| = \|\overrightarrow{QP}\|$ であるから，$\|\overrightarrow{HP'}\| = \|\overrightarrow{QP'}\| \sin \Omega = \|\overrightarrow{QP}\| \sin \Omega$ である．そして，$0 < \Omega < \pi$ とすると $\overrightarrow{HP'}$ の方向は $\boldsymbol{l} \times \boldsymbol{a}$ の方向に等しい．ゆえに，$\overrightarrow{HP'}$ は次のように書ける．これはすべての Ω で成り立つことがわかる．

$$\begin{aligned}
\overrightarrow{HP'} &= \frac{\boldsymbol{l} \times \boldsymbol{a}}{\|\boldsymbol{l} \times \boldsymbol{a}\|} \|\overrightarrow{QP}\| \sin \Omega = \frac{\boldsymbol{l} \times \boldsymbol{a}}{\|\boldsymbol{l} \times \boldsymbol{a}\|} \|\boldsymbol{l} \times \boldsymbol{a}\| \sin \Omega \\
&= \boldsymbol{l} \times \boldsymbol{a} \sin \Omega
\end{aligned} \tag{2.45}$$

式 (2.43)～(2.45) を式 (2.42) に代入すると，次の結果を得る．

命題 2.13 [ロドリゲスの式]

ベクトル $\boldsymbol{a}$ を単位方向ベクトル $\boldsymbol{l}$ の周りに角度 Ω だけ回転したベクトル $\boldsymbol{a}'$ は，次のように表せる．

$$\boldsymbol{a}' = \boldsymbol{a}\cos\Omega + \boldsymbol{l}\times\boldsymbol{a}\sin\Omega + \langle\boldsymbol{a},\boldsymbol{l}\rangle\boldsymbol{l}(1-\cos\Omega) \qquad (2.46)$$

式 (2.46) を**ロドリゲスの式** (Rodrigues formula) という．微小回転角 $\Delta\Omega$ に対しては $\cos\Delta\Omega = 1 + O(\Delta\Omega^2)$, $\sin\Delta\Omega = \Delta\Omega + O(\Delta\Omega^3)$ であることから，軸 $\boldsymbol{l}$ の周りの微小回転が次のように書ける．

$$\boldsymbol{a}' = \boldsymbol{a} + \Delta\Omega\boldsymbol{l}\times\boldsymbol{a} + O(\Delta\Omega^2) \qquad (2.47)$$

これが連続的な回転の Δt 秒間の変化であるとし，両辺の差を Δt で割って $\Delta t \to 0$ の極限をとると，$\boldsymbol{a}$ の変化率 $\dot{\boldsymbol{a}}$ が次のように表せる（図 2.8(b)）．

$$\dot{\boldsymbol{a}} = \omega\boldsymbol{l}\times\boldsymbol{a} \qquad (2.48)$$

ただし，瞬間的な回転角の変化率を $\omega = \lim_{\Delta t\to 0}\Delta\Omega/\Delta t$ とおいた．これを**角速度** (angular velocity) とよぶ．式 (2.48) からわかるように，$\boldsymbol{a}$ の変化方向 $\dot{\boldsymbol{a}}$ は $\boldsymbol{l}$ と $\boldsymbol{a}$ の両方に直交する．

古典の世界 2.6 [回転の行列表示]

ベクトルの和やスカラ倍を回転すると，回転した各ベクトルの和やスカラ倍になるので，回転も線形写像である．したがって，ベクトルを数値の列とみなす線形代数では行列との積で表せる．式 (2.46) のロドリゲスの式は，次のように**回転行列** (rotation matrix) $\boldsymbol{R}$ との積に書き直せる（↪ 演習問題 2.12）．

$$\boldsymbol{a}' = \boldsymbol{R}\boldsymbol{a},$$

$$\boldsymbol{R} = \begin{pmatrix} \cos\Omega + l_1^2(1-\cos\Omega) & l_1l_2(1-\cos\Omega) - l_3\sin\Omega & l_1l_3(1-\cos\Omega) + l_2\sin\Omega \\ l_2l_1(1-\cos\Omega) + l_3\sin\Omega & \cos\Omega + l_2^2(1-\cos\Omega) & l_2l_3(1-\cos\Omega) - l_1\sin\Omega \\ l_3l_1(1-\cos\Omega) - l_2\sin\Omega & l_3l_2(1-\cos\Omega) + l_1\sin\Omega & \cos\Omega + l_3^2(1-\cos\Omega) \end{pmatrix} \qquad (2.49)$$

一般に，3 次元空間から 3 次元空間への線形写像であって，ノルムと内積が保存される（写像前のノルムや内積が写像後のノルムや内積に等しい）ものを**直交変換** (orthogonal transformation) とよぶ．したがって，回転も鏡映も直交変換である．

そして，直交変換を表す行列を**直交行列** (orthogonal matrix) とよぶ．行列 $\boldsymbol{A}$ が直交行列である必要十分条件は $\boldsymbol{A}^\top \boldsymbol{A} = \boldsymbol{I}$（これは $\boldsymbol{A}$ の行および列が互いに直交する単位ベクトルであることを表している）である．そして，どの直交行列も回転行列であるか，あるいは回転行列と鏡映行列との積に表せることが知られている．しかし，本書では行列による表現は行わない．

2.8 平 面

位置ベクトル $\boldsymbol{x}$ とその位置にある点を同一視して，「点 $\boldsymbol{x}$」と書く．「図形の方程式」とは，**その図形上にある点 $\boldsymbol{x}$ が満たす式**のことである．最も基本的な図形は平面である．平面の向きを単位法線ベクトル $\boldsymbol{n}$ で指定し，その位置を原点 O からの距離 h で指定する（図 2.9(a)）．ただし，h は符号付き距離であり，原点から $\boldsymbol{n}$ の向きに正，反対向きに負と約束する．点 $\boldsymbol{x}$ がこの平面上にある条件は，$\boldsymbol{n}$ の方向に伸びる直線上へ $\boldsymbol{x}$ を射影した長さが h となることである．したがって，この平面の方程式が次のように書ける．

$$\langle \boldsymbol{n}, \boldsymbol{x} \rangle = h \tag{2.50}$$

定義より，$\boldsymbol{n}, h$ が指定する平面と，$-\boldsymbol{n}$, $-h$ が指定する平面は同一である．すなわち，一つの平面に対して 2 通りの表し方がある．ベクトル $\boldsymbol{x}$ を単位方向ベクトル $\boldsymbol{n}$ の直線上への射影した長さが $\langle \boldsymbol{n}, \boldsymbol{x} \rangle$ であることから，次のことがわかる（図 2.9(b)）．

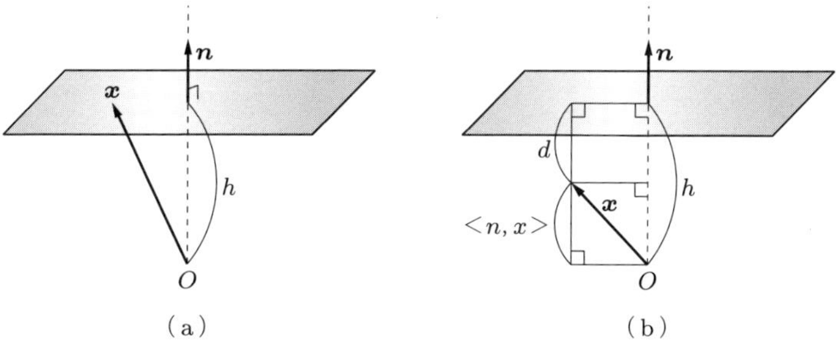

図 **2.9** (a) 平面を単位法線ベクトル $\boldsymbol{n}$ と原点 O からの距離 h で指定する．
(b) 点 $\boldsymbol{x}$ から平面 $\langle \boldsymbol{n}, \boldsymbol{x} \rangle = h$ までの距離 d．

命題 2.14 [点と平面の距離]

点 $\boldsymbol{x}$ と平面 $\langle \boldsymbol{n}, \boldsymbol{x} \rangle = h$ の距離 d は，次のようになる．

$$d = h - \langle \boldsymbol{n}, \boldsymbol{x} \rangle \tag{2.51}$$

ただし，d は符号付き距離であり，$\boldsymbol{n}$ 方向を正とする．

当然ながら，点 $\boldsymbol{x}$ がこの平面上にある条件は，この平面までの距離が 0 になることであり，式 (2.50) となる．

次に，3 点 $\boldsymbol{x}_1$, $\boldsymbol{x}_2$, $\boldsymbol{x}_3$ を通る平面を考える（図 2.10）．ベクトル $\boldsymbol{x}_2 - \boldsymbol{x}_1$, $\boldsymbol{x}_3 - \boldsymbol{x}_1$ はこの平面内にあるから，ベクトル積 $(\boldsymbol{x}_2 - \boldsymbol{x}_1) \times (\boldsymbol{x}_3 - \boldsymbol{x}_1)$ はこの面に直交する．単位法線ベクトル $\boldsymbol{n}$ は，これを単位ベクトルに正規化したものである．原点 O からこの平面までの距離は，$\boldsymbol{x}_1$（$\boldsymbol{x}_2$, $\boldsymbol{x}_3$ でも同じ）を単位方向ベクトル $\boldsymbol{n}$ の直線上への射影した長さであるから，

$$h = \langle \boldsymbol{x}_1, \frac{(\boldsymbol{x}_2 - \boldsymbol{x}_1) \times (\boldsymbol{x}_3 - \boldsymbol{x}_1)}{\|(\boldsymbol{x}_2 - \boldsymbol{x}_1) \times (\boldsymbol{x}_3 - \boldsymbol{x}_1)\|} \rangle \tag{2.52}$$

である．$(\boldsymbol{x}_2 - \boldsymbol{x}_1) \times (\boldsymbol{x}_3 - \boldsymbol{x}_1) = \boldsymbol{x}_2 \times \boldsymbol{x}_3 + \boldsymbol{x}_3 \times \boldsymbol{x}_1 + \boldsymbol{x}_1 \times \boldsymbol{x}_2$ および $\langle \boldsymbol{x}_1, (\boldsymbol{x}_2 - \boldsymbol{x}_1) \times (\boldsymbol{x}_3 - \boldsymbol{x}_1) \rangle = |\boldsymbol{x}_1, \boldsymbol{x}_2, \boldsymbol{x}_3|$ に注意すると，次の結果を得る．

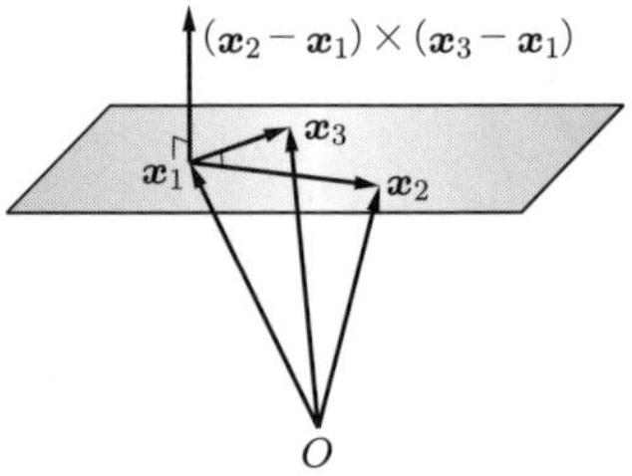

図 **2.10**　3 点 $\boldsymbol{x}_1$, $\boldsymbol{x}_2$, $\boldsymbol{x}_3$ を通る平面．

命題 2.15 [3 点を通る平面]

3 点 $\boldsymbol{x}_1$, $\boldsymbol{x}_2$, $\boldsymbol{x}_3$ を通る平面 $\langle \boldsymbol{n}, \boldsymbol{x} \rangle = h$ は，次のように与えられる．

$$\boldsymbol{n} = \frac{\boldsymbol{x}_2 \times \boldsymbol{x}_3 + \boldsymbol{x}_3 \times \boldsymbol{x}_1 + \boldsymbol{x}_1 \times \boldsymbol{x}_2}{\|\boldsymbol{x}_2 \times \boldsymbol{x}_3 + \boldsymbol{x}_3 \times \boldsymbol{x}_1 + \boldsymbol{x}_1 \times \boldsymbol{x}_3\|},$$
$$h = \frac{|\boldsymbol{x}_1, \boldsymbol{x}_2, \boldsymbol{x}_3|}{\|\boldsymbol{x}_2 \times \boldsymbol{x}_3 + \boldsymbol{x}_3 \times \boldsymbol{x}_1 + \boldsymbol{x}_1 \times \boldsymbol{x}_2\|} \tag{2.53}$$

古典の世界 2.7 [平面の方程式と行列式]

線形代数に基づく解析幾何学では，図形の方程式をその図形上の点の座標値 x, y, z が満たす式で表す．このような問題の多くは，行列式の計算に帰着する．平面の場合は次のようになる．点 $\boldsymbol{x}$ が 3 点 $\boldsymbol{x}_1$, $\boldsymbol{x}_2$, $\boldsymbol{x}_3$ を通る平面上にあるとき，$\lambda_1+\lambda_2+\lambda_3=1$ であるような実数 λ_1, λ_2, λ_3 を用いて，$\boldsymbol{x}$ が

$$\boldsymbol{x}=\lambda_1\boldsymbol{x}_1+\lambda_2\boldsymbol{x}_2+\lambda_3\boldsymbol{x}_3, \qquad \lambda_1+\lambda_2+\lambda_3=1 \tag{2.54}$$

と書けることが知られている．このような，和が 1 になる係数による線形結合を**アフィン結合** (affine combination) とよぶ．したがって，3 点 $\boldsymbol{x}_1$, $\boldsymbol{x}_2$, $\boldsymbol{x}_3$ のアフィン結合がそれらを通る平面を表す．座標値を用いると，式 (2.54) は次のように書き直せる．

$$\begin{pmatrix} x_1 & x_2 & x_3 & x \\ y_1 & y_2 & y_3 & y \\ z_1 & z_2 & z_3 & z \\ 1 & 1 & 1 & 1 \end{pmatrix}\begin{pmatrix} \lambda_1 \\ \lambda_2 \\ \lambda_3 \\ -1 \end{pmatrix}=\begin{pmatrix} 0 \\ 0 \\ 0 \\ 0 \end{pmatrix} \tag{2.55}$$

このような，右辺がすべて 0 の連立 1 次方程式を**同次線形方程式** (homogeneous linear equations) という．線形代数でよく知られているように，同次線形方程式が自明な解（すなわち，すべてが 0 の解）以外の解をもつ条件は，係数行列の行列式が 0 になることである．ゆえに，次の関係が成り立つ．

$$\begin{vmatrix} x_1 & x_2 & x_3 & x \\ y_1 & y_2 & y_3 & y \\ z_1 & z_2 & z_3 & z \\ 1 & 1 & 1 & 1 \end{vmatrix}=0 \tag{2.56}$$

これが平面の方程式を表すことは，次のようにしてわかる．まず，第 4 列に関して余因子展開すると，x, y, z の項と定数項が現れるから，上式は x, y, z の 1 次式であるから平面を表す．そして，$x=x_1$, $y=y_1$, $z=z_1$ とすると，第 1 列と第 4 列が一致するので，行列式の性質から左辺は 0 になる．同様に $x=x_2$, $y=y_2$, $z=z_2$ としても，$x=x_3$, $y=y_3$, $z=z_3$ としても式が満たされる．ゆえに，上式はこの 3 点を通る平面を表す．実際に余因子展開して，上式を

$$n_1x+n_2y+n_3z=h \tag{2.57}$$

の形に書くと，次のようになる．

$$n_1 = y_2z_3 - z_2y_3 + y_3z_1 - z_3y_1 + y_1z_2 - z_1y_2,$$
$$n_2 = z_2x_3 - x_2z_3 + z_3x_1 - x_3z_1 + z_1x_2 - x_1z_2,$$
$$n_3 = x_2y_3 - y_2x_3 + x_3y_1 - y_3x_1 + x_1y_2 - y_1x_2,$$
$$h = \begin{vmatrix} x_1 & x_2 & x_3 \\ y_1 & y_2 & y_3 \\ z_1 & z_2 & z_3 \end{vmatrix} \tag{2.58}$$

これら n_1, n_2, n_3, h を平面の**プリュッカー座標** (Plücker coordinates) という．これらに同時に0でない数を掛けても式(2.57)の関係は変わらない．このことを，プリュッカー座標は**同次座標** (homogeneous coordinates) であるという．式(2.58)の最初の3式は，ベクトルを数値の列とみなすベクトル解析では次のように書かれる．

$$\begin{pmatrix} n_1 \\ n_2 \\ n_3 \end{pmatrix} = \begin{pmatrix} x_2 \\ y_2 \\ z_2 \end{pmatrix} \times \begin{pmatrix} x_3 \\ y_3 \\ z_3 \end{pmatrix} + \begin{pmatrix} x_3 \\ y_3 \\ z_3 \end{pmatrix} \times \begin{pmatrix} x_1 \\ y_1 \\ z_1 \end{pmatrix} + \begin{pmatrix} x_1 \\ y_1 \\ z_1 \end{pmatrix} \times \begin{pmatrix} x_2 \\ y_2 \\ z_2 \end{pmatrix} \tag{2.59}$$

これは，式(2.53)の第1式の分母を除いたものである．式(2.58)の最後の式は，式(2.53)の第2式の分母を除いたものである．

2.9 直　線

空間の直線 l と原点 O を通る平面 Π を l の**支持平面** (supporting plane) とよぶ．直線 l を指定するには，支持平面 Π を指定して，Π 内で l の方向と O からの距離を指定すればよい（図2.11(a)）．支持平面 Π の法線ベクトルを $\boldsymbol{n}$ とし，直線 l の方向ベクトルを $\boldsymbol{m}$ とする．直線 l 上の点 $\boldsymbol{x}$ と l の方向ベクトル $\boldsymbol{m}$ は共に支持平面 Π 内にあるから，どちらも法線ベクトル $\boldsymbol{n}$ に直交する．したがって，$\boldsymbol{x} \times \boldsymbol{m}$ は $\boldsymbol{n}$ の方向にある．そこで，$\boldsymbol{m}, \boldsymbol{n}$ の大きさを

$$\boldsymbol{x} \times \boldsymbol{m} = \boldsymbol{n} \tag{2.60}$$

が成り立つように定める．方向ベクトル $\boldsymbol{m}$ の向きは，$\boldsymbol{m}$ が $\boldsymbol{n}$ の周りを右ネジの方向に回るように約束する．O から l に下ろした垂線の足を $\boldsymbol{x}_H$ とすると，これも式(2.60)を満たす．この点を l の**支持点** (supporting point) とよぶ．l の O からの距離を h とすると，$\boldsymbol{x}_H$ と $\boldsymbol{m}$ は直交するから，ベクトル積の定義

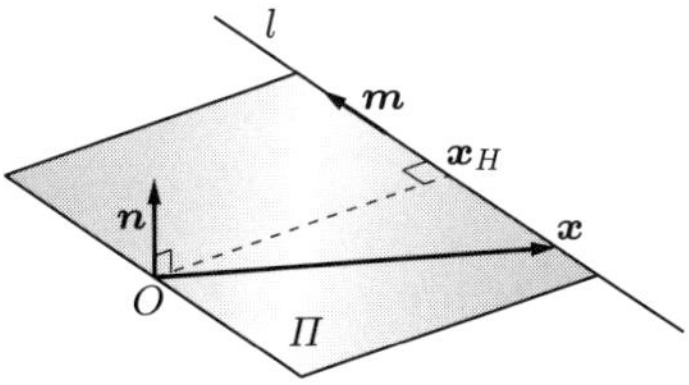

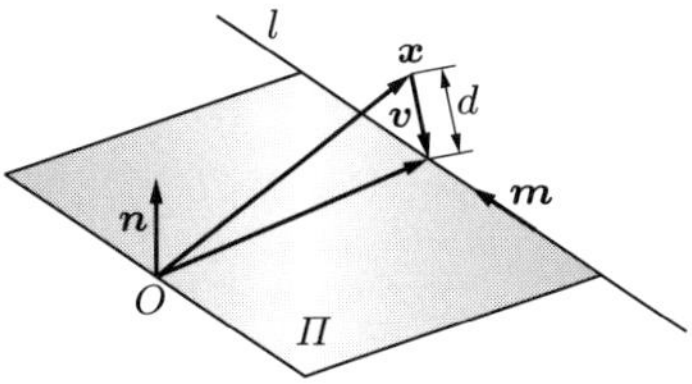

図 2.11 (a) 直線 l を支持平面 Π の法線ベクトル $\boldsymbol{n}$ と l の方向ベクトル $\boldsymbol{m}$ によって指定する．(b) 点 $\boldsymbol{x}$ から直線 $\boldsymbol{x}\times\boldsymbol{m}=\boldsymbol{n}$ までの距離 d.

より，$\boldsymbol{x}_H\times\boldsymbol{m}$ のノルムは $h\|\boldsymbol{m}\|$ となる．これが式 (2.60) より $\|\boldsymbol{n}\|$ に等しいから，距離 h は次のように与えられる．

$$h=\frac{\|\boldsymbol{n}\|}{\|\boldsymbol{m}\|} \tag{2.61}$$

定義より，$\boldsymbol{m}$ と $\boldsymbol{n}$ は直交する．

$$\langle\boldsymbol{m},\boldsymbol{n}\rangle=0 \tag{2.62}$$

支持点 $\boldsymbol{x}_H$ は原点 O から $\boldsymbol{m}\times\boldsymbol{n}$ の方向にあり，$\boldsymbol{m}$, $\boldsymbol{n}$ は直交するから，$\|\boldsymbol{m}\times\boldsymbol{n}\|$ は $\|\boldsymbol{m}\|\|\boldsymbol{n}\|$ に等しい．ゆえに，支持点 $\boldsymbol{x}_H$ は次のように書ける．

$$\boldsymbol{x}_H=h\frac{\boldsymbol{m}\times\boldsymbol{n}}{\|\boldsymbol{m}\|\|\boldsymbol{n}\|}=\frac{\boldsymbol{m}\times\boldsymbol{n}}{\|\boldsymbol{m}\|^2} \tag{2.63}$$

以上より，$\langle\boldsymbol{m},\boldsymbol{n}\rangle=0$ であるような $\boldsymbol{m}$, $\boldsymbol{n}$ を指定すれば，式 (2.60) によって支持平面上で原点 O から距離 $\|\boldsymbol{n}\|/\|\boldsymbol{m}\|$ にある方向ベクトル $\boldsymbol{m}$ の直線が定まる．向きは支持点 $\boldsymbol{x}_H$ と $\boldsymbol{m}$, $\boldsymbol{n}$ が右手系を作るように約束する．

式 (2.60) からわかるように，$\boldsymbol{m}$, $\boldsymbol{n}$ に同時に 0 でない定数を掛けても同じ直線を表す．そこで，$\boldsymbol{m}$, $\boldsymbol{n}$ に適当な定数を掛けて

$$\|\boldsymbol{m}\|^2+\|\boldsymbol{n}\|^2=1 \tag{2.64}$$

であるように大きさを正規化する．法線ベクトル $\boldsymbol{n}$ の定義より，直線 l 上のすべての点 $\boldsymbol{x}$ は $\boldsymbol{n}$ と直交する．

$$\langle\boldsymbol{x},\boldsymbol{n}\rangle=0 \tag{2.65}$$

定義より，$\boldsymbol{m}$, $\boldsymbol{n}$ が指定する直線と，$-\boldsymbol{m}$, $-\boldsymbol{n}$ の指定する直線は同一である．すなわち，一つの直線に対して 2 通りの表し方がある．

空間の点 $\boldsymbol{x}$ を始点とし，直線に下ろした垂線の足を終点とするベクトルを $\boldsymbol{v}$ とする．$\boldsymbol{x}+\boldsymbol{v}$ はこの直線上にあること，および $\boldsymbol{v}$ は $\boldsymbol{m}$ に直交することから，次のことがわかる（図 2.11(b)）．

$$\begin{aligned}\|\boldsymbol{x}\times\boldsymbol{m}-\boldsymbol{n}\| &= \|(\boldsymbol{x}+\boldsymbol{v})\times\boldsymbol{m}-\boldsymbol{n}-\boldsymbol{v}\times\boldsymbol{m}\| \\ &= \|-\boldsymbol{v}\times\boldsymbol{m}\| = \|\boldsymbol{v}\|\|\boldsymbol{m}\| \end{aligned} \tag{2.66}$$

点 $\boldsymbol{x}$ からこの直線までの距離は $\|\boldsymbol{v}\|$ であるから，次の結果を得る．

命題 2.16 [点と直線の距離]

点 $\boldsymbol{x}$ と直線 $\boldsymbol{x}\times\boldsymbol{m}=\boldsymbol{n}$ の距離 d は，次のように表せる．

$$d=\frac{\|\boldsymbol{x}\times\boldsymbol{m}-\boldsymbol{n}\|}{\|\boldsymbol{m}\|} \tag{2.67}$$

当然ながら，点 $\boldsymbol{x}$ がこの直線上にある条件は，この平面までの距離が 0 になることであり，式 (2.60) となる．

次に，2 点 $\boldsymbol{x}_1, \boldsymbol{x}_2$ を通る直線 l を考える（図 2.12(a)）．方向ベクトル $\boldsymbol{m}$ は $\boldsymbol{x}_2-\boldsymbol{x}_1$ の定数倍であるから，ある定数 c によって $\boldsymbol{m}=c(\boldsymbol{x}_2-\boldsymbol{x}_1)$ と書ける．l の支持平面 $\mathit{\Pi}$ の法線ベクトル $\boldsymbol{n}$ は $\boldsymbol{x}_1\times\boldsymbol{x}_2$ の定数倍であるから，ある定数 c' によって $\boldsymbol{n}=c'\boldsymbol{x}_1\times\boldsymbol{x}_2$ と書ける．$\boldsymbol{x}_1\times\boldsymbol{m}=\boldsymbol{n}$, $\boldsymbol{x}_2\times\boldsymbol{m}=\boldsymbol{n}$ であるためには，$c=c'$ であればよい．したがって，式 (2.64) のように正規化すると，次の結果を得る．

命題 2.17 [2 点を通る直線]

2 点 $\boldsymbol{x}_1, \boldsymbol{x}_2$ を通る直線 $\boldsymbol{x}\times\boldsymbol{m}=\boldsymbol{n}$ は，次のように与えられる．

$$\boldsymbol{m}=\frac{\boldsymbol{x}_2-\boldsymbol{x}_1}{\sqrt{\|\boldsymbol{x}_2-\boldsymbol{x}_1\|^2+\|\boldsymbol{x}_1\times\boldsymbol{x}_2\|^2}},\quad \boldsymbol{n}=\frac{\boldsymbol{x}_1\times\boldsymbol{x}_2}{\sqrt{\|\boldsymbol{x}_2-\boldsymbol{x}_1\|^2+\|\boldsymbol{x}_1\times\boldsymbol{x}_2\|^2}} \tag{2.68}$$

2 直線 $\boldsymbol{x}\times\boldsymbol{m}=\boldsymbol{n}$, $\boldsymbol{x}\times\boldsymbol{m}'=\boldsymbol{n}'$ が平行である条件は，方向ベクトル $\boldsymbol{m}, \boldsymbol{m}'$ が平行なこと，すなわち $\boldsymbol{m}\times\boldsymbol{m}'=0$ である．平行でないときは**ねじれの位置** (skew position) にあるという．2 直線を最短距離 d で結ぶ線分は，2 直線に直交するから $\boldsymbol{m}\times\boldsymbol{m}'$ の方向にある（図 2.12(b)）．各直線の支持点を $\boldsymbol{x}_H, \boldsymbol{x}'_H$ と

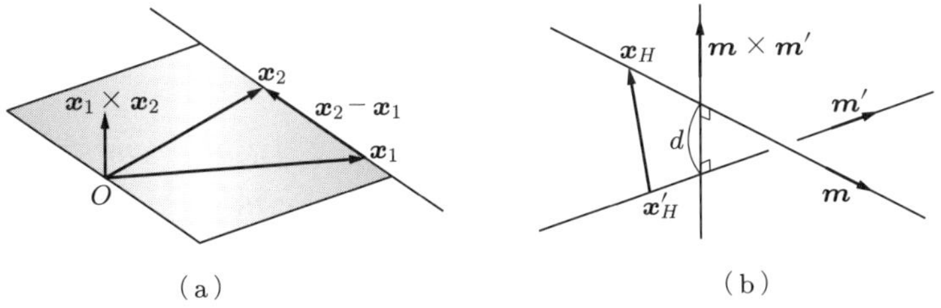

図 2.12 (a) 2 点 $\boldsymbol{x}_1$, $\boldsymbol{x}_2$ を通る直線.
(b) ねじれの位置にある 2 直線 $\boldsymbol{x} \times \boldsymbol{m} = \boldsymbol{n}$, $\boldsymbol{x} \times \boldsymbol{m}' = \boldsymbol{n}'$ の最短距離 d.

すると，距離 d は $\boldsymbol{x}_H - \boldsymbol{x}'_H$ を $\boldsymbol{m} \times \boldsymbol{m}'$ の方向に射影した長さであるから，次のようになる.

$$
\begin{aligned}
d &= \langle \frac{\boldsymbol{m} \times \boldsymbol{m}'}{\|\boldsymbol{m} \times \boldsymbol{m}'\|}, \boldsymbol{x}_H - \boldsymbol{x}'_H \rangle = \langle \frac{\boldsymbol{m} \times \boldsymbol{m}'}{\|\boldsymbol{m} \times \boldsymbol{m}'\|}, \frac{\boldsymbol{m} \times \boldsymbol{n}}{\|\boldsymbol{m}\|^2} - \frac{\boldsymbol{m}' \times \boldsymbol{n}'}{\|\boldsymbol{m}'\|^2} \rangle \\
&= \frac{\langle \boldsymbol{m} \times \boldsymbol{m}', \boldsymbol{m} \times \boldsymbol{n} \rangle}{\|\boldsymbol{m} \times \boldsymbol{m}'\| \|\boldsymbol{m}'\|^2} - \frac{\langle \boldsymbol{m} \times \boldsymbol{m}', \boldsymbol{m}' \times \boldsymbol{n}' \rangle}{\|\boldsymbol{m} \times \boldsymbol{m}'\| \|\boldsymbol{m}\|^2} \\
&= \frac{\langle (\boldsymbol{m} \times \boldsymbol{m}') \times \boldsymbol{m}, \boldsymbol{n} \rangle}{\|\boldsymbol{m} \times \boldsymbol{m}'\| \|\boldsymbol{m}\|^2} - \frac{\langle (\boldsymbol{m} \times \boldsymbol{m}') \times \boldsymbol{m}', \boldsymbol{n}' \rangle}{\|\boldsymbol{m} \times \boldsymbol{m}'\| \|\boldsymbol{m}'\|^2} \\
&= \frac{\langle \langle \boldsymbol{m}, \boldsymbol{m} \rangle \boldsymbol{m}' - \langle \boldsymbol{m}', \boldsymbol{m} \rangle \boldsymbol{m}, \boldsymbol{n} \rangle}{\|\boldsymbol{m} \times \boldsymbol{m}'\| \|\boldsymbol{m}\|^2} - \frac{\langle \langle \boldsymbol{m}, \boldsymbol{m}' \rangle \boldsymbol{m}' - \langle \boldsymbol{m}', \boldsymbol{m}' \rangle \boldsymbol{m}, \boldsymbol{n}' \rangle}{\|\boldsymbol{m} \times \boldsymbol{m}'\| \|\boldsymbol{m}'\|^2} \\
&= \frac{\|\boldsymbol{m}\|^2 \langle \boldsymbol{m}', \boldsymbol{n} \rangle}{\|\boldsymbol{m} \times \boldsymbol{m}'\| \|\boldsymbol{m}\|^2} - \frac{-\|\boldsymbol{m}'\|^2 \langle \boldsymbol{m}, \boldsymbol{n}' \rangle}{\|\boldsymbol{m} \times \boldsymbol{m}'\| \|\boldsymbol{m}'\|^2} = \frac{\langle \boldsymbol{m}, \boldsymbol{n}' \rangle + \langle \boldsymbol{m}', \boldsymbol{n} \rangle}{\|\boldsymbol{m} \times \boldsymbol{m}'\|} \qquad (2.69)
\end{aligned}
$$

ただし，垂線の足を表す式 (2.63)，ベクトル三重積の公式 (2.20)，スカラ三重積とベクトル積に関する式 (2.30), (2.31), および直交関係 (2.62) を用いた．距離 d は $\boldsymbol{m} \times \boldsymbol{m}'$ の方向を正とする符号をもっているが，符号を考えなければ次のように書ける.

命題 2.18 [2 直線の距離]

2 直線 $\boldsymbol{x} \times \boldsymbol{m} = \boldsymbol{n}$, $\boldsymbol{x} \times \boldsymbol{m}' = \boldsymbol{n}'$ が平行でないとき，2 直線間の距離 d は次のように表せる.

$$
d = \frac{|\langle \boldsymbol{m}, \boldsymbol{n}' \rangle + \langle \boldsymbol{m}', \boldsymbol{n} \rangle|}{\|\boldsymbol{m} \times \boldsymbol{m}'\|} \qquad (2.70)
$$

とくに，1 点で交わる条件は次のように表せる.

$$\langle \boldsymbol{m}, \boldsymbol{n}' \rangle + \langle \boldsymbol{m}', \boldsymbol{n} \rangle = 0 \tag{2.71}$$

2 直線 $\boldsymbol{x} \times \boldsymbol{m} = \boldsymbol{n}$, $\boldsymbol{x} \times \boldsymbol{m}' = \boldsymbol{n}'$ が平行なときは，$\boldsymbol{m} = c\boldsymbol{m}'$ となる定数 c $(\neq 0)$ が存在するから，$\langle \boldsymbol{m}, \boldsymbol{n}' \rangle = \langle c\boldsymbol{m}', \boldsymbol{n}' \rangle = c\langle \boldsymbol{m}', \boldsymbol{n}' \rangle = 0, \langle \boldsymbol{m}', \boldsymbol{n} \rangle = \langle \boldsymbol{m}/c, \boldsymbol{n} \rangle = \langle \boldsymbol{m}, \boldsymbol{n} \rangle / c = 0$ となり，式 (2.71) が満たされる ($\hookrightarrow$ 演習問題 2.13)．平行な直線は無限遠で交わっていると解釈すれば，式 (2.71) は一般の 2 直線が交わる条件ともみなせる．

古典の世界 2.8 [直線の方程式と行列式]

点 $\boldsymbol{x}$ が 2 点 $\boldsymbol{x}_1, \boldsymbol{x}_2$ を通る直線上にある条件は，$\boldsymbol{x}$ がそれらのアフィン結合として

$$\boldsymbol{x} = \lambda_1 \boldsymbol{x}_1 + \lambda_2 \boldsymbol{x}_2, \qquad \lambda_1 + \lambda_2 = 1 \tag{2.72}$$

と書けることである．すなわち，2 点 $\boldsymbol{x}_1, \boldsymbol{x}_2$ のアフィン結合がそれらを通る直線を表す．座標値を用いる解析幾何学では，上式は次のように書き直せる．

$$\begin{pmatrix} x_1 & x_2 & x \\ y_1 & y_2 & y \\ z_1 & z_2 & z \\ 1 & 1 & 1 \end{pmatrix} \begin{pmatrix} \lambda_1 \\ \lambda_2 \\ -1 \end{pmatrix} = \begin{pmatrix} 0 \\ 0 \\ 0 \\ 0 \end{pmatrix} \tag{2.73}$$

線形代数で知られているように，この同次線形方程式が自明でない解をもつ条件は，係数行列が**ランク** (rank) が 2 であること，すなわちすべての 3×3 **小行列式** (minor) が 0 になることである．

$$\begin{vmatrix} y_1 & y_2 & y \\ z_1 & z_2 & z \\ 1 & 1 & 1 \end{vmatrix} = 0, \quad \begin{vmatrix} x_1 & x_2 & x \\ z_1 & z_2 & z \\ 1 & 1 & 1 \end{vmatrix} = 0,$$
$$\begin{vmatrix} x_1 & x_2 & x \\ y_1 & y_2 & y \\ 1 & 1 & 1 \end{vmatrix} = 0, \quad \begin{vmatrix} x_1 & x_2 & x \\ y_1 & y_2 & y \\ z_1 & z_2 & z \end{vmatrix} = 0 \tag{2.74}$$

第 3 列に関して余因子展開して

$$\left\{ \begin{array}{l} m_1 = x_2 - x_1 \\ m_2 = y_2 - y_1 \\ m_3 = z_2 - z_1 \end{array} \right. , \quad \left\{ \begin{array}{l} n_1 = y_1 z_2 - z_1 y_2 \\ n_2 = z_1 x_2 - x_1 z_2 \\ n_3 = x_1 y_2 - y_1 x_2 \end{array} \right. \tag{2.75}$$

とおくと，式 (2.74) は次のように書き直せる．

$$\begin{cases} ym_3 - zm_2 = n_1 \\ zm_1 - xm_3 = n_2 \\ xm_2 - ym_1 = n_3 \end{cases}, \qquad n_1 x + n_2 y + n_3 z = 0 \tag{2.76}$$

これら $m_1, m_2, m_3, n_1, n_2, n_3$ をこの直線の**プリュッカー座標** (Plücker coordinates) という．これに同時に 0 でない数を掛けても式 (2.76) の関係は変わらないので，このプリュッカー座標は同次座標である．式 (2.75) から，次の関係が成立していることがわかる．

$$m_1 n_1 + m_2 n_2 + m_3 n_3 = 0 \tag{2.77}$$

これを**プリュッカー条件** (Plücker condition) という．ベクトルを数値の列とみなすベクトル解析では，式 (2.75) は

$$\begin{pmatrix} m_1 \\ m_2 \\ m_3 \end{pmatrix} = \begin{pmatrix} x_2 \\ y_2 \\ z_2 \end{pmatrix} - \begin{pmatrix} x_1 \\ y_1 \\ z_1 \end{pmatrix}, \qquad \begin{pmatrix} n_1 \\ n_2 \\ n_3 \end{pmatrix} = \begin{pmatrix} x_1 \\ y_1 \\ z_1 \end{pmatrix} \times \begin{pmatrix} x_2 \\ y_2 \\ z_2 \end{pmatrix} \tag{2.78}$$

と書かれ，式 (2.76) の左の 3 式は次のように書ける．

$$\begin{pmatrix} x \\ y \\ z \end{pmatrix} \times \begin{pmatrix} m_1 \\ m_2 \\ m_3 \end{pmatrix} = \begin{pmatrix} n_1 \\ n_2 \\ n_3 \end{pmatrix} \tag{2.79}$$

すなわち，式 (2.76) は式 (2.60), (2.65) に，式 (2.77) は式 (2.62) に相当している．また，式 (2.75) は分母を除いて，式 (2.68) に相当している．

2.10 平面と直線の関係

1 点と直線を通る平面，平面と直線の交点，2 平面の交線は次のように定まる．

2.10.1 1 点と直線を通る平面

直線 l の方程式を $\boldsymbol{x} \times \boldsymbol{m} = \boldsymbol{n}$ とするとき，点 $\boldsymbol{p}$ と直線 l を通る平面 Π を考える（図 2.13）．直線 l は Π 上にあるから，l の方向ベクトル $\boldsymbol{m}$ と l の支持点 $\boldsymbol{x}_H = \boldsymbol{m} \times \boldsymbol{n}/\|\boldsymbol{m}\|^2$ は Π 上にある．ゆえに，平面の法線ベクトルの方向は

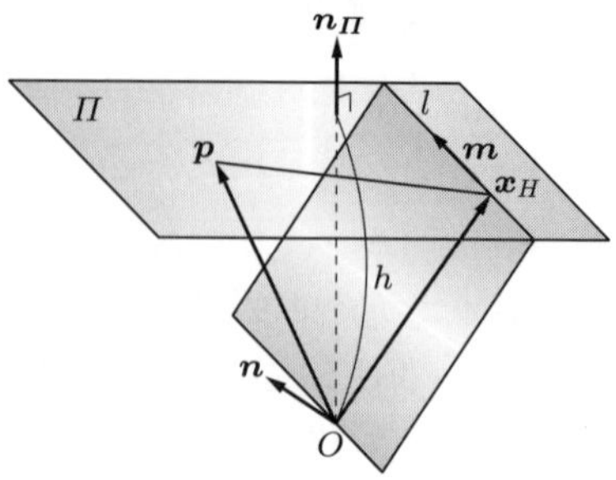

図 **2.13**　点 $\boldsymbol{p}$ と直線 $\boldsymbol{x}\times\boldsymbol{m}=\boldsymbol{n}$ を通る平面 Π.

$$
\begin{aligned}
(\boldsymbol{x}_H-\boldsymbol{p})\times\boldsymbol{m} &= \left(\frac{\boldsymbol{m}\times\boldsymbol{n}}{\|\boldsymbol{m}\|^2}-\boldsymbol{p}\right)\times\boldsymbol{m} \\
&= \frac{(\boldsymbol{m}\times\boldsymbol{n})\times\boldsymbol{m}}{\|\boldsymbol{m}\|^2}-\boldsymbol{p}\times\boldsymbol{m}=\boldsymbol{n}-\boldsymbol{p}\times\boldsymbol{m}
\end{aligned}
\tag{2.80}
$$

となる．ただし，ベクトル三重積の公式 (2.20) と $\langle\boldsymbol{m},\boldsymbol{n}\rangle=0$ を用いた．これを単位ベクトルに正規化すると，平面の単位法線ベクトルは次のようになる．

$$
\boldsymbol{n}_\Pi=\frac{\boldsymbol{n}-\boldsymbol{p}\times\boldsymbol{m}}{\|\boldsymbol{n}-\boldsymbol{p}\times\boldsymbol{m}\|}
\tag{2.81}
$$

原点 O からこの平面までの距離 h は，支持点 $\boldsymbol{x}_H$ を単位法線ベクトル $\boldsymbol{n}_\Pi$ の方向に射影した長さであるから，次のようになる．

$$
\begin{aligned}
h &= \langle\boldsymbol{n}_\Pi,\boldsymbol{x}_H\rangle=\left\langle\frac{\boldsymbol{n}-\boldsymbol{p}\times\boldsymbol{m}}{\|\boldsymbol{n}-\boldsymbol{p}\times\boldsymbol{m}\|},\frac{\boldsymbol{m}\times\boldsymbol{n}}{\|\boldsymbol{m}\|^2}\right\rangle=-\frac{\langle\boldsymbol{p}\times\boldsymbol{m},\boldsymbol{m}\times\boldsymbol{n}\rangle}{\|\boldsymbol{m}\|^2\|\boldsymbol{n}-\boldsymbol{p}\times\boldsymbol{m}\|} \\
&= -\frac{|\boldsymbol{p},\boldsymbol{m},\boldsymbol{m}\times\boldsymbol{n}|}{\|\boldsymbol{m}\|^2\|\boldsymbol{n}-\boldsymbol{p}\times\boldsymbol{m}\|}=-\frac{\langle\boldsymbol{p},\boldsymbol{m}\times(\boldsymbol{m}\times\boldsymbol{n})\rangle}{\|\boldsymbol{m}\|^2\|\boldsymbol{p}\times\boldsymbol{m}-\boldsymbol{n}\|} \\
&= -\frac{\langle\boldsymbol{p},-\|\boldsymbol{m}\|^2\boldsymbol{n}\rangle}{\|\boldsymbol{m}\|^2\|\boldsymbol{n}-\boldsymbol{p}\times\boldsymbol{m}\|}=\frac{\langle\boldsymbol{p},\boldsymbol{n}\rangle}{\|\boldsymbol{n}-\boldsymbol{p}\times\boldsymbol{m}\|}
\end{aligned}
\tag{2.82}
$$

ただし，垂線の足を表す式 (2.63)，ベクトル三重積の公式 (2.20)，スカラ三重積とベクトル積に関する式 (2.30), (2.31)，および直交関係 (2.62) を用いた．これから次の結果を得る．

命題 2.19 [1 点と直線を通る平面]

点 $\boldsymbol{p}$ と直線 $\boldsymbol{x}\times\boldsymbol{m}=\boldsymbol{n}$ を通る平面 $\langle\boldsymbol{n}_\Pi,\boldsymbol{x}\rangle=h$ は，次のように与えら

れる．

$$\boldsymbol{n}_\Pi = \frac{\boldsymbol{n} - \boldsymbol{p} \times \boldsymbol{m}}{\|\boldsymbol{n} - \boldsymbol{p} \times \boldsymbol{m}\|}, \qquad h = \frac{\langle \boldsymbol{p}, \boldsymbol{n} \rangle}{\|\boldsymbol{n} - \boldsymbol{p} \times \boldsymbol{m}\|} \tag{2.83}$$

2.10.2 平面と直線の交点

平面 Π と直線 l の方程式がそれぞれ $\langle \boldsymbol{n}_\Pi, \boldsymbol{x} \rangle = h$, $\boldsymbol{x} \times \boldsymbol{m} = \boldsymbol{n}_l$ のとき，それらの交点 $\boldsymbol{p}$ は次のように求まる．

直線 l の支持平面 Π_l の法線ベクトルは $\boldsymbol{n}_l$ であり，平面 Π の法線ベクトルは $\boldsymbol{n}$ であるから，Π_l と Π の交線は $\boldsymbol{n}_\Pi \times \boldsymbol{n}_l$ 方向にある（図 2.14(a)），平面 Π と直線 l の交点 $\boldsymbol{p}$ は，この交線と l の交点である．直線 l 上の点 $\boldsymbol{x}_l$ を $\boldsymbol{x}_l$ が $\boldsymbol{n}_\Pi \times \boldsymbol{n}_l$ と平行であるようにとる．これは，ある定数 c を用いて，

$$\boldsymbol{x}_l = c\boldsymbol{n}_\Pi \times \boldsymbol{n}_l \tag{2.84}$$

と書ける．これが直線 l の方程式を満たすから，

$$(c\boldsymbol{n}_\Pi \times \boldsymbol{n}_l) \times \boldsymbol{m} = \boldsymbol{n}_l \tag{2.85}$$

である．左辺はベクトル三重積の公式 (2.20) より，次のようになる．

$$c\Big(\langle \boldsymbol{n}_\Pi, \boldsymbol{m} \rangle \boldsymbol{n}_l - \langle \boldsymbol{n}_l, \boldsymbol{m} \rangle \boldsymbol{n}_\Pi\Big) = c\langle \boldsymbol{n}_\Pi, \boldsymbol{m} \rangle \boldsymbol{n}_l \tag{2.86}$$

ゆえに，$c = 1/\langle \boldsymbol{n}_\Pi, \boldsymbol{m} \rangle$ であり，

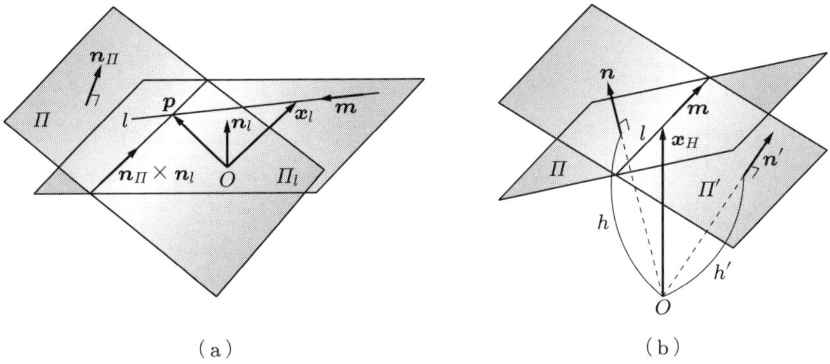

図 2.14 (a) 平面 $\langle \boldsymbol{n}_\Pi, \boldsymbol{x} \rangle = h$ と直線 $\boldsymbol{x} \times \boldsymbol{m} = \boldsymbol{n}_l$ の交点 $\boldsymbol{p}$.
(b) 2 平面 $\langle \boldsymbol{n}, \boldsymbol{x} \rangle = h$, $\langle \boldsymbol{n}', \boldsymbol{x} \rangle = h'$ の交線 l.

$$\boldsymbol{x}_l = \frac{\boldsymbol{n}_\Pi \times \boldsymbol{n}_l}{\langle \boldsymbol{n}_\Pi, \boldsymbol{m} \rangle} \tag{2.87}$$

と書ける．交点 $\boldsymbol{p}$ はこの点から見て $\boldsymbol{m}$ 方向にあるから，ある定数 C を用いて

$$\boldsymbol{p} = \boldsymbol{x}_l + C\boldsymbol{m} \tag{2.88}$$

と書ける．これが平面 Π の方程式を満たすから，

$$\begin{aligned}\langle \boldsymbol{n}_\Pi, \boldsymbol{p} \rangle &= \langle \boldsymbol{n}_\Pi, \boldsymbol{x}_l \rangle + C\langle \boldsymbol{n}_\Pi, \boldsymbol{m} \rangle = \left\langle \boldsymbol{n}_\Pi, \frac{\boldsymbol{n}_\Pi \times \boldsymbol{n}_l}{\langle \boldsymbol{n}_\Pi, \boldsymbol{m} \rangle} \right\rangle + C\langle \boldsymbol{n}_\Pi, \boldsymbol{m} \rangle \\ &= C\langle \boldsymbol{n}_\Pi, \boldsymbol{m} \rangle = h \end{aligned} \tag{2.89}$$

より，$C = h/\langle \boldsymbol{n}_\Pi, \boldsymbol{m} \rangle$ である．ゆえに，$\boldsymbol{p}$ は次のように書ける．

$$\boldsymbol{p} = \boldsymbol{x}_l + \frac{h\boldsymbol{m}}{\langle \boldsymbol{n}_\Pi, \boldsymbol{m} \rangle} = \frac{\boldsymbol{n}_\Pi \times \boldsymbol{n}_l + h\boldsymbol{m}}{\langle \boldsymbol{n}_\Pi, \boldsymbol{m} \rangle} \tag{2.90}$$

まとめると，次の結果を得る．

命題 2.20 [平面と直線の交点]

平面 $\langle \boldsymbol{n}_\Pi, \boldsymbol{x} \rangle = h$ と直線 $\boldsymbol{x} \times \boldsymbol{m} = \boldsymbol{n}_l$ の交点 $\boldsymbol{p}$ は，次のように与えられる．

$$\boldsymbol{p} = \frac{\boldsymbol{n}_\Pi \times \boldsymbol{n}_l + h\boldsymbol{m}}{\langle \boldsymbol{n}_\Pi, \boldsymbol{m} \rangle} \tag{2.91}$$

2.10.3　2平面の交線

2平面 $\langle \boldsymbol{n}, \boldsymbol{x} \rangle = h$, $\langle \boldsymbol{n}', \boldsymbol{x} \rangle = h'$ の交線 l は，次のように求まる．

交線の方向 $\boldsymbol{m}$ は，両平面の法線ベクトル $\boldsymbol{n}$, $\boldsymbol{n}'$ に直交するから，ある定数 c により $\boldsymbol{m} = c\boldsymbol{n} \times \boldsymbol{n}'$ と書ける（図 2.14(b)）．交線 l の支持点を $\boldsymbol{x}_H$ とすると，これは $\boldsymbol{n}$, $\boldsymbol{n}'$ の張る平面内にあるから，ある定数 a, b によって $\boldsymbol{x}_H = a\boldsymbol{n} + b\boldsymbol{n}'$ と書ける．これが両平面上にあるから，

$$\begin{aligned}\langle \boldsymbol{n}, \boldsymbol{x}_H \rangle &= a + b\langle \boldsymbol{n}, \boldsymbol{n}' \rangle = h, \\ \langle \boldsymbol{n}', \boldsymbol{x}_H \rangle &= a\langle \boldsymbol{n}, \boldsymbol{n}' \rangle + b = h' \end{aligned} \tag{2.92}$$

を満たす．これを a, b について解くと次のようになる．

$$a = \frac{h - h'\langle \boldsymbol{n}, \boldsymbol{n}' \rangle}{1 - \langle \boldsymbol{n}, \boldsymbol{n}' \rangle^2}, \qquad b = \frac{h' - h\langle \boldsymbol{n}, \boldsymbol{n}' \rangle}{1 - \langle \boldsymbol{n}, \boldsymbol{n}' \rangle^2} \tag{2.93}$$

ゆえに，支持点 $\boldsymbol{x}_H$ は次のように書ける．

$$\boldsymbol{x}_H = \frac{(h - h'\langle \boldsymbol{n}, \boldsymbol{n}' \rangle)\boldsymbol{n} + (h' - h\langle \boldsymbol{n}, \boldsymbol{n}' \rangle)\boldsymbol{n}'}{1 - \langle \boldsymbol{n}, \boldsymbol{n}' \rangle^2} \tag{2.94}$$

交線 l の方程式を $\boldsymbol{m} \times \boldsymbol{x} = \boldsymbol{n}_l$ とおくと，支持点 $\boldsymbol{x}_H$ はこれを満たすから，

$$\begin{aligned}
\boldsymbol{n}_l = \boldsymbol{m} \times \boldsymbol{x}_H &= \frac{(h - h'\langle \boldsymbol{n}, \boldsymbol{n}' \rangle)\boldsymbol{m} \times \boldsymbol{n} + (h' - h\langle \boldsymbol{n}, \boldsymbol{n}' \rangle)\boldsymbol{m} \times \boldsymbol{n}'}{1 - \langle \boldsymbol{n}, \boldsymbol{n}' \rangle^2} \\
&= c\frac{(h - h'\langle \boldsymbol{n}, \boldsymbol{n}' \rangle)(\boldsymbol{n} \times \boldsymbol{n}') \times \boldsymbol{n} + (h' - h\langle \boldsymbol{n}, \boldsymbol{n}' \rangle)(\boldsymbol{n} \times \boldsymbol{n}') \times \boldsymbol{n}'}{1 - \langle \boldsymbol{n}, \boldsymbol{n}' \rangle^2} \\
&= c\frac{(h - h'\langle \boldsymbol{n}, \boldsymbol{n}' \rangle)(\boldsymbol{n}' - \langle \boldsymbol{n}, \boldsymbol{n}' \rangle\boldsymbol{n}) - (h' - h\langle \boldsymbol{n}, \boldsymbol{n}' \rangle)(\boldsymbol{n} - \langle \boldsymbol{n}, \boldsymbol{n}' \rangle\boldsymbol{n}')}{1 - \langle \boldsymbol{n}, \boldsymbol{n}' \rangle^2} \\
&= c\frac{(1 - \langle \boldsymbol{n}, \boldsymbol{n}' \rangle^2)h\boldsymbol{n}' - (1 - \langle \boldsymbol{n}, \boldsymbol{n}' \rangle^2)h'\boldsymbol{n}}{1 - \langle \boldsymbol{n}, \boldsymbol{n}' \rangle^2} = c(h\boldsymbol{n}' - h'\boldsymbol{n})
\end{aligned} \tag{2.95}$$

が得られる．ただし，ベクトル三重積の公式 (2.20) を用いた．$\boldsymbol{m}(= c\boldsymbol{n} \times \boldsymbol{n}')$ とこの $\boldsymbol{n}_l$ を式 (2.64) のように正規化すると，次の結果を得る．

命題 2.21 [2 平面の交線]

2 平面 $\langle \boldsymbol{n}, \boldsymbol{x} \rangle = h$, $\langle \boldsymbol{n}', \boldsymbol{x} \rangle = h'$ の交線は，次の $\boldsymbol{m}$, $\boldsymbol{n}_l$ を用いて $\boldsymbol{m} \times \boldsymbol{x} = \boldsymbol{n}_l$ と表せる．

$$\boldsymbol{m} = \frac{\boldsymbol{n} \times \boldsymbol{n}'}{\sqrt{\|\boldsymbol{n} \times \boldsymbol{n}'\|^2 + \|h\boldsymbol{n}' - h'\boldsymbol{n}\|^2}},$$
$$\boldsymbol{n}_l = \frac{h\boldsymbol{n}' - h'\boldsymbol{n}}{\sqrt{\|\boldsymbol{n} \times \boldsymbol{n}'\|^2 + \|h\boldsymbol{n}' - h'\boldsymbol{n}\|^2} \tag{2.96}$$

補　足

今日，本章に示したベクトル解析による 3 次元幾何学の記述は，古典力学や電磁気学の基礎として確固とした地位を保っている．また，コンピュータグラフィクスのための形状モデリングやレンダリングにも欠かすことができない．本章以降では，これに次々と新しい要素や演算を付加したハミルトンの四元数代数，

グラスマンの外積代数，クリフォード代数，グラスマン–ケイリー代数を順に説明する．しかし，歴史的な発展の方向はやや異なり，グラスマンの代数やハミルトンの代数のほうが古く，これを単純化して物理学の記述に必要最小限なものにしたのが，米国の物理学者の**ギブス** (Josiah Willard Gibbs: 1839–1903) である．

2.3節で定義した「内積」は，より正確には**ユークリッド計量** (Euclidean metric) とよび，そのような内積をもつ空間を**ユークリッド空間** (Euclidean space) とよぶ．この正値性，対称性，線形性のうち，正値性を除いた内積を**非ユークリッド計量** (non-Euclidean metric) とよび，そのような内積をもつ空間を**非ユークリッド空間** (non-Eucldean space) とよぶ．これについては第8章で述べる．

2.4節の「ベクトル積」(vector product) を「外積」(outer product, exterior product) とよんでいる本や論文もあるが，本書では，第5章でグラスマン代数の「外積」を定義するので，これをベクトル積の意味では用いない．2.6節の「反射影」(rejection) という用語を導入したのは Hestenes and Sobczyk [12] である．なお，英語では reflection という単語を「直線に関する」，「平面に関する」という修飾句によって使い分けているが，本書では前者に「反射」，後者に「鏡映」と別々の日本語をあてた．式 (2.46) の回転の公式は，フランスの数学者**ロドリーグ** (Benjamin Olinde Rodrigues: 1795–1851) によるものであるが，「ロドリゲス」という表記が流布しているため，本書でも混乱を避けるために「ロドリゲス」と書いている．

本章は，3次元幾何学を扱った金谷 [17] の第2章に相当している．金谷 [17] では，数値ベクトルと行列表現を用いる取り扱いと本書のような代数的な記述が折衷されているが，本章はそれを代数的な記述に書き直している．線形代数に基づく記述は，甘利・金谷 [1]，金谷 [18] を参照するとよい．

演習問題

2.1 式 (2.10) が成り立つことを示せ．

2.2 式 (2.12) のシュワルツの不等式が成り立つことを示せ．

2.3 式 (2.13) の三角不等式が成り立つことを示せ．これがなぜ「三角」不等式とよばれるか考えよ．

2.4 ベクトル積の線形性 $\boldsymbol{a} \times (\alpha \boldsymbol{b} + \beta \boldsymbol{c}) = \alpha \boldsymbol{a} \times \boldsymbol{b} + \beta \boldsymbol{a} \times \boldsymbol{c}$ が成り立つことを示せ.

2.5 xy 平面上の二つのベクトル $\boldsymbol{a} = a_1 e_1 + a_2 e_2$, $\boldsymbol{b} = b_1 e_1 + b_2 e_2$ の始点を一致させてできる平行四辺形の面積が

$$S = a_1 b_2 - a_2 b_2$$

であることを示せ. ただし, $\boldsymbol{a}$ を $\boldsymbol{b}$ に近づける回転は, z 軸周りの右ネジの向きであるとする.

2.6 ベクトル $\boldsymbol{a} = a_1 e_1 + a_2 e_2 + a_3 e_3$, $\boldsymbol{b} = b_1 e_1 + b_2 e_2 + b_3 e_3$ の始点を一致させてできる平行四辺形の面積が次のように書けることを示せ.

$$S = \sqrt{(a_2 b_3 - a_3 b_2)^2 + (a_3 b_1 - a_1 b_3)^2 + (a_1 b_2 - a_2 b_1)^2}$$

2.7 ベクトル $\boldsymbol{a}$, $\boldsymbol{b}$ の作る平行四辺形の面積を S とし, その平行四辺形を yz 平面, zx 平面, xy 平面に射影して得られる平行四辺形の面積をそれぞれ S_{yz}, S_{zx}, S_{xy} とするとき (図 2.15), 次の関係が成り立つことを示せ.

$$S = \sqrt{S_{yz}^2 + S_{zx}^2 + S_{xy}^2}$$

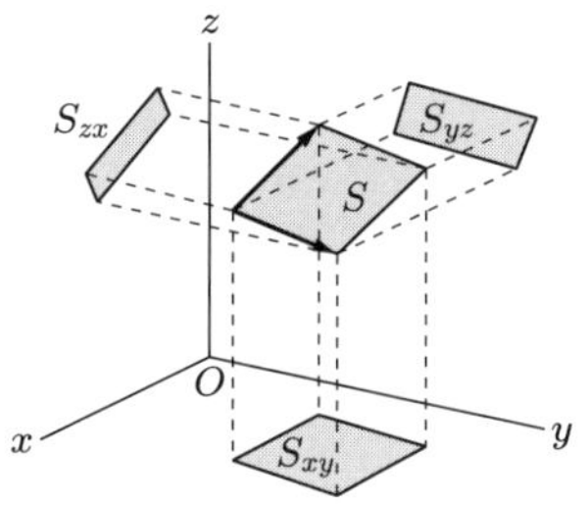

図 **2.15**

2.8 式 (2.18) のベクトル積 $\boldsymbol{a} \times \boldsymbol{b}$ は, $\boldsymbol{a}$, $\boldsymbol{b}$ の両方に直交することを確かめよ.

2.9 ベクトル $\boldsymbol{a}$, $\boldsymbol{b}$, $\boldsymbol{c}$ の始点を一致させてできる平行六面体の符号付き体積（$\boldsymbol{a}$, $\boldsymbol{b}$, $\boldsymbol{c}$ が右手系のとき正, 左手系のとき負）が $\langle \boldsymbol{a} \times \boldsymbol{b}, \boldsymbol{c} \rangle$ であることを示せ.

2.10 次の等式が成り立つことを示せ.

$$(\boldsymbol{a} \times \boldsymbol{b}) \times \boldsymbol{c} + (\boldsymbol{b} \times \boldsymbol{c}) \times \boldsymbol{a} + (\boldsymbol{c} \times \boldsymbol{a}) \times \boldsymbol{b} = 0,$$

$$\boldsymbol{a} \times (\boldsymbol{b} \times \boldsymbol{c}) + \boldsymbol{b} \times (\boldsymbol{c} \times \boldsymbol{a}) + \boldsymbol{c} \times (\boldsymbol{a} \times \boldsymbol{b}) = 0$$

2.11 次の等式が成り立つことを示せ．

$$\langle \boldsymbol{x} \times \boldsymbol{y}, \boldsymbol{a} \times \boldsymbol{b} \rangle = \langle \boldsymbol{x}, \boldsymbol{a} \rangle \langle \boldsymbol{y}, \boldsymbol{b} \rangle - \langle \boldsymbol{x}, \boldsymbol{b} \rangle \langle \boldsymbol{y}, \boldsymbol{a} \rangle$$

2.12 式 (2.46) のロドリゲスの式において $\boldsymbol{a} = a_1 e_1 + a_2 e_2 + a_3 e_3$, $\boldsymbol{a}' = a_1' e_1 + a_2' e_2 + a_3' e_3$ とおくとき，a_1', a_2', a_3' を a_1, a_2, a_3 の式として表せ．

2.13 2 直線 $\boldsymbol{x} \times \boldsymbol{m} = \boldsymbol{n}$, $\boldsymbol{x} \times \boldsymbol{m}' = \boldsymbol{n}'$ が平行なとき，この 2 直線間の距離 d が次のように書けることを示せ．

$$d = \left\| \frac{\boldsymbol{n}}{\|\boldsymbol{m}\|} - \frac{\boldsymbol{n}'}{\|\boldsymbol{m}'\|} \right\|$$

2.14 $\boldsymbol{x} \times \boldsymbol{m} = \boldsymbol{n}_l$ で表される直線 l を通り，単位方向ベクトル $\boldsymbol{u}$ を含む平面 Π を $\langle \boldsymbol{n}, \boldsymbol{x} \rangle = h$ と書くとき，$\boldsymbol{n}$, h が次のように与えられることを示せ．

$$\boldsymbol{n} = \frac{\boldsymbol{m} \times \boldsymbol{u}}{\|\boldsymbol{m} \times \boldsymbol{u}\|}, \qquad h = \frac{\langle \boldsymbol{n}_l, \boldsymbol{u} \rangle}{\|\boldsymbol{m} \times \boldsymbol{u}\|}$$

2.15 点 $\boldsymbol{p}$ を通り，単位法線ベクトル $\boldsymbol{u}$, $\boldsymbol{v}$ を含む平面 Π を $\langle \boldsymbol{n}, \boldsymbol{x} \rangle = h$ と書くとき，$\boldsymbol{n}$, h が次のように与えられることを示せ．

$$\boldsymbol{n} = \frac{\boldsymbol{u} \times \boldsymbol{v}}{\|\boldsymbol{u} \times \boldsymbol{v}\|}, \qquad h = \frac{|\boldsymbol{p}, \boldsymbol{u}, \boldsymbol{v}|}{\|\boldsymbol{u} \times \boldsymbol{v}\|}$$

第 3 章 斜交座標

前章では，互いに直交する座標系を仮定したが，本章では必ずしも直交しない斜交座標系を用いる場合を調べる．座標軸が直交しなければ，基底も直交しない．このときベクトルを成分で表す方法として，その基底の線形結合で表す方法と，その基底に直交する「相反基底」とよぶ別の基底の線形結合で表す方法の二つを示す．そして，どちらを用いるかで内積，ベクトル積，スカラ三重積の計算の表現が変わるが，基底間の内積を指定する「計量テンソル」によって異なる表現が互いに変換できることを述べる．また，現在の座標系とは別の座標系を用いると，ベクトルの表現が変化するが，その「座標変換」が規則的な関係式で記述できることを示す．ただし，次章以降の内容は簡単のために直交座標系について説明するので，幾何学的代数の考え方を早く知りたい読者は，本章を飛ばして読み進めても構わない．なお，本章では，ある程度の線形代数に関する知識を用いている．

3.1 相反基底

必ずしも直交しない xyz 座標系を考える．さらに，各軸の尺度（目盛り）も異なるとする．このような座標系を**斜交座標系** (oblique coordinate system) という．各軸に平行で各軸上の目盛りの単位を長さとするベクトル e_1, e_2, e_3 を基底にとり（図 3.1(a)），ベクトル $\boldsymbol{a}$ をその線形結合で

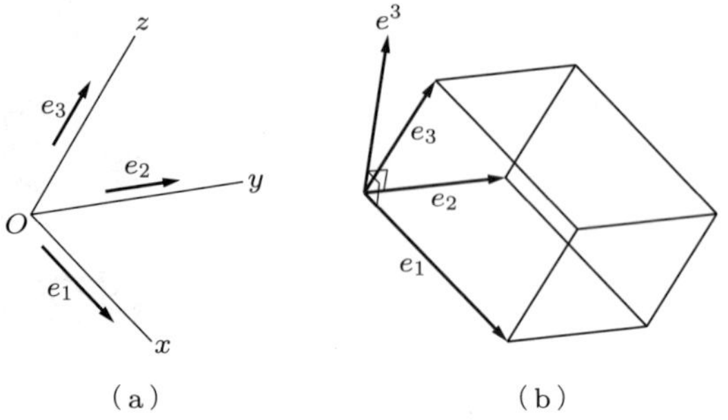

図 3.1　(a) xyz 斜交座標系の基底 $\{e_1, e_2, e_3\}$.
(b) 相反基底ベクトル e^3 は基底ベクトルに e_1, e_2 に直交する.

$$\boldsymbol{a} = a^1 e_1 + a^2 e_2 + a^3 e_3 \tag{3.1}$$

と表したとき，a^1, a^2, a^3 をその座標系に関する**成分** (component) とよぶ．斜交座標系に関する成分には，上添字を用いる習慣がある．

基底ベクトル e_2, e_3 に直交するベクトルを上添字を用いて e^1 と書き，同様に e_3, e_1 に直交するベクトルを e^2 とし，e_1, e_2 に直交するベクトルを e^3 とする（図 3.1(b)）．そして，それぞれの長さを $\langle e_1, e^1\rangle = \langle e_2, e^2\rangle = \langle e_3, e^3\rangle = 1$ であるように定める．これを式で書くと，次のようになる．

$$\langle e_i, e^j\rangle = \delta_i^j \tag{3.2}$$

記号 δ_i^j は，δ_{ij} と同様に**クロネッカのデルタ** (Kronecker delta) とよばれ，$i = j$ のとき 1，それ以外は 0 をとると約束する．このように定めた $\{e^1, e^2, e^3\}$ を $\{e_1, e_2, e_3\}$ に対する**相反基底** (reciprocal basis) とよぶ．e^1 は e_2, e_3 に直交するから，ある定数 c によって $e^1 = ce_2 \times e_3$ と書ける．そして，

$$\langle e_1, e^1\rangle = \langle e_1, ce_2 \times e_3\rangle = c|e_1, e_2, e_3| = 1 \tag{3.3}$$

であるから，$c = 1/|e_1, e_2, e_3|$ である．e^2, e^3 についても同様である．したがって，相反基底が次のように書ける．

命題 3.1 [相反基底の基底による表現]

斜交座標系の基底 $\{e_1, e_2, e_3\}$ の相反基底 $\{e^1, e^2, e^3\}$ は，次のように与えられる．

$$e^1 = \frac{e_2 \times e_3}{|e_1, e_2, e_3|}, \qquad e^2 = \frac{e_3 \times e_1}{|e_1, e_2, e_3|}, \qquad e^3 = \frac{e_1 \times e_2}{|e_1, e_2, e_3|} \tag{3.4}$$

スカラ三重積 $|e_1, e_2, e_3|$ をこの斜交座標系の**体積要素** (volume element) とよび，記号 I で表す．

$$I = |e_1, e_2, e_3| \tag{3.5}$$

式 (3.1) と e^1, e^2, e^3 との内積をとると，直交関係の式 (3.2) から次のようになる．

$$\langle e^1, \boldsymbol{a} \rangle = a^1, \qquad \langle e^2, \boldsymbol{a} \rangle = a^2, \qquad \langle e^3, \boldsymbol{a} \rangle = a^3 \tag{3.6}$$

ゆえに，次の結果を得る．

命題 3.2 [ベクトルの成分]

ベクトル $\boldsymbol{a}$ の斜交座標系に関する成分 a^1, a^2, a^3 は，相反基底 $\{e^1, e^2, e^3\}$ を用いて，次のように与えられる．

$$a^i = \langle e^i, \boldsymbol{a} \rangle \tag{3.7}$$

第 2 章の式 (2.17), (2.27) より，次のことがわかる．

命題 3.3 [正規直交基底]

正規直交基底 $\{e_1, e_2, e_3\}$ は，それ自身の相反基底である．

$$e^1 = e_1, \qquad e^2 = e_2, \qquad e^3 = e_3 \tag{3.8}$$

3.2 相反成分

定義より，相反基底ベクトル e^1, e^2 は共に e_3 に直交するから，ある定数 c' を用いて $e_3 = c' e^1 \times e^2$ と書ける（図 3.2）．そして，

$$\langle e_3, e^3 \rangle = \langle c' e^1 \times e^2, e^3 \rangle = c' |e^1, e^2, e^3| = 1 \tag{3.9}$$

であるから，$c' = 1/|e^1, e^2, e^3|$ である．e^1, e^2 についても同様である．ゆえに，式 (3.4) に対応して次の結果を得る．

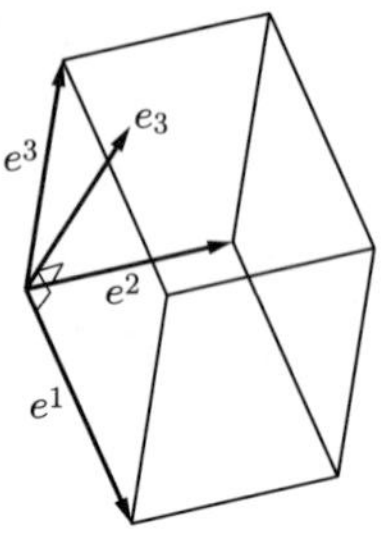

図 3.2　基底ベクトル e_3 は，相反基底ベクトル e^1, e^2 に直交する．

命題 3.4 [基底の相反基底による表現]

斜交座標系の基底 $\{e_1,\ e_2,\ e_3\}$ は，相反基底 $\{e^1,\ e^2,\ e^3\}$ によって次のように表せる．

$$e_1 = \frac{e^2 \times e^3}{|e^1, e^2, e^3|}, \qquad e_2 = \frac{e^3 \times e^1}{|e^1, e^2, e^3|}, \qquad e_3 = \frac{e^1 \times e^2}{|e^1, e^2, e^3|} \tag{3.10}$$

これから次のことがわかる．

命題 3.5 [相反基底の相反基底]

相反基底 $\{e^1,\ e^2,\ e^3\}$ の相反基底は，もとの基底 $\{e_1,\ e_2,\ e_3\}$ に一致する．

式 (3.10) より，体積要素 I は，相反基底では次のように表せる．

$$\begin{aligned}
|e_1, e_2, e_3| &= \left|\frac{e^2 \times e^3}{|e^1, e^2, e^3|}, \frac{e^3 \times e^1}{|e^1, e^2, e^3|}, \frac{e^1 \times e^2}{|e^1, e^2, e^3|}\right| = \frac{|e^2 \times e^3, e^3 \times e^1, e^1 \times e^2|}{|e^1, e^2, e^3|^3} \\
&= \frac{\langle (e^2 \times e^3) \times (e^3 \times e^1), e^1 \times e^2 \rangle}{|e^1, e^2, e^3|^3} \\
&= \frac{\langle \langle e^2, e^3 \times e^1 \rangle e^3 - \langle e^3, e^3 \times e^1 \rangle e^2, e^1 \times e^2 \rangle}{|e^1, e^2, e^3|^3} \\
&= \frac{\langle |e^2, e^3, e^1| e^3, e^1 \times e^2 \rangle}{|e^1, e^2, e^3|^3} = \frac{|e^2, e^3, e^1||e^3, e^1, e^2|}{|e^1, e^2, e^3|^3} = \frac{1}{|e^1, e^2, e^3|}
\end{aligned} \tag{3.11}$$

ただし，第 2 章のベクトル三重積の式 (2.20) とスカラ三重積の関係式 (2.31) を用いた．式 (3.11) より，次のことがいえる．

命題 3.6 [基底と相反基底の体積要素]

基底 $\{e_1, e_2, e_3\}$ の体積要素と相反基底 $\{e^1, e^2, e^3\}$ の体積要素は，互いに逆数である．

$$|e_1, e_2, e_3||e^1, e^2, e^3| = 1 \tag{3.12}$$

すなわち，$|e_1, e_2, e_3| = I$ とすると，$|e^1, e^2, e^3| = I^{-1}$ である．

ベクトルを相反基底 $\{e^1,\ e^2,\ e^3\}$ の線形結合で表すこともできる．ベクトル $\boldsymbol{a}$ が

$$\boldsymbol{a} = a_1 e^1 + a_2 e^2 + a_3 e^3 \tag{3.13}$$

と表されるとき，$a_1,\ a_2,\ a_3$ を $\boldsymbol{a}$ の**相反成分** (reciprocal components) という．式 (3.13) と $e_1,\ e_2,\ e_3$ との内積をとると，直交関係 (3.2) から次のようになる．

$$\langle e_1, \boldsymbol{a}\rangle = a_1, \qquad \langle e_2, \boldsymbol{a}\rangle = a_2, \qquad \langle e_3, \boldsymbol{a}\rangle = a_3 \tag{3.14}$$

ゆえに，式 (3.7) に対応して次の結果を得る．

命題 3.7 [ベクトルの相反成分]

ベクトル $\boldsymbol{a}$ の斜交座標系に関する相反成分 $a_1,\ a_2,\ a_3$ は，基底 $\{e_1,\ e_2,\ e_3\}$ を用いて，次のように与えられる．

$$a_i = \langle e_i, \boldsymbol{a}\rangle \tag{3.15}$$

命題 3.3 より，直交座標系では通常の成分と相反成分の区別はないことがわかる．

3.3　内積，ベクトル積，スカラ三重積

以下，式 (3.1), (3.13) を $\sum_{i=1}^{3}$ を省略して次のように書く．

$$\boldsymbol{a} = a^i e_i, \qquad \boldsymbol{a} = a_i e^i \tag{3.16}$$

すなわち，同じ文字の上添字と下添字があるときは，それらの 1, 2, 3 に渡る和をとると約束する．これを**アインシュタインの総和規約** (Einstein's summation convention) という．添字が a_i のように単独で現れるとき，これは $i=1,2,3$ に対する集合 $\{a_1, a_2, a_3\}$ を表していると解釈する．

ベクトルの $\boldsymbol{a}, \boldsymbol{b}$ の内積は，直交関係 (3.2) から次のように書ける（↪ 演習問題 3.2）．

$$\langle \boldsymbol{a}, \boldsymbol{b} \rangle = \langle a^i e_i, b_j e^j \rangle = a^i b_j \langle e_i, e^j \rangle = a^i b_j \delta_i^j = a^i b_i \tag{3.17}$$

注意すべきことは，足し合わせる添字は対応する文字が同じであれば何を使ってもよいことである．このことを，足し合わせる添字は**ダミー** (dummy) であるという．これを利用して，式 (3.17) では和をとる添字の混乱が生じないようにダミー添字を書き換えている．式 (3.17) から，次のことがいえる．

命題 3.8 [ベクトルの内積とノルム]

ベクトル $\boldsymbol{a} = a^i e_i$, $\boldsymbol{b} = b_i e^i$ の内積が次のように書ける．

$$\langle \boldsymbol{a}, \boldsymbol{b} \rangle = a^i b_i \tag{3.18}$$

とくに，ベクトル $\boldsymbol{a} = a^i e_i = a_i e^i$ のノルムは次のように書ける．

$$\|\boldsymbol{a}\| = \sqrt{a^i a_i} \tag{3.19}$$

ベクトル $\boldsymbol{a}, \boldsymbol{b}$ を基底 e_i によって $\boldsymbol{a} = a^i e_i$, $\boldsymbol{b} = b^i e_i$ と表せば，第 2 章の式 (2.18) のベクトル積の計算は，斜交座標系では次のようになる．

$$\begin{aligned}
\boldsymbol{a} \times \boldsymbol{b} &= (a^1 e_1 + a^2 e_2 + a^3 e_3) \times (b^1 e_1 + b^2 e_2 + b^3 e_3) \\
&= a^1 b^1 e_1 \times e_1 + a^1 b^2 e_1 \times e_2 + a^1 b^3 e_1 \times e_3 \\
&\quad + a^2 b^1 e_2 \times e_1 + a^2 b^2 e_2 \times e_2 + a^2 b^3 e_2 \times e_3 \\
&\quad + a^3 b^1 e_3 \times e_1 + a^3 b^2 e_3 \times e_2 + a^3 b^3 e_3 \times e_3 \\
&= (a^2 b^3 - a^3 b^2) e^1 |e_1, e_2, e_3| + (a^3 b^1 - a^1 b^3) e_2 |e_1, e_2, e_3| \\
&\quad + (a^1 b^2 - a^2 b^1) e_3 |e_1, e_2, e_3| \\
&= \Big((a^2 b^3 - a^3 b^2) e^1 + (a^3 b^1 - a^1 b^3) e^2 + (a^1 b^2 - a^2 b^1) e^3 \Big) I
\end{aligned} \tag{3.20}$$

すなわち，次のことがわかる．

命題 3.9 [ベクトル積]

ベクトル $\boldsymbol{a} = a^i e_i, \boldsymbol{b} = b^i e_i$ のベクトル積は，次のように書ける．

$$\boldsymbol{a} \times \boldsymbol{b} = I\epsilon_{ijk} a^i b^j e^k \tag{3.21}$$

ただし，I は基底 e_i の体積要素である．

スカラ三重積は，第 2 章の式 (2.28) と同様の計算によって次のようになる．

$$\begin{aligned}
|\boldsymbol{a}, \boldsymbol{b}, \boldsymbol{c}| &= |a^1 e_1 + a^2 e_2 + a^3 e_3, b^1 e_1 + b^2 e_2 + b^3 e_3, c^1 e_1 + c^2 e_2 + c^3 e_3| \\
&= a^1 b^2 c^3 |e_1, e_2, e_3| + a^2 b^3 c^1 |e_2, e_3, e_1| + a^3 b^1 c^2 |e_3, e_1, e_2| \\
&\quad + a^1 b^3 c^2 |e_1, e_3, e_2| + a^2 b^1 c^3 |e_2, e_1, e_3| + a^3 b^2 c^1 |e_3, e_2, e_1| \\
&= (a^1 b^2 c^3 + a^2 b^3 c^1 + a^3 b^1 c^2 - a^1 b^3 c^2 - a^2 b^1 c^3 - a^3 b^2 c^1) |e_1, e_2, e_3|
\end{aligned} \tag{3.22}$$

これは次のように書くことができる．

命題 3.10 [スカラ三重積]

ベクトル $\boldsymbol{a} = a^i e_i, \boldsymbol{b} = b^i e_i, \boldsymbol{c} = c^i e_i$ のスカラ三重積は，次のように書ける．

$$|\boldsymbol{a}, \boldsymbol{b}, \boldsymbol{c}| = I\epsilon_{ijk} a^i b^j c^k \tag{3.23}$$

ただし，I は基底 e_i の体積要素である．

以上より，基底 e_i による表現と相反基底 e^i による表現を適切に選択すれば，内積やベクトル積やスカラ三重積の計算が簡単な形に書けることがわかる．その選択の基準は，**上添字と下添字に関して和がとられるようにする**ということである．

3.4 計量テンソル

前節では内積を計算するのに，上添字と下添字に関して和がとられるように基底 e_i による表現と相反基底 e^i による表現を選んだが，本節では基底 e_i による表現のみによって内積を計算する方法を示す．ベクトルを基底 e_i で表現したとき，その内積は対称性や線形性によって展開すれば，ベクトルの内積は，結

局は基底 e_1, e_2, e_3 間の内積に帰着する．しかし，斜交座標系では e_1, e_2, e_3 は単位ベクトルとは限らないし，それらの間の内積が 0 とは限らない．そこで次のようにおく．

$$\langle e_i, e_j \rangle = g_{ij} \tag{3.24}$$

g_{ij} は各基底 e_1，e_2，e_3 の長さやその間の角度を指定するものである．たとえば，e_1 の長さは $\sqrt{g_{11}}$ であり，e_1，e_2 のなす角を θ_{12} とすれば，$\cos\theta_{12} = g_{12}/(\sqrt{g_{11}}\sqrt{g_{22}})$ である．この g_{ij} を**計量テンソル** (metric tensor)，あるいは単に**計量** (metric) とよぶ．「テンソル」という用語は，ベクトルの成分や行列の要素に何らかの幾何学的，物理的な意味をもたせたものに用いられる．

定義より，g_{ij} は添字について対称である．

$$g_{ij} = g_{ji} \tag{3.25}$$

このような添字に対称性のあるテンソルを**対称テンソル** (symmetric tensor) とよぶ．第 2 章の式 (2.6) は，直交座標系の計量テンソルが δ_{ij} であることを表している．計量テンソル g_{ij} を用いれば，ベクトル $\boldsymbol{a} = a^i e_i$, $\boldsymbol{b} = b^i e_i$ の内積が次のように計算される．

$$\langle \boldsymbol{a}, \boldsymbol{b} \rangle = \langle a^i e_i, b^j e_j \rangle = a^i b^j \langle e_i, e_j \rangle = a^i b^j g_{ij} \tag{3.26}$$

ゆえに，任意の 0 でない $\boldsymbol{a} = a^i e_i$ に対して，$\|\boldsymbol{a}\|^2 = g_{ij} a^i a^j > 0$ である．式 (3.25) と合わせると，g_{ij} を (i,j) 要素とする行列を (g_{ij}) と書けば，これは行列 (g_{ij}) が**正値対称行列** (positive definite matrix) であることを意味している．以上は，次のように まとめられる．

命題 3.11 [内積とノルムの計量テンソルによる表現]

ベクトル $\boldsymbol{a} = a^i e_i$, $\boldsymbol{b} = b^i e_i$ の内積は

$$\langle \boldsymbol{a}, \boldsymbol{b} \rangle = g_{ij} a^i b^j \tag{3.27}$$

である．とくに，ベクトル $\boldsymbol{a} = a^i e_i$ のノルムは次のように書ける．

$$\|\boldsymbol{a}\| = \sqrt{g_{ij} a^i a^j} \tag{3.28}$$

記号 g_{ij} を「計量」テンソルとよぶのは，式 (3.28) のように，g_{ij} が長さを定める基準となるからである．

3.5 表現の相反関係

ベクトル $\boldsymbol{a}$ を相反基底によって $\boldsymbol{a} = a_i e^i$ と表せば，式 (3.18) よりベクトル $\boldsymbol{b} = b^i e_i$ との内積は $\langle \boldsymbol{a}, \boldsymbol{b} \rangle = a_i b^i$ となる．式 (3.27) と比較して $g_{ij} a^i b^j = a_j b^j$ と書けるが，これは b^j が何であっても恒等的に成り立たなければならない．したがって，

$$g_{ij} a^i = a_j \tag{3.29}$$

である．これを a^i に関する連立 1 次方程式とみなして a^i について解いたものを

$$a^i = g^{ij} a_j \tag{3.30}$$

と書く．ただし，(i, j) 要素を g_{ij} とする行列 (g_{ij}) の逆行列の (i, j) 要素を g^{ij} と書いた（$\hookrightarrow$ 演習問題 3.3 (1)）．対称行列の逆行列も対称行列であるから，式 (3.25) より g^{ij} も添字について対称である．

$$g^{ij} = g^{ji} \tag{3.31}$$

行列とその逆行列との積は単位行列であり，単位行列の (i, j) 要素は δ_i^j であるから，次の関係が成り立つ．

$$g_{ik} g^{kj} = \delta_i^j \tag{3.32}$$

以上をまとめると，次のようになる．

命題 3.12 [成分と相反成分の関係]

ベクトル $\boldsymbol{a}$ の基底 e_i に関する成分 a^i と相反基底 e^i に関する相反成分 a_i とは，次の関係で結ばれる．

$$a_i = g_{ij} a^j, \qquad a^i = g^{ij} a_j \tag{3.33}$$

基底 e_i と相反基底 e^i を用いれば，ベクトル $\boldsymbol{a}$ が $a^i e_i$ と $a_i e^i$ の 2 通りに表せるから，

$$a^i e_i = a_i e^i = g_{ij} a^j e^i = a^i (g_{ij} e^j) \tag{3.34}$$

である．ただし，g_{ij} が添字について対称であることに注意し，足し合わせるダミー添字を書き換えている．式 (3.34) は a^i が何であっても恒等的に成り立たなければならない．したがって，次の関係が得られる．

$$g_{ij}e^j = e_i \tag{3.35}$$

これを e^j に関する連立1次方程式とみなして e^j について解き，添字を書き換えれば，次のようになる（↪ 演習問題 3.3 (2)）．

$$e^i = g^{ij}e_j \tag{3.36}$$

これから次の結果が得られる．

命題 3.13 [基底と相反基底の関係]

基底 e_i とその相反基底 e^i は，次の関係で結ばれる．

$$e_i = g_{ij}e^j, \qquad e^i = g^{ij}e_j \tag{3.37}$$

式 (3.33), (3.37) は，ベクトルの成分についても基底についても，g_{ij} が**上添字を下げる**役割を果たし，g^{ij} が**下添字を上げる**役割を果たしていることを示している．

式 (3.27) の第2式から，式 (3.24) に対応する次の結果が得られる．

$$\langle e^i, e^j\rangle = \langle g^{ik}e_k, e^j\rangle = g^{ik}\langle e_k, e^j\rangle = g^{ik}\delta_k^j = g^{ij} \tag{3.38}$$

これを用いると，ベクトル $\boldsymbol{a} = a_ie^i$, $\boldsymbol{b} = b_ie^i$ の内積が，式 (3.26) に対応して次のようにも書ける．

$$\langle \boldsymbol{a}, \boldsymbol{b}\rangle = \langle a_ie^i, b_je^j\rangle = a_ib_j\langle e^i, e^j\rangle = a_ib_jg^{ij} \tag{3.39}$$

これは，式 (3.18) の a^i に式 (3.33) の第2式を適用しても得られる．一方，式 (3.33) の第2式を式 (3.21) の a^i, b^j に適用すると，ベクトル積が次のようにも表せる．

$$\boldsymbol{a} \times \boldsymbol{b} = I\epsilon_{ijk}g^{il}g^{jm}a_lb_me^k \tag{3.40}$$

同様に，式 (3.33) の第2式を式 (3.23) の a^i, b^j, c^k に適用すると，スカラ三重積が次のようにも表せる．

$$|\boldsymbol{a}, \boldsymbol{b}, \boldsymbol{c}| = I\epsilon_{ijk}g^{il}g^{jm}g^{nk}a_lb_mc_n \tag{3.41}$$

相反基底の体積要素 $I^{-1} = |e^1, e^2, e^3|$ を考える．相反基底 e^1, e^2, e^3 はそれぞれ $\delta_i^1e^i$, $\delta_i^2e^i$, $\delta_i^3e^i$ と書けるから，式 (3.41) をあてはめると次のようになる．

$$I^{-1} = |e^1, e^2, e^3| = I\epsilon_{ijk}g^{il}g^{jm}g^{nk}\delta_l^1\delta_m^2\delta_n^3 = I\epsilon_{ijk}g^{i1}g^{j2}g^{n3}$$

$$= I\epsilon_{ijk} g^{1i} g^{2j} g^{3k} \tag{3.42}$$

しかし，$\epsilon_{ijk} g^{1i} g^{2j} g^{3k}$ は第 2 章の式 (2.34) からわかるように，g^{ij} を (i,j) 要素とする行列 (g^{ij}) の行列式に等しい．これはその逆行列，すなわち g_{ij} を (i,j) 要素とする行列 (g_{ij}) の行列式の逆数に等しい．行列 (g_{ij}) の行列式を次のようにおく．

$$g = \sum_{i,j,k=1}^{3} \epsilon_{ijk} g_{1i} g_{2j} g_{3k} \tag{3.43}$$

これは正値対称行列の行列式であるから，値は正である．なお，足し合わせる添字が上下に対応していないので，アインシュタインの総和規約は用いていない．式 (3.42), (3.43) から

$$I^{-1} = Ig^{-1} \tag{3.44}$$

が得られる．書き直すと $g = I^2$ となる．ゆえに，次の結果を得る．

命題 3.14 [体積要素と計量テンソル]

体積要素 I は，計量テンソル g_{ij} によって次のように表される．

$$I = \pm\sqrt{g} \tag{3.45}$$

符号は，基底 e_i が右手系のとき $+$，左手系のとき $-$ である．

古典の世界 3.1 [曲線座標系]

物理学では，座標系として曲線からなる**曲線座標系** (curvilinear coordinate system) がよく用いられる．代表は $r\phi\theta$ **球面座標系** (spherical coordinate system) および $\rho\phi z$ **円柱座標系** (cylindrical coordinate system) である（↪ 演習問題 3.4, 3.5）．

球面座標系において，座標 ϕ, θ を固定して，r のみ変えると原点から放射状に伸びる直線となり，ϕ のみ変えると球面に沿う緯線となり，θ のみ変えると球面に沿う経線となる．円柱座標系において，座標 ϕ, z を固定して，ρ のみ変えると z 軸から出発して xy 面に平行に広がる直線が，ϕ のみ変えると z 軸の周りを回る円が，z のみ変えると z 軸に平行な直線が得られる．

このような曲線座標系は，空間的に何らかの対称性があったり，ある方向に何かが一定であったり，指定された形状の境界面があったりする現象を記述するのに便利である．このとき，各点でそこを原点として，各座標曲線に接する**局所座標系** (local coordinate system) を定義する．これは一般には斜交座標系となる．球面座標系や円筒座標系では局所座標系の座標軸は直交しているが，各軸の座標は実際の長さを反映していない．したがって，計量テンソル g_{ij} は δ_{ij} ではない．

このような座標系では本章に述べた記述法が用いられるが，座標系は各点ごとに連続的に変化するので，計量テンソル g_{ij} や体積要素 I は各点ごとに異なる**場** (field) となる．そのような状況を記述するのが古典的な**テンソル解析** (tensor calculus) である．

3.6 座標系の変換

座標系は図形を記述する便宜で導入するものであるから，原理的にはどのような座標系を使ってもよい．そこで，現在の xyz 座標系とは異なる別の $x'y'z'$ 座標系を使ったら表示がどのように変わるかを考える．$x'y'z'$ 座標系の基底を $e_{i'}$ とする．習慣によって，記号ではなく添字にプライム“ ′ ”（ダッシュ）を付けている．各基底 $e_{i'}$ をもとの基底 e_i の線形結合で表すと，次のように書けるとする．

$$e_{i'} = A^i_{i'} e_i \tag{3.46}$$

ベクトル $\boldsymbol{a} = a^i e_i$ が新しい基底で $\boldsymbol{a} = a^{i'} e_{i'}$ と表されるとすると，式 (3.46) を代入して，

$$\boldsymbol{a} = a^i e_i = a^{i'} e_{i'} = a^{i'} (A^i_{i'} e_i) = (A^i_{i'} a^{i'}) e_i \tag{3.47}$$

となるから，

$$A^i_{i'} a^{i'} = a^i \tag{3.48}$$

である．これを $a^{i'}$ に関する連立 1 次方程式とみなして，$a^{i'}$ について解けば，次のように表せる（↪ 演習問題 3.6 (1)）．

$$a^{i'} = A^{i'}_i a^i \tag{3.49}$$

ただし，$A^i_{i'}$ を (i, i') 要素とする行列の逆行列の (i', i) 要素を $A^{i'}_i$ と書いた．行列とその逆行列との積は単位行列であるから，次の関係がある．

$$A^i_{i'} A^{i'}_j = \delta^i_j, \qquad A^{i'}_i A^i_{j'} = \delta^{i'}_{j'} \tag{3.50}$$

このことから，式 (3.46) も e_i について解いて，$e_i = A_i^{i'} e_{i'}$ と表せる（↪ 演習問題 3.6 (2)）．以上をまとめると，次のようになる．

命題 3.15 [ベクトルの成分の変換]

もとの基底 e_i と新しい基底 $e_{i'}$ の関係が

$$e_{i'} = A_{i'}^{i} e_i, \qquad e_i = A_i^{i'} e_{i'} \tag{3.51}$$

であるとき，ベクトル $\boldsymbol{a}$ を両方の基底によって $\boldsymbol{a} = a^{i'} e_{i'} = a^i e_i$ と表せば，成分 $a^{i'}$, a^i は次の関係で結ばれる．

$$a^{i'} = A_i^{i'} a^i, \qquad a^i = A_{i'}^{i} a^{i'} \tag{3.52}$$

次に，座標系を変えると相反基底がどのように変化するかを考える．新しい座標系の相反基底を $e^{i'}$ とし，それがもとの座標系の相反基底 e^i の線形結合で

$$e^{i'} = B_i^{i'} e^i, \qquad e^i = B_{i'}^{i} e^{i'} \tag{3.53}$$

と表せるとする．ただし，$B_{i'}^{i}$ を (i, i') 要素とする行列の逆行列の (i', i) 要素を $B_i^{i'}$ と書いている．相反基底の定義より，

$$\begin{aligned}\delta_{j'}^{i'} &= \langle e^{i'}, e_{j'} \rangle = \langle B_i^{i'} e^i, A_{j'}^{j} e_j \rangle = B_i^{i'} A_{j'}^{j} \langle e^i, e_j \rangle = B_i^{i'} A_{j'}^{j} \delta_j^i \\ &= B_i^{i'} A_{j'}^{i}\end{aligned} \tag{3.54}$$

が成り立つ．これと式 (3.50) の第 2 式と比較すると，$B_i^{i'} = A_i^{i'}$ であることがわかる．したがって，$B_{i'}^{i} = A_{i'}^{i}$ でもある．まとめると次のようになる（↪ 演習問題 3.6 (3)）．

命題 3.16 [相反基底の変換]

もとの相反基底 e^i と新しい相反基底 $e^{i'}$ は

$$e^{i'} = A_i^{i'} e^i, \qquad e^i = A_{i'}^{i} e^{i'} \tag{3.55}$$

の関係で結ばれる．

ベクトル $\boldsymbol{a}$ が新しい相反基底で $\boldsymbol{a} = a_{i'} e^{i'}$ と表され，もとの相反基底で $\boldsymbol{a} = a_i e^i$ と表されるとすると，

$$\boldsymbol{a} = a_i e^i = a_i A_{i'}^{i} e^{i'} = (A_{i'}^{i} a_i) e^{i'} \tag{3.56}$$

である．これは $a_{i'} = A^i_{i'} a_i$ であることを意味している．a_i について解けば，$a_i = A^{i'}_i a_{i'}$ と書ける（↪ 演習問題 3.6 (4)）．まとめると次のようになる．

命題 3.17 [ベクトルの相反成分の変換]

ベクトル $\boldsymbol{a}$ を，新しい相反基底 $e^{i'}$ ともとの相反基底 e^i を用いて $\boldsymbol{a} = a_{i'} e^{i'} = a_i e^i$ と表せば，成分 $a_{i'}$, a_i は次の関係で結ばれる．

$$a_{i'} = A^i_{i'} a_i, \qquad a_i = A^{i'}_i a_{i'} \tag{3.57}$$

式 (3.51), (3.52), (3.55), (3.57) は，基底についてもベクトルの成分についても，$A^{i'}_i$, $A^i_{i'}$ が**対応する添字の i と i' を入れ換える**役割を果たしている．また，$A^i_{i'}$ を $A^{i'}_i$ に変えて，あるいは $A^{i'}_i$ を $A^i_{i'}$ に変えて，他の辺に移せることがわかる（線形代数において，一方の辺に掛かっている行列 $\boldsymbol{A}$ を $\boldsymbol{A}^{-1}$ に変えて他の辺に移せることに対応する）．

もとの基底 e_i の計量テンソルが g_{ij} のとき，新しい基底 $e_{i'}$ の計量テンソル $g_{i'j'}$ は次のようになる．

$$g_{i'j'} = \langle e_{i'}, e_{j'} \rangle = \langle A^i_{i'} e_i, A^j_{j'} e_j \rangle = A^i_{i'} A^j_{j'} \langle e_i, e_j \rangle = A^i_{i'} A^j_{j'} g_{ij} \tag{3.58}$$

これは，$A^i_{i'}$ の逆変換 $A^{i'}_i$ を用いると，$g_{ij} = A^{i'}_i A^{j'}_j g_{i'j'}$ と書き直せる（↪ 演習問題 3.6 (5)）．まとめると次のようになる．

命題 3.18 [計量テンソルの変換]

もとの座標系の計量テンソル g_{ij} と新しい座標系の計量テンソル $g_{i'j'}$ は，次の関係で結ばれる．

$$g_{i'j'} = A^i_{i'} A^j_{j'} g_{ij}, \qquad g_{ij} = A^{i'}_i A^{j'}_j g_{i'j'} \tag{3.59}$$

とくに，もとの座標系が直交座標系であれば，計量テンソル $g_{i'j'}$ が次のように書ける．ただし，足し合わす添字が上下に対応していないので，総和記号 $\sum_{i=1}^3$ を書いている．

$$g_{i'j'} = A^i_{i'} A^j_{j'} \delta_{ij} = \sum_{i=1}^{3} A^i_{i'} A^i_{j'} \tag{3.60}$$

式 (3.38) から，もとの座標系の g^{ij} と新しい座標系の $g^{i'j'}$ の関係が式 (3.58) に対応して，次のようになる．

$$g^{i'j'} = \langle e^{i'}, e^{j'} \rangle = \langle A^{i'}_i e^i, A^{j'}_j e^j \rangle = A^{i'}_i A^{j'}_j \langle e^i, e^j \rangle = A^{i'}_i A^{j'}_j g^{ij} \qquad (3.61)$$

これは，$A^{i'}_i$ の逆変換 $A^i_{i'}$ を用いると，$g^{ij} = A^i_{i'} A^j_{j'} g^{i'j'}$ と書き直せる（↪ 演習問題 3.6 (6)）．まとめると次のようになる．

命題 3.19 [テンソル g^{ij} の変換]

もとの座標系のテンソル g^{ij} と新しい座標系のテンソル $g^{i'j'}$ は，次の関係で結ばれる．

$$g^{i'j'} = A^{i'}_i A^{j'}_j g^{ij}, \qquad g^{ij} = A^i_{i'} A^j_{j'} g^{i'j'} \qquad (3.62)$$

式 (3.59), (3.62) は，基底やベクトルの成分と同様に，テンソルについても $A^{i'}_i$, $A^i_{i'}$ が**対応する添字の i と i' を入れ換える**役割を果たしていることを示している．また，$A^i_{i'}, A^j_{j'}$ を $A^{i'}_i, A^{k'}_j$ に変えて，あるいは $A^{i'}_i, A^{j'}_j$ を $A^i_{i'}, A^j_{j'}$ に変えて，他の辺に移せることがわかる．

新しい座標系の体積要素 I' は

$$\begin{aligned} I' &= |e_{1'}, e_{2'}, e_{3'}| = |A^i_{1'} e_i, A^j_{2'} e_j, A^k_{3'} e_k| \\ &= A^i_{1'} A^j_{2'} A^k_{3'} |e_i, e_j, e_k| \end{aligned} \qquad (3.63)$$

となるが，スカラ三重積 $|e_i, e_j, e_k|$ は，(i, j, k) が (1,2,3) の偶順列であれば $|e_1, e_2, e_3| = I$ に等しく，奇順列であれば $-I$ であり，それ以外は 0 である．ゆえに，

$$|e_i, e_j, e_k| = I\epsilon_{ijk} \qquad (3.64)$$

である．しかし，$\epsilon_{ijk} A^i_{1'} A^j_{2'} A^k_{3'}$ は第 2 章の式 (2.34) より，$A^i_{i'}$ を (i, i') 要素とする行列の行列式に等しい．そこで，

$$|A| = \epsilon_{ijk} A^i_{1'} A^j_{2'} A^k_{3'} \qquad (3.65)$$

と書くと，式 (3.63) より次の結論を得る．

命題 3.20 [体積要素の変換]

もとの座標系の体積要素 I と新しい座標系の体積要素 I' は，次の関係で結ばれる．

$$I' = |A|I \tag{3.66}$$

古典の世界 3.2 [共変ベクトルと反変ベクトル]

数学では，足したり定数倍したりできる対象の集合を一般に**ベクトル空間** (vector space)，あるいは**線形空間** (linear space) とよび，その元を**ベクトル** (vector) とよぶ．この意味で，たとえば行列や関数も，足したり定数倍したりできるのでベクトル空間を作る．数値の並び a_i や b^i も，足したり定数倍したりできるのでベクトル空間を作る．テンソル解析では，そのような数値の並び（縦に並べるか横に並べるかは問題にしない）を「ベクトル」とよび，「ベクトル a_i」，「ベクトル b^i」などとよんでいる．これは単に基底部分の e_i や e^i を書かないだけで，本章に書いてあることと同じになるように思われるが，大きな違いが出てくる．

それは，座標系を変換したとき，a^i の変換が式 (3.52) のようになるのに対して，a_i の変換は式 (3.57) のようになるからである．数値の並びをベクトルとみなす立場からは，式 (3.52) のように変換するベクトル a^i を**反変ベクトル** (contravariant vector)，式 (3.57) のように変換するベクトル a_i を**共変ベクトル** (covariant vector) とよぶ．これは，式 (3.51) と比較して，a^i が基底 e_i と「反対の」変換をするのに対して，a_i が基底 e_i と「同じ」変換をすることからついた名称である．そして，式 (3.52), (3.57) をそれぞれ反変ベクトル，共変ベクトルの**座標変換則** (coordinate transformation rule) とよぶ．さらに，計量テンソル g_{ij} のように下に添字がついて式 (3.59) のように変換するものを**共変テンソル** (covariant tensor) とよび，g^{ij} のように上に添字がついて式 (3.63) のように変換するものを**反変テンソル** (contravariant tensor) とよぶ．そして，(3.59), (3.63) をそれぞれ共変テンソル，反変テンソルの座標変換則とよぶ．

このような区別は物理学では便利である．それは，通常，速度や移動量のような場所に関連する量が反変ベクトルで表され，移動に作用する量（力，電場，磁場など）や，値が一定の面（等温面，等圧面など）の法線方向（温度勾配，圧力勾配など）が共変ベクトルで表されるためである．このため，物理的な意味がわかりやすくなる．また，物理法則の記述には，反変ベクトルと共変ベクトルが足されることはない，両辺は同じタイプの量でなければならない，和をとる添字は上下に対応していなければならないなどの一貫性 (consistency) が要求される．このような一貫性は，アインシュタインの一般相対性理論の記述に重要な役割を果たす．

古典の世界 3.3 [軸性ベクトルと極性ベクトル]

数値の並びをベクトルとみなすと，新たな問題がいろいろ生じる．たとえば，ベクトル a^i, b^i から定義したベクトル $c_k = \epsilon_{ijk}a^i b^j$ は何を表すのであろうか．言い換えれば，$\boldsymbol{c} = c_k e^k$ はどのような大きさと方向をもっているのであろうか．これを式 (3.21) と比較すると，$I\boldsymbol{c}$ が $\boldsymbol{a} = a^i e_i$, $\boldsymbol{b} = b^i e_i$ のベクトル積 $\boldsymbol{a} \times \boldsymbol{b}$ であることがわかる．しかし，体積要素 I は座標系が右手系か左手系かで符号を変える．このように，座標系が右手系か左手系かで向きが反転するようなベクトルを**軸性ベクトル** (axial vector)，あるいは**疑似ベクトル** (pseudovector) とよび，向きを変えないベクトルを**極性ベクトル** (polar vector) とよぶ．軸性ベクトルは，物理学では回転の軸や回転の向きに関連して現れる（「軸性」という言葉はそれから生じた）．これらに対しても，物理法則の記述では異なる性質をもつ量が足されたり等値されたりしないという一貫性が重要な役割を果たす．

しかし，このようなことは数値の並び自体をベクトルとみなすことから生じたもので，本書のように大きさと方向ともつ幾何学的対象をベクトル $\boldsymbol{a}$ とみなせば，それを基底 e_i によって $\boldsymbol{a} = a^i e_i$ と表そうが，相反基底 e^i によって $\boldsymbol{a} = a_i e^i$ と表そうが，反変ベクトル，共変ベクトル，極性ベクトル，軸性ベクトルのような区別をする必要はない．

補　足

本章では，基底が直交しない斜交座標系ではベクトルを基底の線形結合で表す方法と，相反基底の線形結合で表す方法の二つあることを示した．それぞれ一長一短があり，どちらを用いるかで内積，ベクトル積，スカラ三重積の計算の表現が変わるが，異なる表現は計量テンソルによって互いに変換できる．とくに重要なのは，異なる座標系を用いると，表現が変化しても，その座標変換が規則的な関係式で記述できることである．これによって，どのような座標系を用いても同等な記述ができる．アインシュタインの一般相対性理論は「物理現象はどのような座標系を用いても同等に記述されなければならない」という原理に基づいている．このため，テンソル解析が中心的な役割を果たす．古典的なテンソル解析に関しては，古くから Schouten [26, 27] がよく読まれた．この立場で書かれたベクトル解析の教科書に伊理・韓 [13] がある．

演習問題

3.1 ベクトル $\boldsymbol{a}, \boldsymbol{b}, \boldsymbol{c}$ が同一平面上にないとき，任意のベクトル $\boldsymbol{x}$ は，それらの線形結合として次のように表せることを示せ．

$$\boldsymbol{x} = \frac{|\boldsymbol{x}, \boldsymbol{b}, \boldsymbol{c}|}{|\boldsymbol{a}, \boldsymbol{b}, \boldsymbol{c}|}\boldsymbol{a} + \frac{|\boldsymbol{a}, \boldsymbol{x}, \boldsymbol{c}|}{|\boldsymbol{a}, \boldsymbol{b}, \boldsymbol{c}|}\boldsymbol{b} + \frac{|\boldsymbol{a}, \boldsymbol{b}, \boldsymbol{x}|}{|\boldsymbol{a}, \boldsymbol{b}, \boldsymbol{c}|}\boldsymbol{c}$$

3.2 次の式が成り立つこと，すなわち，クロネッカのデルタ δ_i^j は添字 i を j に，あるいは添字 j を i に変える演算とみなせることを示せ．

$$\delta_i^j a^i = a^j, \qquad \delta_i^j a_j = a_i$$

3.3 g_{ij}, g^{ij} が式 (3.32) を満たすとき，

(1) 式 (3.29) の両辺に g^{ij} を掛けて和をとれば，式 (3.30) が得られ，式 (3.30) の両辺に g_{ij} を掛けて和をとれば，式 (3.29) が得られることを示せ（ダミー添字に注意）．

(2) 式 (3.35) の両辺に g^{ij} を掛けて和をとれば，式 (3.36) が得られ，式 (3.36) の両辺に g_{ij} を掛けて和をとれば，式 (3.35) が得られることを示せ（ダミー添字に注意）．

3.4 3 次元空間の位置 $\boldsymbol{x}$ は，球面座標 r, θ, ϕ を用いると次のように表せる（図 3.3）．

$$\boldsymbol{x} = e_1 r \sin\theta\cos\phi + e_2 r \sin\theta \sin\phi + e_3 r\cos\theta$$

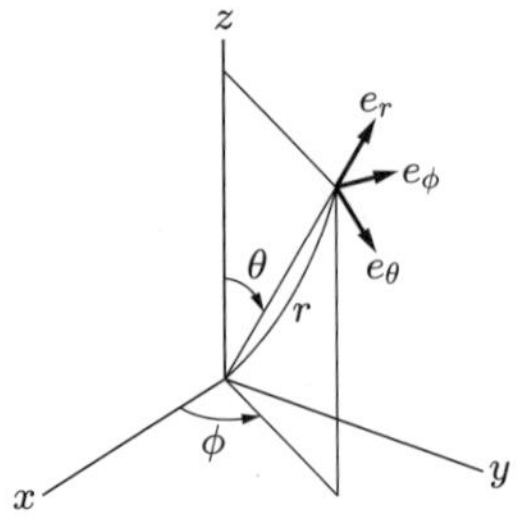

図 3.3

(1) 各球面座標の単位あたりの変化を表す方向ベクトル

$$e_r = \lim_{\Delta r \to 0} \frac{\boldsymbol{x}(r+\Delta r, \theta, \phi) - \boldsymbol{x}(r, \theta, \phi)}{\Delta r} = \frac{\partial \boldsymbol{x}}{\partial r},$$
$$e_\theta = \lim_{\Delta \theta \to 0} \frac{\boldsymbol{x}(r, \theta+\Delta\theta, \phi) - \boldsymbol{x}(r, \theta, \phi)}{\Delta \theta} = \frac{\partial \boldsymbol{x}}{\partial \theta},$$
$$e_\phi = \lim_{\Delta \phi \to 0} \frac{\boldsymbol{x}(r, \theta, \phi+\Delta\phi) - \boldsymbol{x}(r, \theta, \phi)}{\Delta \phi} = \frac{\partial \boldsymbol{x}}{\partial \phi}$$

を新しい基底とみなすとき，これに対する計量テンソル g_{ij} $(i,\ j = r,\ \theta,\ \phi)$ を求めよ．

(2) この基底に関する体積要素 $I_{r\theta\phi} = |e_r, e_\theta, e_\phi|$ を求めよ．そして，これを用いて半径 R の球の体積が $4\pi R^3/3$ であることを示せ．

3.5 3 次元空間の位置 $\boldsymbol{x}$ は，円柱 $r,\ \theta,\ z$ を用いると次のように表せる（図 3.4）．

$$\boldsymbol{x} = e_1 r\cos\theta + e_2 r\sin\theta + e_3 z$$

(1) 各円柱座標の単位あたりの変化を表す方向ベクトル

$$e_r = \lim_{\Delta r \to 0} \frac{\boldsymbol{x}(r+\Delta r, \theta, z) - \boldsymbol{x}(r, \theta, z)}{\Delta r} = \frac{\partial \boldsymbol{x}}{\partial r},$$
$$e_\theta = \lim_{\Delta \theta \to 0} \frac{\boldsymbol{x}(r, \theta+\Delta\theta, z) - \boldsymbol{x}(r, \theta, z)}{\Delta \theta} = \frac{\partial \boldsymbol{x}}{\partial \theta},$$
$$e_z = \lim_{\Delta z \to 0} \frac{\boldsymbol{x}(r, \theta, z+\Delta z) - \boldsymbol{x}(r, \theta, z)}{\Delta z} = \frac{\partial \boldsymbol{x}}{\partial z}$$

を新しい基底とみなすとき，これに対する計量テンソル g_{ij} $(i,\ j = r,\ \theta,\ z)$ を求めよ．

(2) この基底に関する体積要素 $I_{r\theta z} = |e_r, e_\theta, e_z|$ を求めよ．そして，これを用いて高さ h，半径 R の円柱の体積が $\pi R^2 h$ であることを示せ．

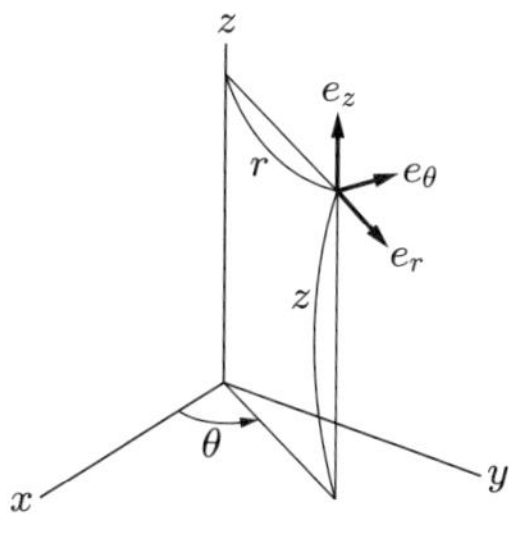

図 **3.4**

3.6 $A_i^{i'}, A_{i'}^{i}$ が式 (3.50) を満たすとき，

(1) 式 (3.51) の第 1 式の両辺に $A_i^{i'}$ を掛けて和をとれば，第 2 式が得られ，第 2 式の両辺に $A_{i'}^{i}$ を掛けて和をとれば，第 1 式が得られることを示せ（ダミー添字に注意）.

(2) 式 (3.52) の第 1 式の両辺に $A_{i'}^{i}$ を掛けて和をとれば，第 2 式が得られ，第 2 式の両辺に $A_i^{i'}$ を掛けて和をとれば，第 1 式が得られることを示せ（ダミー添字に注意）.

(3) 式 (3.55) の第 1 式の両辺に $A_{i'}^{i}$ を掛けて和をとれば，第 2 式が得られ，第 2 式の両辺に $A_i^{i'}$ を掛けて和をとれば，第 1 式が得られることを示せ（ダミー添字に注意）.

(4) 式 (3.57) の第 1 式の両辺に $A_i^{i'}$ を掛けて和をとれば，第 2 式が得られ，第 2 式の両辺に $A_{i'}^{i}$ を掛けて和をとれば，第 1 式が得られることを示せ（ダミー添字に注意）.

(5) 式 (3.59) の第 1 式の両辺に $A_i^{i'} A_j^{j'}$ を掛けて和をとれば，第 2 式が得られ，第 2 式の両辺に $A_{i'}^{i} A_{j'}^{j}$ を掛けて和をとれば，第 1 式が得られることを示せ（ダミー添字に注意）.

(6) 式 (3.62) の第 1 式の両辺に $A_{i'}^{i} A_{j'}^{j}$ を掛けて和をとれば，第 2 式が得られ，第 2 式の両辺に $A_i^{i'} A_j^{j'}$ を掛けて和をとれば，第 1 式が得られることを示せ（ダミー添字に注意）.

第 4 章 ハミルトンの四元数代数

ハミルトンの四元数は，記号の間に積を定義して幾何学的関係を記述する代数的方法の典型である．四元数はスカラとベクトルを組み合わせたものとみなせ，四元数の積は内積とベクトル積を同時に計算することに相当する．さらに，四元数の間では割り算もできる．本章では，そのような四元数の数学的な構造を述べ，四元数が 3 次元空間の回転を記述するのに適していることを示す．さらに，回転に関するさまざまな数学的な背景を述べる．

4.1 四元数

四つの実数 q_0, q_1,q_2, q_3 を，記号 i, j, k を用いて

$$q = q_0 + q_1 i + q_2 j + q_3 k \tag{4.1}$$

と表したものを**四元数** (quaternion) とよぶ．記号を定数倍すると何になるのか，記号と記号を足すと何になるのかという疑問が生じるが，たとえば $2i$ は「記号 i の二つ分」という意味しかなく，「和」"+" は単に**集合を表している**に過ぎない．これは，複素数を $2+3i$ のように表すのと同じである．$3i$ は虚数単位 i の 3 個分であり，和 + はその複素数が実数 2 と虚数 $3i$ を要素とする集合であることを表すだけで，実数と虚数を足して別の何かになるわけではない．このような和を**形式和** (formal sum) とよぶ．ただし，形式和は単に要素の集合を表しているだけでなく，第 2 章 2.1 節でベクトルに対して示した交換則，結

合則，分配則を満たすとする．すなわち，和の順序を変えたり，実数の係数を分配してもよいとする．したがって，別の四元数を

$$q' = q'_0 + q'_1 i + q'_2 j + q'_3 k \tag{4.2}$$

とすると，たとえば，形式和 $2q + 3q'$ は次のように書ける．

$$2q + 3q' = (2q_0 + 3q'_0) + (2q_1 + 3q'_1)i + (2q_2 + 3q'_2)j + (2q_3 + 3q'_3)k \tag{4.3}$$

このことを数学的には，四元数全体が基底 $\{1, i, j, k\}$ の**生成** (generate) する4次元**ベクトル空間** (vector space) であるという．

このように四元数は定数倍や足し算が自由にできるが，さらに積 qq' を定義することができる．形式和を交換則，結合則，分配則によって展開すれば，積は最終的には記号 i, j, k 間の積に帰着する．そこで，次のように定義する．

$$i^2 = -1, \qquad j^2 = -1, \qquad k^2 = -1 \tag{4.4}$$

$$jk = i, \qquad ki = j, \qquad ij = k, \qquad kj = -i, \qquad ik = -j, \qquad ji = -k \tag{4.5}$$

式 (4.4) は，i, j, k のそれぞれが「虚数単位」になっていることを意味している．また，式 (4.5) は，$\{i, j, k\}$ を正規直交基底 $\{e_1, e_2, e_3\}$ とみなせば，第2章の式 (2.17) のベクトル積と同じ規則に従うことを示している．式 (4.4), (4.5) の規則より，式 (4.1), (4.2) の積は次のようになる．

$$\begin{aligned}
qq' &= (q_0 + q_1 i + q_2 j + q_3 k)(q'_0 + q'_1 i + q'_2 j + q'_3 k) \\
&= q_0 q'_0 + q_1 q'_1 i^2 + q_2 q'_2 j^2 + q_3 q'_3 k^2 \\
&\quad + (q_0 q'_1 + q_1 q'_0)i + (q_0 q'_2 + q_2 q'_0)j + (q_0 q'_3 + q_3 q'_0)k \\
&\quad + q_1 q'_2 ij + q_1 q'_3 ik + q_2 q'_1 ji + q_2 q'_3 jk + q_3 q'_1 ki + q_3 q'_2 kj \\
&= q_0 q'_0 - q_1 q'_1 - q_2 q'_2 - q_3 q'_3 + (q_0 q'_1 + q_1 q'_0)i + (q_0 q'_2 + q_2 q'_0)j \\
&\quad + (q_0 q'_3 + q_3 q'_0)k + q_1 q'_2 k - q_1 q'_3 j - q_2 q'_1 k + q_2 q'_3 i + q_3 q'_1 j - q_3 q'_2 i \\
&= (q_0 q'_0 - q_1 q'_1 - q_2 q'_2 - q_3 q'_3) + (q_0 q'_1 + q_1 q'_0 + q_2 q'_3 - q_3 q'_2)i \\
&\quad + (q_0 q'_2 + q_2 q'_0 + q_3 q'_1 - q_1 q'_3)j + (q_0 q'_3 + q_3 q'_0 + q_1 q'_2 - q_2 q'_1)k
\end{aligned} \tag{4.6}$$

4.2 四元数の代数系

式 (4.6) は，四元数と四元数の積が再び四元数となることを示している．四元数の積は結合則

$$(qq')q'' = q(q'q'') \tag{4.7}$$

を満たすことが式 (4.6) から確かめられる．あるいは，式の展開の規則が結合則を満たすことと，式 (4.4), (4.5) で定義される基底 1, i, j, k の積が結合則を満たすこと（$(ij)k = i(jk) = -1$, $(ij)i = i(ji) = j, \ldots$ など）からも確かめられる．しかし，式 (4.5) からもわかるように，交換則 $qq' = q'q$ は必ずしも成立しない．交換則が成り立つ積は**可換** (commutative) であるという．四元数の積は可換ではない．ベクトル空間に結合則を満たす積が定義され，積に関して閉じているとき，すなわち任意の元の積がそのベクトル空間に属しているとき，その空間は**代数系** (algebra) であるという．したがって，四元数全体は代数系である．

式 (4.1) で $q_1 = q_2 = q_3 = 0$ とすれば，$q = q_0$ は実数であるから，四元数全体は実数全体を含んでいる．すなわち，四元数は実数の拡張である．一方，$q_0 = 0$ の四元数 $q = q_1 i + q_2 j + q_3 k$ をベクトル $q_1 e_1 + q_2 e_2 + q_3 e_3$ とみなせば，ベクトルの和やスカラ倍の計算が四元数としての計算と同じである．この意味で，四元数は 3 次元ベクトルの拡張でもある．このことから，式 (4.1) の q_0 を四元数 q の**スカラ部分** (scalar part) とよび，$q_1 i + q_2 j + q_3 k$ を四元数 q の**ベクトル部分** (vector part) とよぶ．そして，ベクトル部分が 0 のとき，およびスカラ部分が 0 のとき，それぞれその四元数は「スカラ」,「ベクトル」であるという．

式 (4.1) の q_0 のスカラ部分を $\alpha = q_0$，ベクトル部分を $\boldsymbol{a} = q_1 i + q_2 j + q_3 k$ とおけば，四元数 q はスカラ α とベクトル $\boldsymbol{a}$ の形式和 $q = \alpha + \boldsymbol{a}$ とみなせる．したがって，式 (4.6) を次のように言い換えることができる．

命題 4.1 [四元数の積]

四元数

$$q = \alpha + \boldsymbol{a}, \qquad q' = \beta + \boldsymbol{b} \tag{4.8}$$

の積は次のように書ける．

$$qq' = (\alpha\beta - \langle \boldsymbol{a}, \boldsymbol{b} \rangle) + \alpha\boldsymbol{b} + \beta\boldsymbol{a} + \boldsymbol{a} \times \boldsymbol{b} \tag{4.9}$$

とくに，ベクトル部分どうしの積は次のように書ける．

$$\boldsymbol{ab} = -\langle \boldsymbol{a}, \boldsymbol{b} \rangle + \boldsymbol{a} \times \boldsymbol{b} \tag{4.10}$$

ただし，式 (4.9), (4.10) において，$\langle \boldsymbol{a}, \boldsymbol{b} \rangle$, $\boldsymbol{a} \times \boldsymbol{b}$ はそれぞれ，$\{i, j, k\}$ を第 2 章の正規直交基底 $\{e_1, e_2, e_3\}$ と同一視して計算した内積やベクトル積である．式 (4.10) は，ベクトル $\boldsymbol{a}$, $\boldsymbol{b}$ を四元数とみなした積 $\boldsymbol{ab}$ が内積 $\langle \boldsymbol{a}, \boldsymbol{b} \rangle$ とベクトル積 $\boldsymbol{a} \times \boldsymbol{b}$ を同時に計算していることを意味している．

4.3 共役四元数，ノルム，逆元

式 (4.4) より，式 (4.1) の四元数 q は，3 種類の虚数単位 i, j, k をもつような複素数の拡張とみなせる．そこで，式 (4.1) の四元数 q の**共役四元数** (conjugate quaternion) $q^\dagger$ を

$$q^\dagger = q_0 - q_1 i - q_2 j - q_3 k \tag{4.11}$$

と定義する．当然，共役四元数の共役四元数はもとの四元数である．式 (4.8) の四元数 q, q' に対しては式 (4.9) より，

$$(qq')^\dagger = (\alpha\beta - \langle \boldsymbol{a}, \boldsymbol{b} \rangle) - \alpha\boldsymbol{b} - \beta\boldsymbol{a} - \boldsymbol{a} \times \boldsymbol{b} \tag{4.12}$$

であるが，$q^\dagger = \alpha - \boldsymbol{a}$, $q'^\dagger = \beta - \boldsymbol{b}$ であるから，

$$\begin{aligned} q'^\dagger q^\dagger &= (\beta\alpha - \langle \boldsymbol{b}, \boldsymbol{a} \rangle) - \beta\boldsymbol{a} - \alpha\boldsymbol{b} + \boldsymbol{b} \times \boldsymbol{a} \\ &= (\alpha\beta - \langle \boldsymbol{a}, \boldsymbol{b} \rangle) - \alpha\boldsymbol{b} - \beta\boldsymbol{a} - \boldsymbol{a} \times \boldsymbol{b} \end{aligned} \tag{4.13}$$

である．以上より，次のことがわかる．

命題 4.2 [共役四元数]

次の関係が成り立つ．

$$q^{\dagger\dagger} = q, \qquad (qq')^\dagger = q'^\dagger q^\dagger \tag{4.14}$$

共役四元数の定義より，次のことも明らかである．

命題 4.3 [四元数の判定]

四元数 q がスカラ，およびベクトルである条件は，それぞれ次のように与えられる．

$$q^\dagger = q, \qquad q^\dagger = -q \tag{4.15}$$

式 (4.6) の規則より，共役四元数との積 $qq^\dagger$ が次のように書ける．

$$\begin{aligned} qq^\dagger &= (q_0^2 + q_1^2 + q_2^2 + q_3^2) + (-q_0q_1 + q_1q_0 - q_2q_3 + q_3q_2)i \\ &\qquad + (-q_0q_2 + q_2q_0 - q_3q_1 + q_1q_3)j + (-q_0q_3 + q_3q_0 - q_1q_2 + q_2q_1)k \\ &= q_0^2 + q_1^2 + q_2^2 + q_3^2 \ \ (= q^\dagger q) \end{aligned} \tag{4.16}$$

そこで，式 (4.1) の四元数 q の**ノルム** (norm) を次のように定義する．

$$\|q\| = \sqrt{qq^\dagger} = \sqrt{q^\dagger q} = \sqrt{q_0^2 + q_1^2 + q_2^2 + q_3^2} \tag{4.17}$$

この定義より，ベクトル $\boldsymbol{a}$ は，それを四元数とみなしたとき，四元数としてのノルムとベクトルとしてのノルムは一致する．

式 (4.17) より，$q \neq 0$ であれば $\|q\| > 0$ であるから，次のことがわかる．

$$q\Big(\frac{q^\dagger}{\|q\|^2}\Big) = \Big(\frac{q^\dagger}{\|q\|^2}\Big)q = 1 \tag{4.18}$$

これは，$q^\dagger/\|q\|^2$ が q の**逆元** (inverse) q^{-1} であることを意味している．すなわち，

$$q^{-1} = \frac{q^\dagger}{\|q\|^2}, \qquad qq^{-1} = q^{-1}q = 1 \tag{4.19}$$

である．このように，任意の 0 でない四元数 q は逆元 q^{-1} をもち，割り算ができる．代数系の 0 でない元が逆元をもち，0 以外の元による割り算によって閉じているとき，その代数系は**体** (field) であるという．四元数全体は実数全体と同じように体を作る．

逆元があって割り算ができるということは，$q \neq 0$ のとき $qq' = qq''$ であれば $q' = q''$ であることを意味する．しかし，ベクトルの内積やベクトル積ではこの性質は成り立たない．実際 $\boldsymbol{a} \neq 0$ のとき，$\langle \boldsymbol{a}, \boldsymbol{b} \rangle = \langle \boldsymbol{a}, \boldsymbol{c} \rangle$ であっても $\boldsymbol{b} = \boldsymbol{c}$ とは限らない．なぜなら，$\boldsymbol{a}$ に直交する任意のベクトルを $\boldsymbol{b}$ に加えてもよいか

らである．同様に，$\boldsymbol{a} \times \boldsymbol{b} = \boldsymbol{a} \times \boldsymbol{c}$ であっても $\boldsymbol{b} = \boldsymbol{c}$ とは限らない．なぜなら，$\boldsymbol{a}$ に平行な任意のベクトルを $\boldsymbol{b}$ に加えてもよいからである．一方，$\boldsymbol{a} \neq 0$ に対して $\boldsymbol{ab} = \boldsymbol{ac}$ ならば $\boldsymbol{b} = \boldsymbol{c}$ である．それは，式 (4.10) からわかるように，四元数の積は内積とベクトル積を同時に計算しているので，$\langle \boldsymbol{a}, \boldsymbol{b} \rangle = \langle \boldsymbol{a}, \boldsymbol{c} \rangle$ かつ $\boldsymbol{a} \times \boldsymbol{b} = \boldsymbol{a} \times \boldsymbol{c}$ であれば $\boldsymbol{b} = \boldsymbol{c}$ でなければならないからである．

4.4　四元数による回転の表示

ノルムが 1 の四元数 q を**単位四元数** (unit quaternion) とよぶ．これと四元数とみなしたベクトル $\boldsymbol{a}$ との $q\boldsymbol{a}q^\dagger$ の形の積を考える．式 (4.14) の計算規則から，その共役が

$$(q\boldsymbol{a}q^\dagger)^\dagger = q^{\dagger\dagger}\boldsymbol{a}^\dagger q^\dagger = -q\boldsymbol{a}q^\dagger \tag{4.20}$$

となる．したがって，命題 4.3 より $q\boldsymbol{a}q^\dagger$ はベクトルである．これを

$$\boldsymbol{a}' = q\boldsymbol{a}q^\dagger \tag{4.21}$$

と書くと，その 2 乗ノルムは次のようになる．

$$\begin{aligned}\|\boldsymbol{a}'\|^2 &= \boldsymbol{a}'\boldsymbol{a}'^\dagger = q\boldsymbol{a}q^\dagger q\boldsymbol{a}^\dagger q^\dagger = q\boldsymbol{a}\|q\|^2\boldsymbol{a}^\dagger q^\dagger = q\boldsymbol{a}\boldsymbol{a}^\dagger q^\dagger \\ &= q\|\boldsymbol{a}\|^2 q^\dagger = \|\boldsymbol{a}\|^2 qq^\dagger = \|\boldsymbol{a}\|^2\|\boldsymbol{q}\|^2 \\ &= \|\boldsymbol{a}\|^2\end{aligned} \tag{4.22}$$

式 (4.21) は $\boldsymbol{a}$ から $\boldsymbol{a}'$ へのノルムを変えない線形写像であるから，これは純粋な回転か，回転と鏡映を組み合わせたものを表している．これが純粋な回転であることを示そう．

単位四元数は $q_0^2 + q_1^2 + q_2^2 + q_3^2 = 1$ であるから，

$$q_0 = \cos\frac{\Omega}{2}, \qquad \sqrt{q_1^2 + q_2^2 + q_3^2} = \sin\frac{\Omega}{2} \tag{4.23}$$

となる角度 Ω が存在する．したがって，スカラ部分とベクトル部分とに分けて

$$q = \cos\frac{\Omega}{2} + \boldsymbol{l}\sin\frac{\Omega}{2} \tag{4.24}$$

と書けば，$\boldsymbol{l}$ は単位ベクトルである ($\|\boldsymbol{l}\| = 1$)．このとき，

$$
\begin{aligned}
\boldsymbol{a}' = q\boldsymbol{a}q^\dagger &= \Bigl(\cos\frac{\Omega}{2} + \boldsymbol{l}\sin\frac{\Omega}{2}\Bigr)\boldsymbol{a}\Bigl(\cos\frac{\Omega}{2} - \boldsymbol{l}\sin\frac{\Omega}{2}\Bigr) \\
&= \boldsymbol{a}\cos^2\frac{\Omega}{2} - \boldsymbol{a}\boldsymbol{l}\cos\frac{\Omega}{2}\sin\frac{\Omega}{2} + \boldsymbol{l}\boldsymbol{a}\sin\frac{\Omega}{2}\cos\frac{\Omega}{2} + \boldsymbol{l}\boldsymbol{a}\boldsymbol{l}\sin^2\frac{\Omega}{2} \\
&= \boldsymbol{a}\cos^2\frac{\Omega}{2} + (\boldsymbol{l}\boldsymbol{a} - \boldsymbol{a}\boldsymbol{l})\cos\frac{\Omega}{2}\sin\frac{\Omega}{2} - \boldsymbol{l}\boldsymbol{a}\boldsymbol{l}\sin^2\frac{\Omega}{2} \qquad (4.25)
\end{aligned}
$$

であるが，式 (4.10) より $\boldsymbol{l}\boldsymbol{a} - \boldsymbol{a}\boldsymbol{l} = 2\boldsymbol{l} \times \boldsymbol{a}$ であり，

$$
\begin{aligned}
\boldsymbol{l}\boldsymbol{a}\boldsymbol{l} &= \boldsymbol{l}(-\langle \boldsymbol{a}, \boldsymbol{l}\rangle + \boldsymbol{a} \times \boldsymbol{l}) = -\langle \boldsymbol{a}, \boldsymbol{l}\rangle\boldsymbol{l} + \boldsymbol{l}(\boldsymbol{a} \times \boldsymbol{l}) \\
&= -\langle \boldsymbol{a}, \boldsymbol{l}\rangle\boldsymbol{l} - \langle \boldsymbol{l}, \boldsymbol{a} \times \boldsymbol{l}\rangle + \boldsymbol{l} \times (\boldsymbol{a} \times \boldsymbol{l}) \\
&= -\langle \boldsymbol{a}, \boldsymbol{l}\rangle\boldsymbol{l} + \|\boldsymbol{l}\|^2\boldsymbol{a} - \langle \boldsymbol{l}, \boldsymbol{a}\rangle\boldsymbol{l} = \boldsymbol{a} - 2\langle \boldsymbol{a}, \boldsymbol{l}\rangle\boldsymbol{l} \qquad (4.26)
\end{aligned}
$$

となる．ただし，$\langle \boldsymbol{l}, \boldsymbol{a} \times \boldsymbol{l}\rangle = |\boldsymbol{l}, \boldsymbol{a}, \boldsymbol{l}| = 0$ であることと，第 2 章のベクトル三重積の公式 (2.20) を用いた．ゆえに，式 (4.25) は次のようになる．

$$
\begin{aligned}
\boldsymbol{a}' &= \boldsymbol{a}\cos^2\frac{\Omega}{2} + 2\boldsymbol{l} \times \boldsymbol{a}\cos\frac{\Omega}{2}\sin\frac{\Omega}{2} - (\boldsymbol{a} - 2\langle \boldsymbol{a}, \boldsymbol{l}\rangle\boldsymbol{l})\sin^2\frac{\Omega}{2} \\
&= \boldsymbol{a}\Bigl(\cos^2\frac{\Omega}{2} - \sin^2\frac{\Omega}{2}\Bigr) + 2\boldsymbol{l} \times \boldsymbol{a}\cos\frac{\Omega}{2}\sin\frac{\Omega}{2} + 2\sin^2\frac{\Omega}{2}\langle \boldsymbol{a}, \boldsymbol{l}\rangle\boldsymbol{l} \\
&= \boldsymbol{a}\cos\Omega + \boldsymbol{l} \times \boldsymbol{a}\sin\Omega + \langle \boldsymbol{a}, \boldsymbol{l}\rangle\boldsymbol{l}(1 - \cos\Omega) \qquad (4.27)
\end{aligned}
$$

これは，第 2 章のロドリゲスの式 (2.46) に一致している．すなわち，式 (4.24) の四元数 q は，回転軸 $\boldsymbol{l}$ の周りの回転角 Ω の回転を表している．ただし，ベクトル $\boldsymbol{a}$ に対して式 (4.21) の形で作用する．式 (4.24) の q の作用を，回転軸 $\boldsymbol{l}$ の周りの回転角 Ω の**回転子** (rotor) であるという．式 (4.21) からわかるように，q による回転子と $-q$ による回転子は同じ回転を表す．実際，

$$
-q = -\cos\frac{\Omega}{2} - \boldsymbol{l}\sin\frac{\Omega}{2} = \cos\frac{2\pi - \Omega}{2} - \boldsymbol{l}\sin\frac{2\pi - \Omega}{2} \qquad (4.28)
$$

は，$-\boldsymbol{l}$ の周りの角度 $2\pi - \Omega$ の回転を表している．これは，$\boldsymbol{l}$ の周りの角度 Ω の回転と同じである．

ある軸の周りにある角度だけ回転する操作を抽象的に $\mathcal{R}$ と書き，回転 $\mathcal{R}$ を施してから別の回転 $\mathcal{R}'$ を施した結果，すなわち回転の**合成** (composition) を $\mathcal{R}' \circ \mathcal{R}$ と書く．ベクトル $\boldsymbol{a}$ に回転子 q を施した結果に回転子 q' を施すと，

$$
\boldsymbol{a}' = q'(q\boldsymbol{a}q^\dagger)q'^\dagger = (q'q)\boldsymbol{a}(q'q)^\dagger \qquad (4.29)
$$

となる．ゆえに，回転子 q が回転 $\mathcal{R}$ を実現し，回転子 q' が回転 $\mathcal{R}'$ を実現する

なら，合成 $\mathcal{R}' \circ \mathcal{R}$ は回転子 $q'q$ によって実現される．このことを回転子の積と回転の合成は互いに**準同型** (homomorphic) であるという．これは，計算や合成の規則が同じ形になるという意味である．

式 (4.24) から，軸 $\boldsymbol{l}$ の周りの角度 Ω の回転と軸 $\boldsymbol{l}'$ の周りの角度 Ω' の回転を合成すると次のようになる．

$$
\begin{aligned}
&\Bigl(\cos\frac{\Omega'}{2} + \boldsymbol{l}'\sin\frac{\Omega'}{2}\Bigr)\Bigl(\cos\frac{\Omega}{2} + \boldsymbol{l}\sin\frac{\Omega}{2}\Bigr) \\
&= \cos\frac{\Omega'}{2}\cos\frac{\Omega}{2} + \boldsymbol{l}\cos\frac{\Omega'}{2}\sin\frac{\Omega}{2} + \boldsymbol{l}'\sin\frac{\Omega'}{2}\cos\frac{\Omega}{2} + \boldsymbol{l}'\boldsymbol{l}\sin\frac{\Omega'}{2}\sin\frac{\Omega}{2} \\
&= \cos\frac{\Omega'}{2}\cos\frac{\Omega}{2} + \boldsymbol{l}\cos\frac{\Omega'}{2}\sin\frac{\Omega}{2} + \boldsymbol{l}'\sin\frac{\Omega'}{2}\cos\frac{\Omega}{2} \\
&\qquad + (-\langle \boldsymbol{l}', \boldsymbol{l}\rangle + \boldsymbol{l}'\times\boldsymbol{l})\sin\frac{\Omega'}{2}\sin\frac{\Omega}{2} \\
&= \Bigl(\cos\frac{\Omega'}{2}\cos\frac{\Omega}{2} - \langle \boldsymbol{l}', \boldsymbol{l}\rangle\sin\frac{\Omega'}{2}\sin\frac{\Omega}{2}\Bigr) + \boldsymbol{l}\cos\frac{\Omega'}{2}\sin\frac{\Omega}{2} + \boldsymbol{l}'\sin\frac{\Omega'}{2}\cos\frac{\Omega}{2} \\
&\qquad + \boldsymbol{l}'\times\boldsymbol{l}\sin\frac{\Omega'}{2}\sin\frac{\Omega}{2}
\end{aligned}
\tag{4.30}
$$

すなわち，合成した回転の回転軸 $\boldsymbol{l}''$ と回転角 Ω'' は次のように定まる．

$$
\begin{aligned}
\cos\frac{\Omega''}{2} &= \cos\frac{\Omega'}{2}\cos\frac{\Omega}{2} - \langle \boldsymbol{l}', \boldsymbol{l}\rangle\sin\frac{\Omega'}{2}\sin\frac{\Omega}{2}, \\
\boldsymbol{l}''\cos\frac{\Omega''}{2} &= \boldsymbol{l}\sin\frac{\Omega'}{2}\sin\frac{\Omega}{2} + \boldsymbol{l}'\sin\frac{\Omega'}{2}\cos\frac{\Omega}{2} + \boldsymbol{l}'\times\boldsymbol{l}\sin\frac{\Omega'}{2}\sin\frac{\Omega}{2}
\end{aligned}
\tag{4.31}
$$

古典の世界 4.1 [回転行列の四元数表示]

$\boldsymbol{a}' = q\boldsymbol{a}q^\dagger$ は $\boldsymbol{a}$ から $\boldsymbol{a}'$ への線形写像であるから，$\boldsymbol{a}$, $\boldsymbol{a}'$ を成分の数値の並びとみなせば，行列との積の形に書ける．$q\boldsymbol{a}q^\dagger$ の形から，$q = q_0 + q_1 i + q_2 j + q_3 k$ と書けば，その行列の要素は q_0, q_1, q_2, q_3 の 2 次式になり，次のように表せる（↪ 演習問題 4.1）．

$$
\boldsymbol{a}' = \boldsymbol{R}\boldsymbol{a},
$$

$$
\boldsymbol{R} = \begin{pmatrix} q_0^2 + q_1^2 - q_2^2 - q_3^2 & 2(q_1q_2 - q_0q_3) & 2(q_1q_3 + q_0q_2) \\ 2(q_2q_1 + q_0q_3) & q_0^2 - q_1^2 + q_2^2 - q_3^2 & 2(q_2q_3 - q_0q_1) \\ 2(q_3q_1 - q_0q_2) & 2(q_3q_2 + q_0q_1) & q_0^2 - q_1^2 - q_2^2 + q_3^2 \end{pmatrix} \tag{4.32}
$$

この $\boldsymbol{R}$ は，第 2 章の式 (2.49) の回転行列 $\boldsymbol{R}$ と同じものでなければならない．このことは，q_0, q_1, q_2, q_3 を式 (4.24) の関係から，$\boldsymbol{l}$ の成分と Ω を用いて書き直すと式 (2.49) となることを意味する．式 (4.32) は，いろいろな工学の問題において，何らかの条件を満たす回転を求めるためのパラメータとしてよく用いられる．具体的には，回転をこの形に書いて，q_0, q_1, q_2, q_3 の 4 次元空間の単位球面 $q_0^2+q_1^2+q_2^2+q_3^2=1$ の上で条件を満たす位置を探索する．このほうが，第 2 章の式 (2.49) のように書いて，条件を満たす l_1, l_2, l_3, Ω を探索するより便利である．その一つの理由は，第 2 章の式 (2.49) は $\Omega=0$ の恒等変換が特異点になることである．すなわち，$\Omega=0$ なら，l_1, l_2, l_3 が何であっても $\boldsymbol{R}=\boldsymbol{I}$（単位行列）となり，$l_1, l_2, l_3$ の変化が $\boldsymbol{R}$ の変化に反映しない．そのような特異点は，多くの数値探索のアルゴリズムにおいて問題を引き起こす．一方，式 (4.32) では，q_0, q_1, q_2, q_3 が行列成分において，どれも同じような役割を果たしているので，そのような問題が起こらない．

古典の世界 4.2 [位相幾何学]

式 (4.21) の変換は，$\|\boldsymbol{a}'\|=\|\boldsymbol{a}\|$ であるから，純粋な回転か回転と鏡映を組み合わせたものである．しかし，これが鏡映を含まないことは，実はロドリゲスの式を導くまでもなく，次のような簡単な考察でわかる．明らかに，$q=\pm1$ は恒等変換として作用する．そして，任意の単位四元数 $q=q_0+q_1i+q_2j+q_3k$ は，関係 $q_0^2+q_1^2+q_2^2+q_3^2=1$ を保ったまま $q_0\to\pm1$, $q_1\to0$, $q_2\to0$, $q_3\to0$ と変化させて $q=\pm1$ にすることができる．もし q が鏡映を含んでいれば，連続的に変化させて恒等変換にすることができないから，純粋な回転である．このような「連続的な変形」を扱う学問は**位相幾何学**（**トポロジー**）(topology) とよばれる．

$q_0^2+q_1^2+q_2^2+q_3^2=1$ を満たす q_0, q_1, q_2, q_3 が回転を表すから，回転の全体は，数学的には 4 次元空間の単位球面 S^3 に対応する．ただし，q と $-q$ が同じ回転を表すから，S^3 と回転の対応は 2 対 1 である．これを 1 対 1 にするには，S^3 の半分，たとえば $q_0\geq0$ の部分を考えればよいが，すると連続性に問題が生じる．それは，半球の切り口の各点が反対側（対応する直径の他方の端）と同じ回転となっているからである．このため，回転を連続的に変化させた軌跡は半球の端に達すると反対側から現れる．このような不連続をなくすには，3 次元球面の半分をひねって，切り口の各点が反対側の点に重なるように張り合わせればよい（図 4.1）．そのように張り合わせた空間を $\mathbb{P}^3$ と書く．これは，位相幾何学的には 3 次元**射影空間** (projective space) とよばれる．このように，回転全体は $\mathbb{P}^3$ と連続的に 1 対 1 対応する．このことを回転全体は $\mathbb{P}^3$ と**位相同型** (homeomorphic) であるという．

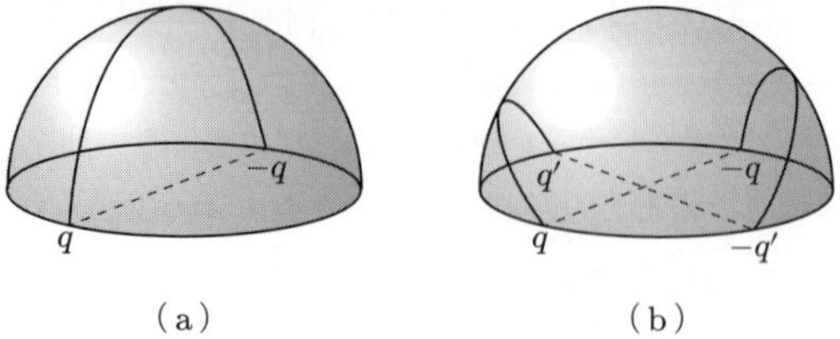

図 4.1　回転を表す四元数全体は，4 次元空間の単位球面の半分を切り口上の向かい合う点 q, $-q$ が重なるように張り合わせたものに対応する．
(a) 回転の連続的な変化を表すループが半球の端に達すると，反対側から現れる．このようなループは変形して 1 点に収縮させることができない．
(b) 半球の端を 2 回通過するループは変形して 1 点に収縮させることができる．q', $-q'$ を結ぶ直径を回転させて q, $-q$ に一致させてからループを縮めると，q, $-q$（同一点）に収縮する．

このとき，半球上のある点から出発して，半球の端に達して反対側から現れて，元の点に戻るような閉じた曲線，すなわちループは，どのように連続的に変形させても 1 点に収縮させることはできない（図 4.1(a)）．どの 2 点も曲線で結ぶことができるような空間は**連結** (connected) であるといい，どのようなループも連続的に 1 点に収縮できるとき，その空間は**単連結** (simply connected) であるという．上記の考察から，$\mathbb{P}^3$ は連結ではあるが単連結ではないことがわかる．しかし，2 回（あるいは偶数回）半球の端を通るループは連続的に 1 点に収縮できることが，図 4.1(b) からイメージできるであろう．

古典の世界 4.3 [微小回転]

単位四元数 q を式 (4.24) のようにおけば，これからロドリゲスの式が導けることから，式 (4.24) が回転軸 $\boldsymbol{l}$, 回転角 Ω の回転子であることがわかる．しかし，回転軸 $\boldsymbol{l}$, 回転角 Ω の回転子が式 (4.24) でなければならないことを直接に導くこともできる．これを示すには，恒等変換に近い微小回転を考えればよい．恒等変換の回転子は $q = 1$ で与えられるから，微小回転の回転子は

$$q = 1 + \delta q + O(\delta q^2), \qquad q^\dagger = 1 + \delta q^\dagger + O(\delta q^2) \tag{4.33}$$

と書ける．q は単位四元数であるから，

$$\|q\|^2 = qq^\dagger = (1 + \delta q + O(\delta q^2))(1 + \delta q^\dagger + O(\delta q^2))$$

$$= 1 + \delta q + \delta q^{\dagger} + O(\delta q^2) \tag{4.34}$$

であり，これが恒等的に 1 であることから $\delta q^{\dagger} = -\delta q$ である．ゆえに，命題 4.3 より δq はベクトルである．このとき，ベクトル $\boldsymbol{a}$ の微小回転は，式 (4.10) より，

$$\begin{aligned}\boldsymbol{a}' &= q\boldsymbol{a}q^{\dagger} = (1+\delta q)\boldsymbol{a}(1-\delta q) + O(\delta q^2) = \boldsymbol{a} + \delta q\boldsymbol{a} - \boldsymbol{a}\delta q + O(\delta q^2)\\ &= \boldsymbol{a} + 2\delta q \times \boldsymbol{a} + O(\delta q^2)\end{aligned} \tag{4.35}$$

と書ける．これと第 2 章の式 (2.47) を比較すると，δq は微小回転角 $\Delta\Omega$ と回転軸 $\boldsymbol{l}$ を用いて，$\Delta\Omega\boldsymbol{l}/2$ と書けることがわかる．ゆえに，

$$q = 1 + \frac{\Delta\Omega}{2}\boldsymbol{l} + O(\delta q^2) \tag{4.36}$$

と書ける．軸 $\boldsymbol{l}$ の周りの角度 Ω の回転子を $q_{\boldsymbol{l}}(\Omega)$ と書くと，その Ω に関する微分が次のように導ける．

$$\begin{aligned}\frac{dq_{\boldsymbol{l}}(\Omega)}{d\Omega} &= \lim_{\Delta\Omega\to 0}\frac{q_{\boldsymbol{l}}(\Omega+\Delta\Omega) - q_{\boldsymbol{l}}(\Omega)}{\Delta\Omega} = \lim_{\Delta\Omega\to 0}\frac{q_{\boldsymbol{l}}(\Delta\Omega)q_{\boldsymbol{l}}(\Omega) - q_{\boldsymbol{l}}(\Omega)}{\Delta\Omega}\\ &= \lim_{\Delta\Omega\to 0}\frac{q_{\boldsymbol{l}}(\Delta\Omega) - 1}{\Delta\Omega}q_{\boldsymbol{l}}(\Omega) = \frac{1}{2}\boldsymbol{l}q_{\boldsymbol{l}}(\Omega)\end{aligned} \tag{4.37}$$

ただし，$q_{\boldsymbol{l}}(\Omega + \Delta\Omega) = q_{\boldsymbol{l}}(\Delta\Omega)q_{\boldsymbol{l}}(\Omega)$ であることと，微小回転 $q = q_{\boldsymbol{l}}(\Delta\Omega)$ に式 (4.36) を適用した．上式を何度も微分すると $d^2q_{\boldsymbol{l}}(\Omega)/d\Omega^2 = (1/4)\boldsymbol{l}^2q_{\boldsymbol{l}}(\Omega)$, $d^3q_{\boldsymbol{l}}(\Omega)/d\Omega^3 = (1/8)\boldsymbol{l}^3q_{\boldsymbol{l}}(\Omega), \ldots$ となり，$q_{\boldsymbol{l}}(0) = 1$ であるから，$\Omega = 0$ の周りのテイラー展開が次のようになる．

$$\begin{aligned}q_{\boldsymbol{l}}(\Omega) &= 1 + \frac{\Omega}{2}\boldsymbol{l} + \frac{1}{2!}\frac{\Omega^2}{4}\boldsymbol{l}^2 + \frac{1}{3!}\frac{\Omega^3}{8}\boldsymbol{l}^3 + \cdots\\ &= \sum_{k=1}^{\infty}\frac{1}{k!}\Big(\frac{\Omega}{2}\boldsymbol{l}\Big)^k = \exp\frac{\Omega}{2}\boldsymbol{l}\end{aligned} \tag{4.38}$$

最後の辺は，$\sum_{k=1}^{\infty}(\Omega\boldsymbol{l}/2)^k/k!$ を形式的に表したものである．しかし，$\boldsymbol{l}$ は単位ベクトルであるから，式 (4.10) より $\boldsymbol{l}^2 = -1$ である．したがって，$\boldsymbol{l}$ を虚数単位 i と同じように考えて，上式を次のように式 (4.24) の形に書き直すことができる．

$$\begin{aligned}q_{\boldsymbol{l}}(\Omega) &= \Big(1 - \frac{1}{2!}\Big(\frac{\Omega}{2}\Big)^2 + \frac{1}{4!}\Big(\frac{\Omega}{2}\Big)^4 - \cdots\Big) + \boldsymbol{l}\Big(\frac{\Omega}{2} - \frac{1}{3!}\Big(\frac{\Omega}{2}\Big)^3 + \frac{1}{5!}\Big(\frac{\Omega}{2}\Big)^5 - \cdots\Big)\\ &= \cos\frac{\Omega}{2} + \boldsymbol{l}\sin\frac{\Omega}{2}\end{aligned} \tag{4.39}$$

古典の世界 4.4 [回転群の表現]

集合に結合則を満たす積が定義され，**単位元** (identity)（掛けても変化しない元）と各元の**逆元** (inverse)（その元に掛けると単位元になる元）が存在するとき，その集合を**群** (group) とよぶ．回転全体は，合成を積とみなせば群になる．その単位元は恒等変換（角度 0 の回転），逆元は逆回転（回転角の符号を変えたもの）である．この回転全体が作る群を**回転群** (group of rotations) とよび，記号 $SO(3)$ で表す．

回転子の作用が回転の合成と準同型であることを述べたが，ベクトルを数値の並びとみなして，回転を行列との積で表すと，回転行列の積は回転の合成と準同型である．すなわち，回転 $\mathcal{R}$, $\mathcal{R}'$ を表す回転行列を $\boldsymbol{R}$, $\boldsymbol{R}'$ とすると，合成回転 $\mathcal{R}' \circ \mathcal{R}$ を表す回転行列は $\boldsymbol{R}'\boldsymbol{R}$ である．数学的には，群の要素を行列に対応させたとき，群の積と行列の積とが準同型になるような対応を，その群の**表現** (representation) とよぶ．式 (4.32) の回転行列も，第 2 章の式 (2.49) の回転行列も，回転群の表現である．しかし，それ以外にもいろいろな表現が存在する．四元数に関連するものに，次の複素数を要素とする 2×2 行列がある．

$$\boldsymbol{U} = \begin{pmatrix} q_0 - iq_3 & -q_2 - iq_1 \\ q_2 - iq_1 & q_0 + iq_3 \end{pmatrix} \tag{4.40}$$

これが表現であるということは，

$$\begin{pmatrix} q_0'' - iq_3'' & -q_2'' - iq_1'' \\ q_2'' - iq_1'' & q_0'' + iq_3'' \end{pmatrix} = \begin{pmatrix} q_0' - iq_3' & -q_2' - iq_1' \\ q_2' - iq_1' & q_0' + iq_3' \end{pmatrix} \begin{pmatrix} q_0 - iq_3 & -q_2 - iq_1 \\ q_2 - iq_1 & q_0 + iq_3 \end{pmatrix} \tag{4.41}$$

と書けば，四元数 $q'' = q_0'' + q_1''i + q_2''j + q_3''k$ が四元数 $q' = q_0' + q_1'i + q_2'j + q_3'k$ と四元数 $q = q_0 + q_1 i + q_2 j + q_3 k$ の積になっているということである．これは直接にも確かめられるが，次のように考えるとわかりやすい．まず，式 (4.40) は次のように書き直せる．

$$\boldsymbol{U} = q_0\boldsymbol{I} + q_1\boldsymbol{S}_1 + q_2\boldsymbol{S}_2 + q_3\boldsymbol{S}_3 \tag{4.42}$$

ただし，次のようにおいた．

$$\boldsymbol{I} = \begin{pmatrix} 1 & 0 \\ 0 & 1 \end{pmatrix}, \qquad \boldsymbol{S}_1 = \begin{pmatrix} 0 & -i \\ -i & 0 \end{pmatrix},$$
$$\boldsymbol{S}_2 = \begin{pmatrix} 0 & -1 \\ 1 & 0 \end{pmatrix}, \qquad \boldsymbol{S}_3 = \begin{pmatrix} -i & 0 \\ 0 & i \end{pmatrix} \tag{4.43}$$

これらの行列の互いの積は次のようになる．

$$\boldsymbol{S}_1^2 = -\boldsymbol{I}, \qquad \boldsymbol{S}_2^2 = -\boldsymbol{I}, \qquad \boldsymbol{S}_3^2 = -\boldsymbol{I} \tag{4.44}$$

$$\begin{aligned} &\boldsymbol{S}_2\boldsymbol{S}_3 = \boldsymbol{S}_1, \quad \boldsymbol{S}_3\boldsymbol{S}_1 = \boldsymbol{S}_2, \quad \boldsymbol{S}_1\boldsymbol{S}_2 = \boldsymbol{S}_3, \\ &\boldsymbol{S}_3\boldsymbol{S}_2 = -\boldsymbol{S}_1, \quad \boldsymbol{S}_1\boldsymbol{S}_3 = -\boldsymbol{S}_2, \quad \boldsymbol{S}_2\boldsymbol{S}_1 = -\boldsymbol{S}_3 \end{aligned} \tag{4.45}$$

すなわち，$\boldsymbol{I}$, $\boldsymbol{S}_1$, $\boldsymbol{S}_2$, $\boldsymbol{S}_3$ の互いの積は，式 (4.4), (4.5) の 1, i, j, k と互いの積と同じ形をしている．したがって，式 (4.42) の形の行列どうしの積は，実質的に四元数の積の計算と同じになっている．あるいは，式 (4.4), (4.5) の 1, i, j, k の演算が，実は式 (4.43) の行列 $\boldsymbol{I}$, $\boldsymbol{S}_1$, $\boldsymbol{S}_2$, $\boldsymbol{S}_3$ の積の計算であるともいえる．

古典の世界 4.5 [立体射影]

式 (4.40) を

$$\boldsymbol{U} = \begin{pmatrix} \alpha & \beta \\ \gamma & \delta \end{pmatrix} \tag{4.46}$$

と書けば，次の関係が成り立つことがわかる．

$$\gamma = -\beta^\dagger, \qquad \delta = -\alpha^\dagger, \qquad \alpha\delta - \beta\gamma = 1 \tag{4.47}$$

ただし，† は複素共役を意味する．そして，最後の式は $q_0^2 + q_1^2 + q_2^2 + q_3^2 = 1$ を表している．逆に，このような 4 個の複素数 α, β, γ, δ を与えれば，式 (4.40) より q_0, q_1, q_2, q_3 が定まり，$q_0^2 + q_1^2 + q_2^2 + q_3^2 = 1$ が満たされる．このような α, β, γ, δ を**ケイリー–クラインのパラメーター** (Cayley–Klein parameters) とよぶ．そして，式 (4.47) を満たす式 (4.46) の形の行列の作る群を 2 次元**特殊ユニタリ群** (special unitary group) といい，記号 $SU(2)$ で表す．ここで，「ユニタリ」というのは $\boldsymbol{U}$ が**ユニタリ行列** (unitary matrix) であること，すなわち $\boldsymbol{U}^\dagger\boldsymbol{U} = \boldsymbol{I}$ を満たすことをいう．ただし，† は**エルミート共役** (Hermitian conjugate)，すなわち複素共役の転置を表す．また，「特殊」というのは行列式が 1 であることをいう ($|\boldsymbol{U}| = \alpha\delta - \beta\gamma = 1$).

式 (4.46) は，回転群の表現になっているだけでなく，実は次の形の複素数の変換の表現にもなっている．

$$z' = \frac{\gamma + \delta z}{\alpha + \beta z} \tag{4.48}$$

このような変換は **1 次分数変換** (linear fractional transformation)，あるいは**メビウス変換** (Möbius transformation) とよばれる．この変換を行った z' に α', β', γ', δ' で指定される 1 次分数変換を行って式を整理すると，やはり z の 1 次分数変換になっていることがわかる (↪ 演習問題 4.6)．すなわち，1 次分数変換は群を作る．そ

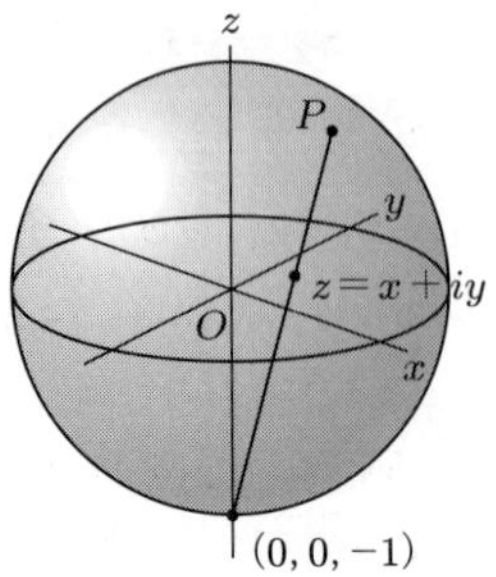

図 4.2　球面から平面への立体射影．球面上の点 P を「南極」$(0,0,-1)$ から xy 平面に投影した点は複素数 $z = x + iy$ とみなせる．球面を回転すると，投影した xy 平面上の点は 1 次分数変換を受ける．

して，合成した変換のパラメータを α'', β'', γ'', δ'' として，それを要素とする行列を $\boldsymbol{U}''$ とすると，$\boldsymbol{U}'' = \boldsymbol{U}'\boldsymbol{U}$ となっていることが確かめられる．ただし，$\boldsymbol{U}'$ は α', β', γ', δ' を要素とする行列である．すなわち，式 (4.46) は 1 次分数変換群の表現である．ということは，式 (4.46) が何らかの意味で回転と対応していることを示唆している．実際，この対応は球面の**立体射影** (stereographic projection) によって与えられる．図 4.2 のように，単位球面上の点を「南極」$(0,0,-1)$ から xy 平面に投影した点 (x,y) を複素数 $z = x + iy$ とみなす．すると，球面にケイリー–クラインのパラメーター α, β, γ, δ で指定される回転を施せば，複素数 z は式 (4.48) のように変換する．

■補　足■

四元数は，アイルランドの数学者**ハミルトン** (Sir William Rowan Hamilton: 1805–1865) が定式化したものである．彼は，実数に虚数単位 i とは別の虚数単位 j, k を追加して複素数を拡張すると，自由に割り算ができる体が得られることを発見した．本章で述べたのは，このハミルトンの四元数を今日のベクトル解析の観点から見直したものである．

四元数は，記号の間に演算を定義して幾何学的関係を記述する代数的方法の典型である．命題 4.1 に示すように，四元数はスカラとベクトルの形式和であり，その積は内積とベクトル積を同時に計算していることに相当する．これを内積の計算とベクトル積の計算に分離したのが，第 2 章の補足で述べた米国の物理学者ギブスである．式 (4.6) を見れば，式 (4.4) を $i^2 = j^2 = k^2 = 1$ とし，式 (4.5) の代わりに $jk = ki = ij = kj = ik = ji = 0$ とすると内積計算される．一方，式 (4.5) はそのままで，式 (4.4) の代わりに $i^2 = j^2 = k^2 = 0$ とすれば，ベクトル積が計算される．このように，ギブスは内積とベクトル積を分離して，物理学の記述に適したベクトル解析の体系を確立した．その代償として，四元数代数の背後にあった数学的な構造は失われた．一方，四元数にさらに高度な演算を追加して，より一般的な数学体系にしたのがクリフォード代数である．これについては第 6 章で述べる．このように，ハミルトンの四元数代数はその後，二つの正反対の方向に分化した．

4.4 節に示した回転，およびその背後にある群の構造については，ポントリャーギン [22, 23]，山内 [29]，山内・杉浦 [30] が古くから読まれている名著である．これをコンピュータビジョンの研究者向けに工学的立場から解説したものに Kanatani [15] がある．

演習問題

4.1 式 (4.21) において，$\boldsymbol{q} = q_0 + q_1 i + q_2 j + q_3 k$, $\boldsymbol{a} = a_1 e_1 + a_2 e_2 + a_3 e_3$, $\boldsymbol{a}' = a_1' e_1 + a_2' e_2 + a_3' e_3$ とおくとき，a_1', a_2', a_3' を a_1, a_2, a_3 の式として表せ．

4.2 回転を表す単位四元数 $\boldsymbol{q} = q_0 + q_1 i + q_2 j + q_3 k$ が与えられたとき，その回転角 Ω は，式 (4.23) より，

$$\Omega = 2\cos^{-1} q_0, \qquad \Omega = 2\sin^{-1}\sqrt{q_1^2 + q_2^2 + q_3^2}$$

の 2 通りに計算できるが，実際の計算ではどちらの式を用いるのがよいか．

4.3 ある軸の周りの π 以上，2π 以下の回転角の回転は，回転角 π 以下の逆向きの回転ともみなせる．単位四元数 $\boldsymbol{q} = q_0 + q_1 i + q_2 j + q_3 k$ が，回転軸 $\boldsymbol{l}$ の右ネジ回りの回転角 $0 \leq \Omega \leq \pi$ の回転であるように回転軸 $\boldsymbol{l}$ と回転角 Ω を定めるにはどうすればよいか．

4.4 i, j, k はそれ自身で単位四元数である．これらはそれぞれ，どのような回転を表すか．また，単位ベクトル $\boldsymbol{l}$ を四元数とみなすと，どのような回転を表すか．

4.5 スカラ α は四元数でもあり，その共役は $\alpha^\dagger = \alpha$ である．四元数とみなしたベクトル $\boldsymbol{a}$ に対して，$\boldsymbol{a}' = \alpha\boldsymbol{a}\alpha^\dagger$ はどのような変換を表すか．また，このことから，単位四元数とは限らない任意の 0 でない四元数 q に対して，$\boldsymbol{a}' = q\boldsymbol{a}q^\dagger$ はどのよ

うな変換を表すか.

4.6 式 (4.48) の形の 1 次分数変換を合成したとき，そのパラメータを式 (4.46) の形の行列で表すと，合成後のパラメータが $\boldsymbol{U}'' = \boldsymbol{U}'\boldsymbol{U}$ の形の積で表せることを確かめよ.

第 5 章
グラスマンの外積代数

本章では，ベクトルの間に「外積」とよぶ演算を導入して，部分空間を記述する方法を述べる．これは次章のクリフォード代数の基礎となる．まず，各次元の部分空間（原点，原点を通る直線，原点を通る平面，空間全体）を外積によって記述する．これによって外積演算の性質が明らかになる．次に，部分空間の間の内積に相当する「縮約」という演算を導入し，部分空間のノルムや双対を定義する．最後に，部分空間を記述する方法として，直接的な表現法と，それに双対な表現法があることを示す．

5.1 部分空間

部分空間 (subspace) とは，ベクトル空間の部分集合であって，それ自身が閉じたベクトル空間になっているもののことをいう．具体的には，原点を始点とする，ある複数のベクトルの線形結合で表されるベクトルの集合，すなわちそれらの**張る** (span) 空間のことである．3 次元空間には，0 次元，1 次元，2 次元，3 次元の部分空間が存在する．0 次元部分空間は原点自身，1 次元部分空間は原点を通る直線，2 次元部分空間は原点を通る平面，3 次元部分空間は 3 次元空間そのものである．本章では，これらの部分空間の記述や関連する演算を述べる．ベクトルは，原点を始点とするものしか考えないので，以下では「原点を始点とする」という言葉を省く．また，直線や平面も原点を通るものしか考えないので，「原点を通る」という言葉を省いて，1 次元，2 次元部分空間をそれぞれ単に「直線」,「平面」とよび，3次元空間を単に「空間」とよぶ．本章では，部分空間に「向き」と「大きさ」を考える．ただし，向きと大きさは一体の概念であり，ある向きのある大きさは反対向きの大きさの符号を変えたものと同じとみなす．大きさ0は「存在しない」と解釈し，存在するものの大きさは0でないとする．

5.1.1　直　線

直線に向きと大きさを考える．直線の長さは無限大であるが，たとえば電線をイメージして，そこを流れる電流の大きさをこの直線の大きさと考える．ベクトル $\boldsymbol{a}$ の定める直線を単に「直線 $\boldsymbol{a}$」と書き，その向きはベクトル $\boldsymbol{a}$ の方向，大きさは $\boldsymbol{a}$ の長さとする（向きを $-\boldsymbol{a}$ 方向，大きさを $\boldsymbol{a}$ の長さの符号を変えたものとしてもよい）．直線 $\boldsymbol{a}$ と直線 $2\boldsymbol{a}$ は図形としては同じ直線であるが，後者の直線は前者の直線の2倍の大きさをもっている．直線 $\boldsymbol{a}$ と直線 $-\boldsymbol{a}$ は互いに反対向きである．

図形として同じ直線の和は，大きさの符号を調節して向きをそろえてからその大きさを足したものとする．たとえば，2直線 $\boldsymbol{a}$, $\boldsymbol{a}'$ が図形として同じであれば，$\boldsymbol{a}' = \alpha\boldsymbol{a}$ となるスカラ α があるから，それら2直線の和は $(1+\alpha)\boldsymbol{a}$ である．同一直線上にない2直線 $\boldsymbol{a}$, $\boldsymbol{b}$ の和は，ベクトル $\boldsymbol{a}+\boldsymbol{b}$ の定める直線と定義する．この定義より，(原点を通る) 直線間の和やスカラ倍が自由に計算できる．このことを，直線全体は「ベクトル空間」を作るという．

5.1.2　平　面

平面にも向きと大きさを考える．平面の面積は無限大であるが，たとえば磁気を帯びた鉄板をイメージして，その (向きを含めた) 磁力の大きさをこの平面の大きさとみなす．平面に向きを考えるということは，平面の表裏を区別することである．同一直線上にないベクトル $\boldsymbol{a}$, $\boldsymbol{b}$ は平面を張る．この平面を $\boldsymbol{a}\wedge\boldsymbol{b}$ と書く．記号 $\wedge$ を**外積** (outer product, exterior product) とよび，二つのベクトルを $\wedge$ で結んだものを**二重ベクトル** (bivector, 2-vector) とよぶ．そして，$\boldsymbol{a}$ を $\boldsymbol{b}$ に近づける回転が反時計回り，すなわち正の回転をする側を表とし，大きさはベクトル $\boldsymbol{a}$, $\boldsymbol{b}$ の作る平行四辺形の面積に等しいとする（$\boldsymbol{a}$ を $\boldsymbol{b}$ に近づけるのが負の回転となる側を表とし，大きさはベクトル $\boldsymbol{a}$, $\boldsymbol{b}$ の作る平行四辺形の面積の符号を変えたものとしてもよい）．

定義より，$\alpha\boldsymbol{a}$, $\beta\boldsymbol{b}$ の張る平面は，図形としては $\boldsymbol{a}$, $\boldsymbol{b}$ の張る平面に等しいが，$\alpha\beta$ 倍の大きさをもっている．また，$\boldsymbol{a}$, $\boldsymbol{b}$ の張る平面 $\boldsymbol{a}\wedge\boldsymbol{b}$ と $\boldsymbol{b}$, $\boldsymbol{a}$ の張る平面 $\boldsymbol{b}\wedge\boldsymbol{a}$ は，図形としては同じであるが，表裏が逆になる．当然ながら，一つのベクトルのみでは平面を定めることができない．これらのことは次のように書ける．

$$(\alpha\boldsymbol{a})\wedge(\beta\boldsymbol{b}) = (\alpha\beta)\boldsymbol{a}\wedge\boldsymbol{b}, \qquad \boldsymbol{a}\wedge\boldsymbol{b} = -\boldsymbol{b}\wedge\boldsymbol{a}, \qquad \boldsymbol{a}\wedge\boldsymbol{a} = 0 \tag{5.1}$$

最後の式の右辺の 0 は「存在しない」ことを表す．

図形として同じ平面の和は，大きさの符号を調節して表裏をそろえてからその大きさを足したものとする．たとえば，二重ベクトル $\boldsymbol{a}\wedge\boldsymbol{b}$, $\boldsymbol{a}'\wedge\boldsymbol{b}'$ が図形として同じ平面を表せば，$\boldsymbol{a}'\wedge\boldsymbol{b}' = \alpha\boldsymbol{a}\wedge\boldsymbol{b}$ となるスカラ α があるから，和は $(1+\alpha)\boldsymbol{a}\wedge\boldsymbol{b}$ である．

ベクトル $\boldsymbol{a}$, $\boldsymbol{b}$, $\boldsymbol{c}$ が同一平面上にあるとき，任意のスカラ α, β 対して，$\boldsymbol{a}$, $\alpha\boldsymbol{b}+\beta\boldsymbol{c}$ の作る平行四辺形の面積は，$\boldsymbol{a}$, $\boldsymbol{b}$ の作る平行四辺形の α 倍と $\boldsymbol{a}$, $\boldsymbol{c}$ の作る平行四辺形の β 倍の和に等しい（図 5.1(a)）．ゆえに，次の関係が成り立つ．

$$\boldsymbol{a}\wedge(\alpha\boldsymbol{b}+\beta\boldsymbol{c}) = \alpha\boldsymbol{a}\wedge\boldsymbol{b}+\beta\boldsymbol{a}\wedge\boldsymbol{c} \tag{5.2}$$

これは，同一平面上のベクトルに関して分配則が成り立つことを意味する．

平面は向きと大きさによって定義されるので，一つの平面がいろいろなベクトルで表現できる．たとえば，$\boldsymbol{a}$, $\boldsymbol{b}$ とは別のベクトル $\boldsymbol{a}'$, $\boldsymbol{b}'$ があって，それらの相対的向き（すなわち，一方を他方に近づける回転方向）が等しく，$\boldsymbol{a}$, $\boldsymbol{b}$ の

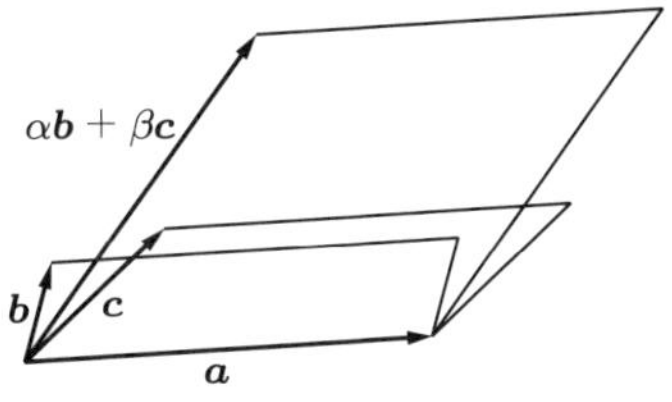

（a）

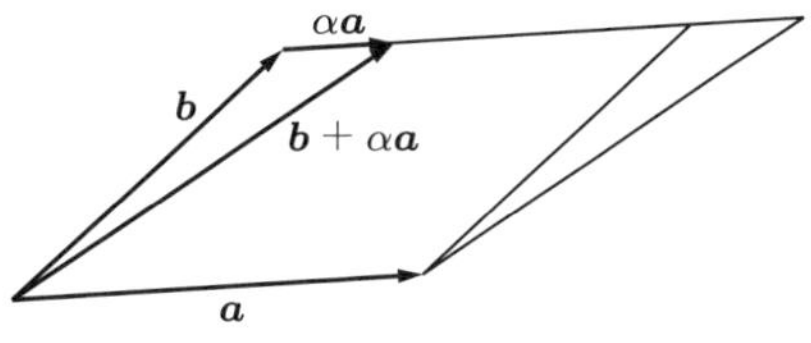

（b）

図 5.1 (a) ベクトル $\boldsymbol{a}$, $\boldsymbol{b}$, $\boldsymbol{c}$ が同一平面上にあるとき，任意のスカラ α, β に対して，ベクトル $\boldsymbol{a}$ と $\alpha\boldsymbol{b}+\beta\boldsymbol{c}$ の作る平行四辺形の面積は，$\boldsymbol{a}$, $\boldsymbol{b}$ の作る平行四辺形の面積の α 倍と $\boldsymbol{a}$, $\boldsymbol{c}$ の作る平行四辺形の面積の β 倍と和に等しい．
(b) 任意のスカラ α に対して，ベクトル $\boldsymbol{a}$, $\boldsymbol{b}$ の作る平行四辺形の面積は，ベクトル $\boldsymbol{a}$, $\boldsymbol{b}+\alpha\boldsymbol{a}$ の作る平行四辺形の面積に等しい．

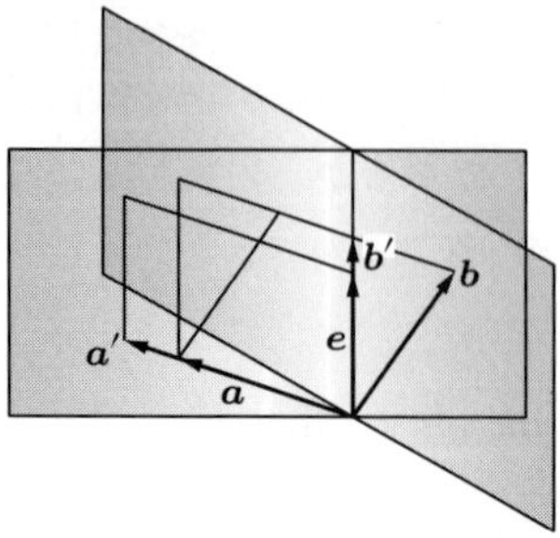

図 **5.2**　ベクトル $\boldsymbol{a}, \boldsymbol{b}$ に対して，$\boldsymbol{a} \wedge \boldsymbol{b} = \boldsymbol{a} \wedge \boldsymbol{b}'$ となるような $\boldsymbol{e}$ と同じ向きのベクトル $\boldsymbol{b}'$ が存在する．そして $\boldsymbol{a} \wedge \boldsymbol{b}' = \boldsymbol{a}' \wedge \boldsymbol{e}$ となるような $\boldsymbol{a}$ と同じ向きベクトル $\boldsymbol{a}'$ が存在する．

作る平行四辺形の面積と $\boldsymbol{a}'$ と $\boldsymbol{b}'$ の作る平行四辺形の面積が符号を含めて等しければ，それらの張る平面は同一である．すなわち，$\boldsymbol{a} \wedge \boldsymbol{b} = \boldsymbol{a}' \wedge \boldsymbol{b}'$ である．たとえば，任意のスカラ α に対して，ベクトル $\boldsymbol{a}, \boldsymbol{b}$ とベクトル $\boldsymbol{a}, \boldsymbol{b} + \alpha\boldsymbol{a}$ は相対的向きも作る平行四辺形の面積も等しい（図 5.1(b)）．したがって，次の関係が成り立つ．

$$\boldsymbol{a} \wedge (\boldsymbol{b} + \alpha\boldsymbol{a}) = \boldsymbol{a} \wedge \boldsymbol{b} \tag{5.3}$$

これは，式 (5.2) の分配則を用いると，式 (5.1) の関係から $\boldsymbol{a} \wedge (\boldsymbol{b} + \alpha\boldsymbol{a}) = \boldsymbol{a} \wedge \boldsymbol{b} + \alpha\boldsymbol{a} \wedge \boldsymbol{a} = \boldsymbol{a} \wedge \boldsymbol{b}$ によっても示せる．

異なる平面を表す二重ベクトル $\boldsymbol{a} \wedge \boldsymbol{b}, \boldsymbol{c} \wedge \boldsymbol{d}$ に対しては，これら 2 平面の交線を定めるベクトルを $\boldsymbol{e}$ とすると，$\boldsymbol{a} \wedge \boldsymbol{b} = \boldsymbol{a}' \wedge \boldsymbol{e}$ となるベクトル $\boldsymbol{a}'$ が存在する（図 5.2）．同様に，$\boldsymbol{c} \wedge \boldsymbol{d} = \boldsymbol{c}' \wedge \boldsymbol{e}$ となるベクトル $\boldsymbol{c}'$ が存在する．このとき，二つの平面の和を次のように定義する．

$$\boldsymbol{a} \wedge \boldsymbol{b} + \boldsymbol{c} \wedge \boldsymbol{d} = \boldsymbol{a}' \wedge \boldsymbol{e} + \boldsymbol{c}' \wedge \boldsymbol{e} = (\boldsymbol{a}' + \boldsymbol{c}') \wedge \boldsymbol{e} \tag{5.4}$$

これは，同一平面上にないベクトルに対しても分配則を認めることを意味する．この定義より，平面間の和やスカラ倍が自由に計算できる．すなわち，平面全体はベクトル空間を作る．

5.1.3　空　間

空間にも向きと大きさを考える．向きは符号で表す．空間の体積は無限大であるが，その性質が定量的に測れるとし，その値をその空間の大きさとみなす．

同一平面上にないベクトル $\boldsymbol{a}, \boldsymbol{b}, \boldsymbol{c}$ は 3 次元空間を張る．この空間を $\boldsymbol{a}\wedge\boldsymbol{b}\wedge\boldsymbol{c}$ と書く．三つのベクトルを $\wedge$ で結んだものを**三重ベクトル** (trivector, 3-vector) とよぶ．これは図形としては全空間に等しいが，符号は $\boldsymbol{a}, \boldsymbol{b}, \boldsymbol{c}$ が右手系であれば正，左手系であれば負とし（↪ 第 2 章 2.5 節），大きさは $\boldsymbol{a}, \boldsymbol{b}, \boldsymbol{c}$ の作る平行六面体の体積とする（符号を $\boldsymbol{a}, \boldsymbol{b}, \boldsymbol{c}$ が左手系であれば正，右手系であれば負として，大きさを $\boldsymbol{a}, \boldsymbol{b}, \boldsymbol{c}$ の作る平行六面体の体積の符号を変えたものとしてもよい）．

平面の場合と同様に，$\alpha\boldsymbol{a}, \beta\boldsymbol{b}, \gamma\boldsymbol{c}$ の張る空間は，図形としては $\boldsymbol{a}, \boldsymbol{b}, \boldsymbol{c}$ の張る空間に等しいが，$\alpha\beta\gamma$ 倍の大きさをもっている．また，$\boldsymbol{a}, \boldsymbol{b}, \boldsymbol{c}$ の張る空間 $\boldsymbol{a}\wedge\boldsymbol{b}\wedge\boldsymbol{c}$ と $\boldsymbol{b}, \boldsymbol{a}, \boldsymbol{c}$ の張る空間 $\boldsymbol{b}\wedge\boldsymbol{a}\wedge\boldsymbol{c}$ は，図形としては同じであるが，符号が逆になる．当然ながら，二つのベクトルのみでは空間が定まらない．これらのことは次のように書ける．

$$(\alpha\boldsymbol{a})\wedge(\beta\boldsymbol{b})\wedge(\beta\boldsymbol{c}) = (\alpha\beta\gamma)\boldsymbol{a}\wedge\boldsymbol{b}\wedge\boldsymbol{c},$$

$$\boldsymbol{a}\wedge\boldsymbol{b}\wedge\boldsymbol{c} = \boldsymbol{b}\wedge\boldsymbol{c}\wedge\boldsymbol{a} = \boldsymbol{c}\wedge\boldsymbol{a}\wedge\boldsymbol{b} \tag{5.5}$$

$$\boldsymbol{a}\wedge\boldsymbol{b}\wedge\boldsymbol{c} = -\boldsymbol{b}\wedge\boldsymbol{a}\wedge\boldsymbol{c} = -\boldsymbol{c}\wedge\boldsymbol{b}\wedge\boldsymbol{a} = -\boldsymbol{a}\wedge\boldsymbol{c}\wedge\boldsymbol{b} \tag{5.6}$$

$$\boldsymbol{a}\wedge\boldsymbol{c}\wedge\boldsymbol{c} = \boldsymbol{a}\wedge\boldsymbol{b}\wedge\boldsymbol{a} = \boldsymbol{a}\wedge\boldsymbol{a}\wedge\boldsymbol{c} = 0 \tag{5.7}$$

最後の式の右辺の 0 は「存在しない」ことを表す．

空間は，図形としてはどれも同じなので，空間と空間の和はその符号を含めた大きさの和によって定義する．たとえば，二つの三重ベクトル $\boldsymbol{a}\wedge\boldsymbol{b}\wedge\boldsymbol{c}$, $\boldsymbol{a}'\wedge\boldsymbol{b}'\wedge\boldsymbol{c}'$ に対しては，$\boldsymbol{a}'\wedge\boldsymbol{b}'\wedge\boldsymbol{c}' = \alpha\boldsymbol{a}\wedge\boldsymbol{b}\wedge\boldsymbol{c}$ となるスカラ α があるから，和は $(1+\alpha)\boldsymbol{a}\wedge\boldsymbol{b}\wedge\boldsymbol{c}$ である．この定義より，空間の和やスカラ倍が自由に計算できる．すなわち，空間全体はベクトル空間を作る．

スカラ α, β に対して，$\boldsymbol{a}, \boldsymbol{b}, \alpha\boldsymbol{c}+\beta\boldsymbol{d}$ の作る平行六面体の（符号を含めた）体積は，$\boldsymbol{a}, \boldsymbol{b}, \boldsymbol{c}$ の作る平行六面体の α 倍と $\boldsymbol{a}, \boldsymbol{b}, \boldsymbol{d}$ の作る平行六面体の β 倍の和に等しい（図 5.3(a)）．ゆえに，次の関係が成り立つ．

$$\boldsymbol{a}\wedge\boldsymbol{b}\wedge(\alpha\boldsymbol{c}+\beta\boldsymbol{d}) = \alpha\boldsymbol{a}\wedge\boldsymbol{b}\wedge\boldsymbol{c} + \beta\boldsymbol{a}\wedge\boldsymbol{b}\wedge\boldsymbol{d} \tag{5.8}$$

すなわち，外積 $\wedge$ は和に関する分配則が成り立つ．

定義より，$\boldsymbol{a}, \boldsymbol{b}, \boldsymbol{c}$ の作る平行六面体と $\boldsymbol{a}', \boldsymbol{b}', \boldsymbol{c}'$ の作る平行六面体の体積が符号を含めて等しければ，それらは同じ空間を張る．すなわち，$\boldsymbol{a}\wedge\boldsymbol{b}\wedge\boldsymbol{c} = \boldsymbol{a}'\wedge\boldsymbol{b}'\wedge\boldsymbol{c}'$ である．たとえば，任意のスカラ α, β に対して，ベクトル $\boldsymbol{a}, \boldsymbol{b}, \boldsymbol{c}$ とベクトル

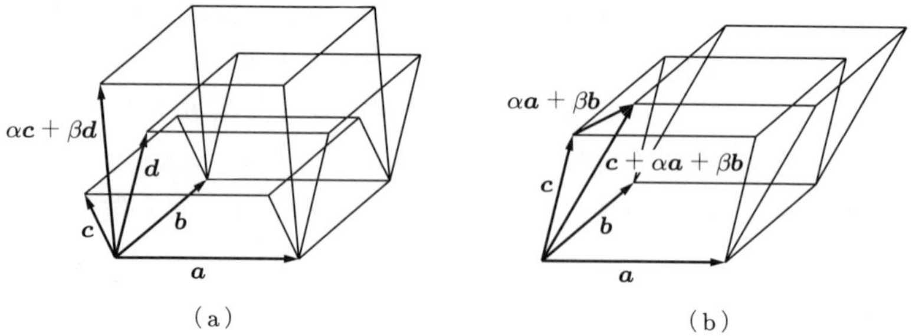

図 5.3　(a) ベクトル $\boldsymbol{a}, \boldsymbol{b}, \boldsymbol{c}, \boldsymbol{d}$ と任意のスカラ α, β に対して，ベクトル $\boldsymbol{a}, \boldsymbol{b}, \alpha \boldsymbol{c}+\beta \boldsymbol{d}$ の作る平行六面体の体積は，$\boldsymbol{a}, \boldsymbol{b}, \boldsymbol{c}$ の作る平行六面体の体積の α 倍と $\boldsymbol{a}, \boldsymbol{b}, \boldsymbol{d}$ の作る平行六面体の体積の β 倍と和に等しい．(b) 任意のスカラ α, β に対して，ベクトル $\boldsymbol{a}, \boldsymbol{b}, \boldsymbol{c}$ の作る平行六面体の体積は，ベクトル $\boldsymbol{a}, \boldsymbol{b}, \boldsymbol{c}+\alpha \boldsymbol{a}+\beta \boldsymbol{b}$ の作る平行六面体の体積に等しい．

$\boldsymbol{a}, \boldsymbol{b}, \boldsymbol{c}+\alpha \boldsymbol{a}+\beta \boldsymbol{b}$ の作る平行六面体は符号も体積も等しい（図 5.3(b)）．したがって，次の関係が成り立つ．

$$\boldsymbol{a} \wedge \boldsymbol{b} \wedge (\boldsymbol{c}+\alpha \boldsymbol{a}+\beta \boldsymbol{b}) = \boldsymbol{a} \wedge \boldsymbol{b} \wedge \boldsymbol{c} \tag{5.9}$$

これは，外積 $\wedge$ の分配則によって，式 (5.1) の関係から $\boldsymbol{a} \wedge \boldsymbol{b} \wedge (\boldsymbol{c}+\alpha \boldsymbol{a}+\beta \boldsymbol{b}) = \boldsymbol{a} \wedge \boldsymbol{b} \wedge \boldsymbol{c} + \alpha \boldsymbol{a} \wedge \boldsymbol{a} \wedge \boldsymbol{b} + \beta \boldsymbol{a} \wedge \boldsymbol{b} \wedge \boldsymbol{b} = \boldsymbol{a} \wedge \boldsymbol{b} \wedge \boldsymbol{c}$ のように示すこともできる．

5.1.4　原　点

原点も次元 0 の部分空間である．原点にも向きと大きさを考える．向きは符号で表す．大きさは符号の付いた 0 でない実数とする．本節のはじめに述べたように，大きさ 0 は「存在しない」と解釈する．原点は図形としては大きさをもたないが，たとえば電荷があると考えて，その（符号を含めた）電荷の量を原点の大きさと考える．このようにして，異なる大きさの原点の和やスカラ倍が自由に計算できる．すなわち，原点全体はベクトル空間を作る．

このことは，部分空間とみなした原点は**スカラと同一視できる**ことを意味する．そこで，スカラを **0 重ベクトル** (0-vector) とよぶ．これに対して，普通のベクトルを **1 重ベクトル** (1-vector) とよぶ．このようにして，3 次元空間の部分空間は k **重ベクトル** (k-vector) によって定義され，$k = 0, 1, 2, 3$ に応じて原点（0 次元部分空間），直線（1 次元部分空間），平面（2 次元部分空間），空間

(3 次元部分空間）が生成される．

5.2 外積代数

前節に示した外積の性質を公理としてまとめ，ベクトルを基底によって表した場合の表現法を考える．

5.2.1 外積の公理

部分空間は向きと大きさをもち，同じ次元の部分空間どうしの和やスカラ倍が定義される．そして，異なる部分空間が張る部分空間は外積 $\wedge$ によって定義される．直線 $\boldsymbol{a}$ と直線 $\boldsymbol{b}$ の張る 2 次元部分空間は $\boldsymbol{a} \wedge \boldsymbol{b}$ である（$\boldsymbol{a}, \boldsymbol{b}$ の順序で符号が異なる）．直線 $\boldsymbol{a}$ と平面 $\boldsymbol{b} \wedge \boldsymbol{c}$ の張る 3 次元部分空間は $\boldsymbol{a} \wedge (\boldsymbol{b} \wedge \boldsymbol{c})$ であり，$\boldsymbol{a}, \boldsymbol{b}, \boldsymbol{c}$ の張る空間 $\boldsymbol{a} \wedge \boldsymbol{b} \wedge \boldsymbol{c}$ に等しい．これはまた，平面 $\boldsymbol{a} \wedge \boldsymbol{b}$ と直線 $\boldsymbol{c}$ の張る空間 $(\boldsymbol{a} \wedge \boldsymbol{b}) \wedge \boldsymbol{c}$ ともみなせる．すなわち，**外積 $\wedge$ は結合則を満たす．**

$$\boldsymbol{a} \wedge (\boldsymbol{b} \wedge \boldsymbol{c}) = (\boldsymbol{a} \wedge \boldsymbol{b}) \wedge \boldsymbol{c} = \boldsymbol{a} \wedge \boldsymbol{b} \wedge \boldsymbol{c} \tag{5.10}$$

ただし，$\boldsymbol{a}, \boldsymbol{b}, \boldsymbol{c}$ の順序を変えると，それに応じて符号が変わる．

どの部分空間も原点を含んでいるので，原点をその部分空間と合成しても，図形としては変化しない．しかし，その大きさは原点のもつ大きさを掛けたものとなる．すなわち，**スカラ倍することは原点との外積を計算することに等しい．**そこで，スカラ α とベクトル $\boldsymbol{a}$ の外積を次のように定義する．

$$\alpha \wedge \boldsymbol{a} = \boldsymbol{a} \wedge \alpha = \alpha \boldsymbol{a} \tag{5.11}$$

とくに，スカラどうしの外積は通常の積 $\alpha \wedge \beta = \alpha\beta$ と約束する．

3 次元空間の部分空間は 3 次元までしか存在しないので，$k > 3$ の k 重ベクトルは存在しない．すなわち，

$$\boldsymbol{a} \wedge \boldsymbol{b} \wedge \boldsymbol{c} \wedge \boldsymbol{d} = 0, \qquad \boldsymbol{a} \wedge \boldsymbol{b} \wedge \boldsymbol{c} \wedge \boldsymbol{d} \wedge \boldsymbol{e} = 0, \quad \cdots \tag{5.12}$$

である（右辺の 0 は「存在しない」ことを表す）．これは 4 個以上のベクトルがあれば，それらは重複しているか，あるいは，あるベクトルが残りのベクトルの線形結合で書けることから，性質 $\boldsymbol{a} \wedge \boldsymbol{a} = 0$ によっても導ける．

結局，任意のスカラ α, β と任意のベクトル $\boldsymbol{a}, \boldsymbol{b}, \boldsymbol{c}$ に対して，次の規則を公理とすれば，外積 $\wedge$ の性質はすべて導ける．

(1) **反対称性** (antisymmetry)　$\boldsymbol{a} \wedge \boldsymbol{b} = -\boldsymbol{b} \wedge \boldsymbol{a}$（とくに $\boldsymbol{a} \wedge \boldsymbol{a} = 0$）
(2) **分配則** (distributivity) および**線形性** (linearity)　$\boldsymbol{a} \wedge (\alpha\boldsymbol{b} + \beta\boldsymbol{c}) = \alpha\boldsymbol{a} \wedge \boldsymbol{b} + \beta\boldsymbol{a} \wedge \boldsymbol{c}$
(3) **結合則** (associativity)　$\boldsymbol{a} \wedge (\boldsymbol{b} \wedge \boldsymbol{c}) = (\boldsymbol{a} \wedge \boldsymbol{b}) \wedge \boldsymbol{c}$（これを $\boldsymbol{a} \wedge \boldsymbol{b} \wedge \boldsymbol{c}$ と書く.）
(4) **スカラ演算** (scalar operation)　$\alpha \wedge \beta = \alpha\beta$,　$\alpha \wedge \boldsymbol{a} = \boldsymbol{a} \wedge \alpha = \alpha\boldsymbol{a}$

5.2.2　基底による表現

基底 $\{e_1, e_2, e_3\}$ によってベクトル $\boldsymbol{a}$, $\boldsymbol{b}$ を $\boldsymbol{a} = a_1e_1 + a_2e_2 + a_3e_3$, $\boldsymbol{b} = b_1e_1 + b_2e_2 + b_3e_3$ と表すとき，二重ベクトル $\boldsymbol{a} \wedge \boldsymbol{b}$ を分配則によって展開して，反対称性によって整理すると，最終的に $e_2 \wedge e_3$, $e_3 \wedge e_1$, $e_1 \wedge e_2$ の線形結合で表される．具体的な計算は次のようになる．

$$
\begin{aligned}
&\boldsymbol{a} \wedge \boldsymbol{b} \\
&= (a_1e_1 + a_2e_2 + a_3e_3) \wedge (b_1e_1 + b_2e_2 + b_3e_3) \\
&= a_1b_1e_1 \wedge e_1 + a_1b_2e_1 \wedge e_2 + a_1b_3e_1 \wedge e_3 \\
&\quad + a_2b_1e_2 \wedge e_1 + a_2b_2e_2 \wedge e_2 + a_2b_3e_2 \wedge e_3 \\
&\quad + a_3b_1e_3 \wedge e_1 + a_3b_2e_3 \wedge e_2 + a_3b_3e_3 \wedge e_3 \\
&= (a_2b_3 - a_3b_2)e_2 \wedge e_3 + (a_3b_1 - a_1b_3)e_3 \wedge e_1 + (a_1b_2 - a_2b_1)e_1 \wedge e_2
\end{aligned}
\tag{5.13}
$$

同様に，$\boldsymbol{c} = c_1e_1 + c_2e_2 + c_3e_3$ と表すとき，三重ベクトル $\boldsymbol{a} \wedge \boldsymbol{b} \wedge \boldsymbol{c}$ を分配則によって展開して，反対称性によって整理すると，最終的に $e_1 \wedge e_2 \wedge e_3$ のスカラ倍になる．具体的な計算は次のようになる．

$$
\begin{aligned}
&\boldsymbol{a} \wedge \boldsymbol{b} \wedge \boldsymbol{c} \\
&= (a_1e_1 + a_2e_2 + a_3e_3) \wedge (b_1e_1 + b_2e_2 + b_3e_3) \wedge (c_1e_1 + c_2c_2 + c_3e_3) \\
&= a_1b_2c_3e_1 \wedge e_2 \wedge e_3 + a_2b_3c_1e_2 \wedge e_3 \wedge e_1 + a_3b_1c_2e_3 \wedge e_1 \wedge e_2 \\
&\quad + a_1b_3c_2e_1 \wedge e_3 \wedge e_2 + a_2b_1c_3e_2 \wedge e_1 \wedge e_3 + a_3b_2c_1e_3 \wedge e_2 \wedge e_1 \\
&= (a_1b_2c_3 + a_2b_3c_1 + a_3b_1c_2 - a_1b_3c_2 - a_2b_1c_3 - a_3b_2c_1)e_1 \wedge e_2 \wedge e_3
\end{aligned}
\tag{5.14}
$$

まとめると，次のようになる．

命題 5.1 [ベクトルの外積]

ベクトル $\boldsymbol{a} = \sum_{i=1}^{3} a_i e_i$, $\boldsymbol{b} = \sum_{i=1}^{3} b_i e_i$ の外積は，次のようになる．

$$\boldsymbol{a} \wedge \boldsymbol{b} = (a_2 b_3 - a_3 b_2) e_2 \wedge e_3 + (a_3 b_1 - a_1 b_3) e_3 \wedge e_1 + (a_1 b_2 - a_2 b_1) e_1 \wedge e_2 \tag{5.15}$$

ベクトル $\boldsymbol{a} = \sum_{i=1}^{3} a_i e_i$, $\boldsymbol{b} = \sum_{i=1}^{3} b_i e_i$, $\boldsymbol{c} = \sum_{i=1}^{3} c_i e_i$ の外積は，次のようになる．

$$\boldsymbol{a} \wedge \boldsymbol{b} \wedge \boldsymbol{c} = (a_1 b_2 c_3 + a_2 b_3 c_1 + a_3 b_1 c_2 - a_1 b_3 c_2 - a_2 b_1 c_3 - a_3 b_2 c_1) e_1 \wedge e_2 \wedge e_3 \tag{5.16}$$

古典の世界 5.1 [添字の反対称化]

成分の並びをベクトルとみなすテンソル解析でも，グラスマン代数が定義できる．テンソル解析では外積記号 $\wedge$ を使わず，「添字の反対称化」によって外積を定義する．具体的には，反変ベクトル a^i, b^i（↪ 第 3 章の古典の世界 3.2）から作られる二重ベクトルを $a^{[i}b^{j]}$ と書き，反変ベクトル a^i, b^i, c^i から作られる三重ベクトルを $a^{[i}b^j c^{k]}$ と書く．ここに，添字を囲む $[\cdots]$ は**反対称化** (antisymmetrization) とよぶ操作であり，異なるすべての順列に対する項にその符号を掛けて足し合わせ，その順列の数で割ったものである．順列の符号は奇数回の置換を行えばマイナス，偶数回であればプラスと約束する．すなわち，次のように定義する．

$$a^{[i}b^{j]} = \frac{1}{2}(a^i b^j - a^j b^i),$$

$$a^{[i}b^j c^{k]} = \frac{1}{6}(a^i b^j c^k + a^j b^k c^i + a^k b^i c^j - a^k b^j c^i - a^j b^i c^k - a^i b^k c^j) \tag{5.17}$$

これを「反対称化」とよぶのは，定義より，$[\cdots]$ の中の二つの添字の交換すれば符号が変わるからである．上式は 1/2, 1/6 が掛かっているが，式 (5.15), (5.16) と同じ内容を表している．

たとえば，$a^{[i}b^{j]}$ については基底を付けた $a^{[i}b^{j]} e_i \wedge e_j$ を考えてみる．ただし，アインシュタインの総和規約（↪ 第 3 章 3.3 節）を用いている．このとき，$a^{[i}b^{j]}$ も $e_i \wedge e_j$ も両方とも添字に関して反対称であることに注意すると，$i = 1$, $j = 2$ に対する項と $i = 2$, $j = 1$ に対する項が重複しているので，

$$a^{[1}b^{2]}e_1 \wedge e_2 + a^{[2}b^{1]}e_2 \wedge e_1 = \frac{1}{2}(a^1b^2 - a^2b^1)e_1 \wedge e_2 - \frac{1}{2}(a^2b^1 - a^1b^2)e_1 \wedge e_2$$
$$= (a^1b^2 - a^2b^1)e_1 \wedge e_2 \quad (5.18)$$

となる．$e_2 \wedge e_3$, $e_3 \wedge e_1$ についても同様であり，式 (5.15) が得られる．同様に，$a^{[i}b^jc^{k]}$ に基底を付けた $a^{[i}b^jc^{k]}e_i \wedge e_j \wedge e_k$ を考えると，6 通りの和が計算される．そして，$a^{[i}b^jc^{k]}$ と $e_i \wedge e_j \wedge e_k$ の両方が添字に関して反対称であることから符号が打ち消し合い，どの項も等しくなる．したがって，合計は $a^{[1}b^2c^{3]}e_1 \wedge e_2 \wedge e_3$ の 6 倍であり，式 (5.16) に一致する．

反対称な添字がついた対象を**反対称テンソル** (antisymmetric tensor) とよぶ．二重ベクトル $a^{[i}b^{j]}$ も三重ベクトル $a^{[i}b^jc^{k]}$ も反対称テンソルである．

5.3 縮　約

縮約 (contraction) とは，k 次元部分空間をより次元の低い部分空間に縮小する操作である．具体的には，k 次元部分空間を定義する k 重ベクトルに対して，別の j 重ベクトル $(j \leq k)$ を作用させて $(k-j)$ 次元部分空間に縮小する．

5.3.1 直線の縮約

直線の次元を下げると原点（スカラ）になる．直線 $\boldsymbol{a}$ をベクトル $\boldsymbol{x}$ によって縮約したスカラを $\boldsymbol{x} \cdot \boldsymbol{a}$ と書く．これは図形としては原点であるが，（符号付き）大きさをもっている．その値をベクトルの内積によって定義する．

$$\boldsymbol{x} \cdot \boldsymbol{a} = \langle \boldsymbol{x}, \boldsymbol{a} \rangle \quad (5.19)$$

これは幾何学的には，**$\boldsymbol{x}$ を法線とする平面と直線 $\boldsymbol{a}$ の交点を計算している**と解釈できる（図 5.4）．

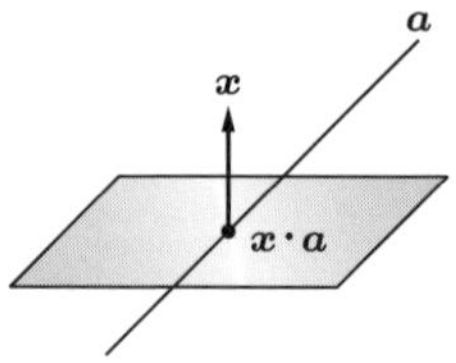

図 5.4　直線 $\boldsymbol{a}$ をベクトル $\boldsymbol{x}$ によって縮約して得られる点 $\boldsymbol{x} \cdot \boldsymbol{a}$ は，$\boldsymbol{x}$ を法線とする平面と直線 $\boldsymbol{a}$ の交点になっている．

5.3.2 平面の縮約

平面の次元を下げると直線か原点（スカラ）になる．平面 $\boldsymbol{a}\wedge\boldsymbol{b}$ をベクトル $\boldsymbol{x}$ によって縮約して得られる直線を $\boldsymbol{x}\cdot\boldsymbol{a}\wedge\boldsymbol{b}$ と書く．これは $\boldsymbol{x}\cdot(\boldsymbol{a}\wedge\boldsymbol{b})$ のことであるが，外積 $\wedge$ を縮約 $\cdot$ よりも強い演算とみなして括弧を省略する．そして，**交互に符号を変えながら順に内積を計算する**．すなわち，次のように定義する．

$$\boldsymbol{x}\cdot\boldsymbol{a}\wedge\boldsymbol{b}=\langle\boldsymbol{x},\boldsymbol{a}\rangle\wedge\boldsymbol{b}-\boldsymbol{a}\wedge\langle\boldsymbol{x},\boldsymbol{b}\rangle=\langle\boldsymbol{x},\boldsymbol{a}\rangle\boldsymbol{b}-\langle\boldsymbol{x},\boldsymbol{b}\rangle\boldsymbol{a} \quad (5.20)$$

これは $\boldsymbol{a}$ と $\boldsymbol{b}$ の線形結合であるから，縮約して得られる直線は（$\langle\boldsymbol{x},\boldsymbol{a}\rangle=\langle\boldsymbol{x},\boldsymbol{b}\rangle=0$ でない限り）平面 $\boldsymbol{a}\wedge\boldsymbol{b}$ に含まれる．また，これは $\boldsymbol{x}$ と直交することが次のように確かめられる．

$$\langle\boldsymbol{x},\langle\boldsymbol{x},\boldsymbol{a}\rangle\boldsymbol{b}-\langle\boldsymbol{x},\boldsymbol{b}\rangle\boldsymbol{a}\rangle=\langle\boldsymbol{x},\boldsymbol{a}\rangle\langle\boldsymbol{x},\boldsymbol{b}\rangle-\langle\boldsymbol{x},\boldsymbol{b}\rangle\langle\boldsymbol{x},\boldsymbol{a}\rangle=0 \quad (5.21)$$

このことから，$\boldsymbol{x}$ による縮約によって得られる直線 $\boldsymbol{x}\cdot\boldsymbol{a}\wedge\boldsymbol{b}$ は，幾何学的には **$\boldsymbol{x}$ を法線とする平面と平面 $\boldsymbol{a}\wedge\boldsymbol{b}$ の交線を計算している**と解釈できる（図 5.5(a)）．

平面 $\boldsymbol{a}\wedge\boldsymbol{b}$ を二重ベクトル $\boldsymbol{x}\wedge\boldsymbol{y}$ によって縮約して得られるスカラを $\boldsymbol{x}\wedge\boldsymbol{y}\cdot\boldsymbol{a}\wedge\boldsymbol{b}$ と書く（$(\boldsymbol{x}\wedge\boldsymbol{y})\cdot(\boldsymbol{a}\wedge\boldsymbol{b})$ のことであるが，括弧を省略している）．そして，**内側から順に縮約する**．すなわち，次のように定義する．

$$\begin{aligned}\boldsymbol{x}\wedge\boldsymbol{y}\cdot\boldsymbol{a}\wedge\boldsymbol{b}&=\boldsymbol{x}\cdot(\boldsymbol{y}\cdot\boldsymbol{a}\wedge\boldsymbol{b})=\boldsymbol{x}\cdot(\langle\boldsymbol{y},\boldsymbol{a}\rangle\boldsymbol{b}-\langle\boldsymbol{y},\boldsymbol{b}\rangle\boldsymbol{a})\\&=\langle\boldsymbol{y},\boldsymbol{a}\rangle\langle\boldsymbol{x},\boldsymbol{b}\rangle-\langle\boldsymbol{y},\boldsymbol{b}\rangle\langle\boldsymbol{x},\boldsymbol{a}\rangle\\&=\langle\boldsymbol{x},\boldsymbol{b}\rangle\langle\boldsymbol{y},\boldsymbol{a}\rangle-\langle\boldsymbol{x},\boldsymbol{a}\rangle\langle\boldsymbol{y},\boldsymbol{b}\rangle \quad (5.22)\end{aligned}$$

これはスカラ（原点）であるが，幾何学的には，**平面 $\boldsymbol{x}\wedge\boldsymbol{y}$ の法線と平面 $\boldsymbol{a}\wedge\boldsymbol{b}$ の交点を計算している**と解釈できる（図 5.5(b)）．

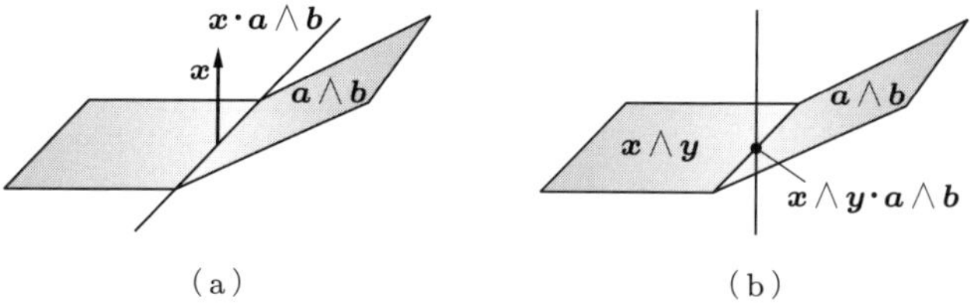

図 5.5 (a) 平面 $\boldsymbol{a}\wedge\boldsymbol{b}$ をベクトル $\boldsymbol{x}$ によって縮約して得られる直線 $\boldsymbol{x}\cdot\boldsymbol{a}\wedge\boldsymbol{b}$ は，$\boldsymbol{x}$ を法線とする平面と平面 $\boldsymbol{a}\wedge\boldsymbol{b}$ の交線になっている．
(b) 平面 $\boldsymbol{a}\wedge\boldsymbol{b}$ を二重ベクトル $\boldsymbol{x}\wedge\boldsymbol{y}$ によって縮約して得られる点 $\boldsymbol{x}\wedge\boldsymbol{y}\cdot\boldsymbol{a}\wedge\boldsymbol{b}$ は，平面 $\boldsymbol{x}\wedge\boldsymbol{y}$ の法線と平面 $\boldsymbol{a}\wedge\boldsymbol{b}$ の交点になっている．

5.3.3 空間の縮約

空間の次元を下げると，平面か直線か原点（スカラ）になる．空間 $\boldsymbol{a}\wedge\boldsymbol{b}\wedge\boldsymbol{c}$ をベクトル $\boldsymbol{x}$ によって縮約して得られる平面を $\boldsymbol{x}\cdot\boldsymbol{a}\wedge\boldsymbol{b}\wedge\boldsymbol{c}$ と書く（$\boldsymbol{x}\cdot(\boldsymbol{a}\wedge\boldsymbol{b}\wedge\boldsymbol{c})$ の括弧を省略している）．そして，**交互に符号を変えながら順に内積を計算する**．すなわち，次のように定義する．

$$\begin{aligned}\boldsymbol{x}\cdot\boldsymbol{a}\wedge\boldsymbol{b}\wedge\boldsymbol{c} &= \langle\boldsymbol{x},\boldsymbol{a}\rangle\wedge\boldsymbol{b}\wedge\boldsymbol{c}-\boldsymbol{a}\wedge\langle\boldsymbol{x},\boldsymbol{b}\rangle\wedge\boldsymbol{c}+\boldsymbol{a}\wedge\boldsymbol{b}\wedge\langle\boldsymbol{x},\boldsymbol{c}\rangle\\ &= \langle\boldsymbol{x},\boldsymbol{a}\rangle\boldsymbol{b}\wedge\boldsymbol{c}+\langle\boldsymbol{x},\boldsymbol{b}\rangle\boldsymbol{c}\wedge\boldsymbol{a}+\langle\boldsymbol{x},\boldsymbol{c}\rangle\boldsymbol{a}\wedge\boldsymbol{b} \qquad (5.23)\end{aligned}$$

このようにして得られる平面は $\boldsymbol{x}$ に直交している．このことは，次のようにして確められる．この平面を $\boldsymbol{x}$ によって縮約すると，式 (5.20) より次のようになる．

$$\begin{aligned}&\langle\boldsymbol{x},\boldsymbol{a}\rangle(\langle\boldsymbol{x},\boldsymbol{b}\rangle\boldsymbol{c}-\langle\boldsymbol{x},\boldsymbol{c}\rangle\boldsymbol{b})+\langle\boldsymbol{x},\boldsymbol{b}\rangle(\langle\boldsymbol{x},\boldsymbol{c}\rangle\boldsymbol{a}-\langle\boldsymbol{x},\boldsymbol{a}\rangle\boldsymbol{c})\\ &+\langle\boldsymbol{x},\boldsymbol{c}\rangle(\langle\boldsymbol{x},\boldsymbol{a}\rangle\boldsymbol{b}-\langle\boldsymbol{x},\boldsymbol{b}\rangle\boldsymbol{a})=0 \qquad (5.24)\end{aligned}$$

このことから，式 (5.23) の縮約は，幾何学的には **$\boldsymbol{x}$ を法線とする平面と空間 $\boldsymbol{a}\wedge\boldsymbol{b}\wedge\boldsymbol{c}$ の交わりを計算している**と解釈できる（図 5.6(a)）．

空間 $\boldsymbol{a}\wedge\boldsymbol{b}\wedge\boldsymbol{c}$ を二重ベクトル $\boldsymbol{x}\wedge\boldsymbol{y}$ によって縮約して得られる直線を $\boldsymbol{x}\wedge\boldsymbol{y}\cdot\boldsymbol{a}\wedge\boldsymbol{b}\wedge\boldsymbol{c}$ と書く（括弧を省略している）．そして，**内側から順に縮約する**．すなわち，次のように定義する．

$$\begin{aligned}&\boldsymbol{x}\wedge\boldsymbol{y}\cdot\boldsymbol{a}\wedge\boldsymbol{b}\wedge\boldsymbol{c}=\boldsymbol{x}\cdot(\boldsymbol{y}\cdot\boldsymbol{a}\wedge\boldsymbol{b}\wedge\boldsymbol{c})\\ &=\boldsymbol{x}\cdot(\langle\boldsymbol{y},\boldsymbol{a}\rangle\boldsymbol{b}\wedge\boldsymbol{c}+\langle\boldsymbol{y},\boldsymbol{b}\rangle\boldsymbol{c}\wedge\boldsymbol{a}+\langle\boldsymbol{y},\boldsymbol{c}\rangle\boldsymbol{a}\wedge\boldsymbol{b})\end{aligned}$$

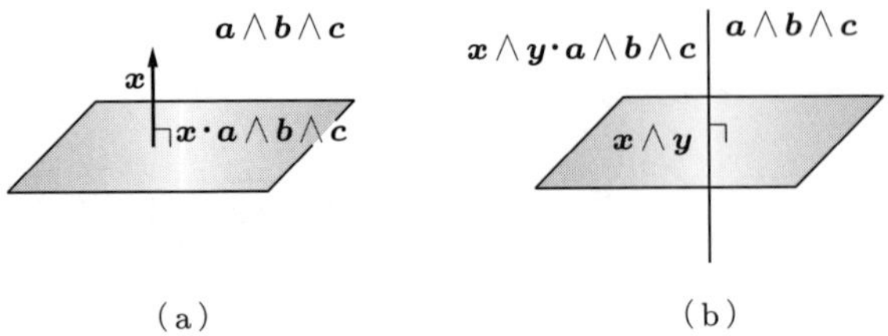

図 5.6　(a) 空間 $\boldsymbol{a}\wedge\boldsymbol{b}\wedge\boldsymbol{c}$ をベクトル $\boldsymbol{x}$ によって縮約して得られる平面 $\boldsymbol{x}\cdot\boldsymbol{a}\wedge\boldsymbol{b}\wedge\boldsymbol{c}$ は，$\boldsymbol{x}$ を法線とする平面になっている．
(b) 空間 $\boldsymbol{a}\wedge\boldsymbol{b}\wedge\boldsymbol{c}$ を二重ベクトル $\boldsymbol{x}\wedge\boldsymbol{y}$ によって縮約して得られる直線 $\boldsymbol{x}\wedge\boldsymbol{y}\cdot\boldsymbol{a}\wedge\boldsymbol{b}$ は，平面 $\boldsymbol{x}\wedge\boldsymbol{y}$ の法線になっている．

$$
\begin{aligned}
&= \langle \boldsymbol{y}, \boldsymbol{a}\rangle(\langle \boldsymbol{x}, \boldsymbol{b}\rangle \boldsymbol{c} - \langle \boldsymbol{x}, \boldsymbol{c}\rangle \boldsymbol{b}) + \langle \boldsymbol{y}, \boldsymbol{b}\rangle(\langle \boldsymbol{x}, \boldsymbol{c}\rangle \boldsymbol{a} - \langle \boldsymbol{x}, \boldsymbol{a}\rangle \boldsymbol{c}) \\
&\quad + \langle \boldsymbol{y}, \boldsymbol{c}\rangle(\langle \boldsymbol{x}, \boldsymbol{a}\rangle \boldsymbol{b} - \langle \boldsymbol{x}, \boldsymbol{b}\rangle \boldsymbol{a}) \\
&= (\langle \boldsymbol{x}, \boldsymbol{c}\rangle\langle \boldsymbol{y}, \boldsymbol{b}\rangle - \langle \boldsymbol{x}, \boldsymbol{b}\rangle\langle \boldsymbol{y}, \boldsymbol{c}\rangle)\boldsymbol{a} + (\langle \boldsymbol{x}, \boldsymbol{a}\rangle\langle \boldsymbol{y}, \boldsymbol{c}\rangle - \langle \boldsymbol{x}, \boldsymbol{c}\rangle\langle \boldsymbol{y}, \boldsymbol{a}\rangle)\boldsymbol{b} \\
&\quad + (\langle \boldsymbol{x}, \boldsymbol{b}\rangle\langle \boldsymbol{y}, \boldsymbol{a}\rangle - \langle \boldsymbol{x}, \boldsymbol{a}\rangle\langle \boldsymbol{y}, \boldsymbol{b}\rangle)\boldsymbol{c} \qquad (5.25)
\end{aligned}
$$

この直線は，$\boldsymbol{x}$ にも $\boldsymbol{y}$ にも直交していることが次のようにわかる．まず，式 (5.25) とベクトル $\boldsymbol{x}$ との内積が次のようになる．

$$
\begin{aligned}
&(\langle \boldsymbol{x}, \boldsymbol{c}\rangle\langle \boldsymbol{y}, \boldsymbol{b}\rangle - \langle \boldsymbol{x}, \boldsymbol{b}\rangle\langle \boldsymbol{y}, \boldsymbol{c}\rangle)\langle \boldsymbol{x}, \boldsymbol{a}\rangle + (\langle \boldsymbol{x}, \boldsymbol{a}\rangle\langle \boldsymbol{y}, \boldsymbol{c}\rangle - \langle \boldsymbol{x}, \boldsymbol{c}\rangle\langle \boldsymbol{y}, \boldsymbol{a}\rangle)\langle \boldsymbol{x}, \boldsymbol{b}\rangle \\
&+ (\langle \boldsymbol{x}, \boldsymbol{b}\rangle\langle \boldsymbol{y}, \boldsymbol{a}\rangle - \langle \boldsymbol{x}, \boldsymbol{a}\rangle\langle \boldsymbol{y}, \boldsymbol{b}\rangle)\langle \boldsymbol{x}, \boldsymbol{c}\rangle = 0 \qquad (5.26)
\end{aligned}
$$

そして，式 (5.25) とベクトル $\boldsymbol{y}$ との内積が次のようになる．

$$
\begin{aligned}
&(\langle \boldsymbol{x}, \boldsymbol{c}\rangle\langle \boldsymbol{y}, \boldsymbol{b}\rangle - \langle \boldsymbol{x}, \boldsymbol{b}\rangle\langle \boldsymbol{y}, \boldsymbol{c}\rangle)\langle \boldsymbol{y}, \boldsymbol{a}\rangle + (\langle \boldsymbol{x}, \boldsymbol{a}\rangle\langle \boldsymbol{y}, \boldsymbol{c}\rangle - \langle \boldsymbol{x}, \boldsymbol{c}\rangle\langle \boldsymbol{y}, \boldsymbol{a}\rangle)\langle \boldsymbol{y}, \boldsymbol{b}\rangle \\
&+ (\langle \boldsymbol{x}, \boldsymbol{b}\rangle\langle \boldsymbol{y}, \boldsymbol{a}\rangle - \langle \boldsymbol{x}, \boldsymbol{a}\rangle\langle \boldsymbol{y}, \boldsymbol{b}\rangle)\langle \boldsymbol{y}, \boldsymbol{c}\rangle = 0 \qquad (5.27)
\end{aligned}
$$

ゆえに，式 (5.25) は $\boldsymbol{x}$ にも $\boldsymbol{y}$ にも直交している．式 (5.25) の縮約は，幾何学的には**平面 $\boldsymbol{x} \wedge \boldsymbol{y}$ の法線と空間 $\boldsymbol{a} \wedge \boldsymbol{b} \wedge \boldsymbol{c}$ の交わりを計算している**と解釈できる（図 5.6(b)）．

空間 $\boldsymbol{a} \wedge \boldsymbol{b} \wedge \boldsymbol{c}$ を三重ベクトル $\boldsymbol{x} \wedge \boldsymbol{y} \wedge \boldsymbol{z}$ によって縮約して得られるスカラを $\boldsymbol{x} \wedge \boldsymbol{y} \wedge \boldsymbol{z} \cdot \boldsymbol{a} \wedge \boldsymbol{b} \wedge \boldsymbol{c}$ と書く（括弧を省略している）．そして，**内側から順に縮約する**．すなわち，次のように定義する．

$$
\begin{aligned}
&\boldsymbol{x} \wedge \boldsymbol{y} \wedge \boldsymbol{z} \cdot \boldsymbol{a} \wedge \boldsymbol{b} \wedge \boldsymbol{c} = \boldsymbol{x} \cdot (\boldsymbol{y} \cdot (\boldsymbol{z} \cdot \boldsymbol{a} \wedge \boldsymbol{b} \wedge \boldsymbol{c})) \\
&= \boldsymbol{x} \cdot \Big((\langle \boldsymbol{y}, \boldsymbol{c}\rangle\langle \boldsymbol{z}, \boldsymbol{b}\rangle - \langle \boldsymbol{y}, \boldsymbol{b}\rangle\langle \boldsymbol{z}, \boldsymbol{c}\rangle)\boldsymbol{a} + (\langle \boldsymbol{y}, \boldsymbol{a}\rangle\langle \boldsymbol{z}, \boldsymbol{c}\rangle - \langle \boldsymbol{y}, \boldsymbol{c}\rangle\langle \boldsymbol{z}, \boldsymbol{a}\rangle)\boldsymbol{b} \\
&\quad + (\langle \boldsymbol{y}, \boldsymbol{b}\rangle\langle \boldsymbol{z}, \boldsymbol{a}\rangle - \langle \boldsymbol{y}, \boldsymbol{a}\rangle\langle \boldsymbol{z}, \boldsymbol{b}\rangle)\boldsymbol{c} \Big) \\
&= (\langle \boldsymbol{y}, \boldsymbol{c}\rangle\langle \boldsymbol{z}, \boldsymbol{b}\rangle - \langle \boldsymbol{y}, \boldsymbol{b}\rangle\langle \boldsymbol{z}, \boldsymbol{c}\rangle)\langle \boldsymbol{x}, \boldsymbol{a}\rangle + (\langle \boldsymbol{y}, \boldsymbol{a}\rangle\langle \boldsymbol{z}, \boldsymbol{c}\rangle - \langle \boldsymbol{y}, \boldsymbol{c}\rangle\langle \boldsymbol{z}, \boldsymbol{a}\rangle)\langle \boldsymbol{x}, \boldsymbol{b}\rangle \\
&\quad + (\langle \boldsymbol{y}, \boldsymbol{b}\rangle\langle \boldsymbol{z}, \boldsymbol{a}\rangle - \langle \boldsymbol{y}, \boldsymbol{a}\rangle\langle \boldsymbol{z}, \boldsymbol{b}\rangle)\langle \boldsymbol{x}, \boldsymbol{c}\rangle \\
&= \langle \boldsymbol{x}, \boldsymbol{a}\rangle\langle \boldsymbol{y}, \boldsymbol{c}\rangle\langle \boldsymbol{z}, \boldsymbol{b}\rangle + \langle \boldsymbol{x}, \boldsymbol{b}\rangle\langle \boldsymbol{y}, \boldsymbol{a}\rangle\langle \boldsymbol{z}, \boldsymbol{c}\rangle + \langle \boldsymbol{x}, \boldsymbol{c}\rangle\langle \boldsymbol{y}, \boldsymbol{b}\rangle\langle \boldsymbol{z}, \boldsymbol{a}\rangle \\
&\quad - \langle \boldsymbol{x}, \boldsymbol{a}\rangle\langle \boldsymbol{y}, \boldsymbol{b}\rangle\langle \boldsymbol{z}, \boldsymbol{c}\rangle - \langle \boldsymbol{x}, \boldsymbol{b}\rangle\langle \boldsymbol{y}, \boldsymbol{c}\rangle\langle \boldsymbol{z}, \boldsymbol{a}\rangle - \langle \boldsymbol{x}, \boldsymbol{c}\rangle\langle \boldsymbol{y}, \boldsymbol{a}\rangle\langle \boldsymbol{z}, \boldsymbol{b}\rangle \qquad (5.28)
\end{aligned}
$$

これはスカラ（原点）であるが，幾何学的には，**空間 $\boldsymbol{x} \wedge \boldsymbol{y} \wedge \boldsymbol{z}$ に直交する点（=原点）と空間 $\boldsymbol{a} \wedge \boldsymbol{b} \wedge \boldsymbol{c}$ の交わりを計算している**と解釈できる．

5.3.4 縮約のまとめ

部分空間を k 重ベクトル $(k=1,2,3)$ によって縮約すると，次元が k だけ低下する．次元が0より小さくなる場合は0（= 存在しない）と定義する．たとえば，$\boldsymbol{x}\wedge\boldsymbol{y}\cdot\boldsymbol{a}=0$ である．一方，原点（スカラ）は0次元部分空間であるから，スカラ α によって縮約しても次元は低下しない．ただし，大きさが α 倍される．そこで，次のように定義する．

$$\alpha\cdot\beta=\alpha\beta,\quad \alpha\cdot\boldsymbol{a}=\alpha\boldsymbol{a},\quad \alpha\cdot\boldsymbol{a}\wedge\boldsymbol{b}=\alpha\boldsymbol{a}\wedge\boldsymbol{b},$$
$$\alpha\cdot\boldsymbol{a}\wedge\boldsymbol{b}\wedge\boldsymbol{c}=\alpha\boldsymbol{a}\wedge\boldsymbol{b}\wedge\boldsymbol{c} \tag{5.29}$$

0より小さい次元の部分空間は存在しないから，スカラ α をスカラ以外で縮約しても0（= 存在しない）と約束する．

$$\boldsymbol{x}\cdot\alpha=0,\qquad \boldsymbol{x}\wedge\boldsymbol{y}\cdot\alpha=0,\qquad \boldsymbol{x}\wedge\boldsymbol{y}\wedge\boldsymbol{z}\cdot\alpha=0 \tag{5.30}$$

以上を整理すると，次のようになる．

命題 5.2 [縮約の計算]

部分空間の k 重ベクトル $(k=0,1,2,3)$ による縮約は，次のようになる．

- スカラ α による縮約

$$\alpha\cdot\beta=\alpha\beta,\quad \alpha\cdot\boldsymbol{a}=\alpha\boldsymbol{a},\quad \alpha\cdot\boldsymbol{a}\wedge\boldsymbol{b}=\alpha\boldsymbol{a}\wedge\boldsymbol{b},$$
$$\alpha\cdot\boldsymbol{a}\wedge\boldsymbol{b}\wedge\boldsymbol{c}=\alpha\boldsymbol{a}\wedge\boldsymbol{b}\wedge\boldsymbol{c} \tag{5.31}$$

- ベクトル $\boldsymbol{x}$ による縮約

$$\boldsymbol{x}\cdot\alpha=0,\qquad \boldsymbol{x}\cdot\boldsymbol{a}=\langle\boldsymbol{x},\boldsymbol{a}\rangle,\qquad \boldsymbol{x}\cdot\boldsymbol{a}\wedge\boldsymbol{b}=\langle\boldsymbol{x},\boldsymbol{a}\rangle\boldsymbol{b}-\langle\boldsymbol{x},\boldsymbol{b}\rangle\boldsymbol{a},$$
$$\boldsymbol{x}\cdot\boldsymbol{a}\wedge\boldsymbol{b}\wedge\boldsymbol{c}=\langle\boldsymbol{x},\boldsymbol{a}\rangle\boldsymbol{b}\wedge\boldsymbol{c}+\langle\boldsymbol{x},\boldsymbol{b}\rangle\boldsymbol{c}\wedge\boldsymbol{a}+\langle\boldsymbol{x},\boldsymbol{c}\rangle\boldsymbol{a}\wedge\boldsymbol{b} \tag{5.32}$$

- 二重ベクトル $\boldsymbol{x}\wedge\boldsymbol{y}$ による縮約

$$\begin{aligned}
&\boldsymbol{x}\wedge\boldsymbol{y}\cdot\alpha=0,\qquad \boldsymbol{x}\wedge\boldsymbol{y}\cdot\boldsymbol{a}=0,\\
&\boldsymbol{x}\wedge\boldsymbol{y}\cdot\boldsymbol{a}\wedge\boldsymbol{b}=\langle\boldsymbol{x},\boldsymbol{b}\rangle\langle\boldsymbol{y},\boldsymbol{a}\rangle-\langle\boldsymbol{x},\boldsymbol{a}\rangle\langle\boldsymbol{y},\boldsymbol{b}\rangle,\\
&\boldsymbol{x}\wedge\boldsymbol{y}\cdot\boldsymbol{a}\wedge\boldsymbol{b}\wedge\boldsymbol{c}=(\langle\boldsymbol{x},\boldsymbol{c}\rangle\langle\boldsymbol{y},\boldsymbol{b}\rangle-\langle\boldsymbol{x},\boldsymbol{b}\rangle\langle\boldsymbol{y},\boldsymbol{c}\rangle)\boldsymbol{a}\\
&\qquad+(\langle\boldsymbol{x},\boldsymbol{a}\rangle\langle\boldsymbol{y},\boldsymbol{c}\rangle-\langle\boldsymbol{x},\boldsymbol{c}\rangle\langle\boldsymbol{y},\boldsymbol{a}\rangle)\boldsymbol{b}\\
&\qquad+(\langle\boldsymbol{x},\boldsymbol{b}\rangle\langle\boldsymbol{y},\boldsymbol{a}\rangle-\langle\boldsymbol{x},\boldsymbol{a}\rangle\langle\boldsymbol{y},\boldsymbol{b}\rangle)\boldsymbol{c}
\end{aligned} \tag{5.33}$$

- 三重ベクトル $\boldsymbol{x}\wedge\boldsymbol{y}\wedge\boldsymbol{z}$ による縮約

$$\boldsymbol{x}\wedge\boldsymbol{y}\wedge\boldsymbol{z}\cdot\alpha=0,\quad \boldsymbol{x}\wedge\boldsymbol{y}\wedge\boldsymbol{z}\cdot\boldsymbol{a}=0,\quad \boldsymbol{x}\wedge\boldsymbol{y}\wedge\boldsymbol{z}\cdot\boldsymbol{a}\wedge\boldsymbol{b}=0,$$

$$\begin{aligned}&\boldsymbol{x}\wedge\boldsymbol{y}\wedge\boldsymbol{z}\cdot\boldsymbol{a}\wedge\boldsymbol{b}\wedge\boldsymbol{c}\\&=\langle\boldsymbol{x},\boldsymbol{a}\rangle\langle\boldsymbol{y},\boldsymbol{c}\rangle\langle\boldsymbol{z},\boldsymbol{b}\rangle+\langle\boldsymbol{x},\boldsymbol{b}\rangle\langle\boldsymbol{y},\boldsymbol{a}\rangle\langle\boldsymbol{z},\boldsymbol{c}\rangle+\langle\boldsymbol{x},\boldsymbol{c}\rangle\langle\boldsymbol{y},\boldsymbol{b}\rangle\langle\boldsymbol{z},\boldsymbol{a}\rangle\\&\quad-\langle\boldsymbol{x},\boldsymbol{a}\rangle\langle\boldsymbol{y},\boldsymbol{b}\rangle\langle\boldsymbol{z},\boldsymbol{c}\rangle-\langle\boldsymbol{x},\boldsymbol{b}\rangle\langle\boldsymbol{y},\boldsymbol{c}\rangle\langle\boldsymbol{z},\boldsymbol{a}\rangle-\langle\boldsymbol{x},\boldsymbol{c}\rangle\langle\boldsymbol{y},\boldsymbol{a}\rangle\langle\boldsymbol{z},\boldsymbol{b}\rangle\end{aligned}\tag{5.34}$$

前項までの結果から，次のことがわかる．

命題 5.3 [縮約の幾何学的意味]

部分空間を k 重ベクトルによって縮約した空間は，もとの部分空間に含まれ，次元が k だけ低下した部分空間であり，その k 重ベクトルの表す部分空間に直交する．

k 次元部分空間 $(k=0,1,2,3)$ に直交する $(3-k)$ 次元部分空間を**直交補空間** (orthogonal complement) とよぶ．前項までの結果から，k 重ベクトルによる縮約は，その k 重ベクトルの表す部分空間の**直交補空間との交わり**を計算していると解釈できる．とくに，その部分空間が k 重ベクトルの表す部分空間に直交していれば，縮約すると 0 になる．ゆえに，次のことがいえる．

命題 5.4 [縮約と直交性]

縮約すると 0 になるのは，その部分空間どうしが直交しているときである．

$$(\cdots)\cdot(\cdots)=0 \quad\Leftrightarrow\quad (\cdots)\perp(\cdots)\tag{5.35}$$

内積は，縮約の特別な場合（両方が直線のとき）とみなせる．

古典の世界 5.2 [テンソル解析と縮約]

成分の並びをベクトルとみなすテンソル解析では，縮約は，反変ベクトルから得られる k 重ベクトルと，共変ベクトルから得られる j ベクトルを並べて上下に対応する添字に関する総和によって定義する．たとえば，反変ベクトル a^i, b^i から得られる二

重ベクトル $a^{[i}b^{j]}$ の共変ベクトル x_i による縮約は,

$$x_i a^{[i}b^{j]} = x_i\Big(\frac{1}{2}(a^i b^j - a^j b^i)\Big) = \frac{1}{2}((x_i a^i)b^j - (x_i b^i)a^j) \qquad (5.36)$$

と定義する．$x_i a^i$, $x_i b^i$（アインシュタインの総和規約に注意）がそれぞれ内積 $\langle \boldsymbol{x}, \boldsymbol{a}\rangle$, $\langle \boldsymbol{x}, \boldsymbol{b}\rangle$ を表しているから，係数 1/2 の違いはあるが，式 (5.20) と同じ内容を表している．「交互に符号を変えながら順に」は添字の反対称化操作に対応している．共変ベクトル x_i, y_i の添字を反対称化して得られる二重ベクトル $x_{[i}y_{j]}$ によって $a^{[i}b^{j]}$ を縮約すると，次のようになる．

$$\begin{aligned} x_{[j}y_{i]}a^{[i}b^{j]} &= x_j y_i a^{[i}b^{j]} = x_j y_i\Big(\frac{1}{2}(a^i b^j - a^j b^i)\Big) = \frac{1}{2}(x_i a^i b^j - x_i b^i a^j) \\ &= \frac{1}{2}\Big((x_j b^j)(y_i a^i) - (x_j a^j)(y_i b^i)\Big) \qquad (5.37) \end{aligned}$$

これは，係数 1/2 を除いて式 (5.22) と同じ内容を表している．「内側から順に」は，「近い添字から同じ文字を用いて和をとる」という操作に対応している．なお，$x_{[j}y_{i]}a^{[i}b^{j]}$ を $x_j y_i a^{[i}b^{j]}$ に置き換えてよいのは，反対称化した添字どうしの積は片側のみ反対称化すればよいからである．これは，総和される添字はダミーであって，別の文字に置き換えてよいことから，次のように確かめられる．

$$\begin{aligned} x_j y_i a^{[i}b^{j]} &= \frac{1}{2}(x_j y_i a^{[i}b^{j]} + x_i y_j a^{[j}b^{i]}) = \frac{1}{2}(x_j y_i a^{[i}b^{j]} - x_i y_j a^{[i}b^{j]}) \\ &= \frac{1}{2}(x_j y_i - x_i y_j)a^{[i}b^{j]} = x_{[j}y_{i]}a^{[i}b^{j]} \qquad (5.38) \end{aligned}$$

このように，片方の添字が反対称であれば，総和すると他方の添字も反対称化される．三重ベクトル $a^{[i}b^j c^{k]}$ の x_i による縮約は，次のようになる．

$$\begin{aligned} x_i a^{[i}b^j c^{k]} &= x_i\Big(\frac{1}{6}(a^i b^j c^k + a^j b^k c^i + a^k b^i c^j - a^k b^j c^i - a^j b^i c^k - a^i b^k c^j)\Big) \\ &= \frac{1}{6}\Big(x_i a^i(b^j c^k - b^k c^j) + x_i b^i(c^j a^k - c^k a^j) + x_i c^i(a^j b^k - a^k b^j)\Big) \\ &= \frac{1}{3}\Big((x_i a^i)b^{[j}c^{k]} + (x_i b^i)c^{[j}a^{k]} + (x_i c^i)a^{[j}b^{k]}\Big) \qquad (5.39) \end{aligned}$$

これは，係数 1/3 を除いて式 (5.23) と同じ内容を表している．三重ベクトル $a^{[i}b^j c^{k]}$ の $x_{[i}y_{j]}$ のよる縮約は，次のようになる．

$$\begin{aligned} x_{[j}y_{i]}a^{[i}b^j c^{k]} &= x_j y_i\Big(\frac{1}{6}(a^i b^j c^k + a^j b^k c^i + a^k b^i c^j - a^k b^j c^i - a^j b^i c^k - a^i b^k c^j)\Big) \\ &= \frac{1}{6}\Big(((x_j c^j)(y_i b^i) - (x_j b^j)(y_i c^i))a^k \\ &\quad + ((x_j a^j)(y_i c^i) - (x_j c^j)(y_i a^i))b^k \end{aligned}$$

$$+ \left((x_j b^j)(y_i a^i) - (x_j a^j)(y_i b^i)\right)c^k\Big) \tag{5.40}$$

これは，係数 1/6 を除いて式 (5.25) と同じ内容を表している．$x_{[j}y_{i]}$ を掛ける相手の添字が反対称化されているから，$x_{[j}y_{i]}$ を $x_j y_i$ にしてよいのは，先に述べたのと同じ理由である．三重ベクトル $a^{[i}b^j c^{k]}$ の $x_{[i}y_j z_{k]}$ のよる縮約は，次のようになる．

$$\begin{aligned}
&x_{[k}y_j z_{i]}a^{[i}b^j c^{k]} \\
&= x_k y_j z_i \Big(\frac{1}{6}(a^i b^j c^k + a^j b^k c^i + a^k b^i c^j - a^k b^j c^i - a^j b^i c^k - a^i b^k c^j)\Big) \\
&= \frac{1}{6}\Big((x_k c^k)(y_j b^j)(z_i a^i) + (x_k b^k)(y_j a^j)(z_i c^i) + (x_k a^k)(y_j c^j)(z_i b^i) \\
&\quad - (x_k a^k)(y_j b^j)(z_i c^i) - (x_k c^k)(y_j a^j)(z_i b^i) - (x_k b^k)(y_j c^j)(z_i a^i)\Big)
\end{aligned} \tag{5.41}$$

これも，係数 1/6 を除いて式 (5.28) と同じ内容を表している．$x_{[k}y_j z_{i]}$ を $x_k y_j z_i$ に置き換えているのも，和をとる相手の添字が反対称化されているからである．

5.4 ノルム

k 重ベクトル ($k = 0, 1, 2, 3$) の**ノルム** (norm) $\|\cdot\|$ を定義する．これはその 2 乗が，その k 重ベクトルを「その**外積の順序を逆に**した k 重ベクトル」によって縮約したものとする．

スカラ α をそれ自身によって縮約すると，式 (5.31) の第 1 式より

$$\|\alpha\|^2 = \alpha \cdot \alpha = \alpha^2 \tag{5.42}$$

であり，$\|\alpha\|$ は $|\alpha|$ に等しい．

ベクトル $\boldsymbol{a}$ をそれ自身によって縮約すると，式 (5.32) の第 2 式より

$$\|\boldsymbol{a}\|^2 = \boldsymbol{a} \cdot \boldsymbol{a} = \langle \boldsymbol{a}, \boldsymbol{a} \rangle \tag{5.43}$$

であり，通常のノルムの定義に一致する．二重ベクトル $\boldsymbol{a} \wedge \boldsymbol{b}$ を，外積の順序を逆にした $\boldsymbol{b} \wedge \boldsymbol{a}$ によって縮約すると，式 (5.33) の第 3 式より

$$\begin{aligned}
\|\boldsymbol{a} \wedge \boldsymbol{b}\|^2 &= \boldsymbol{b} \wedge \boldsymbol{a} \cdot \boldsymbol{a} \wedge \boldsymbol{b} = \langle \boldsymbol{b}, \boldsymbol{b} \rangle \langle \boldsymbol{a}, \boldsymbol{a} \rangle - \langle \boldsymbol{b}, \boldsymbol{a} \rangle^2 \\
&= \|\boldsymbol{a}\|^2 \|\boldsymbol{b}\|^2 - \langle \boldsymbol{a}, \boldsymbol{b} \rangle^2
\end{aligned} \tag{5.44}$$

となる．これは $\boldsymbol{a}, \boldsymbol{b}$ の作る平行四辺形の面積の 2 乗に等しい．なぜなら，$\boldsymbol{a}, \boldsymbol{b}$ のなす角を θ とすると，面積 S は $\|\boldsymbol{a}\|\|\boldsymbol{b}\| \sin\theta$ であり，

$$S^2 = \|\boldsymbol{a}\|^2\|\boldsymbol{b}\|^2\sin^2\theta = \|\boldsymbol{a}\|^2\|\boldsymbol{b}\|^2(1-\cos^2\theta)$$
$$= \|\boldsymbol{a}\|^2\|\boldsymbol{b}\|^2\Bigl(1-\Bigl(\frac{\langle\boldsymbol{a},\boldsymbol{b}\rangle}{\|\boldsymbol{a}\|\|\boldsymbol{b}\|}\Bigr)^2\Bigr) = \|\boldsymbol{a}\|^2\|\boldsymbol{b}\|^2 - \langle\boldsymbol{a},\boldsymbol{b}\rangle^2 \quad (5.45)$$

となるからである．

三重ベクトル $\boldsymbol{a}\wedge\boldsymbol{b}\wedge\boldsymbol{c}$ を，外積の順序を逆にした $\boldsymbol{c}\wedge\boldsymbol{b}\wedge\boldsymbol{a}$ によって縮約すると，式 (5.34) の第4式より次のようになる．

$$\|\boldsymbol{a}\wedge\boldsymbol{b}\wedge\boldsymbol{c}\|^2 = \boldsymbol{c}\wedge\boldsymbol{b}\wedge\boldsymbol{a}\cdot\boldsymbol{a}\wedge\boldsymbol{b}\wedge\boldsymbol{c}$$
$$= \langle\boldsymbol{c},\boldsymbol{a}\rangle\langle\boldsymbol{b},\boldsymbol{c}\rangle\langle\boldsymbol{a},\boldsymbol{b}\rangle + \langle\boldsymbol{c},\boldsymbol{b}\rangle\langle\boldsymbol{b},\boldsymbol{a}\rangle\langle\boldsymbol{a},\boldsymbol{c}\rangle + \langle\boldsymbol{c},\boldsymbol{c}\rangle\langle\boldsymbol{b},\boldsymbol{b}\rangle\langle\boldsymbol{a},\boldsymbol{a}\rangle$$
$$- \langle\boldsymbol{c},\boldsymbol{a}\rangle\langle\boldsymbol{b},\boldsymbol{b}\rangle\langle\boldsymbol{a},\boldsymbol{c}\rangle - \langle\boldsymbol{c},\boldsymbol{b}\rangle\langle\boldsymbol{b},\boldsymbol{c}\rangle\langle\boldsymbol{a},\boldsymbol{a}\rangle - \langle\boldsymbol{c},\boldsymbol{c}\rangle\langle\boldsymbol{b},\boldsymbol{a}\rangle\langle\boldsymbol{a},\boldsymbol{b}\rangle$$
$$= \|\boldsymbol{a}\|^2\|\boldsymbol{b}\|^2\|\boldsymbol{c}\|^2 + 2\langle\boldsymbol{b},\boldsymbol{c}\rangle\langle\boldsymbol{c},\boldsymbol{a}\rangle\langle\boldsymbol{a},\boldsymbol{b}\rangle - \|\boldsymbol{a}\|^2\langle\boldsymbol{b},\boldsymbol{c}\rangle^2$$
$$- \|\boldsymbol{b}\|^2\langle\boldsymbol{c},\boldsymbol{a}\rangle^2 - \|\boldsymbol{c}\|^2\langle\boldsymbol{a},\boldsymbol{b}\rangle^2 \quad (5.46)$$

これは $\boldsymbol{a}$, $\boldsymbol{b}$, $\boldsymbol{c}$ の作る平行六面体の体積の2乗に等しい．

以上をまとめると，次のようになる．

命題 5.5 [スカラ，ベクトル，二重ベクトル，三重ベクトルのノルム]

スカラ α に対しては $\|\alpha\| = |\alpha|$，すなわちノルムはその絶対値である．ベクトル $\boldsymbol{a}$ のノルム $\|\boldsymbol{a}\|$ はその長さである．二重ベクトル $\boldsymbol{a}\wedge\boldsymbol{b}$ のノルムは，

$$\|\boldsymbol{a}\wedge\boldsymbol{b}\| = \sqrt{\|\boldsymbol{a}\|^2\|\boldsymbol{b}\|^2 - \langle\boldsymbol{a},\boldsymbol{b}\rangle^2} \quad (5.47)$$

である．これは，$\boldsymbol{a}$, $\boldsymbol{b}$ の作る平行四辺形の面積に等しい．三重ベクトル $\boldsymbol{a}\wedge\boldsymbol{b}\wedge\boldsymbol{c}$ のノルムは，

$$\|\boldsymbol{a}\wedge\boldsymbol{b}\wedge\boldsymbol{c}\|$$
$$= \Bigl(\|\boldsymbol{a}\|^2\|\boldsymbol{b}\|^2\|\boldsymbol{c}\|^2 + 2\langle\boldsymbol{b},\boldsymbol{c}\rangle\langle\boldsymbol{c},\boldsymbol{a}\rangle\langle\boldsymbol{a},\boldsymbol{b}\rangle$$
$$- \|\boldsymbol{a}\|^2\langle\boldsymbol{b},\boldsymbol{c}\rangle^2 - \|\boldsymbol{b}\|^2\langle\boldsymbol{c},\boldsymbol{a}\rangle^2 - \|\boldsymbol{c}\|^2\langle\boldsymbol{a},\boldsymbol{b}\rangle^2\Bigr)^{1/2} \quad (5.48)$$

である．これは，ベクトル $\boldsymbol{a}$, $\boldsymbol{b}$, $\boldsymbol{c}$ の作る平行六面体の体積に等しい．

基底を用いて $\boldsymbol{a} = \sum_{k=1}^{3} a_i e_i$ と書けば，式 (5.43) は

$$\|\boldsymbol{a}\|^2 = a_1^2 + a_2^2 + a_3^2 \quad (5.49)$$

と書ける．$\boldsymbol{b} = \sum_{k=1}^{3} b_i e_i$ と書けば，式 (5.44) は $\boldsymbol{a}$, $\boldsymbol{b}$ の作る平行四辺形の面積の 2 乗であるから，

$$\|\boldsymbol{a} \wedge \boldsymbol{b}\|^2 = (a_2b_3 - a_3b_2)^2 + (a_3b_1 - a_1b_3)^2 + (a_1b_2 - a_2b_1)^2 \quad (5.50)$$

とも書ける（↪ 第 2 章の式 (2.18)，演習問題 2.6）．さらに，$\boldsymbol{c} = \sum_{k=1}^{3} c_i e_i$ と書けば，式 (5.46) は $\boldsymbol{a}$, $\boldsymbol{b}$, $\boldsymbol{c}$ の作る平行六面体の体積の 2 乗であるから，次のようにも書ける（↪ 第 2 章の式 (2.28)，演習問題 2.9）．

$$\|\boldsymbol{a} \wedge \boldsymbol{b} \wedge \boldsymbol{c}\|^2 = (a_1b_2c_3 + a_2b_3c_1 + a_3b_1c_2 - a_1b_3c_2 - a_2b_1c_3 - a_3b_2c_1)^2 \quad (5.51)$$

古典の世界 5.3 [行列式と体積]

ベクトル $\boldsymbol{a}$, $\boldsymbol{b}$, $\boldsymbol{c}$ の定義する平行六面体の体積が式 (5.48) となることは，線形代数の知識から簡単に導ける．$\boldsymbol{a}$, $\boldsymbol{b}$, $\boldsymbol{c}$ を，成分を縦に並べた列ベクトルとみなして，それらを列とする行列を $\boldsymbol{A} = (\boldsymbol{a}, \boldsymbol{b}, \boldsymbol{c})$ と書けば，線形代数でよく知られているように，$\boldsymbol{a}$, $\boldsymbol{b}$, $\boldsymbol{c}$ の定義する平行六面体の符号付き体積（$\boldsymbol{a}$, $\boldsymbol{b}$, $\boldsymbol{c}$ が右手系なら正，左手系なら負）は，行列式 $|\boldsymbol{A}|$ で与えられる．行列 $\boldsymbol{A}$ とその転置行列 $\boldsymbol{A}^\top$ は行列式が等しく，「行列の積の行列式はそれぞれの行列式の積に等しい」という線形代数の定理より，

$$|\boldsymbol{A}|^2 = |\boldsymbol{A}^\top||\boldsymbol{A}| = |\boldsymbol{A}^\top \boldsymbol{A}| \quad (5.52)$$

である．$\boldsymbol{A}^\top$ は列ベクトル $\boldsymbol{a}$, $\boldsymbol{b}$, $\boldsymbol{c}$ を転置した行ベクトル $\boldsymbol{a}^\top$, $\boldsymbol{b}^\top$, $\boldsymbol{c}^\top$ を上から行として並べた行列であり，$\boldsymbol{A}^\top = \begin{pmatrix} \boldsymbol{a}^\top \\ \boldsymbol{b}^\top \\ \boldsymbol{c}^\top \end{pmatrix}$ と書ける．行列の積の計算の規則より，

$$\boldsymbol{A}^\top \boldsymbol{A} = \begin{pmatrix} \boldsymbol{a}^\top \\ \boldsymbol{b}^\top \\ \boldsymbol{c}^\top \end{pmatrix} (\boldsymbol{a}, \boldsymbol{b}, \boldsymbol{c}) = \begin{pmatrix} \boldsymbol{a}^\top\boldsymbol{a} & \boldsymbol{b}^\top\boldsymbol{a} & \boldsymbol{c}^\top\boldsymbol{a} \\ \boldsymbol{b}^\top\boldsymbol{a} & \boldsymbol{b}^\top\boldsymbol{b} & \boldsymbol{c}^\top\boldsymbol{b} \\ \boldsymbol{c}^\top\boldsymbol{a} & \boldsymbol{b}^\top\boldsymbol{c} & \boldsymbol{c}^\top\boldsymbol{c} \end{pmatrix}$$

$$= \begin{pmatrix} \|\boldsymbol{a}\|^2 & \langle \boldsymbol{a}, \boldsymbol{b} \rangle & \langle \boldsymbol{c}, \boldsymbol{a} \rangle \\ \langle \boldsymbol{a}, \boldsymbol{b} \rangle & \|\boldsymbol{b}\|^2 & \langle \boldsymbol{b}, \boldsymbol{c} \rangle \\ \langle \boldsymbol{c}, \boldsymbol{a} \rangle & \langle \boldsymbol{b}, \boldsymbol{c} \rangle & \|\boldsymbol{c}\|^2 \end{pmatrix} \quad (5.53)$$

となる．この行列式を計算すると式 (5.46) が得られる．ゆえに，式 (5.48) が平行六面体の体積に等しい．

5.5 双　対

k 重ベクトル $(k = 0, 1, 2, 3)$ は k 次元部分空間を指定するものであるが，部分空間はその直交補空間，すなわちそれと直交する $(n - k)$ 次元部分空間によっても指定できる．そのような $(n - k)$ 次元部分空間を指定する $(n - k)$ 重ベクトルをもとの k 重ベクトルの**双対** (dual) とよび，星印 $*$ で表す．まず初めに幾何学的な考察によって直交補空間を表現し，次に基底を用いた表現を考える．

5.5.1 直交補空間の表現

直線の直交補空間はそれに直交する平面であり，平面の直交補空間はその法線である．空間全体の直交補空間は原点であり，原点の直交補空間は空間全体である (図 5.7)．これらの直交補空間は，次のように k 重ベクトル $(k = 0, 1, 2, 3)$ によって指定できる．

(i) ベクトル $\boldsymbol{a}$ 方向の直線の直交補空間は $\boldsymbol{a}$ に垂直な平面である．そこで，この平面を張り，大きさが $\boldsymbol{a}$ の大きさに等しい二重ベクトル $\boldsymbol{b} \wedge \boldsymbol{c}$ を $\boldsymbol{a}^*$ とする．

(ii) ベクトル $\boldsymbol{a}, \boldsymbol{b}$ の張る平面の直交補空間は，その法線である．そこで，法線方向に沿って大きさが $\boldsymbol{a} \wedge \boldsymbol{b}$ に等しいベクトル $\boldsymbol{c}$ を $(\boldsymbol{a} \wedge \boldsymbol{b})^*$ とする．

(iii) ベクトル $\boldsymbol{a}$, $\boldsymbol{b}$, $\boldsymbol{c}$ の張る空間の直交補空間は原点，すなわちスカラである．そこで大きさが $\boldsymbol{a} \wedge \boldsymbol{b} \wedge \boldsymbol{c}$ に等しいスカラ α を $(\boldsymbol{a} \wedge \boldsymbol{b} \wedge \boldsymbol{c})^*$ とする．

(iv) 原点（スカラ）の直交補空間は空間全体である．そこで，スカラ α に対

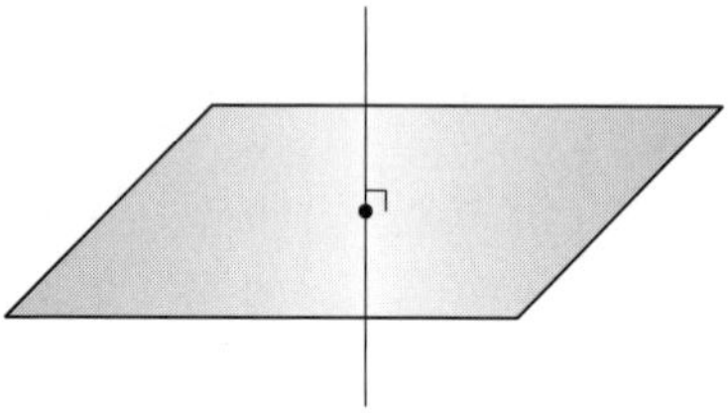

図 5.7　直線の直交補空間はそれに直交する平面であり，平面の直交補空間はその法線である．空間全体の直交補空間は原点であり，原点の直交補空間は空間全体である．

して，大きさが α に等しい三重ベクトル $\boldsymbol{a}\wedge\boldsymbol{b}\wedge\boldsymbol{c}$ を α^* とする．

しかし，これらの k 重ベクトルには符号の不定性が残る．なぜなら，k 重ベクトルは符号を変えても同じ部分空間を表すからである．この符号を指定するために，符号を含めて大きさが 1 の三重ベクトル I を考える．そして，これを**体積要素** (volume element) とよぶ．たとえば，$\boldsymbol{a}, \boldsymbol{b}, \boldsymbol{c}$ が右手系であり，それらの作る平行六面体の体積が 1 であるとき，$I=\boldsymbol{a}\wedge\boldsymbol{b}\wedge\boldsymbol{c}$ と書ける（符号付き体積が同じならどのようなベクトルを用いてもよい）．これによって，k 重ベクトル式 $(\cdots)$ の双対 $(\cdots)^*$ を次のように定義する．

$$(\cdots)^* = -(\cdots)\cdot I \tag{5.54}$$

5.3.4 項の末尾に述べたように，右辺は $(\cdots)$ の表す部分空間の直交補空間 I の表す全空間との交わり，すなわち直交補空間そのものを符号を含めて指定している．

ベクトル $\boldsymbol{a}$ に対しては，$\boldsymbol{a}$ に直交するベクトル $\boldsymbol{b}, \boldsymbol{c}$ があって，$\boldsymbol{a}, \boldsymbol{b}, \boldsymbol{c}$ が右手系であり，$\|\boldsymbol{b}\wedge\boldsymbol{c}\|$ が $\|\boldsymbol{a}\|$ に等しいとすれば，$\boldsymbol{a}\wedge\boldsymbol{b}\wedge\boldsymbol{c}/\|\boldsymbol{a}\|^2$ は体積要素 I である．したがって，ベクトル $\boldsymbol{a}$ の双対は，式 (5.32) の第 4 式を用いると，次のようになる．

$$\begin{aligned}\boldsymbol{a}^* &= -\boldsymbol{a}\cdot I = -\boldsymbol{a}\cdot\frac{\boldsymbol{a}\wedge\boldsymbol{b}\wedge\boldsymbol{c}}{\|\boldsymbol{a}\|^2} \\ &= -\frac{\langle\boldsymbol{a},\boldsymbol{a}\rangle\boldsymbol{b}\wedge\boldsymbol{c}+\langle\boldsymbol{a},\boldsymbol{b}\rangle\boldsymbol{c}\wedge\boldsymbol{a}+\langle\boldsymbol{a},\boldsymbol{c}\rangle\boldsymbol{a}\wedge\boldsymbol{b}}{\|\boldsymbol{a}\|^2} = -\boldsymbol{b}\wedge\boldsymbol{c}\end{aligned} \tag{5.55}$$

また，二重ベクトル $\boldsymbol{a}\wedge\boldsymbol{b}$ に対しては，ベクトル $\boldsymbol{c}$ が $\boldsymbol{a}, \boldsymbol{b}$ に直交し，$\boldsymbol{a}, \boldsymbol{b}, \boldsymbol{c}$ が右手系であり，$\|\boldsymbol{c}\|$ が $\|\boldsymbol{a}\wedge\boldsymbol{b}\|$ に等しいとすれば，$\boldsymbol{a}\wedge\boldsymbol{b}\wedge\boldsymbol{c}/\|\boldsymbol{a}\wedge\boldsymbol{b}\|^2$ は体積要素 I である．ゆえに，$\boldsymbol{a}\wedge\boldsymbol{b}$ の双対 $(\boldsymbol{a}\wedge\boldsymbol{b})^*$ は，式 (5.33) の第 4 式，および式 (5.44) を用いると，次のようになる．

$$\begin{aligned}(\boldsymbol{a}\wedge\boldsymbol{b})^* &= -\boldsymbol{a}\wedge\boldsymbol{b}\cdot I = -\frac{\boldsymbol{a}\wedge\boldsymbol{b}\cdot\boldsymbol{a}\wedge\boldsymbol{b}\wedge\boldsymbol{c}}{\|\boldsymbol{a}\wedge\boldsymbol{b}\|^2} \\ &= -\frac{1}{\|\boldsymbol{a}\wedge\boldsymbol{b}\|^2}\Big((\langle\boldsymbol{a},\boldsymbol{c}\rangle\langle\boldsymbol{b},\boldsymbol{b}\rangle-\langle\boldsymbol{a},\boldsymbol{b}\rangle\langle\boldsymbol{b},\boldsymbol{c}\rangle)\boldsymbol{a}+(\langle\boldsymbol{a},\boldsymbol{a}\rangle\langle\boldsymbol{b},\boldsymbol{c}\rangle \\ &\quad -\langle\boldsymbol{a},\boldsymbol{c}\rangle\langle\boldsymbol{b},\boldsymbol{a}\rangle)\boldsymbol{b}+(\langle\boldsymbol{a},\boldsymbol{b}\rangle\langle\boldsymbol{b},\boldsymbol{a}\rangle-\langle\boldsymbol{a},\boldsymbol{a}\rangle\langle\boldsymbol{b},\boldsymbol{b}\rangle)\boldsymbol{c}\Big)\end{aligned}$$

$$= -\frac{\langle \boldsymbol{a}, \boldsymbol{b} \rangle^2 - \|\boldsymbol{a}\|^2 \|\boldsymbol{b}\|^2}{\|\boldsymbol{a} \wedge \boldsymbol{b}\|^2} \boldsymbol{c} = \boldsymbol{c} \tag{5.56}$$

さらに，三重ベクトル $\boldsymbol{a} \wedge \boldsymbol{b} \wedge \boldsymbol{c}$ に対しては，$\boldsymbol{a} \wedge \boldsymbol{b} \wedge \boldsymbol{c} / \|\boldsymbol{a} \wedge \boldsymbol{b} \wedge \boldsymbol{c}\|$ は $\boldsymbol{a}, \boldsymbol{b}, \boldsymbol{c}$ が右手系であれば体積要素 I である．このとき，$\boldsymbol{a} \wedge \boldsymbol{b} \wedge \boldsymbol{c}$ の双対 $(\boldsymbol{a} \wedge \boldsymbol{b} \wedge \boldsymbol{c})^*$ は，ノルム $\|\boldsymbol{a} \wedge \boldsymbol{b} \wedge \boldsymbol{c}\|$ の定義より次のようになる．

$$\begin{aligned}(\boldsymbol{a} \wedge \boldsymbol{b} \wedge \boldsymbol{c})^* &= -\boldsymbol{a} \wedge \boldsymbol{b} \wedge \boldsymbol{c} \cdot I = -\frac{\boldsymbol{a} \wedge \boldsymbol{b} \wedge \boldsymbol{c} \cdot \boldsymbol{a} \wedge \boldsymbol{b} \wedge \boldsymbol{c}}{\|\boldsymbol{a} \wedge \boldsymbol{b} \wedge \boldsymbol{c}\|} \\ &= \frac{\boldsymbol{a} \wedge \boldsymbol{b} \wedge \boldsymbol{c} \cdot \boldsymbol{c} \wedge \boldsymbol{b} \wedge \boldsymbol{a}}{\|\boldsymbol{a} \wedge \boldsymbol{b} \wedge \boldsymbol{c}\|} = \frac{\|\boldsymbol{a} \wedge \boldsymbol{b} \wedge \boldsymbol{c}\|^2}{\|\boldsymbol{a} \wedge \boldsymbol{b} \wedge \boldsymbol{c}\|} = \|\boldsymbol{a} \wedge \boldsymbol{b} \wedge \boldsymbol{c}\|\end{aligned} \tag{5.57}$$

一方，$\boldsymbol{a}, \boldsymbol{b}, \boldsymbol{c}$ が左手系であれば $-\boldsymbol{a} \wedge \boldsymbol{b} \wedge \boldsymbol{c}$ が体積要素 I であり，全体の符号が逆になる．したがって，$(\boldsymbol{a} \wedge \boldsymbol{b} \wedge \boldsymbol{c})^* = -\|\boldsymbol{a} \wedge \boldsymbol{b} \wedge \boldsymbol{c}\|$ である．

スカラ α に対しては，双対 α^* は，

$$\alpha^* = -\alpha \cdot I = -\alpha I \tag{5.58}$$

となる．すなわち，大きさ $-\alpha$ の空間となる．

以上の定義からわかるのは，**双対の双対は符号が反転する**ことである．たとえば，二重ベクトル $\boldsymbol{a} \wedge \boldsymbol{b}$ の双対 $\boldsymbol{c} = (\boldsymbol{a} \wedge \boldsymbol{b})^*$ は $\boldsymbol{a}, \boldsymbol{b}$ の両方に直交し，向きが $\boldsymbol{a}$ を $\boldsymbol{b}$ 方向に回すときに右ネジが進む方向であり，大きさが $\boldsymbol{a}, \boldsymbol{b}$ の作る平行四辺形の面積に等しいベクトル $\boldsymbol{c}$ である（図 5.8(a)）．しかし，その $\boldsymbol{c}$ の双対は

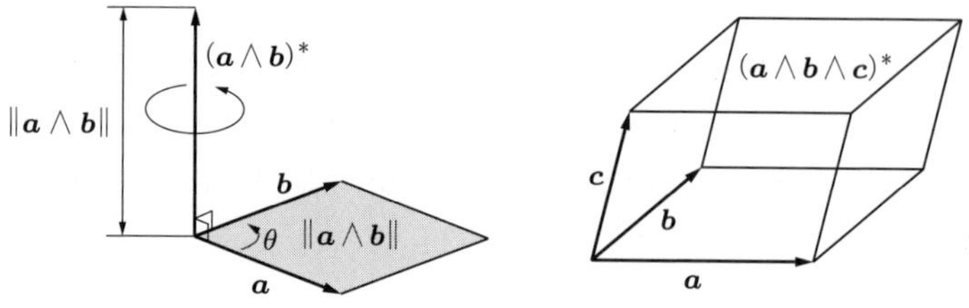

（a）　（b）

図 5.8　(a) 二重ベクトル $\boldsymbol{a} \wedge \boldsymbol{b}$ の双対 $(\boldsymbol{a} \wedge \boldsymbol{b})^*$ は，$\boldsymbol{a}, \boldsymbol{b}$ の両方に直交するベクトルであり，向きは $\boldsymbol{a}$ を $\boldsymbol{b}$ に近づけるように回すと右ネジの進む方向にあり，長さは $\boldsymbol{a}, \boldsymbol{b}$ の作る平行四辺形の面積 $\|\boldsymbol{a} \wedge \boldsymbol{b}\|$ に等しい．(b) $\boldsymbol{a}, \boldsymbol{b}, \boldsymbol{c}$ が右手系のとき，三重ベクトル $\boldsymbol{a} \wedge \boldsymbol{b} \wedge \boldsymbol{c}$ の双対 $(\boldsymbol{a} \wedge \boldsymbol{b} \wedge \boldsymbol{c})^*$ は，$\boldsymbol{a}, \boldsymbol{b}, \boldsymbol{c}$ の作る平行六面体の体積 α に等しい．

$\boldsymbol{c}^* = -\boldsymbol{a} \wedge \boldsymbol{b}$ である．同様に，$\boldsymbol{a}, \boldsymbol{b}, \boldsymbol{c}$ が右手系であり，それらが作る平行六面体の体積が α のとき，$(\boldsymbol{a} \wedge \boldsymbol{b} \wedge \boldsymbol{c})^* = \alpha$ であるが（図 5.8(b)），$\alpha^* = -\boldsymbol{a} \wedge \boldsymbol{b} \wedge \boldsymbol{c}$ である．

5.5.2 基底による表現

双対は分配則が成り立つ線形な操作であるから，k 重ベクトル $(k = 0, 1, 2, 3)$ を基底を用いて表せば，双対を得るにはその基底部分の双対をとればよい．正規直交基底 e_1, e_2, e_3 に対しては，体積要素は

$$I = e_1 \wedge e_2 \wedge e_3 \tag{5.59}$$

と書ける．スカラは 1 の定数倍であり，

$$1^* = -1 \cdot I = -e_1 \wedge e_2 \wedge e_3 \tag{5.60}$$

である．ベクトルは e_1, e_2, e_3 の線形結合で表され，

$$\begin{aligned} e_1^* &= -e_1 \cdot I = -e_1 \cdot e_1 \wedge e_2 \wedge e_3 \\ &= -\langle e_1, e_1 \rangle e_2 \wedge e_3 = -e_2 \wedge e_3 \end{aligned} \tag{5.61}$$

である．e_2^*, e_3^* も同様に定義される．二重ベクトルは $e_2 \wedge e_3, e_3 \wedge e_1, e_1 \wedge e_2$ の線形結合で表され，

$$\begin{aligned} (e_2 \wedge e_3)^* &= -e_2 \wedge e_3 \cdot I = -e_2 \wedge e_3 \cdot e_1 \wedge e_2 \wedge e_3 \\ &= -e_2 \cdot (e_3 \cdot e_1 \wedge e_2 \wedge e_3) = -e_2 \cdot (e_1 \wedge e_2) = e_1 \end{aligned} \tag{5.62}$$

である．$(e_3 \wedge e_1)^*, (e_1 \wedge e_2)^*$ も同様に定義される．三重ベクトルは $e_1 \wedge e_2 \wedge e_3$ の定数倍で表され，

$$\begin{aligned} (e_1 \wedge e_2 \wedge e_3)^* &= -e_1 \wedge e_2 \wedge e_3 \cdot e_1 \wedge e_2 \wedge e_3 \\ &= -e_1 \cdot (e_2 \cdot (e_3 \cdot e_1 \wedge e_2 \wedge e_3)) \\ &= -e_1 \cdot (e_2 \cdot (e_1 \wedge e_2)) = e_1 \cdot e_1 = 1 \end{aligned} \tag{5.63}$$

となる．以上をまとめると，次のようになる．

命題 5.6 [基底の双対]

正規直交基底 $\{e_1, e_2, e_3\}$ に関して，次の双対関係が成り立つ．

$$(e_1 \wedge e_2 \wedge e_3)^* = 1, \qquad 1^* = -e_1 \wedge e_2 \wedge e_3 \tag{5.64}$$

$$(e_2 \wedge e_3)^* = e_1, \qquad (e_3 \wedge e_1)^* = e_2, \qquad (e_1 \wedge e_2)^* = e_3 \tag{5.65}$$

$$e_1^* = -e_2 \wedge e_3, \qquad e_2^* = -e_3 \wedge e_1, \qquad e_3^* = -e_1 \wedge e_2 \tag{5.66}$$

これらを用いると，ベクトル $\boldsymbol{a} = \sum_{i=1}^3 a_i e_i$ に対して，次のように書ける．

$$\boldsymbol{a} = a_1 e_1 + a_2 e_2 + a_3 e_3,$$
$$\boldsymbol{a}^* = -a_1 e_2 \wedge e_3 - a_2 e_3 \wedge e_1 - a_3 e_1 \wedge e_2 \tag{5.67}$$

したがって，これらの 2 乗ノルムが次のように書ける．

$$\|\boldsymbol{a}\|^2 = \|\boldsymbol{a}^*\|^2 = a_1^2 + a_2^2 + a_3^2 \tag{5.68}$$

ベクトル $\boldsymbol{a} = \sum_{i=1}^3 a_i e_i$, $\boldsymbol{b} = \sum_{i=1}^3 b_i e_i$ に対しては，式 (5.15) より次のように書ける．

$$\boldsymbol{a} \wedge \boldsymbol{b} = (a_2 b_3 - a_3 b_2) e_2 \wedge e_3 + (a_3 b_1 - a_1 b_3) e_3 \wedge e_1 + (a_1 b_2 - a_2 b_1) e_1 \wedge e_2,$$
$$(\boldsymbol{a} \wedge \boldsymbol{b})^* = (a_2 b_3 - a_3 b_2) e_1 + (a_3 b_1 - a_1 b_3) e_2 + (a_1 b_2 - a_2 b_1) e_3 \tag{5.69}$$

したがって，これらの 2 乗ノルムが次のように書ける．

$$\|\boldsymbol{a} \wedge \boldsymbol{b}\|^2 = \|(\boldsymbol{a} \wedge \boldsymbol{b})^*\|^2$$
$$= (a_2 b_3 - a_3 b_2)^2 + (a_3 b_1 - a_1 b_3)^2 + (a_1 b_2 - a_2 b_1)^2 \tag{5.70}$$

ベクトル $\boldsymbol{a} = \sum_{i=1}^3 a_i e_i$, $\boldsymbol{b} = \sum_{i=1}^3 b_i e_i$, $\boldsymbol{c} = \sum_{i=1}^3 c_i e_i$ に対しては，式 (5.16) より次のように書ける．

$$\boldsymbol{a} \wedge \boldsymbol{b} \wedge \boldsymbol{c}$$
$$= (a_1 b_2 c_3 + a_2 b_3 c_1 + a_3 b_1 c_2 - a_1 b_3 c_2 - a_2 b_1 c_3 - a_3 b_2 c_1) e_1 \wedge e_2 \wedge e_3,$$
$$(\boldsymbol{a} \wedge \boldsymbol{b} \wedge \boldsymbol{c})^* = a_1 b_2 c_3 + a_2 b_3 c_1 + a_3 b_1 c_2 - a_1 b_3 c_2 - a_2 b_1 c_3 - a_3 b_2 c_1 \tag{5.71}$$

したがって，これらの 2 乗ノルムが次のように書ける．

$$\|\boldsymbol{a} \wedge \boldsymbol{b} \wedge \boldsymbol{c}\|^2 = \|(\boldsymbol{a} \wedge \boldsymbol{b} \wedge \boldsymbol{c})^*\|^2$$
$$= (a_1 b_2 c_3 + a_2 b_3 c_1 + a_3 b_1 c_2 - a_1 b_3 c_2 - a_2 b_1 c_3 - a_3 b_2 c_1)^2 \tag{5.72}$$

以上から，第 2 章の記法との対応が次のように得られる．

命題 5.7 [ベクトル積とスカラ三重積]

二重ベクトル $\boldsymbol{a}\wedge\boldsymbol{b}$ の双対 $(\boldsymbol{a}\wedge\boldsymbol{b})^*$ はベクトル積 $\boldsymbol{a}\times\boldsymbol{b}$ であり，三重ベクトル $\boldsymbol{a}\wedge\boldsymbol{b}\wedge\boldsymbol{c}$ の双対 $(\boldsymbol{a}\wedge\boldsymbol{b}\wedge\boldsymbol{c})^*$ はスカラ三重積 $|\boldsymbol{a},\boldsymbol{b},\boldsymbol{c}|$ である．

$$(\boldsymbol{a}\wedge\boldsymbol{b})^* = \boldsymbol{a}\times\boldsymbol{b}, \qquad (\boldsymbol{a}\wedge\boldsymbol{b}\wedge\boldsymbol{c})^* = |\boldsymbol{a},\boldsymbol{b},\boldsymbol{c}| \tag{5.73}$$

古典の世界 5.4 [テンソル解析と双対]

成分の並びをベクトルとみなすテンソル解析では，反変ベクトルから得られる二重ベクトル $a^{[i}b^{j]}$ の双対を，順列符号 ϵ_{ijk} を用いて，

$$c_i = \epsilon_{ijk}a^j b^k \tag{5.74}$$

となる共変ベクトルと定義する．右辺は $\epsilon_{ijk}a^{[j}b^{k]}$ のことであるが，a^j, b^k の添字 j, k は足される相手の ϵ_{ijk} の j, k が反対称なので，反対称化 $[\cdots]$ は不要である．そして，式 (5.74) は式 (5.69) と同じ内容を表している．同様に，三重ベクトル $a^{[i}b^j b^{k]}$ の双対を

$$\alpha = \epsilon_{ijk}a^i b^j c^k \tag{5.75}$$

と定義する．これも，a^i, b^j, c^k の添字 i, j, k は足される相手の ϵ_{ijk} の i, j, k が反対称なので，反対称化 $[\cdots]$ は不要である．そして，式 (5.75) は式 (5.71) と同じ内容を表している．

ただし，成分の並びをベクトルとみなすと，本章の扱いと大きな相違が生じる．それは，本章では双対を体積要素 I によって定義していることである．通常は x, y, z 軸が右手系をなす座標系を用いるが，左手系をとると I の符号が反転する．それに対して，テンソル解析の成分と順列符号 ϵ_{ijk} を組み合わせた定義は，座標系が右手系か左手系かによらない．その代わり，結果の「幾何学的な意味」が右手座標系か左手座標系かで異なる．テンソル解析では，そのようなベクトルを軸性ベクトル，あるいは疑似ベクトル（$\hookrightarrow$ 第 3 章の古典の世界 3.3）とよび，そのようなスカラを**疑似スカラ** (pseudoscalar) とよぶ．

5.6 直接表現と双対表現

「図形の方程式」とは，その図形上の点の位置ベクトル $\boldsymbol{x}$ が満たす式のことをいう．それが

$$\boldsymbol{x} \wedge (\cdots) = 0 \tag{5.76}$$

の形をしているとき，$(\cdots)$ をその図形の**直接表現** (direct representation) という．一方，方程式が

$$\boldsymbol{x} \cdot (\cdots) = 0 \tag{5.77}$$

の形をしているとき，$(\cdots)$ をその図形の**双対表現** (dual representation) という．

直線，平面，空間，原点の直接表現は次のようになる．

(i) 位置ベクトル $\boldsymbol{x}$ がベクトル $\boldsymbol{a}$ 方向の直線上にある条件は，外積 $\wedge$ の定義より $\boldsymbol{x} \wedge \boldsymbol{a} = 0$ と書ける．ゆえに，$\boldsymbol{a}$ はその直線の直接表現である．

(ii) 位置ベクトル $\boldsymbol{x}$ がベクトル $\boldsymbol{a}, \boldsymbol{b}$ の張る平面上にある条件は，外積 $\wedge$ の定義より，$\boldsymbol{x} \wedge \boldsymbol{a} \wedge \boldsymbol{b} = 0$ と書ける．ゆえに，$\boldsymbol{a} \wedge \boldsymbol{b}$ はその平面の直接表現である．

(iii) 位置ベクトル $\boldsymbol{x}$ は何であってもベクトル $\boldsymbol{a}$, $\boldsymbol{b}$, $\boldsymbol{c}$ の張る空間内にあるが，それは外積 $\wedge$ の定義によって $\boldsymbol{x} \wedge \boldsymbol{a} \wedge \boldsymbol{b} \wedge \boldsymbol{c} = 0$ とも書ける．ゆえに，$\boldsymbol{a} \wedge \boldsymbol{b} \wedge \boldsymbol{c}$ はその空間の直接表現である．

(iv) 位置ベクトル $\boldsymbol{x}$ が原点にあること，すなわち $\boldsymbol{x} = 0$ となることは，0 でない α に対して $\boldsymbol{x} \wedge \alpha = \alpha \boldsymbol{x} = 0$ となることである．ゆえに，(0 でない) スカラ α は原点の直接表現である．

一方，これらの双対表現は次のようになる．

(i) 位置ベクトル $\boldsymbol{x}$ が $\boldsymbol{x} \cdot \boldsymbol{a} = 0$ となるのは，式 (5.32) の第2式より $\langle \boldsymbol{x}, \boldsymbol{a} \rangle = 0$ のとき，すなわち $\boldsymbol{x}$ が $\boldsymbol{a}$ の直交補空間（$\boldsymbol{a}$ に直交する平面上）にあるときである．ゆえに，$\boldsymbol{a}$ はそれに直交する平面の双対表現である．

(ii) 位置ベクトル $\boldsymbol{x}$ が $\boldsymbol{x} \cdot \boldsymbol{a} \wedge \boldsymbol{b} = 0$ となるのは，式 (5.32) の第3式より $\langle \boldsymbol{x}, \boldsymbol{a} \rangle = \langle \boldsymbol{x}, \boldsymbol{b} \rangle = 0$ のとき，すなわち $\boldsymbol{x}$ が $\boldsymbol{a} \wedge \boldsymbol{b}$ の直交補空間（平面 $\boldsymbol{a} \wedge \boldsymbol{b}$ の法線面上）にあるときである．ゆえに，$\boldsymbol{a} \wedge \boldsymbol{b}$ は $\boldsymbol{a}, \boldsymbol{b}$ の張る平面の法線

の双対表現である．

(iii) 位置ベクトル $\boldsymbol{x}$ が $\boldsymbol{x}\cdot\boldsymbol{a}\wedge\boldsymbol{b}\wedge\boldsymbol{c}=0$ となるのは，式 (5.32) の第 4 式より $\langle\boldsymbol{x},\boldsymbol{a}\rangle=\langle\boldsymbol{x},\boldsymbol{b}\rangle=\langle\boldsymbol{x},\boldsymbol{c}\rangle=0$ のとき，すなわち $\boldsymbol{x}$ が原点（$\boldsymbol{a}\wedge\boldsymbol{b}\wedge\boldsymbol{c}$ の直交補空間）にあるときである．ゆえに，$\boldsymbol{a}\wedge\boldsymbol{b}\wedge\boldsymbol{c}$ は原点の双対表現である．

(iv) 式 (5.32) の第 1 式より，位置ベクトル $\boldsymbol{x}$ は，任意の 0 でないスカラ α に対して $\boldsymbol{x}\cdot\alpha=0$ である．ゆえに，（0 でない）スカラ α は空間 $\boldsymbol{a}\wedge\boldsymbol{b}\wedge\boldsymbol{c}$ の双対表現である．

以上をまとめると，表 5.1 のようになる．

表 5.1 部分空間の直接表現と双対表現．

部分空間	直接表現	双対表現
原　点	スカラ α	三重ベクトル $\boldsymbol{a}\wedge\boldsymbol{b}\wedge\boldsymbol{c}$
直　線	ベクトル $\boldsymbol{a}$	二重ベクトル $\boldsymbol{b}\wedge\boldsymbol{c}$
平　面	二重ベクトル $\boldsymbol{a}\wedge\boldsymbol{b}$	ベクトル $\boldsymbol{c}$
空　間	三重ベクトル $\boldsymbol{a}\wedge\boldsymbol{b}\wedge\boldsymbol{c}$	スカラ α
方程式	$\boldsymbol{x}\wedge(\cdots)=0$	$\boldsymbol{x}\cdot(\cdots)=0$

双対の定義より，外積 $\boldsymbol{x}\wedge(\cdots)$ が 0 になることと，その双対が 0 になることは同値である．一方，$\boldsymbol{x}\wedge(\cdots)$ の双対は，縮約の計算規則によって，

$$
\begin{aligned}
(\boldsymbol{x}\wedge(\cdots))^* &= -\boldsymbol{x}\wedge(\cdots)\cdot I = -\boldsymbol{x}\cdot((\cdots)\cdot I) \\
&= \boldsymbol{x}\cdot(\cdots)^*
\end{aligned}
\tag{5.78}
$$

と書ける．このことから，次のことがわかる．

命題 5.8 [直接表現と双対表現]

次の同値関係が成り立つ．

$$
\begin{aligned}
\boldsymbol{x}\wedge(\cdots)=0 \quad &\Leftrightarrow \quad \boldsymbol{x}\cdot(\cdots)^*=0, \\
\boldsymbol{x}\cdot(\cdots)=0 \quad &\Leftrightarrow \quad \boldsymbol{x}\wedge(\cdots)^*=0
\end{aligned}
\tag{5.79}
$$

すなわち，直接表現の双対は双対表現であり，双対表現の双対は直接表現である．

以上より，方程式 $\boldsymbol{x}\wedge(\cdots)=0$ は $\boldsymbol{x}$ がその部分空間に属す（直交補空間に直交する）こと，方程式 $\boldsymbol{x}\cdot(\cdots)=0$ は $\boldsymbol{x}$ がその部分空間に直交する（直交補空間に属す）ことを表していると解釈できる．

■補　足■

グラスマン代数は，ドイツの数学者**グラスマン** (Hermann Günther Grassmann: 1809–1877) が外積 $\wedge$ を導入し，部分空間を座標の成分を用いない記号による代数系として記述したものである．しかし，今日のベクトル解析に慣れ親しんだ者が本章を読むと戸惑うであろう．それは，ベクトル積やスカラ三重積を使えばすぐに説明できることを，それらを使わずにわかりにくく書いている印象を受けるからである．それも無理はない．というのは，第 2 章の補足で述べたように，今日のベクトル解析は，物理学者ギブスが第 4 章のハミルトンの四元数代数と本章のグラスマン代数を簡略化して構成したものだからである．言い換えれば，グラスマン代数をベクトル積やスカラ三重積を使ってわかりやすく書き直したものが今日のベクトル解析である．

今日のベクトル解析では，ベクトル $\boldsymbol{a}, \boldsymbol{b}$ の作る平行四辺形の面積や $\boldsymbol{a}, \boldsymbol{b}$ の張る平面の向きをベクトル積 $\boldsymbol{a} \times \boldsymbol{b}$ で指定し，ベクトル $\boldsymbol{a}, \boldsymbol{b}, \boldsymbol{c}$ の作る平行六面体の体積や符号をスカラ三重積 $|\boldsymbol{a}, \boldsymbol{b}, \boldsymbol{c}|$ で指定する．式 (5.73) に示すように，二重ベクトルの双対 $(\boldsymbol{a} \wedge \boldsymbol{b})^*$ がベクトル積 $\boldsymbol{a} \times \boldsymbol{b}$ であり，三重ベクトルの双対 $(\boldsymbol{a} \wedge \boldsymbol{b} \wedge \boldsymbol{c})^*$ がスカラ三重積 $|\boldsymbol{a}, \boldsymbol{b}, \boldsymbol{c}|$ にほかならない．このように，ベクトル積とスカラ三重積を用いれば，直線や平面や空間に関するすべての量がベクトルとスカラで記述されるので，幾何学的関係の記述や計算が非常にわかりやすくなる．このため今日，物理学や工学においてグラスマン代数が教えられることはほとんどない．

しかし，ベクトル解析には大きな制約がある．それは**3 次元空間でしか通用しない**ということである．それに対して，グラスマン代数は一般の n 次元空間で成立する．一般の n 次元空間でも二つのベクトル $\boldsymbol{a}, \boldsymbol{b}$ は平面，すなわち 2 次元部分空間を張る．しかし，それに直交する方向が無数にあるので，法線ベクトルが定義できない．このため，その平面を指定するには形式的に $\boldsymbol{a} \wedge \boldsymbol{b}$ と書くほかない．ただし，同じ平面に対してさまざまな表現がある．このことから，外積 $\wedge$ の従うべき種々の規則が導かれる．

本章は 3 次元空間についてしか述べていないが，本章の記述は，ほとんどそのまま n 次元に拡張できる．「ほとんど」というのは，ところどころで 3 次元の特殊性を用いているからである．その一つは，式 (5.4) のように二つの二重ベ

クトルの和 $\boldsymbol{a}\wedge\boldsymbol{b}+\boldsymbol{c}\wedge\boldsymbol{d}$ を一つの二重ベクトルにまとめている部分である．これは**因数分解** (factorization) とよばれる操作であり（↪ 演習問題 5.1），二重ベクトル $\boldsymbol{a}\wedge\boldsymbol{b}$ の定める平面と二重ベクトル $\boldsymbol{c}\wedge\boldsymbol{d}$ の定める平面の交線方向のベクトル $\boldsymbol{e}$ を用いている．しかし，高次元空間では，一般に原点を通る二つの平面は原点以外に交わりをもたない．このため，$\boldsymbol{a}\wedge\boldsymbol{b}+\boldsymbol{c}\wedge\boldsymbol{d}$ はこれ以上簡単化できず，このような形式和のままにしておくしかない．このような k 重ベクトルの形式和も「k 重ベクトル」とよばれている．それと区別するために，教科書 [3, 4, 5, 12, 20] ではただ一つの項，すなわち k 個のベクトルの外積を**単純 k 重ベクトル** (simple k-vector) あるいは**ブレード** (blade) とよび，k をそのブレードの**グレード** (grade) とよんでいる．しかし，本章の説明はすべて 3 次元であり，混乱の恐れはないので，古典的な「k 重ベクトル」という，より直観的な用語を用いている．

もう一つの 3 次元の特殊性は式 (5.54) である．n 次元では右辺が $(-1)^{n(n-1)/2}(\cdots)\cdot I$ となる．そして，3 次元の体積要素 I を定義するのに右手系という概念を用いている．n 次元空間では，平面の法線方向も「右ネジの進む方向」も定義できない．基底を $\{e_1,...,e_n\}$ とすると，それらの作る n 重ベクトルには 2 種類ある．一つは，$e_1\wedge\cdots\wedge e_n$ および各項を偶数回入れ換えるものであり，みな同じ n 重ベクトルである．もう一つは，奇数回入れ換えるものであり，符号が反対になる．そのどちらかを正と約束したものを「体積要素」I とする．これは座標系に依存し，座標軸を入れ換えると符号が変わるので，古典の世界 5.4 で述べたように「疑似スカラ」である．そのため，教科書 [3, 4, 5, 12, 20] では，I のことを**単位疑似スカラ** (unit pseudoscalar)，あるいは単に**疑似スカラ** (pseudoscalar) とよんでいる．しかし，本書では古典的な「体積要素」という，より直観的な用語を用いている．

教科書 [4, 12, 20] では，縮約をドット · を用いて $(\cdots)\cdot(\cdots)$ と書いている．そして，「縮約」という言葉を用いず，単に「内積」とよび，ベクトルの内積と区別していない．Perwass [20] は，ベクトルの内積を $(\cdots)*(\cdots)$，縮約を $(\cdots)\cdot(\cdots)$ と書いている．Dorst ら [5] はベクトルの内積を $(\cdots)\cdot(\cdots)$，縮約を $(\cdots)\rfloor(\cdots)$ と書いている．Bayro-Corrochano [3] は，ベクトルの内積を $(\cdots)\cdot(\cdots)$，縮約を $(\cdots)\dashv(\cdots)$ と書いている．本書では，ベクトルの内積を $\langle\cdots,\cdots\rangle$，縮約を $(\cdots)\cdot(\cdots)$ と書いた．なお，教科書 [4, 12] では，縮約はどちらか片側のみがスカラの場合は 0 と定義しているが，本章では Dorst

ら [5] の定義に従っている．

本章では，双対は右肩に $*$ を付けて $(\cdots)^*$ と書いたが，部分空間を直交補空間によって表す方法として，別の定義も存在する．これは $*$ 印を前において $*(\cdots)$ と書くもので，前においた $*$ 印を**ホッジの星印作用素** (Hodge star operator) とよぶ．これは，k 重ベクトル間の内積 $\langle \cdots, \cdots \rangle$ を定義して，n 次元空間の場合に i 重ベクトル A と $(n-i)$ 重ベクトル B との外積 $A \wedge B$ が体積要素 I の $\langle *A, B \rangle$ 倍であるように定義する．これは本書の双対と符号が一部異なり，$n = 3$ の場合は双対の双対が元の表現に戻る．

グラスマン代数の応用として忘れてはならないのは，微分積分学への応用である．空間に連続的に定義された物理量の各点の近傍での無限小変化は，$\omega = a_1 dx + a_2 dy + a_3 dz$ という形に書ける．a_1, a_2, a_3 はそれぞれ，その点から x, y, z 軸方向に微小に移動したときの単位長さあたりの変化量を表す．このように書いたものを 1 次の**微分形式** (differential form)，または **1 形式** (1-form) とよぶ．このような微分形式全体は，考えている点を原点とするベクトル空間を定義する．この空間で微分形式間の外積 $\wedge$ を考えれば，グラスマン代数が構成できる．そして，**外微分** (exterior derivative) $d\omega$ とよぶ微分演算を導入することによって，グリーンの定理，ガウスの発散定理，ストークスの定理などのさまざまな積分定理を系統的に導出することができる．双対演算には，ホッジの星印作用素が用いられる．さらに，考えている空間の位相幾何学的な性質（たとえば単連結であるかどうか）や微分幾何学的な（すなわち曲面としての）構造を記述することもできる．微分形式の理論の日本語の教科書としては，フランダース [8] がよく知られている．

演習問題

5.1 3 次元空間では，任意個数の二重ベクトルの和は一つの二重ベクトルに「因数分解」できること，すなわち任意の $\boldsymbol{a}_1, \ldots, \boldsymbol{a}_n$, $\boldsymbol{b}_1, \ldots, \boldsymbol{b}_n$ に対して，

$$\boldsymbol{a}_1 \wedge \boldsymbol{b}_1 + \cdots + \boldsymbol{a}_n \wedge \boldsymbol{b}_n = \boldsymbol{a} \wedge \boldsymbol{b}$$

となる $\boldsymbol{a}$, $\boldsymbol{b}$ が存在することを示せ．

5.2 双対に関する関係式 $(\boldsymbol{a} \wedge \boldsymbol{b})^* = \boldsymbol{a} \times \boldsymbol{b}$, $(\boldsymbol{a} \wedge \boldsymbol{b} \wedge \boldsymbol{c})^* = |\boldsymbol{a}, \boldsymbol{b}, \boldsymbol{c}|$（式 (5.73)），および $\boldsymbol{x} \cdot (\cdots)^* = (\boldsymbol{x} \wedge (\cdots))^*$（式 (5.78)）より，次の恒等式を外積を用いないベクトル積の式に直せ．

(1) 式 (5.32) の第 3 式

$$\boldsymbol{x} \cdot \boldsymbol{a} \wedge \boldsymbol{b} = \langle \boldsymbol{x}, \boldsymbol{a} \rangle \boldsymbol{b} - \langle \boldsymbol{x}, \boldsymbol{b} \rangle \boldsymbol{a}$$

(2) 式 (5.33) の第 3 式

$$\boldsymbol{x} \wedge \boldsymbol{y} \cdot \boldsymbol{a} \wedge \boldsymbol{b} = \langle \boldsymbol{x}, \boldsymbol{b} \rangle \langle \boldsymbol{y}, \boldsymbol{a} \rangle - \langle \boldsymbol{x}, \boldsymbol{a} \rangle \langle \boldsymbol{y}, \boldsymbol{b} \rangle$$

5.3 同一平面上にあるベクトル $\boldsymbol{a}$, $\boldsymbol{b}$, $\boldsymbol{c}$, $\boldsymbol{d}$ に対して，二重ベクトル $\boldsymbol{a} \wedge \boldsymbol{b}$ と $\boldsymbol{c} \wedge \boldsymbol{d}$ は向きと大きさを除いて同じ平面を定義するから，あるスカラ γ が存在して，$\boldsymbol{c} \wedge \boldsymbol{d} = \gamma \boldsymbol{a} \wedge \boldsymbol{b}$ となっている．この γ を $\boldsymbol{c} \wedge \boldsymbol{d}$ と $\boldsymbol{a} \wedge \boldsymbol{b}$ の「商」とみなして

$$\gamma = \frac{\boldsymbol{c} \wedge \boldsymbol{d}}{\boldsymbol{a} \wedge \boldsymbol{b}}$$

と書くことにする．そして，空間のある直線 l 上の 4 点 A, B, C, D に対して，それらの**複比** (cross ratio) を

$$[A, B; C, D] = \frac{\overrightarrow{OA} \wedge \overrightarrow{OC}}{\overrightarrow{OB} \wedge \overrightarrow{OC}} \bigg/ \frac{\overrightarrow{OA} \wedge \overrightarrow{OD}}{\overrightarrow{OB} \wedge \overrightarrow{OD}}$$

と定義する（図 5.9）．

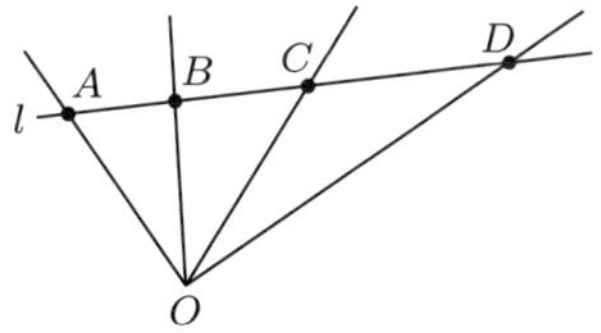

図 5.9

(1) 複比 $[A, B; C, D]$ は，次のようにも書けることを示せ．

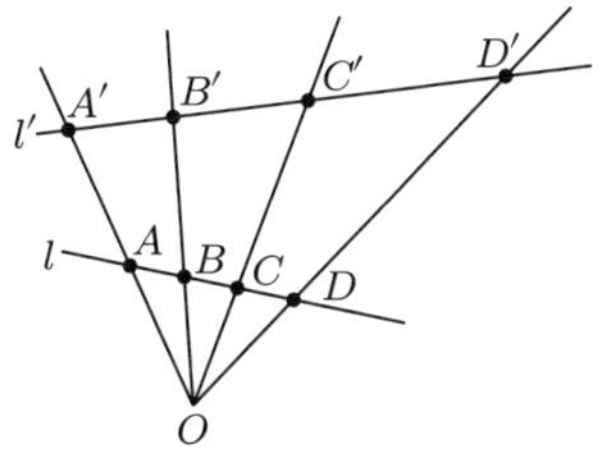

図 5.10

$$[A, B; C, D] = \frac{AC}{BC} \Bigg/ \frac{AD}{BD}$$

ただし，直線 l にある向きを定め，AC 等はその向きに沿って測った 2 点 A, C の符号付き距離である（したがって，たとえば $CA = -AC$）.

(2) 原点 O と直線 l の張る平面上の任意の直線 l' と直線 OA, OB, OC, OD の交点を A', B', C', D' とするとき（図 5.10），

$$[A, B; C, D] = [A', B'; C', D']$$

であることを示せ.

第 6 章 幾何学積とクリフォード代数

本章では，第 4 章のハミルトンの四元数代数と第 5 章のグラスマン代数を統合した「クリフォード代数」について述べる．これは，「幾何学積」とよぶ新しい演算を用いる体系である．まず，幾何学積の演算規則を述べ，これによってベクトルの内積，外積や四元数の積が計算できることを示す．重要なことは，ベクトルや多重ベクトルが幾何学積に関する逆元をもつことである．この幾何学積を用いて，ベクトルの射影，反射影，反射，鏡映，および回転がどのように記述できるかを述べ，空間の直交変換が「ベクトル作用子」とよぶ形によって表せることを示す．

6.1 グラスマン代数系

グラスマン代数によれば，二重ベクトル $\boldsymbol{a} \wedge \boldsymbol{b}$ は，ベクトル $\boldsymbol{a}, \boldsymbol{b}$ の張る面や $\boldsymbol{a}$ を $\boldsymbol{b}$ に近づけるように回す向き，およびその大きさを指定している．ということは，二重ベクトル $\boldsymbol{a} \wedge \boldsymbol{b}$ によって回転が指定できる．それでは，$\boldsymbol{a} \wedge \boldsymbol{b}$ が指定する回転をベクトル $\boldsymbol{x}$ に施すとどうなるのだろうか．そのような計算を行うためには，グラスマン代数に外積 $\wedge$ 以外の新しい演算を導入する必要がある．そのために，各次元の k 重ベクトル $(k = 0, 1, 2, 3)$ を個別に考えるのではなく，それらの形式和

$$\mathcal{A} = \alpha + \boldsymbol{a} + \boldsymbol{b} \wedge \boldsymbol{c} + \boldsymbol{d} \wedge \boldsymbol{e} \wedge \boldsymbol{f} \tag{6.1}$$

を考える．このような異なる k に対する k 重ベクトルの形式和を**多重ベクトル** (multivector) とよぶ．形式和の定義より，多重ベクトルの集合は加減算やスカラ倍によって 8 次元ベクトル空間となる．なぜなら，正規直交基底 $\{e_1, e_2, e_3\}$ を用いれば，外積の反対称性により，多重ベクトルは $1, e_1, e_2, e_3, e_2 \wedge e_3, e_3 \wedge e_1, e_1 \wedge e_2, e_1 \wedge e_2 \wedge e_3$ の 8 個の基底の線形結合に整理できるからである．

さらに，この集合は外積 $\wedge$ に関して閉じている．なぜなら，形式和を展開して項どうしの外積を計算して整理すれば，再び基底 $1, e_1, e_2, e_3, e_2 \wedge e_3, e_3 \wedge e_1, e_1 \wedge e_2, e_1 \wedge e_2 \wedge e_3$ の線形結合で書けるからである．たとえば，$e_1 \wedge e_2 \wedge e_3 \wedge e_1$ のような 4 個以上の外積の項は，外積の反対称性によって**符号を変えながら順序を入れ換えていくと**，

$$e_1 \wedge e_2 \wedge \underbrace{e_3 \wedge e_1} = -e_1 \wedge \underbrace{e_2 \wedge e_1} \wedge e_3 = \underbrace{e_1 \wedge e_1}_{0} \wedge e_2 \wedge e_3 = 0 \tag{6.2}$$

のように，ついには**同じものが隣り合って**，演算規則より 0 になる．この規則に従って基底間の外積を計算すると，表 6.1 のようになる．このような多重ベクトルの集合に加減算やスカラ倍や外積を定義したものを**グラスマン代数系**

表 6.1　グラスマン代数系の基底間の外積.

	1	e_1	e_2	e_3
1	1	e_1	e_2	e_3
e_1	e_1	0	$e_1 \wedge e_2$	$-e_3 \wedge e_1$
e_2	e_2	$-e_1 \wedge e_2$	0	$e_2 \wedge e_3$
e_3	e_3	$e_3 \wedge e_1$	$-e_2 \wedge e_3$	0
$e_2 \wedge e_3$	$e_2 \wedge e_3$	$e_1 \wedge e_2 \wedge e_3$	0	0
$e_3 \wedge e_1$	$e_3 \wedge e_1$	0	$e_3 \wedge e_1 \wedge e_2$	0
$e_1 \wedge e_2$	$e_1 \wedge e_2$	0	0	$e_1 \wedge e_2 \wedge e_3$
$e_1 \wedge e_2 \wedge e_3$	$e_1 \wedge e_2 \wedge e_3$	0	0	0

	$e_2 \wedge e_3$	$e_3 \wedge e_1$	$e_1 \wedge e_2$	$e_1 \wedge e_2 \wedge e_3$
1	$e_2 \wedge e_3$	$e_3 \wedge e_1$	$e_1 \wedge e_2$	$e_1 \wedge e_2 \wedge e_3$
e_1	$e_1 \wedge e_2 \wedge e_3$	0	0	0
e_2	0	0	0	0
e_3	0	0	0	0
$e_2 \wedge e_3$	0	0	0	0
$e_3 \wedge e_1$	0	0	0	0
$e_1 \wedge e_2$	0	0	0	0
$e_1 \wedge e_2 \wedge e_3$	0	0	0	0

(Grassmann algebra) とよぶ．これは，次のようにいえる．

命題 6.1 [グラスマン代数系]

グラスマン代数系は 1 と記号 e_1, e_2, e_3 の生成する代数系であり，それらの間の積（外積）は結合則を満たし，次の規則に従うものとする．

$$e_1 \wedge e_1 = e_2 \wedge e_2 = e_3 \wedge e_3 = 0 \tag{6.3}$$

$$e_2 \wedge e_3 = -e_3 \wedge e_2, \qquad e_3 \wedge e_1 = -e_1 \wedge e_3, \qquad e_1 \wedge e_2 = -e_2 \wedge e_1 \tag{6.4}$$

グラスマン代数系は，加減算とスカラ倍に関して 8 次元ベクトル空間となる．

このようにグラスマン代数系を記号が生成する代数系とみると，第 4 章の四元数の代数系は，次のようにいえる．これを**ハミルトン代数系** (Hamilton algebra) とよぶ．

命題 6.2 [ハミルトン代数系]

ハミルトン代数系は 1 と記号 i, j, k の生成する代数系であり，それらの間の積（四元数積）は結合則を満たし，次の規則に従うものとする．

$$i^2 = j^2 = k^2 = -1 \tag{6.5}$$

$$\begin{aligned} jk &= i, & ki &= j, & ij &= k, \\ kj &= -i, & ik &= -j, & ji &= -k \end{aligned} \tag{6.6}$$

ハミルトン代数系は，加減算とスカラ倍に関して 4 次元ベクトル空間となる．

基底間の四元数積は，表 6.2(a) のようになる．とくに，j, k の係数が 0 の元

表 6.2 基底間の積．

(a) ハミルトン代数系

	1	i	j	k
1	1	i	j	k
i	i	-1	k	$-j$
j	j	$-k$	-1	i
k	k	j	$-i$	-1

(b) 複素数

	1	i
1	1	i
i	i	-1

のみを考えると，表 6.2(b) のようにそれらも一つの代数系を作り，複素数の集合 $\mathbb{C}$ となる．すなわち，次のようにいえる．

命題 6.3 [複素数の集合]

複素数の集合 $\mathbb{C}$ は 1 と記号 i の生成する代数系であり，それらの間の積（複数積）は結合則を満たし，規則 $i^2 = -1$ に従うものとする．複素数の集合は，加減算とスカラ倍に関して 2 次元ベクトル空間となる．

もちろん i の係数が 0 の元のみもまた代数系であり，通常の実数の集合 $\mathbb{R}$（1 次元ベクトル空間）となる．

6.2 クリフォード代数系

クリフォード代数系 (Clifford algebra) は，グラスマン代数系と同様に 1 と e_1, e_2, e_3 の生成する代数系であるが，新しい積を導入する．この積には新しい記号は導入せず，元を並べて書く．これを**幾何学積** (geometric product)，あるいは**クリフォード積** (Clifford product) とよぶ．混乱がない場合は，単に「積」ともよぶ．そして，その計算規則を次のように定義する．

命題 6.4 [クリフォード代数系]

クリフォード代数系は 1 と記号 e_1, e_2, e_3 の生成する代数系であり，それらの間の積（幾何学積）は結合則を満たし，次の規則に従うものとする．

$$e_1^2 = e_2^2 = e_3^2 = 1 \tag{6.7}$$

$$e_2e_3 = -e_3e_2, \qquad e_3e_1 = -e_1e_3, \qquad e_1e_2 = -e_2e_1 \tag{6.8}$$

クリフォード代数系は，加減算とスカラ倍に関して 8 次元ベクトル空間となる．

クリフォード代数系が 8 次元ベクトル空間となるのは，1, e_1, e_2, e_3 の間の幾何学積を何度計算しても，1, e_1, e_2, e_3, e_2e_3, e_3e_1, e_1e_2, $e_1e_2e_3$ の 8 種類，およびその符号を変えたものになるからである．たとえば，$e_1e_2e_3e_1$ のような項は，異なる記号間の積の反対称性によって**符号を変えながら順序を入れ換えていくと**，

表 6.3 クリフォード代数系の基底間の積.

	1	e_1	e_2	e_3	e_2e_3	e_3e_1	e_1e_2	$e_1e_2e_3$
1	1	e_1	e_2	e_3	e_2e_3	e_3e_1	e_1e_2	$e_1e_2e_3$
e_1	e_1	1	e_1e_2	$-e_3e_1$	$e_1e_2e_3$	$-e_3$	e_2	e_2e_3
e_2	e_2	$-e_1e_2$	1	e_2e_3	e_3	$e_1e_2e_3$	$-e_2$	e_3e_1
e_3	e_3	e_3e_1	$-e_2e_3$	1	$-e_2$	e_1	$e_1e_2e_3$	e_1e_2
e_2e_3	e_2e_3	$e_1e_2e_3$	$-e_3$	e_2	-1	$-e_1e_2$	e_3e_1	$-e_1$
e_3e_1	e_3e_1	e_3	$e_3e_1e_2$	$-e_1$	e_1e_2	-1	$-e_2e_3$	$-e_2$
e_1e_2	e_1e_2	$-e_2$	e_1	$e_1e_2e_3$	$-e_3e_1$	e_2e_3	-1	$-e_3$
$e_1e_2e_3$	$e_1e_2e_3$	e_2e_3	e_3e_1	e_1e_2	$-e_1$	$-e_2$	$-e_3$	-1

$$e_1e_2\underbrace{e_3e_1} = -e_1\underbrace{e_2e_1}e_3 = \underbrace{e_1^2}_{1}e_2e_3 = e_2e_3 \tag{6.9}$$

のように，ついには**同じものが隣り合って**，演算規則より 1 になる．この規則に従って基底間の幾何学積を計算すると，表 6.3 のようになる．したがって，クリフォード代数系の元は次の形をしている．

$$\mathcal{C} = \alpha + a_1e_1 + a_2e_2 + a_3e_3 + b_1e_2e_3 + b_2e_3e_1 + b_3e_1e_2 + ce_1e_2e_3 \tag{6.10}$$

これも**多重ベクトル** (multivector) とよび，α を**スカラ部分** (scalar part)，$a_1e_1 + a_2e_2 + a_3e_3$ を**ベクトル部分** (vector part)，$b_1e_2e_3 + b_2e_3e_1 + b_3e_1e_2$ を**二重ベクトル部分** (bivector part)，$ce_1e_2e_3$ を**三重ベクトル部分** (trivector part) とよぶ．そして，基底に含まれる記号の積の項数を**グレード** (grade) とよぶ．すなわち，スカラ部分，ベクトル部分，二重ベクトル部分，三重ベクトル部分のグレードはそれぞれ 0, 1, 2, 3 である．

6.3 奇多重ベクトルと偶多重ベクトル

クリフォード代数系では，その演算規則より，次の意味でグレードの**奇偶性** (parity) が保たれる．奇数のグレードの基底のみからなる

$$\mathcal{A} = a_1e_1 + a_2e_2 + a_3e_3 + ce_1e_2e_3 \tag{6.11}$$

の形を**奇多重ベクトル** (odd multivector) とよび，偶数のグレードの基底のみからなる

$$\mathcal{B} = \alpha + b_1 e_2 e_3 + b_2 e_3 e_1 + b_3 e_1 e_2 \tag{6.12}$$

の形を**偶多重ベクトル** (even multivector) とよぶ．このとき，偶多重ベクトルどうし，および奇多重ベクトルどうしの積は偶多重ベクトルであり，偶多重ベクトルと奇多重ベクトルの積は奇多重ベクトルである．これは，基底の積を作るとき，記号の個数が和になるか，または式 (6.7) の規則が適用されて記号の個数が**2個ずつ減る**からである．具体的に書くと，表6.3の規則より次のようになる．

命題 6.5 [多重ベクトルの幾何学積]

奇多重ベクトル

$$\mathcal{A} = a_1 e_1 + a_2 e_2 + a_3 e_3 + c e_1 e_2 e_3,$$
$$\mathcal{A}' = a_1' e_1 + a_2' e_2 + a_3' e_3 + c' e_1 e_2 e_3 \tag{6.13}$$

の積は，次の偶多重ベクトルになる．

$$\begin{aligned}\mathcal{A}\mathcal{A}' = a_1 a_1' + a_2 a_2' + a_3 a_3' - cc + (a_2 a_3' - a_3 a_2' + c a_1 + c' a_1) e_2 e_3 \\ + (a_3 a_1' - a_1 a_3' + c a_2' + c' a_2) e_3 e_1 \\ + (a_1 a_2' - a_2 a_3' + c a_3' + c' a_3) e_1 e_2\end{aligned} \tag{6.14}$$

偶多重ベクトル

$$\mathcal{B} = \alpha + b_1 e_2 e_3 + b_2 e_3 e_1 + b_3 e_1 e_2,$$
$$\mathcal{B}' = \alpha' + b_1' e_2 e_3 + b_2' e_3 e_1 + b_3' e_1 e_2 \tag{6.15}$$

の積は，次の偶多重ベクトルになる．

$$\begin{aligned}\mathcal{B}\mathcal{B}' = \alpha\alpha' - b_1 b_1' - b_2 b_2' - b_3 b_3' + (\alpha b_1' + \alpha' b_1 - b_2 b_3' + b_3 b_2') e_2 e_3 \\ + (\alpha' b_2 + \alpha' b_2 - b_3 b_1' + b_1 b_3') e_3 e_1 \\ + (\alpha' b_3 + \alpha' b_3 - b_1 b_2' + b_2 b_1') e_1 e_2\end{aligned} \tag{6.16}$$

奇多重ベクトル $\mathcal{A}$ と偶多重ベクトル $\mathcal{B}$ の積は，次の奇多重ベクトルとなる．

$$\begin{aligned}\mathcal{A}\mathcal{B} = (\alpha a_1 + a_3 b_2 - a_2 b_3 - c b_1) e_1 + (\alpha a_2 + a_1 b_3 - a_3 b_1 - c b_2) e_2 \\ + (\alpha a_3 + a_2 b_1 - a_1 b_2 - c b_3) e_3\end{aligned}$$

$$+(\alpha c + a_1 b_1 + a_2 b_2 + a_3 b_3)e_1 e_2 e_3 \qquad (6.17)$$

偶多重ベクトル $\mathcal{B}$ と奇多重ベクトル $\mathcal{A}$ の積は，次の奇多重ベクトルとなる．

$$\mathcal{B}\mathcal{A} = (\alpha a_1 + b_3 a_2 - b_2 a_3 - b_1 c)e_1 + (\alpha a_2 + b_1 a_3 - b_3 a_1 - b_2 c)e_2$$
$$+ (\alpha a_3 + b_2 a_1 - b_1 a_2 - b_3 c)e_3$$
$$+ (\alpha c + b_1 a_1 + b_2 a_2 + b_3 a_3)e_1 e_2 e_3 \qquad (6.18)$$

奇多重ベクトル部分と偶多重ベクトル部分が混じった場合は，$(\mathcal{A}+\mathcal{B})(\mathcal{A}'+\mathcal{B}') = (\mathcal{A}\mathcal{A}' + \mathcal{B}\mathcal{B}') + (\mathcal{A}\mathcal{B}' + \mathcal{B}\mathcal{A}')$ のように，偶多重ベクトル部分と奇多重ベクトル部分を分けて積を計算すればよい．

偶多重ベクトルのスカラ倍は偶多重ベクトルであり，偶多重ベクトルどうしの和も積も偶多重ベクトルである．このことは，偶多重ベクトルはそれ自身で閉じた代数系，すなわち**部分代数系** (subalgebra) を作っていることを意味する．この部分代数系はハミルトン代数系にほかならない．実際，

$$i = e_3 e_2 \ \ (= -e_2 e_3), \qquad j = e_1 e_3 \ \ (= -e_3 e_1), \qquad k = e_2 e_1 \ \ (= -e_1 e_2) \qquad (6.19)$$

とおくと，表 6.3 の規則より式 (6.5), (6.6) が満たされることがわかる（↪ 演習問題 6.1）．すなわち，**ハミルトン代数系はクリフォード代数系の一部**である．さらに，その部分代数系として複素数の集合 $\mathbb{C}$ および実数の集合 $\mathbb{R}$ を含んでいる．

6.4 グラスマン代数の実現

式 (6.19) のようにおくことにより，クリフォード代数系がハミルトン代数系を含むことを示したが，さらに，**グラスマン代数系もクリフォード代数系の一部**であることが示せる．

3 次元空間のベクトル $\boldsymbol{a} = a_1 e_1 + a_2 e_2 + a_3 e_3$ をクリフォード代数系の元と同一視する．そして，ベクトル $\boldsymbol{a}, \boldsymbol{b}$ に対して $\boldsymbol{a} \wedge \boldsymbol{b}$ を次の**反対称化** (antisymmetrization) によって定義する．

$$\boldsymbol{a} \wedge \boldsymbol{b} = \frac{1}{2}(\boldsymbol{ab} - \boldsymbol{ba}) \tag{6.20}$$

この定義より，

$$\boldsymbol{b} \wedge \boldsymbol{a} = -\boldsymbol{a} \wedge \boldsymbol{b}, \qquad \boldsymbol{a} \wedge \boldsymbol{a} = 0 \tag{6.21}$$

が満たされる．さらに，ベクトル $\boldsymbol{a}$, $\boldsymbol{b}$, $\boldsymbol{c}$ に対して，次の反対称化による積を定義する．

$$\boldsymbol{a} \wedge \boldsymbol{b} \wedge \boldsymbol{c} = \frac{1}{6}(\boldsymbol{abc} + \boldsymbol{bca} + \boldsymbol{cab} - \boldsymbol{cba} - \boldsymbol{bac} - \boldsymbol{acb}) \tag{6.22}$$

この定義より，

$$\begin{aligned} \boldsymbol{a} \wedge \boldsymbol{b} \wedge \boldsymbol{c} &= \boldsymbol{b} \wedge \boldsymbol{c} \wedge \boldsymbol{a} = \boldsymbol{c} \wedge \boldsymbol{a} \wedge \boldsymbol{b} \\ &= -\boldsymbol{c} \wedge \boldsymbol{b} \wedge \boldsymbol{a} = -\boldsymbol{b} \wedge \boldsymbol{a} \wedge \boldsymbol{c} = -\boldsymbol{a} \wedge \boldsymbol{c} \wedge \boldsymbol{b} \end{aligned} \tag{6.23}$$

が満たされる．最後に，4個以上のベクトルの積 $\boldsymbol{a} \wedge \boldsymbol{b} \wedge \boldsymbol{c} \wedge \boldsymbol{d} \wedge \cdots$ は0であると定義する．このように定義した演算 $\wedge$ は，グラスマン代数の外積と同じ演算規則を満たすので，グラスマン代数と同一視できる．

基底を用いて $\boldsymbol{a} = a_1e_1 + a_2e_2 + a_3e_3$, $\boldsymbol{b} = b_1e_1 + b_2e_2 + b_3e_3$ とおくと，式(6.14)より，幾何学積 $\boldsymbol{ab}$, $\boldsymbol{ba}$ は次のように書ける．

$$\begin{aligned} \boldsymbol{ab} &= a_1b_1 + a_2b_2 + a_3b_3 + (a_2b_3 - a_3b_2)e_2e_3 + (a_3b_1 - a_1b_3)e_3e_1 \\ &\quad + (a_1b_2 - a_2b_1)e_1e_2 \end{aligned} \tag{6.24}$$

$$\begin{aligned} \boldsymbol{ba} &= b_1a_1 + b_2a_2 + b_3a_3 + (b_2a_3 - b_3a_2)e_2e_3 + (b_3a_1 - b_1a_3)e_3e_1 \\ &\quad + (b_1a_2 - b_2a_3)e_1e_2 \end{aligned} \tag{6.25}$$

ゆえに，次のように書ける．

$$\begin{aligned} &\boldsymbol{a} \wedge \boldsymbol{b} \\ &= (a_2b_3 - a_3b_2)e_2e_3 + (a_3b_1 - a_1b_3)e_3e_1 + (a_1b_2 - a_2b_1)e_1e_2 \end{aligned} \tag{6.26}$$

ベクトル $\boldsymbol{a}$, $\boldsymbol{b}$, $\boldsymbol{c}$ は奇多重ベクトルでもあるので，3個の積 $\boldsymbol{abc}$, $\boldsymbol{bca}$, ... はどれも奇多重ベクトルとなり，グレード1の部分とグレード3の部分しか残らない．そして，式(6.22)の反対称化によってグレード1の部分が打ち消されることが確かめられる．その結果，$\boldsymbol{c} = c_1e_1 + c_2e_2 + c_3e_3$ とおくと，最終的に次のように書けることがわかる．

$$\boldsymbol{a} \wedge \boldsymbol{b} \wedge \boldsymbol{c}$$
$$= (a_1b_2c_3 + a_2b_3c_1 + a_3b_1c_2 - a_1b_3c_2 - a_2b_1c_3 - a_3b_2c_1)e_1e_2e_3 \quad (6.27)$$

第 5 章の式 (5.15), (5.16) と比較すると，式 (6.20), (6.22) をグラスマン代数の外積と同一視するということは，e_1e_2, e_2e_3, e_3e_1, $e_1e_2e_3$ をそれぞれ $e_1 \wedge e_2$, $e_2 \wedge e_3$, $e_3 \wedge e_1$, $e_1 \wedge e_2 \wedge e_3$ と同一視することに等しいことがわかる．これは式 (6.7), (6.8) から正当化できる．すなわち，外積と幾何学積が異なるのは，**同じ記号どうしの外積が 0 になるのに対して，同じ記号どうしの幾何学積が 1 になることのみである**．異なる記号間の積は外積も幾何学積も同じ規則に従うので，**異なる記号間の幾何学積は外積と同一視できる**．そして，$e_1^2 = e_2^2 = e_3^2 = 1$ から生じる余計な項は反対称化操作で消去される．

6.5 幾何学積の性質

幾何学積は，縮約（あるいは内積）と外積によって表すことができる．そして，幾何学積に関する逆元が存在することが示される．

6.5.1 縮約と外積による表現

式 (6.20) の反対称化に対応して，幾何学積 $\boldsymbol{ab}$ を**対称化** (symmetrization) すると，式 (6.24), (6.25) より，次のようになる．

$$\frac{1}{2}(\boldsymbol{ab} + \boldsymbol{ba}) = a_1b_1 + a_2b_2 + a_3b_3 = \langle \boldsymbol{a}, \boldsymbol{b} \rangle \quad (6.28)$$

とくに，$\boldsymbol{a}$, $\boldsymbol{b}$ が直交して $\langle \boldsymbol{a}, \boldsymbol{b} \rangle = 0$ なら $\boldsymbol{ab} = -\boldsymbol{ba}$ となる．このように，順序を入れ換えると符号が変わる積は**反可換** (anticommutative) であるという．一般に，幾何学積は可換でも反可換でもないが，式 (6.28) より，**直交するベクトルは反可換であること**がわかる．

式 (6.24) より，次の表現が得られる（ドット · は縮約を表す）．

$$\boldsymbol{ab} = \langle \boldsymbol{a}, \boldsymbol{b} \rangle + \boldsymbol{a} \wedge \boldsymbol{b} \ \ (= \boldsymbol{a} \cdot \boldsymbol{b} + \boldsymbol{a} \wedge \boldsymbol{b}) \quad (6.29)$$

そして，ベクトル $\boldsymbol{a}$ と二重ベクトル $\boldsymbol{b} \wedge \boldsymbol{c}$ との幾何学積は，次のようになる．

$$\boldsymbol{a}(\boldsymbol{b} \wedge \boldsymbol{c}) = \boldsymbol{a} \cdot \boldsymbol{b} \wedge \boldsymbol{c} + \boldsymbol{a} \wedge \boldsymbol{b} \wedge \boldsymbol{c} \quad (6.30)$$

これは両辺を展開して確かめることができる．すなわち，左辺を $\boldsymbol{a}(\boldsymbol{bc} - \boldsymbol{cb})/2$

に置き換えて，右辺第1項を $\langle \boldsymbol{a}, \boldsymbol{b}\rangle \boldsymbol{c} - \langle \boldsymbol{a}, \boldsymbol{c}\rangle \boldsymbol{b}$ と書き換えて（$\hookrightarrow$ 第5章の式(5.32)），$\langle \boldsymbol{a}, \boldsymbol{b}\rangle$, $\langle \boldsymbol{a}, \boldsymbol{c}\rangle$ をそれぞれ $(\boldsymbol{ab}+\boldsymbol{ba})/2$, $(\boldsymbol{ac}+\boldsymbol{ca})/2$ に置き換え，右辺第2項を式(6.22)のように展開すればよい．一方，ベクトル $\boldsymbol{a}$ と三重ベクトル $\boldsymbol{b}\wedge\boldsymbol{c}\wedge\boldsymbol{d}$ との幾何学積は次のようになる．

$$\boldsymbol{a}(\boldsymbol{b}\wedge\boldsymbol{c}\wedge\boldsymbol{d}) = \boldsymbol{a}\cdot\boldsymbol{b}\wedge\boldsymbol{c}\wedge\boldsymbol{d} + \boldsymbol{a}\wedge\boldsymbol{b}\wedge\boldsymbol{c}\wedge\boldsymbol{d} \tag{6.31}$$

これも両辺を展開して確かめることができる．式(6.29), (6.30), (6.31)は次のようにまとめられる．

命題 6.6 [幾何学積の縮約と外積による表現]

ベクトル $\boldsymbol{a}$ と k 重ベクトル $(\cdots)$ $(k=1,2,3)$ との幾何学積は，次のように縮約と外積との和で表せる．

$$\boldsymbol{a}(\cdots) = \boldsymbol{a}\cdot(\cdots) + \boldsymbol{a}\wedge(\cdots) \tag{6.32}$$

このルールを適用すれば，すべての幾何学積を縮約と内積で表すことができる．

6.5.2　逆　元

式(6.28)で $\boldsymbol{a}=\boldsymbol{b}$ とすると，次のことがわかる．

$$\boldsymbol{a}^2 = \|\boldsymbol{a}\|^2 \tag{6.33}$$

このことから，$\|\boldsymbol{a}\| \neq 0$ であれば次の関係が成り立つ．

$$\boldsymbol{a}\frac{\boldsymbol{a}}{\|\boldsymbol{a}\|^2} = \frac{\boldsymbol{a}}{\|\boldsymbol{a}\|^2}\boldsymbol{a} = 1 \tag{6.34}$$

これは，$\boldsymbol{a}/\|\boldsymbol{a}\|^2$ が $\boldsymbol{a}$ の**逆元** (inverse) $\boldsymbol{a}^{-1}$ であることを意味している．すなわち，

$$\boldsymbol{a}^{-1} = \frac{\boldsymbol{a}}{\|\boldsymbol{a}\|^2}, \qquad \boldsymbol{a}\boldsymbol{a}^{-1} = \boldsymbol{a}^{-1}\boldsymbol{a} = 1 \tag{6.35}$$

である．

式(6.29)は，幾何学積が**内積と外積を同時に計算するもの**と解釈できる．ベクトルに逆元があって割り算ができるということは，$\boldsymbol{a}\neq 0$ のとき，$\boldsymbol{ab}=\boldsymbol{ac}$ であれば $\boldsymbol{b}=\boldsymbol{c}$ であることを意味する．しかし，内積や外積ではこの性質は成り立たない．実際，$\boldsymbol{a}\neq 0$ のとき，$\langle \boldsymbol{a}, \boldsymbol{b}\rangle = \langle \boldsymbol{a}, \boldsymbol{c}\rangle$ であっても $\boldsymbol{b}=\boldsymbol{c}$ とは限ら

ない．なぜなら，$\boldsymbol{a}$ に直交する任意のベクトルを $\boldsymbol{b}$ に加えてもよいからである．同様に，$\boldsymbol{a}\wedge\boldsymbol{b}=\boldsymbol{a}\wedge\boldsymbol{c}$ であっても $\boldsymbol{b}=\boldsymbol{c}$ とは限らない．なぜなら，$\boldsymbol{a}$ に平行な任意のベクトルを $\boldsymbol{b}$ に加えてもよいからである．しかし，逆元の存在は**内積と外積を同時に考えると**逆演算が可能になることを意味する．すなわち，$\boldsymbol{a}\neq 0$ に対して，$\langle\boldsymbol{a},\boldsymbol{b}\rangle=\langle\boldsymbol{a},\boldsymbol{c}\rangle$ かつ $\boldsymbol{a}\wedge\boldsymbol{b}=\boldsymbol{a}\wedge\boldsymbol{c}$ であれば $\boldsymbol{b}=\boldsymbol{c}$ である．

幾何学積の結合則より，$\boldsymbol{ab}$, $\boldsymbol{abc}$, $\boldsymbol{abc}\cdots$ の逆元は**それぞれの逆元の順序を変えた幾何学積**で与えられる．

$$(\boldsymbol{ab})^{-1}=\boldsymbol{b}^{-1}\boldsymbol{a}^{-1},\quad (\boldsymbol{abc})^{-1}=\boldsymbol{c}^{-1}\boldsymbol{b}^{-1}\boldsymbol{a}^{-1},\quad (\boldsymbol{abc}\cdots)^{-1}=\cdots\boldsymbol{c}^{-1}\boldsymbol{b}^{-1}\boldsymbol{a}^{-1} \tag{6.36}$$

これは, $\boldsymbol{abc}\cdots\boldsymbol{c}^{-1}\boldsymbol{b}^{-1}\boldsymbol{a}^{-1}=\cdots=\boldsymbol{ab}\underbrace{\boldsymbol{cc}^{-1}}_{1}\boldsymbol{b}^{-1}\boldsymbol{a}^{-1}=\boldsymbol{a}\underbrace{\boldsymbol{bb}^{-1}}_{1}\boldsymbol{a}^{-1}=\underbrace{\boldsymbol{aa}^{-1}}_{1}=1$ となることから明らかである．

二重ベクトル $\boldsymbol{a}\wedge\boldsymbol{b}$ の逆元は次のようになる（分母は第 5 章の式 (5.44) で定義する）．

$$(\boldsymbol{a}\wedge\boldsymbol{b})^{-1}=\frac{\boldsymbol{b}\wedge\boldsymbol{a}}{\|\boldsymbol{a}\wedge\boldsymbol{b}\|^2} \tag{6.37}$$

これを示すには,

$$(\boldsymbol{a}\wedge\boldsymbol{b})(\boldsymbol{b}\wedge\boldsymbol{a})=\|\boldsymbol{a}\wedge\boldsymbol{b}\|^2 \tag{6.38}$$

を示せばよい．これは両辺に式 (6.20) を代入して, 展開して確かめることができるが (↪ 演習問題 6.2), 次のように考えるとわかりやすい．いま, $\boldsymbol{b}'=\boldsymbol{b}-\alpha\boldsymbol{a}$ とおいて, $\boldsymbol{a}$, $\boldsymbol{b}'$ が直交するように α を選ぶ．二重ベクトルの性質から $\boldsymbol{a}\wedge\boldsymbol{b}=\boldsymbol{a}\wedge\boldsymbol{b}'$ である（↪ 第 5 章の式 (5.3)）．ゆえに，$\boldsymbol{a}$, $\boldsymbol{b}$ が直交する場合に式 (6.38) を調べればよい．$\boldsymbol{a}$, $\boldsymbol{b}$ が直交すれば，式 (6.29) より $\boldsymbol{a}\wedge\boldsymbol{b}=\boldsymbol{ab}$, $\boldsymbol{b}\wedge\boldsymbol{a}=\boldsymbol{ba}$ であり，次のように確かめられる．

$$\begin{aligned}(\boldsymbol{a}\wedge\boldsymbol{b})(\boldsymbol{b}\wedge\boldsymbol{a})&=\boldsymbol{abba}=\boldsymbol{ab}^2\boldsymbol{a}=\boldsymbol{a}\|\boldsymbol{b}\|^2\boldsymbol{a}=\boldsymbol{a}^2\|\boldsymbol{b}\|^2=\|\boldsymbol{a}\|^2\|\boldsymbol{b}\|^2\\&=\|\boldsymbol{a}\wedge\boldsymbol{b}\|^2\end{aligned} \tag{6.39}$$

同様に，三重ベクトル $\boldsymbol{a}\wedge\boldsymbol{b}\wedge\boldsymbol{c}$ の逆元は次のようになる（分母は第 5 章の式 (5.46) で定義する）．

$$(\boldsymbol{a}\wedge\boldsymbol{b}\wedge\boldsymbol{c})^{-1}=\frac{\boldsymbol{c}\wedge\boldsymbol{b}\wedge\boldsymbol{a}}{\|\boldsymbol{a}\wedge\boldsymbol{b}\wedge\boldsymbol{c}\|^2} \tag{6.40}$$

これを示すには,

$$(\boldsymbol{a}\wedge\boldsymbol{b}\wedge\boldsymbol{c})(\boldsymbol{c}\wedge\boldsymbol{b}\wedge\boldsymbol{a})=\|\boldsymbol{a}\wedge\boldsymbol{b}\wedge\boldsymbol{c}\|^2 \tag{6.41}$$

を示せばよい．これも両辺に式 (6.22) を代入して, 展開して確かめることができるが, 複雑になる．そこで, $\boldsymbol{b}'=\boldsymbol{b}-\alpha\boldsymbol{a}$, $\boldsymbol{c}'=\boldsymbol{c}-\beta\boldsymbol{a}-\gamma\boldsymbol{b}'$ とおいて, $\boldsymbol{a}$, $\boldsymbol{b}'$, $\boldsymbol{c}'$ が直交するように α, β, γ を選ぶ．三重ベクトルの性質から, $\boldsymbol{a}\wedge\boldsymbol{b}\wedge\boldsymbol{c}=\boldsymbol{a}\wedge\boldsymbol{b}'\wedge\boldsymbol{c}'$ である（↪ 第 5 章の式 (5.9)）．ゆえに, $\boldsymbol{a}$, $\boldsymbol{b}$, $\boldsymbol{c}$ が直交する場合に式 (6.41) を調べればよい．$\boldsymbol{a}$, $\boldsymbol{b}$, $\boldsymbol{c}$ が直交すれば, $\boldsymbol{a}$, $\boldsymbol{b}$, $\boldsymbol{c}$ は互いに反可換であるから, 式 (6.22) より $\boldsymbol{a}\wedge\boldsymbol{b}\wedge\boldsymbol{c}=\boldsymbol{abc}$, $\boldsymbol{c}\wedge\boldsymbol{b}\wedge\boldsymbol{a}=\boldsymbol{cba}$ である．ゆえに，次のように確かめられる．

$$\begin{aligned}(\boldsymbol{a}\wedge\boldsymbol{b}\wedge\boldsymbol{c})(\boldsymbol{c}\wedge\boldsymbol{b}\wedge\boldsymbol{a})&=\boldsymbol{abccba}=\boldsymbol{abba}\|\boldsymbol{c}\|^2=\boldsymbol{aa}\|\boldsymbol{b}\|^2\|\boldsymbol{c}\|^2\\&=\|\boldsymbol{a}\|^2\|\boldsymbol{b}\|^2\|\boldsymbol{c}\|^2=\|\boldsymbol{a}\wedge\boldsymbol{b}\wedge\boldsymbol{c}\|^2\end{aligned} \tag{6.42}$$

以上をまとめると，次のようになる．

命題 6.7 [k 重ベクトルの逆元]

ベクトル $\boldsymbol{a}$, 二重ベクトル $\boldsymbol{a}\wedge\boldsymbol{b}$, 三重ベクトル $\boldsymbol{a}\wedge\boldsymbol{b}\wedge\boldsymbol{c}$ の逆元は，次のように与えられる．

$$\boldsymbol{a}^{-1}=\frac{\boldsymbol{a}}{\|\boldsymbol{a}\|^2},\qquad (\boldsymbol{a}\wedge\boldsymbol{b})^{-1}=\frac{\boldsymbol{b}\wedge\boldsymbol{a}}{\|\boldsymbol{a}\wedge\boldsymbol{b}\|^2},$$
$$(\boldsymbol{a}\wedge\boldsymbol{b}\wedge\boldsymbol{c})^{-1}=\frac{\boldsymbol{c}\wedge\boldsymbol{b}\wedge\boldsymbol{a}}{\|\boldsymbol{a}\wedge\boldsymbol{b}\wedge\boldsymbol{c}\|^2} \tag{6.43}$$

そして，複数の項の幾何学積の逆元は，それぞれの逆元の順序を変えた幾何学積に等しい．

古典の世界 6.1 [シュミットの直交化]

ベクトルを互いに直交するように変形する上述の方法は，線形代数でよく知られた（グラム・）シュミットの直交化 ((Gramm-)Schmidt orthogonlaization) にほかならない．線形独立なベクトル $\boldsymbol{u}_1$, $\boldsymbol{u}_2$, ... が与えられたとき，これから次のようにして直交系 $\boldsymbol{v}_1$, $\boldsymbol{v}_2$, ... を作ることができる．

まず,

$$\boldsymbol{v}_1=\boldsymbol{u}_1 \tag{6.44}$$

とおく．次に $\boldsymbol{v}_2 = \boldsymbol{u}_2 - c\boldsymbol{v}_1$ とおき，これが $\boldsymbol{v}_1$ と直交するように係数 c を定める．すると，

$$\langle \boldsymbol{v}_1, \boldsymbol{v}_2 \rangle = \langle \boldsymbol{v}_1, \boldsymbol{u}_2 \rangle - c\langle \boldsymbol{v}_1, \boldsymbol{v}_1 \rangle = \langle \boldsymbol{v}_1, \boldsymbol{u}_2 \rangle - c\|\boldsymbol{v}_1\|^2 = 0 \qquad (6.45)$$

より，$c = \langle \boldsymbol{v}_1, \boldsymbol{u}_2 \rangle / \|\boldsymbol{v}_1\|^2$ となる．したがって，

$$\boldsymbol{v}_2 = \boldsymbol{u}_2 - \frac{\langle \boldsymbol{v}_1, \boldsymbol{u}_2 \rangle}{\|\boldsymbol{v}_1\|^2}\boldsymbol{v}_1 \qquad (6.46)$$

である．次に，$\boldsymbol{v}_3 = \boldsymbol{u}_3 - c\boldsymbol{v}_1 - c_2\boldsymbol{v}_2$ とおき，これが $\boldsymbol{v}_1$, $\boldsymbol{v}_2$ と直交するように係数 c_1, c_2 を定める．すでに作った $\boldsymbol{v}_1$, $\boldsymbol{v}_2$ は直交系であるから，

$$\begin{aligned}
\langle \boldsymbol{v}_1, \boldsymbol{v}_3 \rangle &= \langle \boldsymbol{v}_1, \boldsymbol{u}_3 \rangle - c_1\langle \boldsymbol{v}_1, \boldsymbol{v}_1 \rangle - c_2\langle \boldsymbol{v}_1, \boldsymbol{v}_2 \rangle = \langle \boldsymbol{v}_1, \boldsymbol{u}_3 \rangle - c_1\|\boldsymbol{v}_1\|^2 = 0 \\
\langle \boldsymbol{v}_2, \boldsymbol{v}_3 \rangle &= \langle \boldsymbol{v}_2, \boldsymbol{u}_3 \rangle - c_1\langle \boldsymbol{v}_2, \boldsymbol{v}_1 \rangle - c_2\langle \boldsymbol{v}_2, \boldsymbol{v}_2 \rangle = \langle \boldsymbol{v}_2, \boldsymbol{u}_3 \rangle - c_2\|\boldsymbol{v}_2\|^2 = 0
\end{aligned} \qquad (6.47)$$

より，$c_1 = \langle \boldsymbol{v}_1, \boldsymbol{u}_3 \rangle / \|\boldsymbol{v}_1\|^2$, $c_2 = \langle \boldsymbol{v}_2, \boldsymbol{u}_3 \rangle / \|\boldsymbol{v}_2\|^2$ となる．ゆえに，

$$\boldsymbol{v}_3 = \boldsymbol{u}_3 - \frac{\langle \boldsymbol{v}_1, \boldsymbol{u}_3 \rangle}{\|\boldsymbol{v}_1\|^2}\boldsymbol{v}_1 - \frac{\langle \boldsymbol{v}_2, \boldsymbol{u}_3 \rangle}{\|\boldsymbol{v}_2\|^2}\boldsymbol{v}_2 \qquad (6.48)$$

となる．このようにして直交系 $\boldsymbol{v}_1, \ldots, \boldsymbol{v}_k$ ができたとき，$\boldsymbol{v}_{k+1}$ を $\boldsymbol{v}_{k+1} = \boldsymbol{u}_{k+1} - \sum_{j=1}^{k} c_j \boldsymbol{v}_j$ とおく．そして，これが $\boldsymbol{v}_i$ $(i = 1, \ldots, k)$ と直交するように係数 $c_i, \ldots, c_k$ を定める．すでに作った $\boldsymbol{v}_i$ $(i = 1, \ldots, k)$ は直交系であるから，

$$\begin{aligned}
\langle \boldsymbol{v}_i, \boldsymbol{u}_{k+1} \rangle &= \langle \boldsymbol{v}_i, \boldsymbol{u}_{k+1} \rangle - \sum_{j=1}^{k} c_j \langle \boldsymbol{v}_i, \boldsymbol{v}_j \rangle \\
&= \langle \boldsymbol{v}_i, \boldsymbol{u}_{k+1} \rangle - c_i\|\boldsymbol{v}_i\|^2 = 0 \qquad (i = 1, \ldots, k)
\end{aligned} \qquad (6.49)$$

より，$c_i = \langle \boldsymbol{v}_i, \boldsymbol{u}_{k+1} \rangle / \|\boldsymbol{v}_i\|^2$ となる．ゆえに，

$$\boldsymbol{v}_{k+1} = \boldsymbol{u}_{k+1} - \sum_{j=1}^{k} \frac{\langle \boldsymbol{v}_j, \boldsymbol{u}_{k+1} \rangle}{\|\boldsymbol{v}_j\|^2}\boldsymbol{v}_j \qquad (6.50)$$

であり，以下同様である．このとき，$\boldsymbol{v}_i$ $(i = 1, \ldots, k)$ を単位ベクトルに正規化したものを $\boldsymbol{e}_i = \boldsymbol{v}_i / \|\boldsymbol{v}_i\|$ とおけば，式 (6.50) は次のように書ける．

$$\boldsymbol{v}_{k+1} = \boldsymbol{u}_{k+1} - \sum_{j=1}^{k} \langle \boldsymbol{e}_j, \boldsymbol{u}_{k+1} \rangle \boldsymbol{e}_j \qquad (6.51)$$

ベクトル $\boldsymbol{u}_{k+1}$ を単位ベクトル $\boldsymbol{e}_j$ 方向へ射影した長さが $\langle \boldsymbol{e}_j, \boldsymbol{u}_{k+1} \rangle$ であるから，$\sum_{j=1}^{k} \langle \boldsymbol{e}_j, \boldsymbol{u}_{k+1} \rangle \boldsymbol{e}_j$ はベクトル $\boldsymbol{u}_{k+1}$ の $\boldsymbol{e}_1, \ldots, \boldsymbol{e}_k$ の張る空間への射影である．と

いうことは，式 (6.51) はベクトル $\boldsymbol{u}_{k+1}$ の $\boldsymbol{e}_1, ..., \boldsymbol{e}_k$ の張る空間からの反射影にほかならない．すなわち，シュミットの直交化は，**すでに作った直交系の張る空間からの反射影**を計算するものである．したがって，もし $\boldsymbol{u}_1, ..., \boldsymbol{u}_k$, $\boldsymbol{u}_{k+1}$ が線形従属であって $\boldsymbol{u}_{k+1}$ が $\boldsymbol{u}_1, ..., \boldsymbol{u}_k$ の線形結合で表せるなら，$\boldsymbol{u}_{k+1}$ は $\boldsymbol{v}_1, ..., \boldsymbol{v}_k$ の線形結合でも表せるから，$\boldsymbol{e}_1, ..., \boldsymbol{e}_k$ の張る空間に含まれる．このとき，式 (6.51) は 0 になる．このため，当然ではあるが n 次元空間では最大 n 個のベクトルしか直交化できない．

シュミットの直交化は，抽象的に定義されたベクトルでも，数値を並べたベクトルでも手順は同じである．とくに，n 個の数値を縦に並べた n 次元列ベクトルの場合は，線形独立なベクトルを $\boldsymbol{u}_1, ..., \boldsymbol{u}_n$ とし，これにシュミットの直交化を施したものを $\boldsymbol{v}_1, ..., \boldsymbol{v}_n$ とすると，それらを列として並べた $n \times n$ 行列の行列式は互いに等しい．

$$|\boldsymbol{u}_1, \boldsymbol{u}_2, ..., \boldsymbol{u}_n| = |\boldsymbol{v}_1, \boldsymbol{v}_2, ..., \boldsymbol{v}_n| \tag{6.52}$$

なぜなら，行列式はある列から他の列の定数倍を引いても変化せず，シュミットの直交化はそれを繰り返す操作だからである．この考察から，ベクトルをグラスマン代数系の元と考えれば，任意の $k = 1, ..., n$ について，次の関係が成り立つことがわかる．

$$\boldsymbol{u}_1 \wedge \boldsymbol{u}_2 \wedge \cdots \wedge \boldsymbol{u}_k = \boldsymbol{v}_1 \wedge \boldsymbol{v}_2 \wedge \cdots \wedge \boldsymbol{v}_k \tag{6.53}$$

6.6　射影，反射影，反射，鏡映

まず，方向 $\boldsymbol{a}$ の直線 l を考える．その単位方向ベクトルは $\boldsymbol{a}/\|\boldsymbol{a}\|$ であるから，ベクトル $\boldsymbol{x}$ の l への射影 $\boldsymbol{x}_\parallel$ は，第2章2.6節で述べたことより次のように書ける．

$$\boldsymbol{x}_\parallel = \left\langle \boldsymbol{x}, \frac{\boldsymbol{a}}{\|\boldsymbol{a}\|} \right\rangle \frac{\boldsymbol{a}}{\|\boldsymbol{a}\|} \tag{6.54}$$

しかし，$\boldsymbol{a}^{-1} = \boldsymbol{a}/\|\boldsymbol{a}\|^2$ であることに注意すると，これは

$$\boldsymbol{x}_\parallel = \langle \boldsymbol{x}, \boldsymbol{a} \rangle \boldsymbol{a}^{-1} \tag{6.55}$$

と書ける．一方，式 (6.29) から $\boldsymbol{x}\boldsymbol{a} = \langle \boldsymbol{x}, \boldsymbol{a} \rangle + \boldsymbol{x} \wedge \boldsymbol{a}$ であり，両辺に右から $\boldsymbol{a}^{-1}$ を掛けると，

$$\boldsymbol{x} = \langle \boldsymbol{x}, \boldsymbol{a} \rangle \boldsymbol{a}^{-1} + (\boldsymbol{x} \wedge \boldsymbol{a})\boldsymbol{a}^{-1} \tag{6.56}$$

となる．右辺第1項が l への射影 $\boldsymbol{x}_\parallel = \langle \boldsymbol{x}, \boldsymbol{a} \rangle \boldsymbol{a}^{-1}$ であるから，第2項はそれと直交する成分，すなわち l からの反射影 $\boldsymbol{x}_\perp = (\boldsymbol{x} \wedge \boldsymbol{a})\boldsymbol{a}^{-1}$ である（図6.1(a)）．

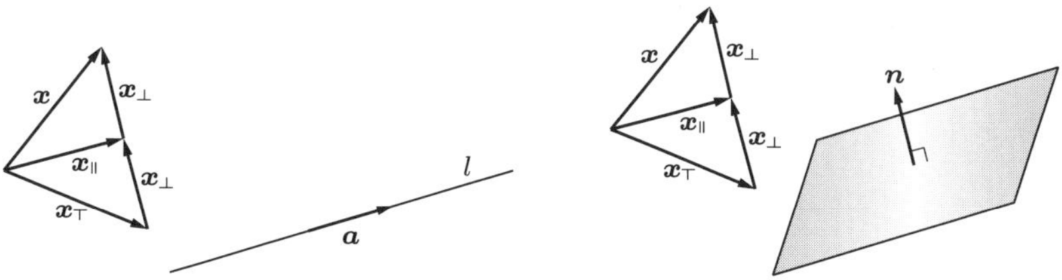

(a)　　　　　　　　　　　　(b)

図 6.1　(a) ベクトル $\boldsymbol{x}$ の方向 $\boldsymbol{a}$ の直線に対する射影 $\boldsymbol{x}_{\parallel}$，反射影 $\boldsymbol{x}_{\perp}$，反射 $\boldsymbol{x}_{\top}$．
(b) ベクトル $\boldsymbol{x}$ の法線ベクトル $\boldsymbol{n}$ に関する射影 $\boldsymbol{x}_{\parallel}$，反射影 $\boldsymbol{x}_{\perp}$，鏡映 $\boldsymbol{x}_{\top}$．

ベクトル $\boldsymbol{x}$ の l に関する反射 $\boldsymbol{x}_{\top}$ は，$\boldsymbol{x}$ から反射影 $\boldsymbol{x}_{\perp}$ の 2 倍を引けばよいから，次のように書ける．

$$\begin{aligned}\boldsymbol{x}_{\top} &= (\boldsymbol{x}_{\parallel} + \boldsymbol{x}_{\perp}) - 2\boldsymbol{x}_{\perp} = \boldsymbol{x}_{\parallel} - \boldsymbol{x}_{\perp} = \langle \boldsymbol{x}, \boldsymbol{a} \rangle \boldsymbol{a}^{-1} - (\boldsymbol{x} \wedge \boldsymbol{a})\boldsymbol{a}^{-1} \\ &= (\langle \boldsymbol{x}, \boldsymbol{a} \rangle - \boldsymbol{x} \wedge \boldsymbol{a})\boldsymbol{a}^{-1} = (\langle \boldsymbol{a}, \boldsymbol{x} \rangle + \boldsymbol{a} \wedge \boldsymbol{x})\boldsymbol{a}^{-1} = \boldsymbol{a}\boldsymbol{x}\boldsymbol{a}^{-1} \quad (6.57)\end{aligned}$$

以上をまとめると，次のようになる．

命題 6.8 [直線に関する射影，反射影，反射]

ベクトル $\boldsymbol{x}$ の方向 $\boldsymbol{a}$ の直線に対する射影 $\boldsymbol{x}_{\parallel}$，反射影 $\boldsymbol{x}_{\perp}$，反射 $\boldsymbol{x}_{\top}$ は，次のように書ける．

$$\boldsymbol{x}_{\parallel} = \langle \boldsymbol{x}, \boldsymbol{a} \rangle \boldsymbol{a}^{-1}, \qquad \boldsymbol{x}_{\perp} = (\boldsymbol{x} \wedge \boldsymbol{a})\boldsymbol{a}^{-1}, \qquad \boldsymbol{x}_{\top} = \boldsymbol{a}\boldsymbol{x}\boldsymbol{a}^{-1} \quad (6.58)$$

次に，法線ベクトル $\boldsymbol{n}$ をもつ平面を考える．ベクトル $\boldsymbol{x}$ のその平面上への射影 $\boldsymbol{x}_{\parallel}$ は，$\boldsymbol{n}$ 方向からの反射影であるから（図 6.1(b)），式 (6.58) より $\boldsymbol{x}_{\parallel} = (\boldsymbol{x} \wedge \boldsymbol{n})\boldsymbol{n}^{-1}$ である．逆に，この平面上からの反射影 $\boldsymbol{x}_{\perp}$ は $\boldsymbol{n}$ 方向への射影に等しいから，式 (6.58) より $\boldsymbol{x}_{\perp} = \langle \boldsymbol{x}, \boldsymbol{n} \rangle \boldsymbol{n}^{-1}$ である．ベクトル $\boldsymbol{x}$ のこの平面上に関する鏡映 $\boldsymbol{x}_{\top}$ は，$\boldsymbol{x}$ から反射影 $\boldsymbol{x}_{\perp}$ の 2 倍を引けばよいから次のようになる．

$$\begin{aligned}\boldsymbol{x}_{\top} &= (\boldsymbol{x}_{\parallel} + \boldsymbol{x}_{\perp}) - 2\boldsymbol{x}_{\perp} = \boldsymbol{x}_{\parallel} - \boldsymbol{x}_{\perp} = (\boldsymbol{x} \wedge \boldsymbol{n})\boldsymbol{n}^{-1} - \langle \boldsymbol{x}, \boldsymbol{n} \rangle \boldsymbol{n}^{-1} \\ &= -(\langle \boldsymbol{n}, \boldsymbol{x} \rangle + \boldsymbol{n} \wedge \boldsymbol{x})\boldsymbol{n}^{-1} = -\boldsymbol{n}\boldsymbol{x}\boldsymbol{n}^{-1} \quad (6.59)\end{aligned}$$

以上をまとめると，次のようになる．

命題 6.9 [平面に関する射影，反射影，鏡映]

ベクトル $\boldsymbol{x}$ の法線ベクトル $\boldsymbol{n}$ の平面に関する射影 $\boldsymbol{x}_{\|}$，反射影 $\boldsymbol{x}_{\perp}$，鏡映 $\boldsymbol{x}_{\top}$ は，次のように書ける．

$$\boldsymbol{x}_{\|} = (\boldsymbol{x} \wedge \boldsymbol{n})\boldsymbol{n}^{-1}, \qquad \boldsymbol{x}_{\perp} = \langle \boldsymbol{x}, \boldsymbol{n} \rangle \boldsymbol{n}^{-1}, \qquad \boldsymbol{x}_{\top} = -\boldsymbol{n}\boldsymbol{x}\boldsymbol{n}^{-1} \tag{6.60}$$

6.7 幾何学積による回転の表示

幾何学積が応用上，非常に重要な意味をもつのは，本章の冒頭で述べたように，それによって，ベクトルや平面の回転を表すことができるからである．まず最初に，回転が鏡映の合成によって表現されることを示す．次に，それを面積要素によって表し，指数関数による表現を導く．

6.7.1 鏡映による表現

回転軸 $\boldsymbol{l}$ の周りの回転を考える．$\boldsymbol{l}$ に直交する二つのベクトルを $\boldsymbol{a}, \boldsymbol{b}$ とすると，ベクトル $\boldsymbol{x}$ の回転は 2 回の鏡映の合成で与えられる．まず，$\boldsymbol{x}$ を $\boldsymbol{a}$ に直交する平面に関して鏡映した位置を $\tilde{\boldsymbol{x}}$ とする．次に，$\tilde{\boldsymbol{x}}$ を $\boldsymbol{b}$ に直交する平面に関して鏡映した位置を $\boldsymbol{x}'$ とする（図 6.2(a)）．この鏡映操作によってノルムは

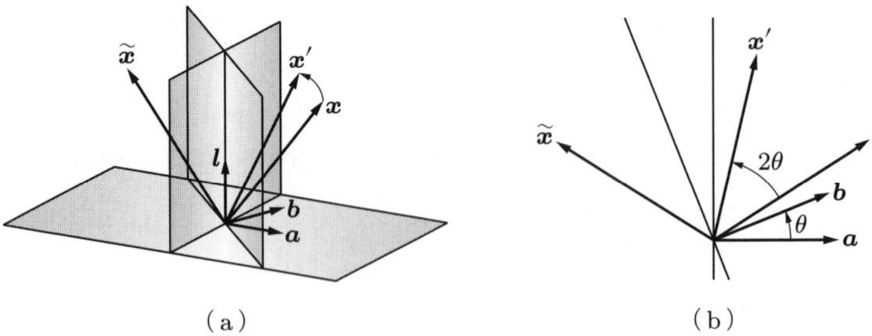

図 6.2　(a) ベクトル $\boldsymbol{x}$ を $\boldsymbol{a}$ に直交する平面に関して鏡映した位置を $\tilde{\boldsymbol{x}}$ とし，$\tilde{\boldsymbol{x}}$ を $\boldsymbol{b}$ に直交する平面に関して鏡映した位置を $\boldsymbol{x}'$ とすると，$\boldsymbol{x}'$ は $\boldsymbol{x}$ の $\boldsymbol{l}$ の周りの回転である．
(b) 上から見た図．$\boldsymbol{a}$ を $\boldsymbol{b}$ に回転する角度を θ とすると，$\boldsymbol{x}'$ は角度 2θ だけ回転する．

変化しないし，$\boldsymbol{l}$ 自身は変化しないから，$\boldsymbol{x}'$ は $\boldsymbol{x}$ の $\boldsymbol{l}$ の周りの回転である．式 (6.60) より $\tilde{\boldsymbol{x}} = -\boldsymbol{a}\boldsymbol{x}\boldsymbol{a}^{-1}$ であるから，$\boldsymbol{x}'$ は次のように表せる．

$$\boldsymbol{x}' = -\boldsymbol{b}\tilde{\boldsymbol{x}}\boldsymbol{b}^{-1} = -\boldsymbol{b}(-\boldsymbol{a}\boldsymbol{x}\boldsymbol{a}^{-1})\boldsymbol{b}^{-1} = (\boldsymbol{b}\boldsymbol{a})\boldsymbol{x}(\boldsymbol{b}\boldsymbol{a})^{-1} \tag{6.61}$$

これは

$$\mathcal{R} = \boldsymbol{b}\boldsymbol{a} \tag{6.62}$$

とおけば，次のように書ける．

$$\boldsymbol{x}' = \mathcal{R}\boldsymbol{x}\mathcal{R}^{-1} \tag{6.63}$$

このように作用する $\mathcal{R}$ を**回転子** (rotor) とよぶ．このとき，$\boldsymbol{a}$ を $\boldsymbol{b}$ に回転する角度を θ とすると，$\boldsymbol{x}'$ は $\boldsymbol{l}$ の周りに角度 2θ だけ回転する．図 6.2(b) は図 6.2(a) を上から見た図である．$\boldsymbol{x}$ の方向が $\boldsymbol{a}$ から測って角度 ϕ であれば，$\tilde{\boldsymbol{x}}$ の方向が $\boldsymbol{a}$ から測って角度 $\pi - \phi$ であり，$\boldsymbol{x}'$ の方向が $\boldsymbol{a}$ から測って角度 $2\theta + \phi$ であることが確かめられる．式 (6.63) には $\mathcal{R}$ と $\mathcal{R}^{-1}$ の両方が含まれているから，$\boldsymbol{a}$, $\boldsymbol{b}$ のノルムには依存せず，$\boldsymbol{a}$, $\boldsymbol{b}$ の方向のみによって回転が定義される．

ベクトル $\boldsymbol{x}$ に回転子 $\mathcal{R}$ が指定する回転を施した $\boldsymbol{x}' = \mathcal{R}\boldsymbol{x}\mathcal{R}^{-1}$ に，回転子 $\mathcal{R}'$ が指定する別の回転を施すと

$$\boldsymbol{x}'' = \mathcal{R}'\boldsymbol{x}'\mathcal{R}'^{-1} = \mathcal{R}'\mathcal{R}\boldsymbol{x}\mathcal{R}^{-1}\mathcal{R}'^{-1} = (\mathcal{R}'\mathcal{R})\boldsymbol{x}(\mathcal{R}'\mathcal{R})^{-1} \tag{6.64}$$

であるから，合成した回転を指定する回転子は

$$\mathcal{R}'' = \mathcal{R}'\mathcal{R} \tag{6.65}$$

である．すなわち，回転の合成は**それぞれの回転子の幾何学積**で与えられる．

6.7.2　面積要素による表現

ベクトル $\boldsymbol{a}$, $\boldsymbol{b}$ のなす角 θ に等しい角度の回転を計算するには，$\boldsymbol{a}$, $\boldsymbol{b}$ を 2 等分するベクトル $\boldsymbol{c}$ を用いて $\mathcal{R} = \boldsymbol{c}\boldsymbol{a}$ とすればよい．回転子はそれを定義するベクトルのノルムに依存しないから，$\boldsymbol{a}$, $\boldsymbol{b}$ は単位ベクトルに正規化されているとしてよい．これらを 2 等分する単位ベクトル $\boldsymbol{c}$ は次のようになる（図 6.3）．

$$\boldsymbol{c} = \frac{(\boldsymbol{a}+\boldsymbol{b})/2}{\|(\boldsymbol{a}+\boldsymbol{b})/2\|} = \frac{\boldsymbol{a}+\boldsymbol{b}}{\sqrt{2(1+\langle\boldsymbol{a},\boldsymbol{b}\rangle)}} \tag{6.66}$$

したがって，回転子 $\mathcal{R} = \boldsymbol{c}\boldsymbol{a}$ は次のようになる．

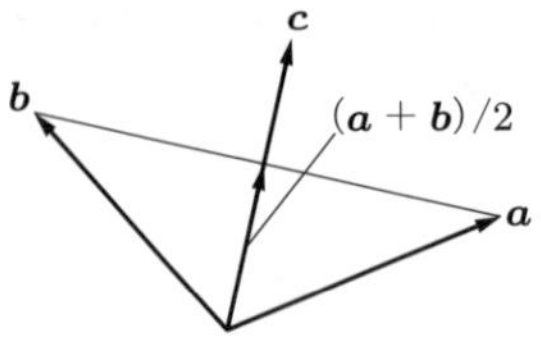

図 6.3　単位ベクトル $\boldsymbol{a}, \boldsymbol{b}$ を 2 等分する単位ベクトル $\boldsymbol{c}$.

$$\mathcal{R} = \frac{1+\boldsymbol{ba}}{\sqrt{2(1+\langle \boldsymbol{a}, \boldsymbol{b}\rangle)}} \tag{6.67}$$

ただし，これは $\boldsymbol{a}, \boldsymbol{b}$ がちょうど反対向きのときは使えない．また，$\boldsymbol{a}, \boldsymbol{b}$ のなす角が π に近いと，数値計算が誤差の影響を受けやすい．そこで，回転角を直接に指定する表現を求める．

グラスマン代数によれば，ベクトル $\boldsymbol{a}, \boldsymbol{b}$ が張る平面は二重ベクトル $\boldsymbol{a}\wedge\boldsymbol{b}$ で指定される．その平面の向きは，$\boldsymbol{a}$ を $\boldsymbol{b}$ に近づける方向が正の回転になる側を表とみなしている．$\boldsymbol{a}, \boldsymbol{b}$ のなす角を θ とすれば，$\boldsymbol{a}\wedge\boldsymbol{b}$ の大きさは $\|\boldsymbol{a}\|\|\boldsymbol{b}\|\sin\theta$ である．ただし，θ は $\boldsymbol{a}$ から $\boldsymbol{b}$ に向かう方向に測る．このとき，

$$\mathcal{I} = \frac{\boldsymbol{a}\wedge\boldsymbol{b}}{\|\boldsymbol{a}\|\|\boldsymbol{b}\|\sin\theta} \tag{6.68}$$

とおけば，これは大きさ 1 の二重ベクトルである．これをこの平面の**面積要素** (surface element) とよぶ．これは面の向きを指定するものであり，定義するベクトル $\boldsymbol{a}, \boldsymbol{b}$ によらない．すなわち，別のベクトル $\boldsymbol{a}', \boldsymbol{b}'$ を用いても，$\boldsymbol{a}'$ を $\boldsymbol{b}'$ に近づける回転の向きが等しければ，同じ面積要素 $\mathcal{I}$ が定義される．

そこで，$\boldsymbol{a}, \boldsymbol{b}$ を単位ベクトルとし，そのなす角を $\Omega/2$ とすると，式 (6.62) は次のように書ける．

$$\begin{aligned}\mathcal{R} &= \boldsymbol{ba} = \langle \boldsymbol{b}, \boldsymbol{a}\rangle + \boldsymbol{b}\wedge\boldsymbol{a} = \langle \boldsymbol{b}, \boldsymbol{a}\rangle - \boldsymbol{a}\wedge\boldsymbol{b}\\ &= \cos\frac{\Omega}{2} - \sin\frac{\Omega}{2}\frac{\boldsymbol{a}\wedge\boldsymbol{b}}{\sin\Omega/2} = \cos\frac{\Omega}{2} - \mathcal{I}\sin\frac{\Omega}{2}\end{aligned} \tag{6.69}$$

ただし，式 (6.68) によって面積要素 $\mathcal{I}$ を定義した（$\|\boldsymbol{a}\| = \|\boldsymbol{b}\| = 1, \theta = \Omega/2$ としている）．この逆元 $\mathcal{R}^{-1}$ は次のようになる．

$$\mathcal{R}^{-1} = (\boldsymbol{ba})^{-1} = \boldsymbol{ab} = \langle \boldsymbol{a}, \boldsymbol{b}\rangle + \boldsymbol{a}\wedge\boldsymbol{b}$$

$$= \cos\frac{\Omega}{2} + \sin\frac{\Omega}{2}\frac{\boldsymbol{a}\wedge\boldsymbol{b}}{\sin\Omega/2} = \cos\frac{\Omega}{2} + \mathcal{I}\sin\frac{\Omega}{2} \tag{6.70}$$

6.7.3 回転子の指数表現

式 (6.68) の面積要素 $\mathcal{I}$ の重要な性質は,

$$\mathcal{I}^2 = -1 \tag{6.71}$$

となることである．すなわち，**面積要素 $\mathcal{I}$ は虚数単位 i と同じはたらきをする．** これは次のように示せる．式 (6.29) より，$\boldsymbol{a}\wedge\boldsymbol{b}$ $(= -\boldsymbol{b}\wedge\boldsymbol{a})$ が次の 2 通りに表せる．

$$\boldsymbol{a}\wedge\boldsymbol{b} = \boldsymbol{ab} - \langle\boldsymbol{a},\boldsymbol{b}\rangle, \qquad \boldsymbol{a}\wedge\boldsymbol{b} = -\boldsymbol{b}\wedge\boldsymbol{a} = -\boldsymbol{ba} + \langle\boldsymbol{b},\boldsymbol{a}\rangle \tag{6.72}$$

ゆえに，次のようになる．

$$\begin{aligned}
\mathcal{I}^2 &= \frac{(\boldsymbol{ab} - \langle\boldsymbol{a},\boldsymbol{b}\rangle)(\langle\boldsymbol{a},\boldsymbol{b}\rangle - \boldsymbol{ba})}{\|\boldsymbol{a}\|^2\|\boldsymbol{b}\|^2\sin^2\theta} = \frac{\langle\boldsymbol{a},\boldsymbol{b}\rangle\boldsymbol{ab} - \boldsymbol{abba} - \langle\boldsymbol{a},\boldsymbol{b}\rangle^2 + \langle\boldsymbol{a},\boldsymbol{b}\rangle\boldsymbol{ba}}{\|\boldsymbol{a}\|^2\|\boldsymbol{b}\|^2\sin^2\theta} \\
&= \frac{\langle\boldsymbol{a},\boldsymbol{b}\rangle(\boldsymbol{ab} + \boldsymbol{ba}) - \boldsymbol{a}\|\boldsymbol{b}\|^2\boldsymbol{a} - \langle\boldsymbol{a},\boldsymbol{b}\rangle^2}{\|\boldsymbol{a}\|^2\|\boldsymbol{b}\|^2\sin^2\theta} = \frac{2\langle\boldsymbol{a},\boldsymbol{b}\rangle^2 - \|\boldsymbol{a}\|^2\|\boldsymbol{b}\|^2 - \langle\boldsymbol{a},\boldsymbol{b}\rangle^2}{\|\boldsymbol{a}\|^2\|\boldsymbol{b}\|^2\sin^2\theta} \\
&= -\frac{\|\boldsymbol{a}\|^2\|\boldsymbol{b}\|^2 - \langle\boldsymbol{a},\boldsymbol{b}\rangle^2}{\|\boldsymbol{a}\|^2\|\boldsymbol{b}\|^2\sin^2\theta} = -\frac{\|\boldsymbol{a}\|^2\|\boldsymbol{b}\|^2(1 - \cos^2\theta)}{\|\boldsymbol{a}\|^2\|\boldsymbol{b}\|^2\sin^2\theta} = -1
\end{aligned} \tag{6.73}$$

このことから，式 (6.70) が式 (6.69) の回転子 $\mathcal{R}$ の逆になっていることが確認できる．

$$\begin{aligned}
\mathcal{R}\mathcal{R}^{-1} &= \left(\cos\frac{\Omega}{2} - \mathcal{I}\sin\frac{\Omega}{2}\right)\left(\cos\frac{\Omega}{2} + \mathcal{I}\sin\frac{\Omega}{2}\right) \\
&= \cos^2\frac{\Omega}{2} + \mathcal{I}\cos\frac{\Omega}{2}\sin\frac{\Omega}{2} - \mathcal{I}\sin\frac{\Omega}{2}\cos\frac{\Omega}{2} - \mathcal{I}^2\sin^2\frac{\Omega}{2} \\
&= \cos^2\frac{\Omega}{2} + \sin^2\frac{\Omega}{2} = 1
\end{aligned} \tag{6.74}$$

そして，式 (6.71) の関係から，式 (6.69) の回転子 $\mathcal{R}$ が次の形に書ける．

$$\mathcal{R} = \exp\left(-\frac{\Omega}{2}\mathcal{I}\right) \tag{6.75}$$

ただし，指数関数 exp はテイラー展開によって定義する (↪ 第 4 章の式 (4.38))．式 (6.75) は $\mathcal{I}^2 = -1$ より，次のように確かめられる．

$$\begin{aligned}\exp\Big(-\frac{\Omega}{2}\mathcal{I}\Big) &= 1+\Big(-\frac{\Omega}{2}\mathcal{I}\Big)+\frac{1}{2!}\Big(-\frac{\Omega}{2}\mathcal{I}\Big)^2+\frac{1}{3!}\Big(-\frac{\Omega}{2}\mathcal{I}\Big)^3+\cdots\\ &= \Big(1-\frac{1}{2!}\Big(\frac{\Omega}{2}\Big)^2+\frac{1}{4!}\Big(\frac{\Omega}{2}\Big)^4-\cdots\Big)-\mathcal{I}\Big(\frac{\Omega}{2}-\frac{1}{3!}\Big(\frac{\Omega}{2}\Big)^3+\cdots\Big)\\ &= \cos\frac{\Omega}{2}-\mathcal{I}\sin\frac{\Omega}{2} \end{aligned} \tag{6.76}$$

6.8 ベクトル作用子

k 個のベクトル $\boldsymbol{v}_1, \boldsymbol{v}_2, \ldots, \boldsymbol{v}_k$ の積を

$$\mathcal{V}=\boldsymbol{v}_k\boldsymbol{v}_{k-1}\cdots\boldsymbol{v}_1 \tag{6.77}$$

とおくと，その逆元は $\mathcal{V}^{-1}=\boldsymbol{v}_1^{-1}\boldsymbol{v}_2^{-1}\cdots\boldsymbol{v}_k^{-1}$ であるが，これに符号 $(-1)^k$ を付けたものを

$$\mathcal{V}^\dagger\equiv(-1)^k\mathcal{V}^{-1}=(-1)^k\boldsymbol{v}_1^{-1}\boldsymbol{v}_2^{-1}\cdots\boldsymbol{v}_k^{-1} \tag{6.78}$$

と書く．そして，これを用いてベクトル $\boldsymbol{x}$ を次のように変換する．

$$\boldsymbol{x}'=\mathcal{V}\boldsymbol{x}\mathcal{V}^\dagger=(-1)^k\boldsymbol{v}_k\boldsymbol{v}_{k-1}\cdots\boldsymbol{v}_1\boldsymbol{x}\boldsymbol{v}_1^{-1}\boldsymbol{v}_2^{-1}\cdots\boldsymbol{v}_k^{-1} \tag{6.79}$$

このように，式 (6.77) の $\mathcal{V}$ をベクトルからベクトルへの，すなわちその空間の変換作用素とみなしたものを**グレード** (grade) k の**ベクトル作用子** (versor) とよぶ．そして，グレードが奇数のものを**奇ベクトル作用子** (odd versor)，偶数のものを**偶ベクトル作用子** (even versor) とよぶ．ベクトル作用子による変換は各ベクトル $\boldsymbol{v}_i$ のノルムには依存しない（その影響は，左側の $\boldsymbol{v}_i$ と右側の $\boldsymbol{v}_i^{-1}$ によって打ち消される）．したがって，その方向のみが意味をもつ．式 (6.79) の $\boldsymbol{x}'$ をさらに別のベクトル作用子 $\mathcal{V}'$ で変換すると，

$$\boldsymbol{x}''=\mathcal{V}'\boldsymbol{x}'\mathcal{V}'^\dagger=\mathcal{V}'\mathcal{V}\boldsymbol{x}\mathcal{V}^\dagger\mathcal{V}'^\dagger=(\mathcal{V}'\mathcal{V})\boldsymbol{x}(\mathcal{V}'\mathcal{V})^\dagger \tag{6.80}$$

であるから，次のようにいえる．

命題 6.10 [ベクトル作用子の合成]

ベクトル作用子 $\mathcal{V}$ と $\mathcal{V}'$ を合成したベクトル作用子 $\mathcal{V}''$ は，両者の幾何学積で与えられる．

$$\mathcal{V}''=\mathcal{V}'\mathcal{V} \tag{6.81}$$

式 (6.60) の第 3 式は，$\boldsymbol{n}$ を単独でベクトル作用子と考えたときの変換とみなせる．このようにベクトル作用子とみなしたベクトルを**鏡映子** (reflector) とよぶ．したがって，**グレード 1 のベクトル作用子は鏡映子**であり，**グレード 2 のベクトル作用子は回転子**である．一般のベクトル作用子による式 (6.79) の変換は，ベクトルの和やスカラ倍が変換したベクトルの和やスカラ倍に写像されるから線形変換である．そして，ベクトルのノルムは変化しない．ノルムが変化しない線形変換を**直交変換** (orthogonal transformation) という．直交変換は，回転か回転と鏡映を組み合わせたものである．ゆえに，次のようにいえる．

命題 6.11 [直交変換]

空間の直交変換はベクトル作用子によって指定される．偶ベクトル作用子は回転を生成し，奇ベクトル作用子は回転と鏡映の合成を生成する．

ベクトル作用素の重要な性質は，それがベクトルだけでなく，部分空間にも作用することである．たとえば，平面 $\boldsymbol{a}\wedge\boldsymbol{b}$ をある軸の周りにある角度だけ回転した平面は，$\boldsymbol{a}, \boldsymbol{b}$ をそれぞれそのように回転したベクトル $\boldsymbol{a}', \boldsymbol{b}'$ の張る平面である．したがって，回転子 $\mathcal{R}$ によって回転した平面は

$$
\begin{aligned}
\boldsymbol{a}'\wedge\boldsymbol{b}' &= (\mathcal{R}\boldsymbol{a}\mathcal{R}^\dagger)\wedge(\mathcal{R}\boldsymbol{b}\mathcal{R}^\dagger) = (\mathcal{R}\boldsymbol{a}\mathcal{R}^{-1})\wedge(\mathcal{R}\boldsymbol{b}\mathcal{R}^{-1})\\
&= \frac{(\mathcal{R}\boldsymbol{a}\mathcal{R}^{-1})(\mathcal{R}\boldsymbol{b}\mathcal{R}^{-1}) - (\mathcal{R}\boldsymbol{b}\mathcal{R}^{-1})(\mathcal{R}\boldsymbol{a}\mathcal{R}^{-1})}{2}\\
&= \frac{\mathcal{R}\boldsymbol{ab}\mathcal{R}^{-1} - \mathcal{R}\boldsymbol{ba}\mathcal{R}^{-1}}{2} = \mathcal{R}\Big(\frac{\boldsymbol{ab}-\boldsymbol{ba}}{2}\Big)\mathcal{R}^{-1}\\
&= \mathcal{R}(\boldsymbol{a}\wedge\boldsymbol{b})\mathcal{R}^\dagger
\end{aligned}
\tag{6.82}
$$

である．これは回転子 $\mathcal{R}$ が偶ベクトル作用子であって $\mathcal{R}^\dagger = \mathcal{R}^{-1}$ となるからである．明らかに，これは $\boldsymbol{a}\wedge\boldsymbol{b}$ を $\boldsymbol{a}\wedge\boldsymbol{b}\wedge\boldsymbol{c}$ としても同様である．一方，奇ベクトル作用子，たとえば単位法線ベクトル $\boldsymbol{n}$ に関する鏡映を平面 $\boldsymbol{a}\wedge\boldsymbol{b}$ に施すと，$\boldsymbol{a}, \boldsymbol{b}$ をそれぞれ鏡映したベクトル $\boldsymbol{a}', \boldsymbol{b}'$ の張る平面の向きを変えたものになるから，

$$
\begin{aligned}
-\boldsymbol{a}'\wedge\boldsymbol{b}' &= -(\boldsymbol{nan}^\dagger)\wedge(\boldsymbol{nbn}^\dagger) = -(\boldsymbol{nan}^{-1})\wedge(\boldsymbol{nbn}^{-1})\\
&= -\frac{(\boldsymbol{nan}^{-1})(\boldsymbol{nbn}^{-1}) - (\boldsymbol{nbn}^{-1})(\boldsymbol{nan}^{-1})}{2}\\
&= -\frac{\boldsymbol{nabn}^{-1} - \boldsymbol{nban}^{-1}}{2} = -\boldsymbol{n}\Big(\frac{\boldsymbol{ab}-\boldsymbol{ba}}{2}\Big)\boldsymbol{n}^{-1}
\end{aligned}
$$

$$= \boldsymbol{n}(\boldsymbol{a} \wedge \boldsymbol{b})\boldsymbol{n}^{\dagger} \tag{6.83}$$

と書ける．それに対して，$\boldsymbol{a} \wedge \boldsymbol{b} \wedge \boldsymbol{c}$ を鏡映したものは $\boldsymbol{a}, \boldsymbol{b}, \boldsymbol{c}$ をそれぞれ鏡映したベクトル $\boldsymbol{a}', \boldsymbol{b}', \boldsymbol{c}'$ の張る空間であるから（$\boldsymbol{a}' \wedge \boldsymbol{b}' \wedge \boldsymbol{c}'$ と $\boldsymbol{a} \wedge \boldsymbol{b} \wedge \boldsymbol{c}$ とでは向きが反対），

$$\begin{aligned} \boldsymbol{a}' \wedge \boldsymbol{b}' \wedge \boldsymbol{c}' &= (\boldsymbol{n}\boldsymbol{a}\boldsymbol{n}^{\dagger}) \wedge (\boldsymbol{n}\boldsymbol{b}\boldsymbol{n}^{\dagger}) \wedge (\boldsymbol{n}\boldsymbol{c}\boldsymbol{n}^{\dagger}) \\ &= -(\boldsymbol{n}\boldsymbol{a}\boldsymbol{n}^{-1}) \wedge (\boldsymbol{n}\boldsymbol{b}\boldsymbol{n}^{-1}) \wedge (\boldsymbol{n}\boldsymbol{c}\boldsymbol{n}^{-1}) \\ &= -\boldsymbol{n}(\boldsymbol{a} \wedge \boldsymbol{b} \wedge \boldsymbol{c})\boldsymbol{n}^{-1} = \boldsymbol{n}(\boldsymbol{a} \wedge \boldsymbol{b} \wedge \boldsymbol{c})\boldsymbol{n}^{\dagger} \end{aligned} \tag{6.84}$$

となる．ただし，右辺の第 2 式から第 3 式への書き換えは，式 (6.22) による式 (6.83) と同様な変形によって得られる（$\hookrightarrow$ 演習問題 6.6）．ゆえに，ベクトル作用素のグレードにかかわらず，次のようにいえる．

命題 6.12 [部分空間の変換]

ベクトル作用子 $\mathcal{V}$ による空間の変換によって，部分空間 $\boldsymbol{a} \wedge \boldsymbol{b}$, $\boldsymbol{a} \wedge \boldsymbol{b} \wedge \boldsymbol{c}$ は，それぞれ $\mathcal{V}(\boldsymbol{a} \wedge \boldsymbol{b})\mathcal{V}^{\dagger}$, $\mathcal{V}(\boldsymbol{a} \wedge \boldsymbol{b} \wedge \boldsymbol{c})\mathcal{V}^{\dagger}$ に変換される．

補　足

クリフォード代数は，英国の数学者**クリフォード** (William Kingdon Clifford: 1845–1879) が確立したものである．クリフォードは，ハミルトンの四元数代数系（したがって複素数の集合を含む）とグラスマン代数系をより一般化した代数系を構築した．それに対して，これまでの章で述べたように，ギブスはハミルトン代数系とグラスマン代数系を簡略化して今日のベクトル解析を構築した．ギブスのベクトル解析は 3 次元空間にしか適用できないという制約があるものの，非常にわかりやすく，かつ物理学や工学を記述するのに十分であるため，今日の幾何学の基礎となっている．このベクトル解析の成功の陰となって，クリフォード代数は一部の数学者以外にはほとんど忘れられていた．このクリフォード代数を見直して，これを**幾何学的代数** (geometric algebra) とよんで，物理学や工学に適用することを精力的に提唱したのは米国の物理学者**ヘステネス** (David Orlin Hestenes: 1933–) である．その影響を受けた工学分野には，制御工学（ロボットアームの制御など），コンピュータグラフィクス（物体の幾何学的モデリングとレイトレーシングに代表されるレンダリングの計算など）

やコンピュータビジョン（カメラ撮像系と画像への投影関係の記述や解析など）がある．

しかし，ギブスのベクトル解析に比べてクリフォード代数は非常にわかりにくく，近寄りがたいところがある．その理由は演算の多さである．クリフォード代数では，内積と外積と縮約と幾何学積が組み合わされてさまざまな式が作られる．それらは見かけはスマートであるが直観がはたらきにくく，導くのも覚えるのも容易ではない．このため，幾何学的代数の教科書は公式の羅列のような印象を与える．この欠点を克服するために，Perwass [21] は `ClUCalc`，Dorst ら [6] は `GAViewer` とよぶソフトウェアツールを提供している．Bayro-Corrochano [3] も独自のツールを提供するとともに，さまざまな研究者によって現在公開されているツールの URL のリストを載せている．これらのツールは，ユーザーが入力データと計算したい対象との幾何学的関係をマニュアルに従って指定すれば，それが計算機内部でクリフォード代数の演算規則に従って実行されるというものである．

英語の algebra という単語には二つの意味がある．一つは記号に演算を導入して体系的に計算すること，およびその学問分野という意味である（例：linear algebra）．もう一つは，和やスカラ倍や積の演算に関して閉じた集合という意味である（例：commutative algebra）．日本語では両方とも「代数」と訳されることが多いが，本書では，前者の計算や分野としての意味を「代数」とよび（例：線形代数），後者の元の集合としての意味を「代数系」とよんでいる（例：可換代数系）．後者の意味として，「多元環」という訳語も用いられる．英語では，同じ単語が用いられる理由の一つに冠詞の存在がある．無冠詞で algebra と書けば計算や分野の意味となり，an algebra（または複数形 algebras），あるいは the algebra(s) と書けば元の集合という意味になるからである．

なお，6.7.2 項で述べた「面積要素」$\mathcal{I}$ は，その平面を全空間とみなしたときの（2 次元）体積要素である．第 5 章の補足で述べたように，教科書 [3, 4, 5, 12, 20] では体積要素を「擬似スカラ」とよんでいるが，この $\mathcal{I}$ にも同じ用語「擬似スカラ」を用いている．そして，「空間の擬似スカラ」，「平面の擬似スカラ」のように記述している．6.8 節の「ベクトル作用子」(versor) という用語を導入したのは Hestenes and Sobczyk [12] である．

演習問題

6.1 i, j, k を式 (6.19) のように定義すると，式 (6.5), (6.6) が満たされることを示せ.

6.2 式 (6.20) の外積の定義と式 (6.28) の内積の表現を用いて，式 (6.38) を導け.

6.3 ベクトル $\boldsymbol{x}$ の平面 $\boldsymbol{a} \wedge \boldsymbol{b}$ に対する射影 $\boldsymbol{x}_{\|}$, 反射影 $\boldsymbol{x}_{\perp}$, 鏡映 $\boldsymbol{x}_{\top}$ が次のように与えられることを示せ.

$$\boldsymbol{x}_{\|} = (\boldsymbol{x} \cdot \boldsymbol{a} \wedge \boldsymbol{b})(\boldsymbol{a} \wedge \boldsymbol{b})^{-1}, \qquad \boldsymbol{x}_{\perp} = \boldsymbol{x} \wedge \boldsymbol{a} \wedge \boldsymbol{b}(\boldsymbol{a} \wedge \boldsymbol{b})^{-1}$$
$$\boldsymbol{x}_{\top} = -(\boldsymbol{a} \wedge \boldsymbol{b})\boldsymbol{x}(\boldsymbol{a} \wedge \boldsymbol{b})^{-1}$$

6.4 面積要素 $\mathcal{I}$ の指定する平面上の任意のベクトルは $\mathcal{I}$ と反可換であることを示せ.

6.5 面積要素 $\mathcal{I}$ の指定する平面上の直交する単位ベクトル $\boldsymbol{u}$, $\boldsymbol{v}$ に式 (6.69) の回転子を作用させて得られるベクトルをそれぞれ $\boldsymbol{u}'$, $\boldsymbol{v}'$ とすると，次のように書けることを確かめよ.

$$\boldsymbol{u}' = \boldsymbol{u} \cos \Omega + \boldsymbol{v} \sin \Omega, \qquad \boldsymbol{v}' = -\boldsymbol{u} \sin \Omega + \boldsymbol{v} \cos \Omega$$

ただし，$\boldsymbol{u}$ を $\boldsymbol{v}$ に近づける回転の向きは面積要素 $\mathcal{I}$ の指定する向きに一致しているとする.

6.6 式 (6.22) を用いて，式 (6.84) の右辺の第 2 式が第 3 式へ書き換えられることを示せ.

第 7 章
同次空間とグラスマン-ケイリー代数

第 5 章のグラスマン代数によって記述したのは，部分空間，すなわち原点を通る直線や原点を通る平面であったが，本章では，原点以外の点や必ずしも原点を通らない直線や平面を扱う．まず，3 次元空間の点や直線や平面が，1 次元増やした 4 次元空間では部分空間とみなせることを述べ，4 次元空間でグラスマン代数を適用すればよいことを示す．この 4 次元空間では，位置ベクトルと方向ベクトルが区別され，方向ベクトルは「無限遠点」に対応する．そして，点や直線や平面の双対関係を利用すると，2 点を通る直線，点と直線を通る平面などの「結合」と，直線と平面の交点や 2 平面の交線などの「交差」が体系的に記述できることを示す．

7.1 同次空間

これまでは，記号 e_1, e_2, e_3 の生成する代数系を考えた．そして，それらをそれぞれ 3 次元 xyz 空間の x 軸，y 軸，z 軸方向の単位ベクトルと解釈した．しかし，本章では新しい記号 e_0 を導入し，これを 3 次元 xyz 空間に直交する新たな座標軸方向の単位ベクトルと解釈する．そして，次の形の元を考える．

$$x_0e_0 + x_1e_1 + x_2e_2 + x_3e_3 \tag{7.1}$$

このような元の集合の作る 4 次元空間を**同次空間** (homogeneous space) とよぶ．そして，3 次元空間の点 (x, y, z) を，この空間の元

$$p = e_0 + xe_1 + ye_2 + ze_3 \tag{7.2}$$

に対応させ，これを「点 p」と書く．3 次元空間の原点 $(0, 0, 0)$ はこの空間の点 $p = e_0$ に対応するので，記号 e_0 を 3 次元空間の原点と同一視する．そしてこれ以降,「原点 e_0」と書く．これは，式 (7.1) の $x_0 = x_1 = x_2 = x_3 = 0$ に対応する 4 次元同次空間の原点 O とは異なる．すなわち，3 次元空間の原点 e_0 は 4 次元空間の原点 O とは一致しない．

この空間を「同次空間」とよぶのは，任意の $\alpha \neq 0$ に対して，

$$p' = \alpha e_0 + \alpha xe_1 + \alpha ye_2 + \alpha ze_3 \tag{7.3}$$

が式 (7.2) の p と同じ点を表すと約束するからである．したがって，式 (7.1) は $x_0 \neq 0$ のとき，3 次元空間の点 $(x_1/x_0, x_2/x_0, x_3/x_0)$ を表している．これを次のようにイメージする（図 7.1）．α が任意の実数のとき，式 (7.3) はこの 4 次元空間の原点 O を通る直線（すなわち 1 次元部分空間）を表す．しかし，我々はこの 4 次元空間全体が見えず，見えるのは e_0 を通って x, y, z 軸に平行な切り口，すなわち e_0 を原点とする xyz 空間であると解釈する．式 (7.3) の表す直線とこの xyz 空間との交点が式 (7.2) の点 p となる．

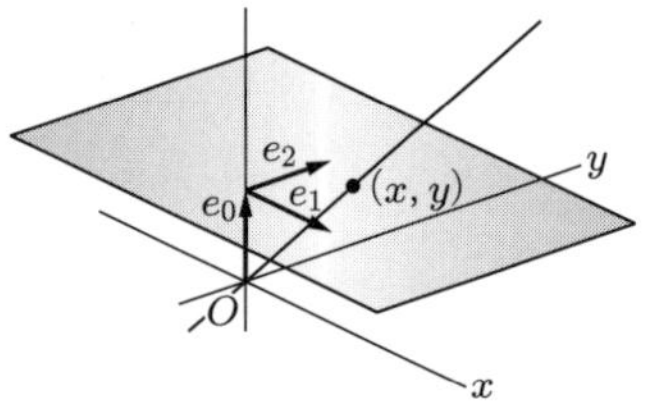

図 7.1　4 次元同次空間と 3 次元 xyz のイメージ．記号 e_0, e_1, e_2, e_3 をそれぞれ直交する 4 本の座標軸方向の単位ベクトルと解釈する．ただし，表示の都合上，z 軸を省いて 3 次元的に描いている．

7.2 無限遠点

3 次元空間の点 (x, y, z) を，原点 e_0 から $\alpha\ (\neq 0)$ 倍だけ遠ざけた点は $(\alpha x, \alpha y, \alpha z)$ である．これは，4 次元同次空間では

$$p = e_0 + \alpha xe_1 + \alpha ye_2 + \alpha ze_3 \tag{7.4}$$

に対応するが，この点はまた，

$$p' = \frac{e_0}{\alpha} + xe_1 + ye_2 + ze_3 \tag{7.5}$$

とも表せる．ここで，$\alpha \to \infty$ とした極限

$$q = xe_1 + ye_2 + ze_3 \tag{7.6}$$

を考えると，これは 3 次元空間の原点 e_0 と点 (x, y, z) を通る直線に沿った無限遠方の点を表している．そのような点を**無限遠点** (point at infinity) とよぶ．式 (7.5) で $\alpha \to -\infty$ としても式 (7.6) が得られるが，これは 3 次元空間の原点を通る直線がその両方向の無限遠方でつながって，輪になっていると解釈する．

以下，3 次元空間の位置ベクトル $\boldsymbol{x} = xe_1 + ye_2 + ze_3$ を式 (7.2) の点 p に対応させ，$p = e_0 + \boldsymbol{x}$ と略記する．一方，3 次元空間の方向ベクトル $\boldsymbol{u} = u_1e_1 + u_2e_2 + u_3e_3$ はそのまま 4 次元同次空間の元とみなす．同次空間の元であるから，何倍しても同じ意味をもつ．すなわち，方向ベクトル $\boldsymbol{u}$ は方向のみに意味があって，その大きさは意味がない．それはまた，$\boldsymbol{u}$ 方向の無限遠点とも解釈される．したがって，$\boldsymbol{u}$ と $-\boldsymbol{u}$ は「同じ方向」であり，「同じ無限遠点」でもある．第 2 章では，その冒頭で述べたように，位置ベクトルも方向ベクトルも同じベクトルとして扱われ，区別されない．しかし，本章では，位置ベクトル $\boldsymbol{x}$ は点 $p = e_0 + \boldsymbol{x}$，方向ベクトル $\boldsymbol{u}$ は無限遠点とみなされ，区別される．

古典の世界 7.1 [射影幾何学]

射影幾何学 (projective geometry) では，3 次元空間の点 (x, y, z) を 4 個の数値 (X, Y, Z, W) で表す．これを**同次座標** (homogeneous coordinates) とよぶ．そして，同次座標 (X, Y, Z, W) の点は，$W \neq 0$ なら 3 次元空間の点 $(X/W, Y/W, Z/W)$ を表すと解釈し，$W = 0$ なら (X, Y, Z) 方向の無限遠点と解釈する．したがって，同次座標 (X, Y, Z, W) は比のみに意味があって，任意の $c \neq 0$ に対して (cX, cY, cZ, cW) と同じ点を表す．この同次座標に対して，3 次元空間の座標 (x, y, z) を**非同次座標** (inhomogeneous coordinates) とよぶ．同次座標で表される点の全体，すなわち，3 次元空間に無限遠点を付加したものを 3 次元**射影空間** (projective space) とよぶ．次元を下げた平面幾何学でも同様である．すなわち，平面上の点 (x, y) を 3 個の数値による同次座標 (X, Y, Z) で表し，$Z \neq 0$ なら点 $(X/Z, Y/Z)$ を，$Z = 0$ なら (X, Y) 方向の無限遠点を表すと解釈する．そして，平面上に無限遠点を付加したものを 2 次元射影空間とよぶ．

同次座標を使う最大の利点は，よく用いられる幾何学的な変換が**同次座標による行列演算で表される**ことである．たとえば，平面の相似変換は

$$\begin{pmatrix} X' \\ Y' \\ Z' \end{pmatrix} \simeq \left(\begin{array}{c|c} s\boldsymbol{R} & \boldsymbol{t} \\ \hline 0 \ \ 0 & 1 \end{array}\right) \begin{pmatrix} X \\ Y \\ Z \end{pmatrix} \tag{7.7}$$

と書ける．ただし，$\simeq$ は 0 でない定数倍を除いて等しいことを表す．$\boldsymbol{R}$ は回転行列であり，$\boldsymbol{t}$ は並進ベクトル，s はスケール変化（拡大・縮小）を表す．$s=1$ とすると剛体運動となり，さらに $\boldsymbol{t}=\boldsymbol{0}$ とすると回転を表す．あるいは $s=0$ とすると $\boldsymbol{t}$ だけの並進を表す．一方，$s\boldsymbol{R}$ を一般の正則行列 $\boldsymbol{A}$ に置き換えたものはアフィン変換を表す．さらに，3×3 正則行列 $\boldsymbol{H}$ を用いて

$$\begin{pmatrix} X' \\ Y' \\ Z' \end{pmatrix} \simeq \boldsymbol{H} \begin{pmatrix} X \\ Y \\ Z \end{pmatrix} \tag{7.8}$$

としたものを（2次元，あるいは平面）**射影変換** (projective transformation, homography) とよぶ．これは直線が直線に写像される最も一般的な変換であり，たとえば正方形は一般の四辺形に写像される．射影変換全体は群をなし，アフィン変換，相似変換，剛体運動，回転，並進，スケール変化，恒等変換はすべて射影変換群の部分群（= それ自身で閉じた群）となる．

古典の世界 7.2 [透視投影]

同次座標の幾何学的な意味は，**透視投影** (perspective projection) を考えると理解しやすい．カメラの撮像は図 7.2 のようにモデル化できる．

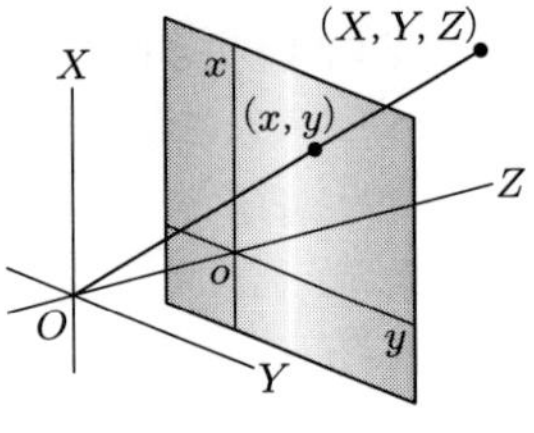

図 **7.2**　透視投影のモデル．空間の点 (X, Y, Z) が画像面上の点 (x, y) に投影される．

レンズの中心を O とし，**光軸** (optical axis)（レンズ中心を通る対称軸）を Z 軸とし，Z 軸に垂直に X, Y 軸をとる．そして Z 軸上のある点を通り，XY 面に平行な面を**画像面** (image plane) とみなし，シーンの点 (X, Y, Z) はこの点と O を結ぶ直線と画像面との交点 (x, y) に投影されると考える．実際のカメラでは撮像面はレンズの後方にあるが，前方の画像面を考えても幾何学的な関係は同じである．このような撮像モデルではレンズの中心 O を**視点** (viewpoint)，視点 O とシーンの点 (X, Y, Z) を結ぶ直線を**視線** (line of sight)，視点 O と画像面との距離を**焦点距離** (focal length) とよぶ．焦点距離を 1 とする尺度で画像上での長さを測るとすると，シーンの点 (X, Y, Z) とその投影像 (x, y) は次の関係が成り立つ．

$$x = \frac{X}{Z}, \qquad y = \frac{Y}{Z} \tag{7.9}$$

画像面上の座標，すなわち**画像座標** (image coordinates) の原点は画像面と光軸との交点 o であり，これを**光軸点** (principal point) とよぶ．したがって，画像面の原点 o とその「外側」のシーンの原点 O とは異なる．

シーンの点 (X, Y, Z) は，視線上を移動しても投影像 (x, y) は同じである．この意味で 3 次元位置 (X, Y, Z) が画像上の点 (x, y) の同次座標の役割を果たしている．点 (x, y) が画像面上で無限遠方に遠ざかると，その視線は次第に画像面と平行になり，視線上の点の Z 座標が 0 に近づく．したがって，点 $(X, Y, 0)$ が画像上の無限遠点に対応している．

7.3 直線のプリュッカー座標

3 次元空間の直線に対して，次の事実が成り立つことを示す．

- 2 点 p_1, p_2 を通る直線 L は，4 次元同次空間の二重ベクトルによって $L = p_1 \wedge p_2$ と表される．
- 直線 L の方程式は，$p \wedge L = 0$ の形となる．
- 直線 L は，プリュッカー座標 $\boldsymbol{m}, \boldsymbol{n}$ によって指定される．
- 指定した点を通り，指定した方向をもつ直線は，その点とその方向に対応する無限遠点を通る直線と解釈される．
- 二つの無限遠点を通る直線は，方向のみが指定され，無限遠方に存在する無限遠直線と解釈される．

7.3.1 直線の表現

3 次元空間の位置ベクトル $\boldsymbol{x}_1, \boldsymbol{x}_2$ の点を通る直線 L を考える．4 次元同次空間では，それら 2 点は $p_1 = e_0 + \boldsymbol{x}_1$, $p_2 = e_0 + \boldsymbol{x}_2$ で表される．直線 L を二重ベクトル

$$L = p_1 \wedge p_2 \tag{7.10}$$

で表す．これは 4 次元ベクトル p_1, p_2 の張る平面（2 次元部分空間）であるが，我々には 4 次元空間全体は見えず，見えるのは e_0 を原点とする 3 次元 xyz 空間との切り口 L であると解釈する（図 7.3）．L は二重ベクトルであるから，基底を用いると

$$\begin{aligned} L = m_1 e_0 \wedge e_1 + m_2 e_0 \wedge e_2 + m_3 e_0 \wedge e_3 \\ + n_1 e_2 \wedge e_3 + n_2 e_3 \wedge e_1 + n_3 e_1 \wedge e_2 \end{aligned} \tag{7.11}$$

と表せる．この m_i, $n_i (i = 1, 2, 3)$ をこの直線の**プリュッカー座標** (Plücker coordinates) とよぶ．同次空間では p_1, p_2 を定数倍しても同じ点を表すので，L を何倍しても同じ直線を表す．したがって，m_i, n_i は比のみに意味がある．そのような比に意味がある座標を**同次座標** (homogeneous coordinates) という．プリュッカー座標は同次座標である．

プリュッカー座標 m_i, n_i をベクトルと解釈したものを $\boldsymbol{m} = m_1 e_1 + m_2 e_2 + m_3 e_3$, $\boldsymbol{n} = n_1 e_1 + n_2 e_2 + n_3 e_3$ とおくと，式 (7.11) は次のように書ける．

$$L = e_0 \wedge \boldsymbol{m} - \boldsymbol{n}^* \tag{7.12}$$

ただし，$\boldsymbol{n}^* = -\boldsymbol{n} \cdot I$ は $\boldsymbol{n}$ に（3 次元空間で）双対な二重ベクトルであり，（↪ 第 5 章の式 (5.55)）$I = e_1 \wedge e_2 \wedge e_3$ は（3 次元空間の）体積要素である．これは第 5 章の式 (5.67) より，次のように書ける．

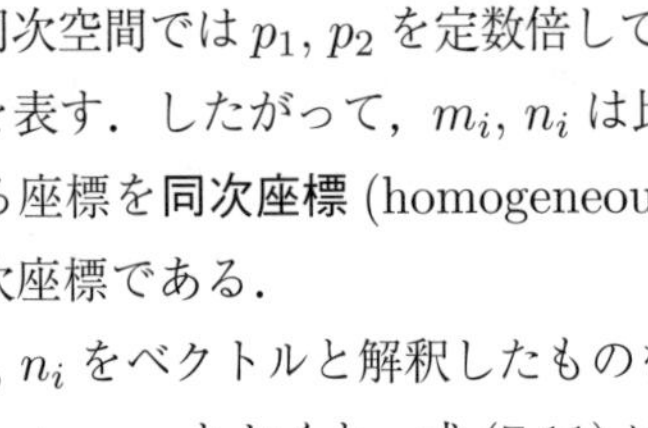

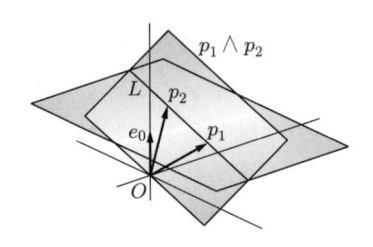

図 7.3　点 p_1, p_2 を通る直線 L を 4 次元同次空間にベクトル p_1, p_2 が張る平面 $p_1 \wedge p_2$ と e_0 を通る 3 次元空間との交線とみなす．

$$\boldsymbol{n}^* = -n_1 e_2 \wedge e_3 - n_2 e_3 \wedge e_1 - n_3 e_1 \wedge e_2 \tag{7.13}$$

7.3.2 直線の方程式

点 $p = e_0 + \boldsymbol{x}$ が直線 $L = p_1 \wedge p_2$ の上にある条件は

$$p \wedge L = 0 \tag{7.14}$$

である．したがって，これが直線 L の「方程式」である．式 (7.12) より，左辺は次のようになる．

$$\begin{aligned} p \wedge L &= (e_0 + \boldsymbol{x}) \wedge (e_0 \wedge \boldsymbol{m} - \boldsymbol{n}^*) = -e_0 \wedge \boldsymbol{n}^* + \boldsymbol{x} \wedge e_0 \wedge \boldsymbol{m} + \boldsymbol{x} \wedge \boldsymbol{n}^* \\ &= -e_0 \wedge (\boldsymbol{x} \wedge \boldsymbol{m} + \boldsymbol{n}^*) + \boldsymbol{x} \wedge \boldsymbol{n}^* \end{aligned} \tag{7.15}$$

ゆえに，式 (7.14) は次の二つの式に同値である．

$$\boldsymbol{x} \wedge \boldsymbol{m} = -\boldsymbol{n}^*, \qquad \boldsymbol{x} \wedge \boldsymbol{n}^* = 0 \tag{7.16}$$

前者の両辺の双対をとると $(\boldsymbol{x} \wedge \boldsymbol{m})^* = \boldsymbol{n}$ であるが，$(\boldsymbol{x} \wedge \boldsymbol{m})^*$ はベクトル積 $\boldsymbol{x} \times \boldsymbol{m}$ にほかならない（$\hookrightarrow$ 第 5 章の式 (5.73)）．また，後者は $\boldsymbol{x} \cdot \boldsymbol{n} = 0$ と書ける（$\hookrightarrow$ 第 5 章の式 (5.79)）．ゆえに，式 (7.16) は第 2 章の記法で次のように書ける（$\hookrightarrow$ 式 (2.60), (2.65)）．

$$\boldsymbol{x} \times \boldsymbol{m} = \boldsymbol{n}, \qquad \langle \boldsymbol{x}, \boldsymbol{n} \rangle = 0 \tag{7.17}$$

これは，$\boldsymbol{m}$ が直線 L の方向ベクトルであり，$\boldsymbol{n}$ が直線 L の支持平面の法線ベクトルであることを示す．

7.3.3 直線の計算

2 点 p_1, p_2 を通る直線 $L = p_1 \wedge p_2$ のプリュッカー座標 $\boldsymbol{m}$, $\boldsymbol{n}$ を求める．$p_1 = e_0 + \boldsymbol{x}_1$, $p_2 = e_0 + \boldsymbol{x}_2$ を代入して展開すると

$$\begin{aligned} L &= p_1 \wedge p_2 = (e_0 + \boldsymbol{x}_1) \wedge (e_0 + \boldsymbol{x}_2) = e_0 \wedge \boldsymbol{x}_2 + \boldsymbol{x}_1 \wedge e_0 + \boldsymbol{x}_1 \wedge \boldsymbol{x}_2 \\ &= e_0 \wedge (\boldsymbol{x}_2 - \boldsymbol{x}_1) + \boldsymbol{x}_1 \wedge \boldsymbol{x}_2 \end{aligned} \tag{7.18}$$

となる．式 (7.12) と比較すると，$\boldsymbol{m} = \boldsymbol{x}_2 - \boldsymbol{x}_1$, $-\boldsymbol{n}^* = \boldsymbol{x}_1 \wedge \boldsymbol{x}_2$ が得られる．後者は両辺の双対をとれば，$\boldsymbol{n} = \boldsymbol{x}_1 \times \boldsymbol{x}_2$ となる．すなわち，プリュッカー座標は次のようになる．

$$\boldsymbol{m} = \boldsymbol{x}_2 - \boldsymbol{x}_1, \qquad \boldsymbol{n} = \boldsymbol{x}_1 \times \boldsymbol{x}_2 \tag{7.19}$$

プリュッカー座標は同次座標であるから，これは第 2 章の式 (2.68) の関係にほかならない．

次に，L を位置ベクトル $\boldsymbol{x}$ の点 $p = e_0 + \boldsymbol{x}$ を通り，方向ベクトル $\boldsymbol{u}$ の直線とする．これは点 p と無限遠点 $\boldsymbol{u}$ を通る直線と解釈できるから，次のように表せる．

$$L = p \wedge \boldsymbol{u} = (e_0 + \boldsymbol{x}) \wedge \boldsymbol{u} = e_0 \wedge \boldsymbol{u} + \boldsymbol{x} \wedge \boldsymbol{u} \tag{7.20}$$

式 (7.12) と比較すると，$\boldsymbol{m} = \boldsymbol{u}$, $-\boldsymbol{n}^* = \boldsymbol{x} \wedge \boldsymbol{u}$ であるが，後者は両辺の双対をとれば $\boldsymbol{n} = \boldsymbol{x} \times \boldsymbol{u}$ となる．すなわち，プリュッカー座標は次のようになる．

$$\boldsymbol{m} = \boldsymbol{u}, \qquad \boldsymbol{n} = \boldsymbol{x} \times \boldsymbol{u} \tag{7.21}$$

これは，$\boldsymbol{u} = \boldsymbol{x}_2 - \boldsymbol{x}_1$ とすると式 (7.19) と同じになる．

最後に，二つの無限遠点 $\boldsymbol{u}_1$, $\boldsymbol{u}_2$ を結ぶ直線

$$L_\infty = \boldsymbol{u}_1 \wedge \boldsymbol{u}_2 \tag{7.22}$$

を考える．このような直線を**無限遠直線** (line at infinity) とよぶ．式 (7.12) と比較すると $\boldsymbol{m} = 0$, $-\boldsymbol{n}^* = \boldsymbol{u}_1 \wedge \boldsymbol{u}_2$ であるが，後者は両辺の双対をとれば $\boldsymbol{n} = \boldsymbol{u}_1 \times \boldsymbol{u}_2$ となる．すなわち，プリュッカー座標は次のようになる．

$$\boldsymbol{m} = 0, \qquad \boldsymbol{n} = \boldsymbol{u}_1 \times \boldsymbol{u}_2 \tag{7.23}$$

これは有限の点を含んでいない．実際，$\boldsymbol{m} = 0$ なら方程式 (7.17) を満たす $\boldsymbol{x}$ は存在しない．しかし，$\boldsymbol{n}$ は $\boldsymbol{u}_1$, $\boldsymbol{u}_2$ の張る平面の法線ベクトルである．したがって，無限遠点 $\boldsymbol{u}_1$, $\boldsymbol{u}_2$ を通る無限遠直線 L_∞ は，$\boldsymbol{u}_1$, $\boldsymbol{u}_2$ の張る平面の無限遠方の周囲であり，平面を輪のように取り囲んでいると解釈される．

以上をまとめると，次のようにいえる．

命題 7.1 [直線の記述]

- 2 点 p_1, p_2 を通る直線は，$L = p_1 \wedge p_2$ で表せる．これは，p_1, p_2 の一方，あるいは両方が無限遠点であってもよい．
- 無限遠点は，方向ベクトルと同一視できる．
- 直線 L の方程式は，$p \wedge L = 0$ で与えられる．

7.4 平面のプリュッカー座標

3 次元空間の平面に対して，次の事実が成り立つことを示す．

- 3 点 p_1, p_2, p_3 を通る平面 Π は，4 次元同次空間の三重ベクトルによって $\Pi = p_1 \wedge p_2 \wedge p_3$ と表される．
- 直線 Π の方程式は，$p \wedge \Pi = 0$ の形となる．
- 直線 Π は，プリュッカー座標 $\boldsymbol{n}, h$ によって指定される．
- 指定した 2 点を通り，指定した方向を含む平面は，その 2 点とその方向に対応する無限遠点を通る平面と解釈される．
- 指定した 1 点を通り，指定した 2 方向を含む平面は，その 1 点とその方向に対応する二つの無限遠点を通る平面と解釈される．
- 三つの無限遠点を通る平面は，方向をもたず，無限遠方に存在する無限遠平面と解釈される．

7.4.1 平面の表現

3 次元空間の位置ベクトル $\boldsymbol{x}_1$, $\boldsymbol{x}_2$, $\boldsymbol{x}_3$ の点を通る平面 Π を考える．4 次元同次空間では，それら 3 点が $p_1 = e_0 + \boldsymbol{x}_1$, $p_2 = e_0 + \boldsymbol{x}_2$, $p_3 = e_0 + \boldsymbol{x}_3$ で表される．平面 Π を三重ベクトル

$$\Pi = p_1 \wedge p_2 \wedge p_3 \tag{7.24}$$

で表す．これは 4 次元ベクトル p_1, p_2, p_3 の張る 3 次元部分空間であるが，我々には 4 次元空間全体は見えず，見えるのは e_0 を原点とする 3 次元 xyz 空間との切り口 Π であると解釈する．Π は三重ベクトルであるから，基底を用いると

$$\Pi = n_1 e_0 \wedge e_2 \wedge e_3 + n_2 e_0 \wedge e_3 \wedge e_1 + n_3 e_0 \wedge e_1 \wedge e_2 + h e_1 \wedge e_2 \wedge e_3 \tag{7.25}$$

と表せる．この $n_i (i = 1, 2, 3), h$ をこの平面の**プリュッカー座標** (Plücker coordinates) とよぶ．同次空間では p_1, p_2, p_3 を定数倍しても同じ点を表すので，Π を何倍しても同じ平面を表す．したがって，プリュッカー座標 n_i, h は同次座標である．プリュッカー座標 n_i をベクトルと解釈したものを $\boldsymbol{n} = n_1 e_1 + n_2 e_2 + n_3 e_3$ とおくと，式 (7.25) は次のように書ける．

$$\Pi = -e_0 \wedge \boldsymbol{n}^* + hI \tag{7.26}$$

ただし，$\boldsymbol{n}^* = -\boldsymbol{n} \cdot I$ は $\boldsymbol{n}$ に（3 次元空間で）双対な二重ベクトルであり，$I = e_1 \wedge e_2 \wedge e_3$ は（3 次元空間の）体積要素である．

7.4.2　平面の方程式

点 $p = e_0 + \boldsymbol{x}$ が平面 $\mathit{\Pi} = p_1 \wedge p_2 \wedge p_3$ の上にある条件は

$$p \wedge \mathit{\Pi} = 0 \tag{7.27}$$

である．これが平面 $\mathit{\Pi}$ の「方程式」である．式 (7.26) より，左辺は次のようになる．

$$\begin{aligned} p \wedge \mathit{\Pi} &= (e_0 + \boldsymbol{x}) \wedge (-e_0 \wedge \boldsymbol{n}^* + hI) = -\boldsymbol{x} \wedge e_0 \wedge \boldsymbol{n}^* + he_0 \wedge I \\ &= e_0 \wedge \boldsymbol{x} \wedge \boldsymbol{n}^* + he_0 \wedge I = e_0 \wedge (\boldsymbol{x} \wedge \boldsymbol{n}^* + hI) \\ &= (h - \langle \boldsymbol{n}, \boldsymbol{x} \rangle) e_0 \wedge I \end{aligned} \tag{7.28}$$

ただし，式 (7.13) より $\boldsymbol{x} \wedge \boldsymbol{n}^* = -\langle \boldsymbol{n}, \boldsymbol{x} \rangle I$ となることを用いた．ゆえに，式 (7.27) は次式に同値である．

$$\langle \boldsymbol{n}, \boldsymbol{x} \rangle = h \tag{7.29}$$

第 2 章に示したことから，$\boldsymbol{n}$ がこの平面の法線ベクトルであり，$h/\|\boldsymbol{n}\|$ が原点 e_0 からこの平面までの距離になっている．

7.4.3　平面の計算

3 点 p_1, p_2, p_3 を通る平面 $\mathit{\Pi} = p_1 \wedge p_2 \wedge p_3$ のプリュッカー座標 $\boldsymbol{n}, h$ を求める．$p_1 = e_0 + \boldsymbol{x}_1, p_2 = e_0 + \boldsymbol{x}_2, p_3 = e_0 + \boldsymbol{x}_3$ を代入して展開すると，

$$\begin{aligned} \mathit{\Pi} &= p_1 \wedge p_2 \wedge p_3 = (e_0 + \boldsymbol{x}_1) \wedge (e_0 + \boldsymbol{x}_2) \wedge (e_0 + \boldsymbol{x}_3) \\ &= e_0 \wedge \boldsymbol{x}_2 \wedge \boldsymbol{x}_3 + \boldsymbol{x}_1 \wedge e_0 \wedge \boldsymbol{x}_3 + \boldsymbol{x}_1 \wedge \boldsymbol{x}_2 \wedge e_0 + \boldsymbol{x}_1 \wedge \boldsymbol{x}_2 \wedge \boldsymbol{x}_3 \\ &= e_0 \wedge (\boldsymbol{x}_2 \wedge \boldsymbol{x}_3 + \boldsymbol{x}_3 \wedge \boldsymbol{x}_1 + \boldsymbol{x}_1 \wedge \boldsymbol{x}_2) + \boldsymbol{x}_1 \wedge \boldsymbol{x}_2 \wedge \boldsymbol{x}_3 \end{aligned} \tag{7.30}$$

となる．式 (7.26) と比較すると，$-\boldsymbol{n}^* = \boldsymbol{x}_2 \wedge \boldsymbol{x}_3 + \boldsymbol{x}_3 \wedge \boldsymbol{x}_1 + \boldsymbol{x}_1 \wedge \boldsymbol{x}_2$, $hI = \boldsymbol{x}_1 \wedge \boldsymbol{x}_2 \wedge \boldsymbol{x}_3$ が得られる．両辺の双対をとり，$I^* = 1$, $(\boldsymbol{x}_1 \wedge \boldsymbol{x}_2 \wedge \boldsymbol{x}_3)^* = |\boldsymbol{x}_1, \boldsymbol{x}_2, \boldsymbol{x}_3|$ に注意すると（↪ 第 5 章の式 (5.64), (5.73)），次のようになる．

$$\boldsymbol{n} = \boldsymbol{x}_2 \times \boldsymbol{x}_3 + \boldsymbol{x}_3 \times \boldsymbol{x}_1 + \boldsymbol{x}_1 \times \boldsymbol{x}_2, \qquad h = |\boldsymbol{x}_1, \boldsymbol{x}_2, \boldsymbol{x}_3| \tag{7.31}$$

これは，第 2 章の式 (2.53) の分母を除いたものに一致している．

3点 p_1, p_2, p_3 を通る平面 Π は，点 p_2, p_3 を通る直線を L とすると，点 p_1 と直線 L を通る平面ともみなせる．p_1 を $p = e_0 + \boldsymbol{p}$ と書き，$L = e_0 \wedge \boldsymbol{m} - \boldsymbol{n}_L^*$ と書くと，平面 Π の表現は次のようになる．

$$\begin{aligned}\Pi &= (e_0 + \boldsymbol{p}) \wedge (e_0 \wedge \boldsymbol{m} - \boldsymbol{n}_L^*) = -e_0 \wedge \boldsymbol{n}_L^* + \boldsymbol{p} \wedge e_0 \wedge \boldsymbol{m} - \boldsymbol{p} \wedge \boldsymbol{n}_L^* \\ &= -e_0 \wedge (\boldsymbol{n}_L^* + \boldsymbol{p} \wedge \boldsymbol{m}) - \boldsymbol{p} \wedge \boldsymbol{n}_L^* = -e_0 \wedge (\boldsymbol{n}_L - (\boldsymbol{p} \wedge \boldsymbol{m})^*)^* - \boldsymbol{p} \wedge \boldsymbol{n}_L^* \\ &= -e_0 \wedge (\boldsymbol{n}_L - \boldsymbol{p} \times \boldsymbol{m})^* - \boldsymbol{p} \wedge \boldsymbol{n}_L^* = -e_0 \wedge (\boldsymbol{n}_L - \boldsymbol{p} \times \boldsymbol{m})^* + \langle \boldsymbol{p}, \boldsymbol{n}_L \rangle I\end{aligned} \tag{7.32}$$

ただし，式 (7.13) より $\boldsymbol{p} \wedge \boldsymbol{n}_L^* = -\langle \boldsymbol{p}, \boldsymbol{n}_L \rangle I$ となることを用いた．平面のプリュッカー座標は，式 (7.26) と比較して次のようになる．

$$\boldsymbol{n} = \boldsymbol{n}_L - \boldsymbol{p} \times \boldsymbol{m}, \qquad h = \langle \boldsymbol{p}, \boldsymbol{n}_L \rangle \tag{7.33}$$

これは，第2章の式 (2.83) と定数倍を除いて一致している．

次に Π を，位置ベクトル $\boldsymbol{x}_1, \boldsymbol{x}_2$ の点を通り，方向ベクトル $\boldsymbol{u}$ を含む平面とする．これは2点 $p_1 = e_0 + \boldsymbol{x}_1, p_2 = e_0 + \boldsymbol{x}_2$ と無限遠点 $\boldsymbol{u}$ を通る平面と解釈できるから，次のように表せる．

$$\begin{aligned}\Pi &= p_1 \wedge p_2 \wedge \boldsymbol{u} = (e_0 + \boldsymbol{x}_1) \wedge (e_0 + \boldsymbol{x}_2) \wedge \boldsymbol{u} \\ &= e_0 \wedge \boldsymbol{x}_2 \wedge \boldsymbol{u} + \boldsymbol{x}_1 \wedge e_0 \wedge \boldsymbol{u} \boldsymbol{x}_1 \wedge \boldsymbol{x}_2 \wedge \boldsymbol{u} \\ &= e_0 \wedge (\boldsymbol{x}_2 - \boldsymbol{x}_1) \wedge \boldsymbol{u} + \boldsymbol{x}_1 \wedge \boldsymbol{x}_2 \wedge \boldsymbol{u}\end{aligned} \tag{7.34}$$

式 (7.26) と比較すると $-\boldsymbol{n}^* = (\boldsymbol{x}_2 - \boldsymbol{x}_1) \wedge \boldsymbol{u}$, $hI = \boldsymbol{x}_1 \wedge \boldsymbol{x}_2 \wedge \boldsymbol{u}$ が得られ，両辺の双対をとると次のようになる．

$$\boldsymbol{n} = (\boldsymbol{x}_2 - \boldsymbol{x}_1) \times \boldsymbol{u}, \qquad h = |\boldsymbol{x}_1, \boldsymbol{x}_2, \boldsymbol{u}| \tag{7.35}$$

これは，第2章の図2.10で $\boldsymbol{x}_3 - \boldsymbol{x}_1$ を $\boldsymbol{u}$ に置き換えたものに相当している．2点 p_1, p_2 を通る直線を $L = e_0 \wedge \boldsymbol{m} - \boldsymbol{n}_L^*$ の形に表すと，上の結果は次のようになる．

$$\begin{aligned}\Pi &= (e_0 \wedge \boldsymbol{m} - \boldsymbol{n}_L^*) \wedge \boldsymbol{u} = e_0 \wedge \boldsymbol{m} \wedge \boldsymbol{u} - \boldsymbol{n}_L^* \wedge \boldsymbol{u} \\ &= -e_0 \wedge (\boldsymbol{m} \wedge \boldsymbol{u})^{**} + \langle \boldsymbol{n}_L, \boldsymbol{u} \rangle I \\ &= -e_0 \wedge (\boldsymbol{m} \times \boldsymbol{u})^* + \langle \boldsymbol{n}_L, \boldsymbol{u} \rangle I\end{aligned} \tag{7.36}$$

ただし，式 (7.13) より $\boldsymbol{n}_L^* \wedge \boldsymbol{u} = -\langle \boldsymbol{n}_L, \boldsymbol{u} \rangle I$ となることを用いた．式 (7.26) と比較すると，平面のプリュッカー座標は次のようになる（定数倍を除いて，第

2 章の演習問題 2.14 の結果に一致している).

$$\boldsymbol{n} = \boldsymbol{m} \times \boldsymbol{u}, \qquad h = \langle \boldsymbol{n}_L, \boldsymbol{u} \rangle \tag{7.37}$$

次に Π を，位置ベクトル $\boldsymbol{x}$ の点を通り，方向ベクト $\boldsymbol{u}$, $\boldsymbol{v}$ の張る平面とする．これは点 $p = e_0 + \boldsymbol{x}$ と無限遠点 $\boldsymbol{u}$, $\boldsymbol{v}$ を通る平面と解釈できるから，次のように表せる．

$$\begin{aligned} \Pi &= p \wedge \boldsymbol{u} \wedge \boldsymbol{v} = (e_0 + \boldsymbol{x}) \wedge \boldsymbol{u} \wedge \boldsymbol{v} \\ &= e_0 \wedge \boldsymbol{u} \wedge \boldsymbol{v} + \boldsymbol{x} \wedge \boldsymbol{u} \wedge \boldsymbol{v} \end{aligned} \tag{7.38}$$

式 (7.26) と比較すると $-\boldsymbol{n}^* = \boldsymbol{u} \wedge \boldsymbol{v}$, $hI = \boldsymbol{x} \wedge \boldsymbol{u} \wedge \boldsymbol{v}$ が得られ，両辺の双対をとると次のようになる（定数倍を除いて，第 2 章の演習問題 2.15 の結果に一致している).

$$\boldsymbol{n} = \boldsymbol{u} \times \boldsymbol{v}, \qquad h = |\boldsymbol{x}, \boldsymbol{u}, \boldsymbol{v}| \tag{7.39}$$

これは $\boldsymbol{x}$ を通って $\boldsymbol{u}$, $\boldsymbol{v}$ の張る平面となっている．式 (7.38) は，式 (7.22) のようにおいて，$\Pi = p \wedge L_\infty$ と書いてもよい．

最後に，3 個の無限遠点 $\boldsymbol{u}$, $\boldsymbol{v}$, $\boldsymbol{w}$ を通る平面

$$\Pi_\infty = \boldsymbol{u} \wedge \boldsymbol{v} \wedge \boldsymbol{w} \tag{7.40}$$

を考える．このような平面を**無限遠平面** (plane at infinity) とよぶ．式 (7.26) と比較すると $-\boldsymbol{n}^* = 0$, $hI = \boldsymbol{u} \wedge \boldsymbol{v} \wedge \boldsymbol{w}$ であり，両辺の双対をとると次のようになる．

$$\boldsymbol{n} = 0, \qquad h = |\boldsymbol{u}, \boldsymbol{v}, \boldsymbol{w}| \tag{7.41}$$

原点 e_0 から平面までの距離が $h/\|\boldsymbol{n}\|$ であるから，$\boldsymbol{n} = 0$ は距離 ∞ を意味する．したがって，無限遠平面 Π_∞ は無限遠方にあって法線方向は定義されない．プリュッカー座標は，同次座標であって $\boldsymbol{n}$ と h の比のみに意味があるから，$\boldsymbol{n} = 0$ であれば h の値には意味がない．したがって，$h = 1$ として式 (7.40) を

$$\Pi_\infty = I \ \ (= e_1 \wedge e_2 \wedge e_3) \tag{7.42}$$

とみなしてもよい．すなわち，無限遠平面 Π_∞ は無限遠点 $\boldsymbol{u}$, $\boldsymbol{v}$, $\boldsymbol{w}$ によらずに**ただ一つ存在する**だけであり，3 次元空間を取り囲む半径 ∞ の球面と解釈される．有限の点を含まないことは $\boldsymbol{n} = 0$, $h \neq 0$ のとき，平面の方程式 (7.29) を満たす $\boldsymbol{x}$ が存在しないことからも明らかである．

以上をまとめると，次のようにいえる．

命題 7.2 [平面の記述]

- 3 点 p_1, p_2, p_3 を通る平面は $\Pi = p_1 \wedge p_2 \wedge p_3$ で表せる．これは p_1, p_2, p_3 のどれか，あるいはすべてが無限遠点であってもよい．
- 点 p と直線 L を通る平面は $\Pi = p \wedge L$ と表せる．p は無限遠点であってもよいし，L は無限遠直線であってもよい．
- 平面 Π の方程式は $p \wedge \Pi = 0$ で与えられる．

7.5 双対表現

第 5 章で述べたように，部分空間はその直交補空間によっても指定できる．4 次元同次空間では直線は二重ベクトル，すなわち 2 次元部分空間で指定されるから，その直交補空間も 2 次元であり，ある直線を表している．平面は三重ベクトル，すなわち 3 次元部分空間で指定されるから，その直交補空間は 1 次元であり，ある点を表している．このような双対関係を記述する基本となるのは，4 次元同次空間の**体積要素** (volume element)

$$I_4 = e_0 \wedge e_1 \wedge e_2 \wedge e_3 \tag{7.43}$$

である．そして，k 重ベクトル $(\cdots)(k = 0, 1, 2, 3, 4)$ の双対を

$$(\cdots)^* = (\cdots) \cdot I_4 \tag{7.44}$$

と定義する．これは $(4-k)$ 重ベクトルである．3 次元空間では双対は $(\cdots)^* = -(\cdots) \cdot I$ であったが（↪ 第 5 章の式 (5.54)），n 次元空間では双対を $(-1)^{n(n-1)/2}(\cdots) \cdot I_n$ と定義するので，式 (7.44) となる．定義より，次の結果を得る．

命題 7.3 [基底の双対]

基底 e_0, e_1, e_2, e_3 の外積の双対は，次のようになる．

$$1^* = e_0 \wedge e_1 \wedge e_2 \wedge e_3, \qquad e_0^* = e_1 \wedge e_2 \wedge e_3 \tag{7.45}$$

$$e_1^* = -e_0 \wedge e_2 \wedge e_3, \qquad e_2^* = -e_0 \wedge e_3 \wedge e_1,$$
$$e_3^* = -e_0 \wedge e_1 \wedge e_2 \tag{7.46}$$

$$(e_0 \wedge e_1)^* = -e_2 \wedge e_3, \qquad (e_0 \wedge e_2)^* = -e_3 \wedge e_1,$$

$$(e_0 \wedge e_3)^* = -e_1 \wedge e_2 \tag{7.47}$$

$$(e_2 \wedge e_3)^* = -e_0 \wedge e_1, \qquad (e_3 \wedge e_1)^* = -e_0 \wedge e_2,$$
$$(e_1 \wedge e_2)^* = -e_0 \wedge e_3 \tag{7.48}$$

$$(e_0 \wedge e_2 \wedge e_3)^* = -e_1, \qquad (e_0 \wedge e_3 \wedge e_1)^* = -e_2,$$
$$(e_0 \wedge e_1 \wedge e_2)^* = -e_3 \tag{7.49}$$

$$(e_1 \wedge e_2 \wedge e_3)^* = e_0, \qquad (e_0 \wedge e_1 \wedge e_2 \wedge e_3)^* = 1 \tag{7.50}$$

この結果から，4次元同次空間では**双対の双対は元の表現に一致する**ことがわかる．直線，平面，点の具体的な双対表現は次のようになる．

7.5.1　直線の双対表現

式(7.47), (7.48)より，式(7.11)の直線 L の双対は次のようになる．

$$L^* = -m_1 e_2 \wedge e_3 - m_2 e_3 \wedge e_1 - m_3 e_1 \wedge e_2$$
$$- n_1 e_0 \wedge e_1 - n_2 e_0 \wedge e_2 - n_3 e_0 \wedge e_3 \tag{7.51}$$

これは次のように書くことができる．

$$L^* = -e_0 \wedge \boldsymbol{n} + \boldsymbol{m}^* \tag{7.52}$$

ただし，$\boldsymbol{m}^*$ は $\boldsymbol{m}$ の3次元空間での双対である．

第5章に示したことから，直接表現による直線の方程式 $p \wedge L = 0$ は，双対表現では $p \cdot L^* = 0$ と書けるはずである（↪ 第5章の式(5.79)）．これは次のように確かめられる．式(7.52)より，

$$\begin{aligned}
p \cdot L^* &= (e_0 + \boldsymbol{x}) \cdot (-e_0 \wedge \boldsymbol{n} + \boldsymbol{m}^*) \\
&= -e_0 \cdot e_0 \wedge \boldsymbol{n} + e_0 \cdot \boldsymbol{m}^* - \boldsymbol{x} \cdot e_0 \wedge \boldsymbol{n} + \boldsymbol{x} \cdot \boldsymbol{m}^* \\
&= -e_0 \cdot e_0 \wedge \boldsymbol{n} - \boldsymbol{n} + e_0(\boldsymbol{x} \cdot \boldsymbol{n}) + \boldsymbol{x} \cdot \boldsymbol{m}^* = -\boldsymbol{n} + e_0(\boldsymbol{x} \cdot \boldsymbol{n}) - \boldsymbol{x} \cdot (\boldsymbol{m} \cdot I) \\
&= \langle \boldsymbol{n}, \boldsymbol{x} \rangle e_0 + (\boldsymbol{x} \cdot \boldsymbol{m})^* - \boldsymbol{n} = \langle \boldsymbol{n}, \boldsymbol{x} \rangle e_0 + \boldsymbol{x} \times \boldsymbol{m} - \boldsymbol{n}
\end{aligned} \tag{7.53}$$

と書ける．ここで，$\boldsymbol{n}, \boldsymbol{m}^*$ は基底に e_0 を含んでいないので，e_0 による縮約が0になること，$\boldsymbol{m}^* = -\boldsymbol{m} \cdot I$ であること，縮約の約束より $\boldsymbol{x} \wedge \boldsymbol{m} \cdot I = \boldsymbol{x} \cdot (\boldsymbol{m} \cdot I)$ であること，および $-\boldsymbol{x} \wedge \boldsymbol{m} \cdot I = (\boldsymbol{x} \wedge \boldsymbol{m})^* = \boldsymbol{x} \times \boldsymbol{m}$ であることを用いた．ゆえに，$p \cdot L^* = 0$ は式(7.17)に同値である．

7.5.2 平面の双対表現

式 (7.49), (7.50) より，式 (7.19) の平面 $\mathit{\Pi}$ の双対は次のようになる．

$$\mathit{\Pi}^* = -n_1e_1 - n_2e_2 - n_3e_3 + he_0 \tag{7.54}$$

これは次のように書くことができる．

$$\mathit{\Pi}^* = he_0 - \boldsymbol{n} \tag{7.55}$$

直線の場合と同様に，直接表現による平面の方程式 $p \wedge \mathit{\Pi} = 0$ は，双対表現では $p \cdot \mathit{\Pi}^* = 0$ と書けるはずである．実際，式 (7.54) より

$$p \cdot \mathit{\Pi}^* = (e_0 + \boldsymbol{x}) \cdot (he_0 - \boldsymbol{n}) = h - \boldsymbol{x} \cdot \boldsymbol{n} = h - \langle \boldsymbol{n}, \boldsymbol{x} \rangle \tag{7.56}$$

と書ける．ただし，$\boldsymbol{x}, \boldsymbol{n}$ は基底に e_0 を含んでいないので，e_0 による縮約が 0 になることを用いた．ゆえに，$p \cdot \mathit{\Pi}^* = 0$ は式 (7.29) に同値である．

7.5.3 点の双対表現

位置ベクトル $\boldsymbol{y} = y_1e_1 + y_2e_2 + y_3e_3$ にある点を

$$q = e_0 + \boldsymbol{y} \tag{7.57}$$

と書くと，点 $p = e_0 + \boldsymbol{x}$ が点 q と同じ位置にある条件は $p \wedge q = 0$ である．実際，

$$\begin{aligned} p \wedge q &= (e_0 + \boldsymbol{x}) \wedge (e_0 + \boldsymbol{y}) = e_0 \wedge \boldsymbol{y} + \boldsymbol{x} \wedge e_0 + \boldsymbol{x} \wedge \boldsymbol{q} \\ &= e_0 \wedge (\boldsymbol{y} - \boldsymbol{x}) + \boldsymbol{x} \wedge \boldsymbol{y} \end{aligned} \tag{7.58}$$

であるから，$p \wedge q = 0$ は

$$\boldsymbol{x} = \boldsymbol{y}, \qquad \boldsymbol{x} \wedge \boldsymbol{y} = 0 \tag{7.59}$$

を表している．すなわち，$p \wedge q = 0$ が点 q の「方程式」である．式 (7.45), (7.46) より，式 (7.57) の双対は

$$q^* = e_1 \wedge e_2 \wedge e_3 - e_0 \wedge (y_1e_2 \wedge e_3 + y_2e_2 \wedge e_3 + y_3e_2 \wedge e_3) \tag{7.60}$$

である．これは次のように書くことができる．

$$q^* = e_0 \wedge \boldsymbol{y}^* + I \tag{7.61}$$

ただし，$\boldsymbol{y}^*$ は $\boldsymbol{y}$ の 3 次元空間における双対であり，I は 3 次元空間の体積要素である．このとき，$p \cdot q^*$ は次のようになる．

$$p \cdot q^* = (e_0 + \boldsymbol{x}) \cdot (e_0 \wedge \boldsymbol{y}^* + I) = e_0 \cdot e_0 \wedge \boldsymbol{y}^* + \boldsymbol{x} \cdot e_0 \wedge \boldsymbol{y}^* + \boldsymbol{x} \cdot I$$
$$= \boldsymbol{y}^* - e_0 \wedge (\boldsymbol{x} \cdot \boldsymbol{y}^*) - \boldsymbol{x}^* = e_0 \wedge (\boldsymbol{x} \wedge \boldsymbol{y})^* + (\boldsymbol{x} - \boldsymbol{y})^* \quad (7.62)$$

ただし，$\boldsymbol{y}^*$ は基底に e_0 を含んでいないので e_0 による縮約が 0 になること，および関係 $\boldsymbol{x} \cdot \boldsymbol{y}^* = (\boldsymbol{x} \wedge \boldsymbol{y})^*$ を用いた（↪ 第 5 章の式 (5.78)）．ゆえに，$p \cdot q^* = 0$ は式 (7.59) と同じことを表している．すなわち，$p \cdot q^* = 0$ が点 q の方程式である．

これまでの結果をまとめると，表 7.1 のようになる．

表 7.1　点，直線，平面の直接表現と双対表現．

		直接表現	双対表現
点	表　現	$q = e_0 + \boldsymbol{y}$	$q^* = e_0 \wedge \boldsymbol{y}^* + I$
	方程式	$p \wedge q = 0$	$p \cdot q^* = 0$
直　線	表　現	$L = e_0 \wedge \boldsymbol{m} - \boldsymbol{n}^*$	$L^* = -e_0 \wedge \boldsymbol{n} + \boldsymbol{m}^*$
	方程式	$p \wedge L = 0$	$p \cdot L^* = 0$
平　面	表　現	$\Pi = -e_0 \wedge \boldsymbol{n}^* + hI$	$\Pi^* = he_0 - \boldsymbol{n}$
	方程式	$p \wedge \Pi = 0$	$p \cdot \Pi^* = 0$

7.6 双対定理

本節では 3 次元空間の点，直線，平面に関して，次のことを示す．

- 点，直線，平面には，それぞれ「双対平面」，「双対直線」，「双対点」とよぶ平面，直線，点が対応する．
- 複数の点，直線，平面の間に，「結合」，「交差」に対して，「結合の双対は双対の交差」であり，「交差の双対は双対の結合」であるという意味の双対定理が成立する．

7.6.1 双対点，双対直線，双対平面

直線 L は二重ベクトルであるから，その双対表現 L^* は二重ベクトルとなる．したがって，それはある直線を表している．それを L の**双対直線** (dual line) とよぶ．式 (7.12), (7.52) を比較すると，L の方向ベクトル $\boldsymbol{m}$ と支持平面の法線ベクトル $\boldsymbol{n}$ とが，L^* では互いに符号を変えて入れ換わっていることがわかる．

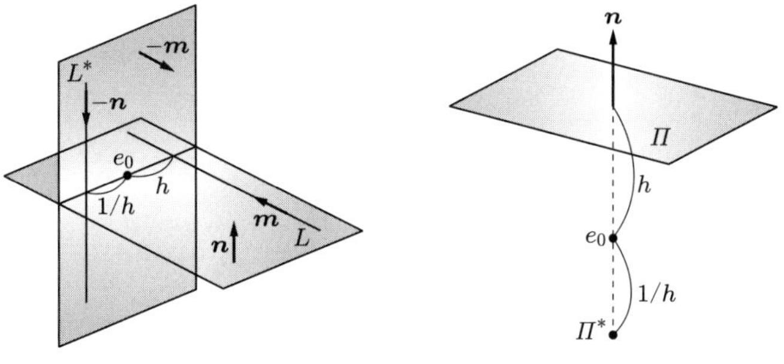

（a）直線 L とその双対直線 L^*　　（b）平面 Π とその双対点 Π^*

図 **7.4**

原点 e_0 から L の支持点までの距離は $h = \|\boldsymbol{n}\|/\|\boldsymbol{m}\|$ であるから（$\hookrightarrow$ 第 2 章の式 (2.61)），L^* の支持点までの距離は $1/h$ となる（図 7.4(a)）．

平面 Π は三重ベクトルであるから，その双対表現 Π^* はベクトルとなる．したがって，それはある点を表している．それを Π の**双対点** (dual point) とよぶ．式 (7.26) を点と解釈すると，これは 3 次元空間の位置 $-\boldsymbol{n}/h$ である．すなわち，原点 e_0 から平面 Π の法線ベクトル $\boldsymbol{n}$ と反対方向の距離 $1/h$ の点である（図 7.4(b)）．

点 $q = e_0 + \boldsymbol{y}$ の双対 q^* は，式 (7.61) で与えられる．これは三重ベクトルであるから，ある平面を表している．これを点 p の**双対平面** (dual plane) とよぶ．同次空間では定数倍しても同じ対象を表すから，q^* を $e_0 \wedge (\boldsymbol{y}/\|\boldsymbol{y}\|)^* + (1/\|\boldsymbol{y}\|)I$ と書いてもよい．これと式 (7.26) と比較すると，q^* の表す平面は法線ベクトルが $\boldsymbol{y}$ と反対向きで，原点 e_0 から $\boldsymbol{y}$ の反対方向に距離 $1/\|\boldsymbol{y}\|$ の点を通る平面である．すなわち，これは平面 Π とその双対点 Π^* と同じ関係を表している．

7.6.2 結合と交差

双対定理を述べるために，新しい用語と新しい記号を導入する．

点 p_1, p_2 を通る直線 L を p_1 と p_2 の**結合** (join) とよび，次のように書く（図 7.5(a)）．

$$L = p_1 \cup p_2 \tag{7.63}$$

これは，次のように二重ベクトルで表せる．

$$L = p_1 \wedge p_2 \tag{7.64}$$

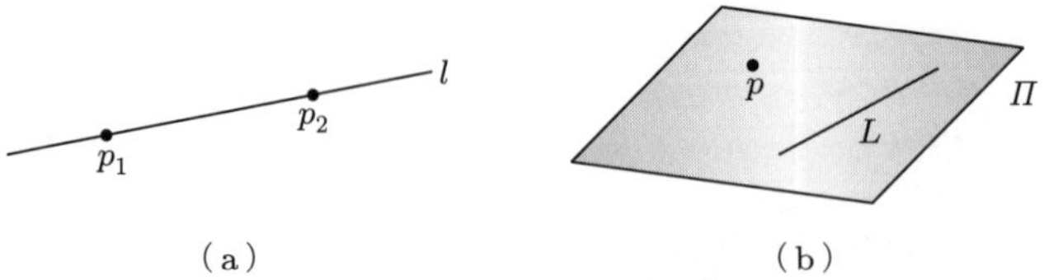

図 **7.5**　(a) 2 点 p_1, p_2 の結合 $L = p_1 \cup p_2 \ (= p_1 \wedge p_2)$.
(b) 点 p と直線 L の結合 $\Pi = p \cup L \ (= p \wedge L)$.

また，点 p と直線 L を通る平面 Π を p と L の結合とよび，次のように書く（図 7.5(b)）．

$$\Pi = p \cup L \tag{7.65}$$

これは次のように三重ベクトルで表せる．

$$\Pi = p \wedge L \tag{7.66}$$

直線 L と平面 Π の交点 p を L と Π の**交差** (meet) とよび，次のように書く（図 7.6(a)）．

$$p = L \cap \Pi \tag{7.67}$$

しかし，p を二重ベクトル L と三重ベクトル Π で表すのは簡単ではない．また，平面 Π_1, Π_2 の交線 L を Π_1 と Π_2 の交差とよび，次のように書く（図 7.6(b)）．

$$L = \Pi_1 \cap \Pi_2 \tag{7.68}$$

しかし，L を三重ベクトル Π_1, Π_2 で表すのは簡単ではない．式 (7.67), (7.68) の交差を計算するには，次項に述べる双対定理を用いる．

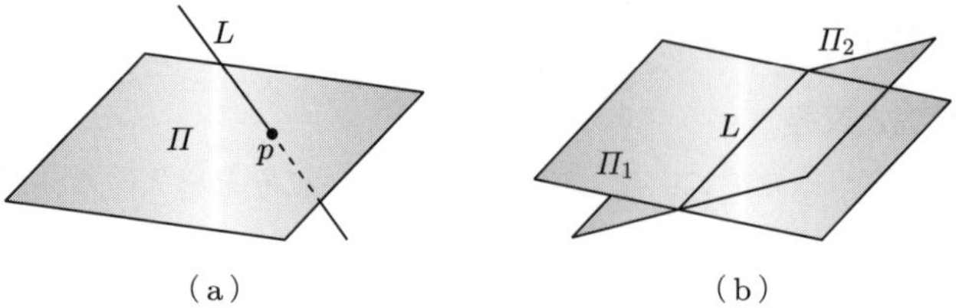

図 **7.6**　(a) 直線 L と平面 Π の交差 $p = L \cap \Pi$.
(b) 平面 Π_1, Π_2 の交差 $L = \Pi_1 \cap \Pi_2$.

7.6.3 点と直線の結合と平面と直線の交差

前項で導入した用語と記号を用いれば，次の双対定理が成り立つ．

命題 7.4 [双対定理（その 1)]

点 p と直線 L の結合 Π の双対点 Π^* は，p の双対平面 p^* と L の双対直線 L^* の交差である．

$$(p \cup L)^* = p^* \cap L^* \tag{7.69}$$

直線 L と平面 Π の交差 p の双対平面 p^* は，L の双対直線 L^* と Π の双対点 P^* の結合である．

$$(L \cap \Pi)^* = L^* \cup \Pi^* \tag{7.70}$$

命題 7.3 より，双対の双対は元の表現になるから，式 (7.69) と式 (7.70) は同じことを述べている．式 (7.70) のほうで考えてみると，これは，次のように確かめられる．直線 $L = e_0 \wedge \boldsymbol{m} - \boldsymbol{n}_L^*$ と平面 $\Pi = -e_0 \wedge \boldsymbol{n}_\Pi + hI$ の双対は，表 7.1 より，それぞれ $L^* = -e_0 \wedge \boldsymbol{n}_L + \boldsymbol{m}^*$, $\Pi^* = he_0 - \boldsymbol{n}_\Pi$ である．それらの結合は

$$\begin{aligned}
L^* \cup \Pi^* &= L^* \wedge \Pi^* = (-e_0 \wedge \boldsymbol{n}_L + \boldsymbol{m}^*) \wedge (he_0 - \boldsymbol{n}_\Pi) \\
&= e_0 \wedge \boldsymbol{n}_L \wedge \boldsymbol{n}_\Pi + \boldsymbol{m}^* \wedge he_0 + \boldsymbol{m}^* \wedge \boldsymbol{n}_\Pi \\
&= e_0 \wedge (\boldsymbol{n}_L \wedge \boldsymbol{n}_\Pi - h\boldsymbol{m}^*) - \boldsymbol{m}^* \wedge \boldsymbol{n}_\Pi \\
&= e_0 \wedge (-(\boldsymbol{n}_L \wedge \boldsymbol{n}_\Pi)^* + h\boldsymbol{m})^* + \langle \boldsymbol{m}, \boldsymbol{n}_\Pi \rangle I \\
&= e_0 \wedge (\boldsymbol{n}_\Pi \times \boldsymbol{n}_L + h\boldsymbol{m})^* + \langle \boldsymbol{m}, \boldsymbol{n}_\Pi \rangle I
\end{aligned} \tag{7.71}$$

である．双対をとると，表 7.1 の関係より次のようになる．

$$(L^* \cup \Pi^*)^* = \langle \boldsymbol{m}, \boldsymbol{n}_\Pi \rangle e_0 + \boldsymbol{n}_\Pi \times \boldsymbol{n}_L + h\boldsymbol{m} \tag{7.72}$$

同次座標であるから，これは 3 次元空間の位置

$$\boldsymbol{p} = \frac{\boldsymbol{n}_\Pi \times \boldsymbol{n}_L + h\boldsymbol{m}}{\langle \boldsymbol{m}, \boldsymbol{n}_\Pi \rangle} \tag{7.73}$$

を表しており，第 2 章の式 (2.91) に示したように，直線 L と平面 Π の交点である．ゆえに式 (7.72) は L と Π の交差 $L \cap \Pi$ である．したがって，式 (7.70) が成り立っている．

7.6.4　2 点の結合と 2 平面の交差

さらに，次の双対定理も成り立つ．

命題 7.5 [双対定理（その 2)]

2 点 p_1, p_2 の結合 L の双対直線 L^* は，p_1, p_2 の双対平面 p_1^*, p_2^* の交差である．

$$(p_1 \cup p_2)^* = p_1^* \cap p_2^* \tag{7.74}$$

平面 Π_1, Π_2 の交差 L の双対直線 L^* は，Π_1, Π_2 の双対点 Π_1^*, Π_2^* の結合である．

$$(\Pi_1 \cap \Pi_2)^* = \Pi_1^* \cup \Pi_2^* \tag{7.75}$$

式 (7.74) と式 (7.75) は同じことを述べているが，式 (7.75) は次のように確かめられる．平面 $\Pi_i = -e_0 \wedge \boldsymbol{n}_i^* + h_i I$ $(i = 1, 2)$ の双対は，表 7.1 より，$\Pi_i^* = h_i e_0 - \boldsymbol{n}_i$ $(i = 1, 2)$ である．それらの結合は

$$\begin{aligned}
\Pi_1^* \cup \Pi_2^* &= \Pi_1^* \wedge \Pi_2^* = (h_1 e_0 - \boldsymbol{n}_1) \wedge (h_2 e_0 - \boldsymbol{n}_2) \\
&= -h_1 e_0 \wedge \boldsymbol{n}_2 - \boldsymbol{n}_1 \wedge h_2 e_0 + \boldsymbol{n}_1 \wedge \boldsymbol{n}_2 \\
&= e_0 \wedge (h_2 \boldsymbol{n}_1 - h_1 \boldsymbol{n}_2) + \boldsymbol{n}_1 \wedge \boldsymbol{n}_2 \\
&= e_0 \wedge (h_2 \boldsymbol{n}_1 - h_1 \boldsymbol{n}_2) - (\boldsymbol{n}_1 \wedge \boldsymbol{n}_2)^{**} \\
&= e_0 \wedge (h_2 \boldsymbol{n}_1 - h_1 \boldsymbol{n}_2) - (\boldsymbol{n}_1 \times \boldsymbol{n}_2)^*
\end{aligned} \tag{7.76}$$

である．双対をとると，表 7.1 の関係より次のようになる．

$$(\Pi_1^* \cup \Pi_2^*)^* = -e_0 \wedge (\boldsymbol{n}_1 \times \boldsymbol{n}_2) + (h_2 \boldsymbol{n}_1 - h_1 \boldsymbol{n}_2)^* \tag{7.77}$$

これを直線 $e_0 \wedge \boldsymbol{m} - \boldsymbol{n}_L^*$ とみなすと，同次座標であるから，定数倍を除いて

$$\boldsymbol{m} = \boldsymbol{n}_1 \times \boldsymbol{n}_2, \qquad \boldsymbol{n}_L = h_2 \boldsymbol{n}_1 - h_1 \boldsymbol{n}_2 \tag{7.78}$$

である．これは第 2 章の式 (2.96) と定数倍を除いて一致している．ゆえに，式 (7.77) は平面 Π_1, Π_2 の交差 $\Pi_1 \cap \Pi_2$ である．したがって，式 (7.75) が成り立っている．

点，直線，平面の結合は外積 $\wedge$ によって直接に計算できるから，交差を計算するには，命題 7.4, 7.5 を利用して，まず双対の結合を計算してからその双対を計算すればよい．これらの結果をまとめると，表 7.2 のようになる．

表 7.2 点と直線と平面の結合と交差.

	点 p_2	直線 L_2	平面 Π_2
点 p_1	$p_1 \cup p_2 = p_1 \wedge p_2$	$p_1 \cup L_2 = p_1 \wedge L_2$	—
直線 L_1	$L_1 \cup p_2 = L_1 \wedge p_2$	—	$L_1 \cap \Pi_2 = (L_1^* \wedge \Pi_2^*)^*$
平面 Π_1	—	$\Pi_1 \cap L_2 = (\Pi_1^* \wedge L_2^*)^*$	$\Pi_1 \cap \Pi_2 = (\Pi_1^* \wedge \Pi_2^*)^*$

7.6.5 3点の結合と3平面の交差

命題7.4, 7.5を組み合わせると3個の対象にも拡張できる．3点 p_1, p_2, p_3 を通る平面 Π を p_1, p_2, p_3 の結合とよび,

$$\Pi = p_1 \cup p_2 \cup p_3 \tag{7.79}$$

と書く（図7.7(a)）．3平面 Π_1, Π_2, Π_3 の交点 p を Π_1, Π_2, Π_3 の交差とよび,

$$p = \Pi_1 \cap \Pi_2 \cap \Pi_3 \tag{7.80}$$

と書く（図7.7(b)）．命題7.4, 7.5を組み合せると，3点と3平面に関しても次の双対定理が得られる（$\hookrightarrow$ 演習問題7.6）.

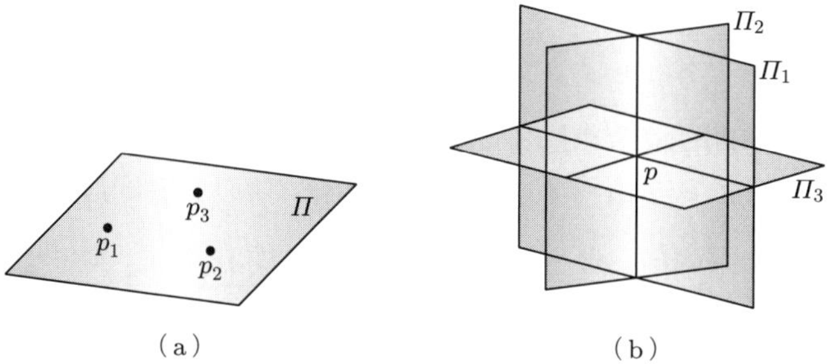

図 7.7 (a) 3点 p_1, p_2, p_3 の結合 $\Pi = p_1 \cup p_2 \cup p_3$ $(= p_1 \wedge p_2 \wedge p_3)$.
(b) 3平面 Π_1, Π_2, Π_3 の交差 $p = \Pi_1 \cap \Pi_2 \cap \Pi_3$.

命題 7.6 [双対定理（その3）]

3点 p_i $(i = 1, 2, 3)$ の結合 Π の双対点 Π^* は，それぞれの双対平面 p_i^* $(i = 1, 2, 3)$ の交差である.

$$(p_1 \cup p_2 \cup p_3)^* = p_1^* \cap p_2^* \cap p_3^* \tag{7.81}$$

3平面 Π_i $(i = 1, 2, 3)$ の交差 p の双対平面 p^* は，それぞれの双対点 Π_i^* $(i = 1, 2, 3)$ の結合である.

$$(\Pi_1 \cap \Pi_2 \cap \Pi_3)^* = \Pi_1^* \cup \Pi_2^* \cup \Pi_3^* \tag{7.82}$$

これを利用して，3 平面 $\langle \boldsymbol{n}_i, \boldsymbol{x} \rangle = h_i$ $(i = 1, 2, 3)$ の交点を計算してみる．表 7.1 より，各平面は $\Pi_i = -e_0 \wedge \boldsymbol{n}_i^* + h_i I$ と書け，各々の双対点は $\Pi_i^* = h_i e_0 - \boldsymbol{n}_i$ と書ける．それらの結合は次のようになる．

$$\begin{aligned}
&\Pi_1^* \cup \Pi_2^* \cup \Pi_3^* \\
&= \Pi_1^* \wedge \Pi_2^* \wedge \Pi_3^* = (h_1 e_0 - \boldsymbol{n}_1) \wedge (h_2 e_0 - \boldsymbol{n}_2) \wedge (h_3 e_0 - \boldsymbol{n}_3) \\
&= e_0 \wedge (h_1 \boldsymbol{n}_2 \wedge \boldsymbol{n}_3 + h_2 \boldsymbol{n}_3 \wedge \boldsymbol{n}_1 + h_3 \boldsymbol{n}_1 \wedge \boldsymbol{n}_2) - \boldsymbol{n}_1 \wedge \boldsymbol{n}_2 \wedge \boldsymbol{n}_3 \\
&= -e_0 \wedge (h_1 (\boldsymbol{n}_2 \wedge \boldsymbol{n}_3)^* + h_2 (\boldsymbol{n}_3 \wedge \boldsymbol{n}_1)^* + h_3 (\boldsymbol{n}_1 \wedge \boldsymbol{n}_2)^*)^* - |\boldsymbol{n}_1, \boldsymbol{n}_2, \boldsymbol{n}_3| I \\
&= -e_0 \wedge (h_1 \boldsymbol{n}_2 \times \boldsymbol{n}_3 + h_2 \boldsymbol{n}_3 \times \boldsymbol{n}_1 + h_3 \boldsymbol{n}_1 \times \boldsymbol{n}_2)^* - |\boldsymbol{n}_1, \boldsymbol{n}_2, \boldsymbol{n}_3| I
\end{aligned} \tag{7.83}$$

表 7.1 より，双対をとると次のようになる．

$$\begin{aligned}
&\Pi_1 \cap \Pi_2 \cap \Pi_3 = (\Pi_1^* \cup \Pi_2^* \cup \Pi_3^*)^* \\
&= -|\boldsymbol{n}_1, \boldsymbol{n}_2, \boldsymbol{n}_3| e_0 - (h_1 \boldsymbol{n}_2 \times \boldsymbol{n}_3 + h_2 \boldsymbol{n}_3 \times \boldsymbol{n}_1 + h_3 \boldsymbol{n}_1 \times \boldsymbol{n}_2)
\end{aligned} \tag{7.84}$$

これは同次座標であるから，これを点 $e_0 + \boldsymbol{p}$ とみなすと，次のようになる．

命題 7.7 [3 平面の交点]

3 平面 $\langle \boldsymbol{n}_i, \boldsymbol{x} \rangle = h_i$ $(i = 1, 2, 3)$ の交点 $\boldsymbol{p}$ は，次のように与えられる．

$$\boldsymbol{p} = \frac{h_1 \boldsymbol{n}_2 \times \boldsymbol{n}_3 + h_2 \boldsymbol{n}_3 \times \boldsymbol{n}_1 + h_3 \boldsymbol{n}_1 \times \boldsymbol{n}_2}{|\boldsymbol{n}_1, \boldsymbol{n}_2, \boldsymbol{n}_3|} \tag{7.85}$$

実際，式 (7.85) は $\langle \boldsymbol{n}_i, \boldsymbol{p} \rangle = h_i$ $(i = 1, 2, 3)$ を満たしているから，3 平面の上にあることがわかる．

古典の世界 7.3 [クラメルの公式]

平面は座標の 1 次式で記述されるので，平面の交線や交点の計算は連立 1 次方程式の解法に帰着される．連立 1 次方程式を解くには**ガウス消去法** (Gaussian elimination)，**LU 分解** (LU decomposition)，**ガウス–ザイデル反復法** (Gauss–Seidel iterations) などの数値解法が用いられるが，解を直接に式として表すこともできる．これは行列式の計算を組み合わせるもので，**クラメルの公式** (Cramer's formula) として知られている．これを用いると，連立 1 次方程式

$$
\begin{aligned}
a_{11}x_1 + a_{12}x_2 + \cdots + a_{1n}x_n &= b_1 \\
a_{21}x_1 + a_{22}x_2 + \cdots + a_{2n}x_n &= b_2 \\
&\vdots \\
a_{n1}x_1 + a_{n2}x_2 + \cdots + a_{nn}x_n &= b_n
\end{aligned}
\tag{7.86}
$$

の解が次のように表せる．

$$
x_i = \begin{vmatrix} a_{11} & \cdots & \overset{(i)}{b_1} & \cdots & a_{1n} \\ a_{21} & \cdots & b_2 & \cdots & a_{2n} \\ \vdots & \cdots & \vdots & \cdots & \vdots \\ a_{n1} & \cdots & b_n & \cdots & a_{nn} \end{vmatrix} \Bigg/ \begin{vmatrix} a_{11} & a_{12} & \cdots & a_{1n} \\ a_{21} & a_{22} & \cdots & a_{2n} \\ \vdots & \vdots & \ddots & \vdots \\ a_{n1} & a_{n2} & \cdots & a_{nn} \end{vmatrix}, \qquad i = 1, \ldots, n
\tag{7.87}
$$

ただし，分子は分母の行列式の第 i 列を $b_1, b_2, \ldots, b_n$ に置き換えたものである．クラメルの公式は理論解析に好都合であるが，変数が多い場合は計算に手間が掛かりすぎて実用的ではない．3 平面の場合は，連立 1 次方程式が

$$
\begin{aligned}
n_1x + n_2y + n_3z &= h \\
n_1'x + n_2'y + n_3'z &= h' \\
n_1''x + n_2''y + n_3''z &= h''
\end{aligned}
\tag{7.88}
$$

の形をしているので，

$$
\Delta = \begin{vmatrix} n_1 & n_2 & n_3 \\ n_1' & n_2' & n_3' \\ n_1'' & n_2'' & n_3'' \end{vmatrix}
\tag{7.89}
$$

とおくと，クラメルの公式は次のようになる．

$$
\begin{aligned}
x &= \frac{1}{\Delta}\begin{vmatrix} h & n_2 & n_3 \\ h' & n_2' & n_3' \\ h'' & n_2'' & n_3'' \end{vmatrix} \\
&= \frac{h(n_2'n_3'' - n_3'n_2'') + h'(n_2''n_3 - n_3''n_2) + h''(n_2n_3' - n_3n_2')}{\Delta}, \\
y &= \frac{1}{\Delta}\begin{vmatrix} n_1 & h & n_3 \\ n_1' & h' & n_3' \\ n_1'' & h'' & n_3'' \end{vmatrix}
\end{aligned}
$$

$$= \frac{h(n_3'n_1'' - n_1'n_3'') + h'(n_3''n_1 - n_1''n_3) + h''(n_3'n_1 - n_3n_3')}{\Delta},$$

$$z = \frac{1}{\Delta}\begin{vmatrix} n_1 & n_2 & h \\ n_1' & n_2' & h' \\ n_1'' & n_2'' & h'' \end{vmatrix}$$

$$= \frac{h(n_1'n_2'' - n_2'n_1'') + h'(n_1''n_2 - n_2''n_1) + h''(n_1n_2' - n_2n_1')}{\Delta} \tag{7.90}$$

これらは，通常のベクトル解析では次のように書ける．

$$\begin{pmatrix} x \\ y \\ z \end{pmatrix} = \frac{1}{\Delta}\left(h\begin{pmatrix} n_1' \\ n_2' \\ n_3' \end{pmatrix} \times \begin{pmatrix} n_1'' \\ n_2'' \\ n_3'' \end{pmatrix} + h'\begin{pmatrix} n_1'' \\ n_2'' \\ n_3'' \end{pmatrix} \times \begin{pmatrix} n_1 \\ n_2 \\ n_3 \end{pmatrix} + h''\begin{pmatrix} n_1 \\ n_2 \\ n_3 \end{pmatrix} \times \begin{pmatrix} n_1' \\ n_2' \\ n_3' \end{pmatrix}\right) \tag{7.91}$$

したがって，式 (7.85) が得られる．

■ 補　足 ■

本章の内容は，3 次元空間の原点以外の点，原点を通らない直線，原点を通らない平面を 4 次元空間の部分空間とみなしてグラスマン代数を適用するものである．3 次元空間の点，直線，平面を 4 次元空間の部分空間とみなすことは，**射影幾何学** (projective geometry) の基本的な考え方である．そして，射影幾何学を特徴づけるのは，結合と交差の**双対構造** (duality) である．これをグラスマン代数の立場から記述したものが，射影幾何学の代数的な性質を研究した英国の数学者**ケイリー** (Arthur Cayley: 1821–1895) にちなんで後の数学者によって**グラスマン–ケイリー代数** (Grassmann–Cayley algebra)，あるいは**ケイリー代数** (Cayley algebra) または**二重代数** (double algebra) とよばれている．

本章で「同次空間」とよんだものは，通常は**射影空間** (projective space) とよばれているが，正確には「3 次元射影空間」である．これは，3 次元空間に無限遠点，無限遠直線，無限遠平面を追加した空間であり，4 次元空間の部分空間の集合として実現される．一般に，n 次元射影空間 $\mathbb{P}^n$ は $(n+1)$ 次元空間 $\mathbb{R}^{n+1}$ の部分空間の集合として実現される．本章では，4 次元空間を考えているということを強調するために，「3 次元射影空間」ではなく，「4 次元同次空間」とよんでいる．

射影幾何学はもともと平面幾何学が中心的なテーマであり，平面上のユークリッド幾何学に無限遠点や無限遠直線を考えて，複比（↪ 演習問題 5.3）を用いて点や直線や 2 次曲線の関係が記述される．これについては Semple and Kneebone [24] が今日でもよく読まれる．3 次元あるいはそれ以上の次元の空間の直線や平面や多項式曲面の交差関係を，射影幾何学の立場から解析するものが**代数幾何学** (algebraic geometry) とよばれ，Semple and Roth [25] が古典である．

Kanatani [16] はこの射影幾何学をコンピュータビジョンに応用して，3 次元空間の点や直線や平面や 2 次曲面を 2 次元画像面上へ投影するときのいろいろな関係の計算法を定式化した．一方，3 次元シーンを多数のカメラで撮影した複数画像間の関係の記述においても，射影幾何学は重要な役割を果たす．代表的な教科書は Hartley and Zisserman [10] である．これをグラスマン–ケイリー代数の立場から論じたのは Faugeras and Luong [7] である．

本章の記述から明らかなように，外積演算 $\wedge$ と結合関係 $\cup$ は本質的に同じ意味をもっている．グラスマン–ケイリー代数は交差 $\cap$ をそれと同等な演算として定式化するものである．多くの教科書 [3, 4, 12, 20] は結合にそのまま外積記号 $\wedge$ を使い，交差には $\vee$ を用いているが，文献によっては逆に外積および結合に $\vee$ を，交差に $\wedge$ が用いている．Dorst ら [5] は外積，結合に $\wedge$，交差に $\cap$ を用い，Faugeras and Luong [7] は外積，結合に $\triangledown$，交差に $\triangle$ を用いている．

グラスマン自身は交差 $\cap$ を外積 $\wedge$ の双対として定義したが，後の数学者は交差を**シャッフル** (shuffle) とよぶ操作によって外積とは独立に定義している．このため，交差は**シャッフル積** (shuffle product) ともよばれる．そして，これが結合則を満たす反対称な演算として一つの代数系を定義することが示される．このように，グラスマン–ケイリー代数には外積による代数系と交差（シャッフル積）による代数系の二つが共存することから「二重代数」ともよばれる．そして，これら二つの代数系が互いに双対であることが導かれる．ただし，これにはベクトルを数値を並べたものとみなし，線形代数と行列式演算に基づいて定義するアプローチが用いられている．そして，本書の k 重ベクトル $\boldsymbol{a}_1 \wedge \cdots \wedge \boldsymbol{a}_k$ は**ステップ** (step) k の**外テンソル** (extensor) とよばれている．しかし，これに立ち入ると非常に煩雑になるので，本章ではグラスマン代数の立場から交差を結合の双対とみなすことにとどめ，グラスマン–ケイリー代数の骨子である結合と交差の二重代数構造には深入りしなかった．

読者の中には，本章の射影幾何学的な定式化に疑問をもたれる方がいるかもしれない．それはベクトルが位置（$=e_0$ を含む表現）と，方向（$=e_0$ を含まない表現）とに分類され，方向ベクトルは方向のみ意味があり，その大きさや符号に意味がないことである．しかし，$\boldsymbol{u}$ と $2\boldsymbol{u}$ が同じ方向を表すことは認めるとしても，$\boldsymbol{u}$ と $-\boldsymbol{u}$ を「同じ方向」とみなすには違和感がある．これは射影空間では直線を限りなく延長すると，どちらの端も同じ無限遠点に到達して直線がループをなすとみなし，$\boldsymbol{u}$ も $-\boldsymbol{u}$ も同じ無限遠点と考えるからである．しかし，それでは「反対方向」という概念が存在しないことになる．これを解決するのが Stolfi [28] の**有向射影幾何学** (oriented projective geometry) である．ここでは，直線を電気コードのプラス線とマイナス線のように，二つの直線が合体したものであるとみなす．この直線の方向をベクトル $\boldsymbol{u}$ で指定するとき，プラス線の $\boldsymbol{u}$ 方向の無限遠点を $+\infty$ とし，反対方向の無限遠点を $-\infty$ とする．同様に，マイナス線の $\boldsymbol{u}$ 方向の無限遠点を $+\infty'$ とし，反対方向の無限遠点を $-\infty'$ とする．そして，$+\infty$ と $-\infty'$ を同一視し，$-\infty$ を $+\infty'$ と同一視する．

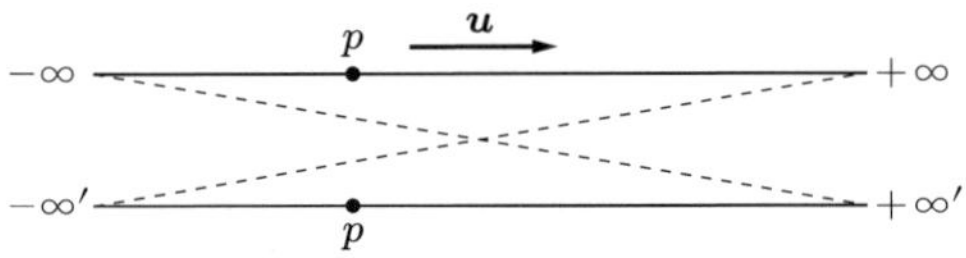

したがって，この直線をある点 p から $\boldsymbol{u}$ 方向に限りなく移動すると，$+\infty$ を通ってマイナス線の反対方向の $-\infty'$ から現れ，点 p を通過して ∞' に到達し，プラス線の反対方向の $-\infty$ から現れ，2 周して同じ点 p に戻る．すなわち，1 周すると同じ点 p に戻るように見えても，実は「裏側」で重なっているとみなす．これは，位相幾何学的な観点からも射影幾何学の合理的な解釈になっている．このようにして，$\boldsymbol{u}$ を無限遠点 ∞ に，$-\boldsymbol{u}$ を無限遠点 $-\infty$ に対応させて，「反対方向」に意味をもたせることができる．

しかし，有向射影幾何学を用いても $\boldsymbol{u}$ と $2\boldsymbol{u}$ は依然として「同じ方向」であり，移動量の大小を記述することができない．これは，方向を無限遠点と同一視することから生じる制約である．これを解決するには，方向を無限遠点と同一視しない定式化が必要となる．これは，クリフォード代数を用いる次章の共形幾何学によって解決する．

演習問題

7.1 3次元空間の3点 $\boldsymbol{x}_1, \boldsymbol{x}_2, \boldsymbol{x}_3$ を表す4次元同次空間のベクトルを $p_1 = e_0 + \boldsymbol{x}_1$, $p_2 = e_0 + \boldsymbol{x}_2$, $p_3 = e_0 + \boldsymbol{x}_3$ とするとき，3点 $\boldsymbol{x}_1$, $\boldsymbol{x}_2$, $\boldsymbol{x}_3$ が**共線** (collinear) である（すなわち同一直線上にある）条件が次のように書けることを示せ．

$$p_1 \wedge p_2 \wedge p_3 = 0$$

7.2 3次元空間の4点 $\boldsymbol{x}_1$, $\boldsymbol{x}_2$, $\boldsymbol{x}_3$, $\boldsymbol{x}_4$ を表す4次元同次空間のベクトルを $p_1 = e_0 + \boldsymbol{x}_1$, $p_2 = e_0 + \boldsymbol{x}_2$, $p_3 = e_0 + \boldsymbol{x}_3$, $p_4 = e_0 + \boldsymbol{x}_4$ とするとき，4点 $\boldsymbol{x}_1$, $\boldsymbol{x}_2$, $\boldsymbol{x}_3$, $\boldsymbol{x}_4$ が**共面** (coplanar) である（すなわち同一平面上にある）条件が次のように書けることを示せ．

$$p_1 \wedge p_2 \wedge p_3 \wedge p_4 = 0$$

7.3 4次元同次空間の二重ベクトル

$$L = m_1 e_0 \wedge e_1 + m_2 e_0 \wedge e_2 + m_3 e_0 \wedge e_3 + n_1 e_2 \wedge e_3 + n_2 e_3 \wedge e_1 + n_3 e_1 \wedge e_2$$

が「因数分解」($\hookrightarrow$ 第5章の補足，演習問題5.1) できる条件，すなわちあるベクトル x, y によって

$$L = x \wedge y$$

と表せる条件は，

$$m_1 n_1 + m_2 n_2 + m_3 n_3 = 0$$

であることを示せ．このような因数分解できる条件を**プリュッカー条件** (Plücker condition) とよぶ．

7.4 4次元同次空間の三重ベクトル

$$\Pi = n_1 e_0 \wedge e_2 \wedge e_3 + n_2 e_0 \wedge e_3 \wedge e_1 + n_3 e_0 \wedge e_1 \wedge e_2 + h e_1 \wedge e_2 \wedge e_3$$

は因数分解できること，すなわち，あるベクトル x, y, z によって

$$\Pi = x \wedge y \wedge z$$

と表せることを示せ．言い換えれば，三重ベクトルに対してはプリュッカー条件が存在しないことを示せ．

7.5 3次元空間の2直線を表す4次元同次空間の次の二つの二重ベクトルを考える．

$$L = m_1 e_0 \wedge e_1 + m_2 e_0 \wedge e_2 + m_3 e_0 \wedge e_3$$

$$
\begin{aligned}
&+ n_1 e_2 \wedge e_3 + n_2 e_3 \wedge e_1 + n_3 e_1 \wedge e_2 \\
L' &= m'_1 e_0 \wedge e_1 + m'_2 e_0 \wedge e_2 + m'_3 e_0 \wedge e_3 \\
&+ n'_1 e_2 \wedge e_3 + n'_2 e_3 \wedge e_1 + n'_3 e_1 \wedge e_2
\end{aligned}
$$

(1) L と L' の外積が次のように書けることを示せ.

$$
L \wedge L' = (m_1 n'_1 + m_2 n'_2 + m_3 n'_3 + n_1 m'_1 + n_2 m'_2 + n_3 m'_3) e_0 \wedge e_1 \wedge e_2 \wedge e_3
$$

(2) L, L' の表す2直線が共面である（すなわち同一平面上にある）条件は

$$
L \wedge L' = 0
$$

であり，ベクトル $\boldsymbol{m} = m_1 e_1 + m_2 e_2 + m_3 e_3$, $\boldsymbol{n} = n_1 e_1 + n_2 e_2 + n_3 e_3$, $\boldsymbol{m}' = m'_1 e_1 + m'_2 e_2 + m'_3 e_3$, $\boldsymbol{n}' = n'_1 e_1 + n'_2 e_2 + n'_3 e_3$ を定義すれば，次のように書けることを示せ（$\hookrightarrow$ 第2章の式 (2.70)）.

$$
\langle \boldsymbol{m}, \boldsymbol{n}' \rangle + \langle \boldsymbol{n}, \boldsymbol{m}' \rangle = 0
$$

7.6 (1) 式 (7.81) が成り立つことを示せ.

(2) 式 (7.82) が成り立つことを示せ.

第 8 章
共形空間と共形幾何学—幾何学的代数—

前章では，3 次元空間に原点 e_0 を追加した 4 次元空間を考えたが，本章では，さらに無限遠点 e_∞ を追加した 5 次元空間を考える．この空間（「共形空間」）の基本要素は球と円である．そして，点は半径 0 の球面，平面は無限遠点を通る半径無限大の球面，直線は無限遠点を通る半径無限大の円と解釈する．この空間では，並進は無限遠方にある軸の周りの回転とみなされ，回転と並進が同等に扱われる．そして，球面を球面に写像する「共形変換」は，並進，回転，鏡映，反転，拡大縮小によって生成され，それらがクリフォード代数の幾何学積によって記述される．本章の内容が，現在 geometric algebra（幾何学的代数）とよばれているものの中心である．

8.1 共形空間の内積

本書では，記号 e_1, e_2, e_3 を 3 次元ユークリッド空間の正規直交基底とみなし，3 次元空間のベクトルを $\boldsymbol{a} = a_1e_1 + a_2e_2 + a_3e_3$ のように表している．前章では新たな記号 e_0 を導入し，3 次元空間の原点と同一視した．そして，$\{e_0, e_1, e_2, e_3\}$ を基底とする 4 次元空間を考えた．本章では，さらに無限遠点と解釈する新しい記号 e_∞ を導入し，$\{e_0, e_1, e_2, e_3, e_\infty\}$ を基底とする 5 次元空間を考える．そして，この空間の元を次のように表す．

$$x = x_0e_0 + x_1e_1 + x_2e_2 + x_3e_3 + x_\infty e_\infty \tag{8.1}$$

このとき，前章では e_0 は 3 次元空間の基底 $\{e_1, e_2, e_3\}$ と直交する単位ベクトルとみなしたが，本章ではそれとは異なり，基底間の内積を次のように定義する．

$$\langle e_0, e_0 \rangle = 0, \qquad \langle e_0, e_\infty \rangle = -1, \qquad \langle e_\infty, e_\infty \rangle = 0,$$
$$\langle e_0, e_i \rangle = 0, \qquad \langle e_i, e_j \rangle = \delta_{ij}, \qquad i, j = 1, 2, 3 \tag{8.2}$$

すなわち，e_0, e_∞ は $\langle e_0, e_\infty \rangle = -1$ となる以外は，**自分自身を含めてすべての基底ベクトルと直交する**．したがって，$y = y_0e_0 + y_1e_1 + y_2e_2 + y_3e_3 + y_\infty e_\infty$ とすると，x, y の内積は次のようになる．

$$\langle x, y \rangle = x_1y_1 + x_2y_2 + x_3y_3 - x_0y_\infty - x_\infty y_0 \tag{8.3}$$

とくに，$x = y$ とすると，2 乗ノルムは次のようになる．

$$\|x\|^2 = x_1^2 + x_2^2 + x_3^2 - 2x_0x_\infty \tag{8.4}$$

本章では，ノルムは常に 2 乗の形で現れるので，以下，2 乗ノルム $\|\cdots\|^2$ を単に「ノルム」とよぶ．

3 次元ユークリッド空間ではノルムは正値 2 次形式であり，$x \neq 0$ に対して $\|x\|^2 > 0$ であった．しかし，この空間では $\|x\|^2$ が正とは限らず，また $x \neq 0$ でも $\|x\|^2 = 0$ となる元が存在する．実際，$x = e_0$ あるいは $x = e_\infty$ とすると，$\|x\|^2 = 0$ である．また，$\|x\|^2 < 0$ となる元 x も存在する．このように内積を定義した 5 次元空間を**共形空間** (conformal space) とよぶ（$\hookrightarrow$ 演習問題 8.2(1)）．

古典の世界 8.1 [非ユークリッド空間]

第 2 章 2.3 節では，内積を正値性，対称性，線形性によって定義した．その結果，ノルムは 0 または正となる．このような内積を**ユークリッド計量** (Euclidean metric) とよび，そのような内積をもつ空間を**ユークリッド空間** (Euclidean space) とよぶ．それに対して，正値性を除いた内積を**非ユークリッド計量** (non-Euclidean metric) とよび，そのような内積をもつ空間を**非ユークリッド空間** (non-Euclidean space) とよぶ．本章の共形空間は非ユークリッド空間である．

数学的には，n 次元の計量テンソル $g_{ij} = \langle e_i, e_j \rangle$ を (i, j) 要素とする行列が正の固有値を p 個，負の固有値を q 個もつとき，(p, q) を計量の**符号** (signature) とよぶ．そして，符号が (p, q) の計量をもつ空間を $\mathbb{R}^{p,q}$ と書く．これは，この空間にノルム

が正のものが p 個，負のものが q 個からなる直交基底がとれることを意味する．定義より，$(p,q)=(n,0)$ の空間がユークリッド空間，それ以外が非ユークリッド空間である．よく知られた非ユークリッド空間は，アインシュタインの特殊相対性理論で用いる 4 次元 $xyzt$ 時空である．これは c を光速とするとき，時空点 (x,y,z,t) のノルムが

$$x^2+y^2+z^2-c^2t^2 \tag{8.5}$$

となる．この符号は $(3,1)$ である．このような符号（n 次元空間では符号 $(n-1,1)$）をもつ計量を**ミンコフスキー計量** (Minkowski metric)，あるいは**ミンコフスキーノルム** (Minkowski norm) とよぶ．特殊相対性理論では，ミンコフスキーノルムが正の時空点を**空間的** (space-like)，負の時空点を**時間的** (time-like) という（図 8.1）．そして，ミンコフスキーノルムが 0 となる時空の方向を**世界線** (world line) とよぶ．世界線全体は時間軸を中心とする円錐面となる．

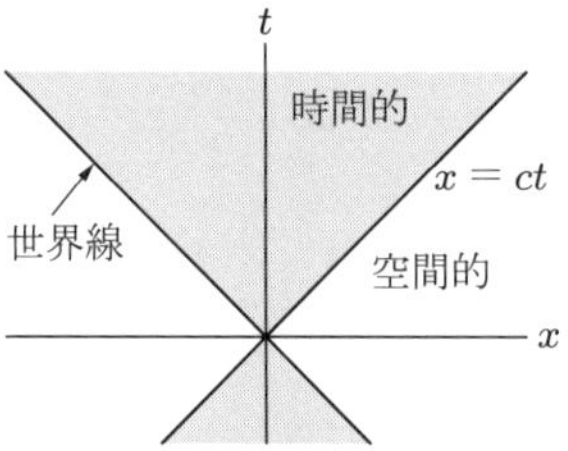

図 8.1 4 次元 $xyzt$ 時空の xt 面．世界線 $x=ct$ を境界としてミンコフスキー計量が正の空間的領域と負の時間的領域に分かれる．

計量 g_{ij} の符号が (p,q) のとき，2 次形式 $\|\boldsymbol{x}\|^2=\sum_{i,j=1}^{n} g_{ij}x_ix_j$ は，変数 x_i を線形変換した新しい変数 x'_i を用いて

$$\|\boldsymbol{x}\|^2={x'_1}^2+\cdots+{x'_p}^2-{x'_{p+1}}^2-\cdots-{x'_{p+q}}^2 \tag{8.6}$$

の形に書ける．この形を**標準形** (canonical form) とよぶ．標準形を得る変数変換はいろいろあるが，どのように変換しても p, q は同じになる．これは**シルベスタの慣性則** (Sylvester's law of inertia) とよばれている．

式 (8.3) の内積の定義する計量の符号は $(4,1)$ であり，ミンコフスキー計量である．これは，式 (8.4) が

$$\|x\|^2=x_1^2+x_2^2+x_3^2+\left(\frac{x_0}{2}-x_\infty\right)^2-\left(\frac{x_0}{2}+x_\infty\right)^2 \tag{8.7}$$

と書けることから確認できる．したがって，この共形空間は非ユークリッド空間 $\mathbb{R}^{4,1}$ である（$\hookrightarrow$ 演習問題 8.2(2), (3)）．

8.2 点，平面，球面の表現

3 次元空間の点，平面，球面を 5 次元共形空間の元として表すことができる．「表す」という意味は，その方程式が $p\cdot(\cdots)=0$ と書けるという意味であり，これは第 5 章と第 7 章で「双対表現」とよんだものである．

8.2.1 点の表現

3 次元空間の位置 $\boldsymbol{x}=xe_1+ye_2+ze_3$ にある点 p を，この 5 次元共形空間の次の点に対応させる（$\hookrightarrow$ 演習問題 8.1）．

$$p=e_0+\boldsymbol{x}+\frac{1}{2}\|\boldsymbol{x}\|^2e_\infty \tag{8.8}$$

すると，式 (8.4) よりノルムが

$$\|p\|^2=0 \tag{8.9}$$

となる．すなわち，この共形空間では**すべての 3 次元空間の点はノルム 0 である**．そして，別の点を $q=e_0+\boldsymbol{y}+\|\boldsymbol{y}\|^2e_\infty/2$ とするとき，式 (8.3) より内積が

$$\begin{aligned}\langle p,q\rangle &= \langle \boldsymbol{x},\boldsymbol{y}\rangle-\frac{1}{2}\|\boldsymbol{x}\|^2-\frac{1}{2}\|\boldsymbol{y}\|^2=-\frac{1}{2}\langle \boldsymbol{x}-\boldsymbol{y},\boldsymbol{x}-\boldsymbol{y}\rangle\\ &= -\frac{1}{2}\|\boldsymbol{x}-\boldsymbol{y}\|^2\end{aligned} \tag{8.10}$$

となる．したがって，2 乗距離が次のように書ける．

$$\|\boldsymbol{x}-\boldsymbol{y}\|^2=-2\langle p,q\rangle \tag{8.11}$$

式 (8.8) で $\boldsymbol{x}=0$ とすると $p=e_0$ となるので，前章と同様に，記号 e_0 を**3 次元空間の原点と同一視する**．この共形空間は，前章の 4 次元空間と同じように同次空間であるとみなし，任意のスカラ $\alpha\neq 0$ に対して，元 x と元 αx は同じ幾何学的対象を表すとみなす．したがって，式 (8.8) と

$$\frac{p}{\|\boldsymbol{x}\|^2/2}=\frac{e_0}{\|\boldsymbol{x}\|^2/2}+\frac{\boldsymbol{x}}{\|\boldsymbol{x}\|^2/2}+e_\infty \tag{8.12}$$

は 3 次元空間の同じ点を表す．これは $\|\boldsymbol{x}\|^2 \to \infty$ とすると，e_∞ に収束する．そこで，記号 e_∞ を **3 次元空間の無限遠点と同一視する**．前章では方向ごとに異なる無限遠点があると解釈したが，本章では 3 次元空間のどの方向に限りなく進んでも，**ある一つの無限遠点 e_∞ に到達する**と解釈する．

古典の世界 8.2 [1 点コンパクト化]

空間の無限遠方を一つの点と考える代表的な例は，複素数の解析である．xy 平面上の点 (x, y) を複素数 $z = x + iy$ に対応させるのが複素平面であるが，極限 $\lim_{z\to 0} 1/z$ も一つの複数数 ∞ とみなす．すると，∞ を含めた複素数全体は球面と同じ位相をもつ．すなわち，連続写像によって複素数全体と球面が 1 対 1 対応する．その写像は，第 4 章の図 4.2 に示す立体射影にほかならない．これによって，球面上の「南極」$(0, 0, -1)$ が $z = \infty$ に対応する（図 8.2）．

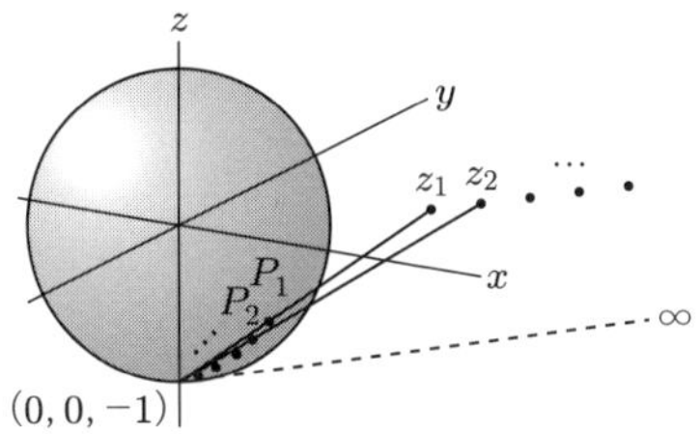

図 8.2 複素数列 $z_1, z_2, \ldots$ が発散するとき，立体射影によって対応する単位球面上の点列 $P_1, P_2, \ldots$ は南極 $(0, 0, -1)$ に収束する．これを複素平面上で無限遠点 ∞ の近傍に集積すると解釈し，球面と対応させた複素平面をリーマン球面とよぶ．

球面のような有限の閉じた空間，およびそれと同位相な空間を**コンパクト** (compact) であるという．正確には，どのような無限点列も集積点（その任意の近傍に無限個の点が含まれる点）をもつ空間と定義する．発散する点列は複素平面上では集積点をもたないが，∞ を含めると ∞ の近傍に集積するとみなせる．このように，1 点を付け加えてコンパクトでない空間をコンパクトにする操作は，**1 点コンパクト化** (one-point compactification) とよばれる．その結果，複素平面を球面と同一視することができる．これを**リーマン球面** (Riemann sphere) とよぶ．本章の共形空間の e_∞ も同じ意味をもち，空間全体が位相的に閉じているとみなすことができる．

8.2.2　平面の表現

3 次元空間のベクトル $\boldsymbol{n} = n_1e_1 + n_2e_2 + n_3e_3$ に対して，共形空間の元

$$\pi = \boldsymbol{n} + he_\infty \tag{8.13}$$

は平面 $\langle \boldsymbol{n}, \boldsymbol{x} \rangle = h$ を表す（図 8.3(a)）．「表す」という意味は，平面の方程式が，式 (8.8) の点 p を用いて

$$p \cdot \pi = 0 \tag{8.14}$$

と書けるという意味である．このドット $\cdot$ は第 5 章で導入した縮約であるが，共形空間の元どうしの縮約は内積を意味する．第 5 章と第 7 章で，図形の方程式を $p \wedge (\cdots) = 0$ あるいは $p \cdot (\cdots) = 0$ の形に書くとき，$(\cdots)$ を前者の場合は「直接表現」，後者の場合は「双対表現」とよんだ．式 (8.14) が平面の方程式になっていることは，次のように確かめられる．

$$\begin{aligned} p \cdot \pi &= \left\langle e_0 + \boldsymbol{x} + \frac{1}{2}\|\boldsymbol{x}\|^2 e_\infty, \boldsymbol{n} + he_\infty \right\rangle = \langle \boldsymbol{x}, \boldsymbol{n} \rangle + \langle e_0, he_\infty \rangle \\ &= \langle \boldsymbol{x}, \boldsymbol{n} \rangle - h \end{aligned} \tag{8.15}$$

これは，e_0, e_∞ が $\langle e_0, e_\infty \rangle = -1$ となる以外は自分自身を含めてすべての基底と直交することの帰結である．ゆえに，式 (8.13) は平面 $\langle \boldsymbol{n}, \boldsymbol{x} \rangle = h$ の双対表現である．この空間は同次空間であるから，式 (8.13) に任意のスカラ $\alpha \neq 0$ を掛けた $\alpha\pi$ も同じ平面を表す．また，式 (8.13) で $h = 0$ とすると $\pi = \boldsymbol{n}$ となることから，$\boldsymbol{n}$ が**位置に無関係に平面の向き**を指定する双対表現と解釈できる．

平面を指定するのに，法線ベクトルと原点からの距離ではなく，2 点 p_1, p_2 を指定して，それらの垂直二等分平面としても定義してもよい．これには

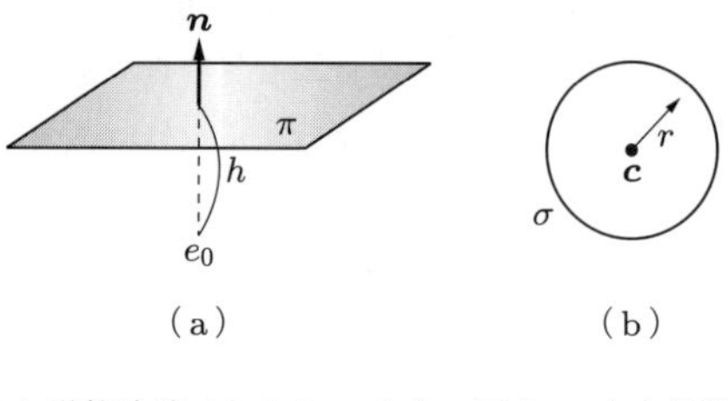

図 **8.3**　(a) 単位法線ベクトル $\boldsymbol{n}$ をもつ原点 e_0 から距離 h の平面 π．方程式は $p \cdot \pi = 0$ と書ける．
(b) 中心 $\boldsymbol{c}$，半径 r の球面 σ．方程式は $p \cdot \sigma = 0$ と書ける．

$$\pi = p_1 - p_2 \tag{8.16}$$

とおけばよい．$p_i = e_0 + \boldsymbol{x}_i + \|\boldsymbol{x}_i\|^2 e_\infty/2$ $(i = 1, 2)$ と式 (8.8) の点 p を式 (8.14) の左辺に代入すると，式 (8.10) より，

$$p \cdot \pi = \langle p, p_1 \rangle - \langle p, p_2 \rangle = -\frac{1}{2}\|\boldsymbol{x} - \boldsymbol{x}_1\|^2 + \frac{1}{2}\|\boldsymbol{x} - \boldsymbol{x}_2\|^2 \tag{8.17}$$

となる．ゆえに，式 (8.14) は $\|\boldsymbol{x} - \boldsymbol{x}_1\|^2 = \|\boldsymbol{x} - \boldsymbol{x}_2\|^2$ となる．これは $\boldsymbol{x}_1$, $\boldsymbol{x}_2$ の垂直二等分平面を意味し，式 (8.16) がその双対表現である．

同じように考えれば，式 (8.8) 自身も点の双対表現である．実際，位置 $\boldsymbol{y}$ にある点 $q = e_0 + \boldsymbol{y} + \|\boldsymbol{y}\|^2 e_\infty/2$ に対しては，式 (8.10) より $p \cdot q = -\|\boldsymbol{x} - \boldsymbol{y}\|^2/2$ となるから，$p \cdot q = 0$ が「点 $\boldsymbol{y}$ の方程式」$\boldsymbol{x} = \boldsymbol{y}$ である．

8.2.3 球面の表現

以下，3 次元空間の位置 $\boldsymbol{c} = c_1 e_1 + c_2 e_2 + c_3 e_3$ に対応する共形空間の元 $c = e_0 + \boldsymbol{c} + \|\boldsymbol{c}\|^2 e_\infty/2$ を単に「点 c」とよび，3 次元空間の位置 $\boldsymbol{c}$ と同一視する．このとき，

$$\sigma = c - \frac{r^2}{2} e_\infty \tag{8.18}$$

は点 c を中心とし，半径 r の球面を表す（図 8.3(b)）．これを確認するために $p \cdot \sigma$ を調べると，

$$\begin{aligned} p \cdot \sigma &= \left\langle p, c - \frac{r^2}{2} e_\infty \right\rangle = \langle p, c \rangle - \frac{r^2}{2} \langle p, e_\infty \rangle \\ &= -\frac{1}{2}\|\boldsymbol{x} - \boldsymbol{c}\|^2 + \frac{r^2}{2} \end{aligned} \tag{8.19}$$

となる（$\langle p, e_\infty \rangle = \langle e_0, e_\infty \rangle = -1$ に注意）．ゆえに，

$$p \cdot \sigma = 0 \tag{8.20}$$

は球面の方程式 $\|\boldsymbol{x} - \boldsymbol{c}\|^2 = r^2$ を表す（$\hookrightarrow$ 演習問題 8.3）．すなわち，式 (8.18) がこの球面の双対表現である．そして，式 (8.18) に任意のスカラ $\alpha \neq 0$ を掛けた $\alpha\sigma$ も同じ球面を表す．また，式 (8.18) で $r = 0$ とすると $\sigma = c$ となり，点 c そのものを表す．このことから，**3 次元空間の点は半径 0 の球面である**と解釈される．

8.3 共形空間のグラスマン代数

外積 $\wedge$ は，内積とは無関係に反対称性 $e_i \wedge e_j = -e_i \wedge e_j$ $(i, j = 0, 1, 2, 3, \infty)$ によって定義される．したがって，第 5 章のグラスマン代数を考えることができる．そして，図形の方程式が $p \wedge (\cdots) = 0$ の形に書けるという意味での「直接表現」を定めることができる．以下，直線，平面，球面，円周，点対の直接表現を求める．その結果，円周および球面が最も基本的な図形であることがわかる．そして，直線，平面はそれぞれ無限遠点を通る半径無限大の円周，球面であると解釈される．

8.3.1 直線の直接表現

前章の 4 次元同次空間では，2 点 p_1, p_2 を通る直線 L は $p_1 \wedge p_2$ であったが，これは 5 次元共形空間では，

$$L = p_1 \wedge p_2 \wedge e_\infty \tag{8.21}$$

で表される（図 8.4）．その意味は，第 5 章，第 7 章と同様に，その方程式が式 (8.8) の点 p を用いて

$$p \wedge L = 0 \tag{8.22}$$

と表されるということである．すなわち，式 (8.21) が L の直接表現である．余分な $\wedge e_\infty$ がついているのは，**直線は無限遠点 e_∞ を通る**からである．実際，外積の性質より，$p = p_1, p_2, e_\infty$ のとき式 (8.22) が自動的に満たされる．式 (8.22) が直線の方程式を表していることは，次のように確かめられる．

式 (8.21) の 2 点を $p_i = e_0 + \boldsymbol{x}_i + \|\boldsymbol{x}_i\|^2 e_\infty/2$ $(i = 1, 2)$ とおくと，

$$\begin{aligned} p \wedge L &= \left(e_0 + \boldsymbol{x} + \frac{1}{2}\|\boldsymbol{x}\|^2 e_\infty\right) \wedge \left(e_0 + \boldsymbol{x}_1 + \frac{1}{2}\|\boldsymbol{x}_1\|^2 e_\infty\right) \\ &\quad \wedge \left(e_0 + \boldsymbol{x}_2 + \frac{1}{2}\|\boldsymbol{x}_2\|^2 e_\infty\right) \wedge e_\infty \\ &= (e_0 + \boldsymbol{x}) \wedge (e_0 + \boldsymbol{x}_1) \wedge (e_0 + \boldsymbol{x}_2) \wedge e_\infty \end{aligned} \tag{8.23}$$

となる．このように，最後の $\wedge e_\infty$ により，残りの因子（$\wedge$ でつながっている項）の e_∞ が消える．すなわち，e_∞ との外積表現 $(\cdots) \wedge e_\infty$ によって**表現 $(\cdots)$ の中の e_∞ が除去される**．そして，無限遠点 e_∞ は e_1, e_2, e_3 に直交している

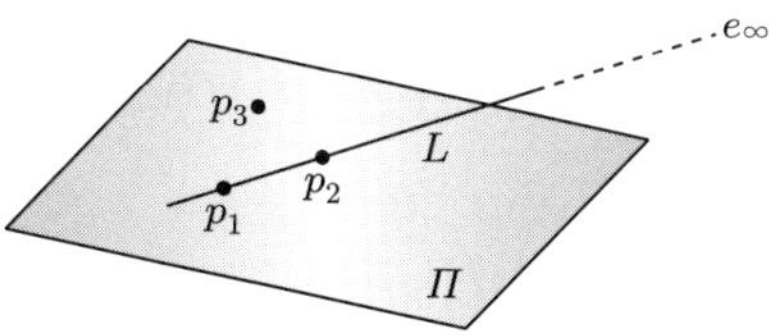

図 8.4 2 点 p_1, p_2 を通る直線 L と 3 点 p_1, p_2, p_3 を通る平面 Π. どちらも無限点 e_∞ を通るので $L = p_1 \wedge p_2 \wedge e_\infty$, $\Pi = p_1 \wedge p_2 \wedge p_3 \wedge e_\infty$ と表される. 方程式はそれぞれ $p \wedge L = 0$, $p \wedge \Pi = 0$ となる.

ので, 最初の 3 項とは線形独立である. ゆえに, 式 (8.23) が 0 であることは

$$(e_0 + \boldsymbol{x}) \wedge (e_0 + \boldsymbol{x}_1) \wedge (e_0 + \boldsymbol{x}_2) = 0 \tag{8.24}$$

を意味する. したがって, 前章の 4 次元同次空間での結果がそのまま成り立つ. また, このことから, 点 p を通って方向が $\boldsymbol{u}$ の直線は次のように表せることもわかる.

$$L = p \wedge \boldsymbol{u} \wedge e_\infty \tag{8.25}$$

一方, $q = e_0 + \boldsymbol{y} + \|\boldsymbol{y}\|^2 e_\infty/2$ とおくと, 外積の定義より, $p \wedge q = 0$ は p が q のスカラ倍であることを意味する. すなわち, $p \wedge q = 0$ は「点 q の方程式」である. このことから, 式 (8.8) は点 p の直接表現である. 同時に, 8.2.2 項の末尾で述べたように双対表現でもある.

8.3.2 平面の直接表現

同様に考えると, 3 点 p_1, p_2, p_3 を通る平面 Π は

$$\Pi = p_1 \wedge p_2 \wedge p_3 \wedge e_\infty \tag{8.26}$$

で表され, その方程式は式 (8.8) の点 p を用いて

$$p \wedge \Pi = 0 \tag{8.27}$$

と書ける (図 8.4). すなわち, 式 (8.26) が Π の直接表現である. 最後に $\wedge e_\infty$ が付いているのは, **平面は無限遠点 e_∞ を通る**からであり, $p = p_1, p_2, p_3, e_\infty$ のとき式 (8.27) が自動的に満たされる. そして, 式 (8.26) の最後の $\wedge e_\infty$ のはたらきで前章の結果がそのまま成り立つ. このことから, 点 p_1, p_2 を通り, 方向 $\boldsymbol{u}$ を含む平面は

$$\Pi = p_1 \wedge p_2 \wedge \boldsymbol{u} \wedge e_\infty \tag{8.28}$$

と表せる．これは，式 (8.21) の L を用いて $\mathit{\Pi} = -L \wedge \boldsymbol{u}$ とも書ける．同じように考えると，点 p を通って方向 $\boldsymbol{u}, \boldsymbol{v}$ を含む平面は

$$\mathit{\Pi} = p \wedge \boldsymbol{u} \wedge \boldsymbol{v} \wedge e_\infty \tag{8.29}$$

である．これは式 (8.25) の L を用いて $\mathit{\Pi} = -L \wedge \boldsymbol{v}$ とも書ける．

8.3.3　球面の直接表現

3次元空間の位置 $\boldsymbol{x}_i$ $(i = 1, 2, 3, 4)$ を表す4点をそれぞれ $p_i = e_0 + \boldsymbol{x}_i + \|\boldsymbol{x}_i\|^2 e_\infty/2$ とするとき，

$$\mathit{\Sigma} = p_1 \wedge p_2 \wedge p_3 \wedge p_4 \tag{8.30}$$

はこれら4点を通る球面の直接表現である（図 8.5(a)）．すなわち，

$$p \wedge \mathit{\Sigma} = 0 \tag{8.31}$$

がその方程式となる．これは次のように示せる．左辺を展開すると

$$\begin{aligned} p \wedge \mathit{\Sigma} = &\left(e_0 + \boldsymbol{x} + \frac{1}{2}\|\boldsymbol{x}\|^2 e_\infty\right) \wedge \left(e_0 + \boldsymbol{x}_1 + \frac{1}{2}\|\boldsymbol{x}_1\|^2 e_\infty\right) \\ &\wedge \left(e_0 + \boldsymbol{x}_2 + \frac{1}{2}\|\boldsymbol{x}_2\|^2 e_\infty\right) \wedge \left(e_0 + \boldsymbol{x}_3 + \frac{1}{2}\|\boldsymbol{x}_3\|^2 e_\infty\right) \\ &\wedge \left(e_0 + \boldsymbol{x}_4 + \frac{1}{2}\|\boldsymbol{x}_4\|^2 e_\infty\right) \\ = &(\cdots) e_0 \wedge e_1 \wedge e_2 \wedge e_3 \wedge e_\infty \end{aligned} \tag{8.32}$$

の形になるが，$(\cdots)$ は $\boldsymbol{x}$ と $\|\boldsymbol{x}\|^2$ の1次式であり，これを0とおくと球面の方程式が得られる．そして，p が p_i のどれかに一致すれば外積の性質から式 (8.31) が自動的に満たされる．すなわち，$\mathit{\Sigma}$ は4点 p_i $(i = 1, 2, 3)$ を通る球面である．また，式 (8.30) で $p_4 = e_\infty$ とすると，式 (8.26) に一致する．すなわち，**平面は無限遠点 e_∞ を通る半径が無限大の球面である**と解釈される．

8.3.4　円周と点対の直接表現

3次元空間の位置 $\boldsymbol{x}_i$ $(i = 1, 2, 3)$ を表す3点をそれぞれ $p_i = e_0 + \boldsymbol{x}_i + \|\boldsymbol{x}_i\|^2 e_\infty/2$ とするとき，

$$S = p_1 \wedge p_2 \wedge p_3 \tag{8.33}$$

はこれら3点を通る円周の直接表現である（図 8.5(a)）．すなわち，

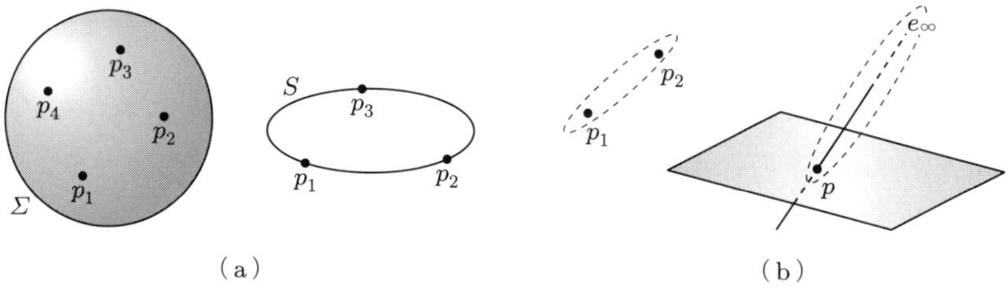

図 8.5 (a) 4 点 p_1, p_2, p_3, p_4 を通る球面 Σ と 3 点 p_1, p_2, p_3 を通る円 S は，それぞれ $\Sigma = p_1 \wedge p_2 \wedge p_3 \wedge p_4$, $S = p_1 \wedge p_2 \wedge p_3$ と表される．方程式はそれぞれ $p \wedge \Sigma = 0$, $p \wedge S = 0$ となる．
(b) 2 点の対 p_1, p_2 も次元の低い球面とみなせるので $p_1 \wedge p_2$ と表される．平面と直線の交点のような平坦点 p は無限遠点 e_∞ との点対であり，$p \wedge e_\infty$ と表される．

$$p \wedge S = 0 \tag{8.34}$$

がその方程式となる．これを厳密に示すのは複雑になるが，次のように考えるとわかりやすい．

まず，式 (8.33) の図形が p_1, p_2, p_3 を通ることは外積の性質より明らかである．式 (8.32) と同様に左辺を展開すると，

$$\begin{aligned} p \wedge S = &(\cdots)e_1 \wedge e_2 \wedge e_3 \wedge e_\infty + (\cdots)e_0 \wedge e_2 \wedge e_3 \wedge e_\infty \\ &+ (\cdots)e_0 \wedge e_3 \wedge e_1 \wedge e_\infty + (\cdots)e_0 \wedge e_1 \wedge e_2 \wedge e_\infty \\ &+ (\cdots)e_0 \wedge e_1 \wedge e_2 \wedge e_3 \end{aligned} \tag{8.35}$$

の形になり，$(\cdots)$ はすべて $\boldsymbol{x}$ と $\|\boldsymbol{x}\|^2$ の 1 次式である．一方，$p \wedge S = 0$ は $p \wedge p_1 \wedge p_2 \wedge p_3 = 0$ を意味し，4 点 p, p_1, p_2, p_3 を通る球面が定義されない．すなわち，p は p_1, p_2, p_3 を通る平面上にある．このように，S は平面上にあって p_1, p_2, p_3 を通り，$\boldsymbol{x}$ と $\|\boldsymbol{x}\|^2$ の連立 1 次方程式によって指定されるから，球面と平面の交線であると推論される．そして，式 (8.33) で $p_3 = e_\infty$ とすると，式 (8.21) に一致する．すなわち，**直線は無限遠点 e_∞ を通る半径が無限大の円周であると解釈される．**

なお，式 (8.33) を 2 点にした

$$p_1 \wedge p_2 \tag{8.36}$$

はこの2点の対であり，次元の低い球面とみなせる（図8.5(b)）．これは，球面が「ある点から等距離の空間中の点の集合」であり，円周が「ある点から等距離の平面上の点の集合」であり，点対が「ある点から等距離の直線上の点の集合」であるからである．点対の一方を e_∞ とした $p \wedge e_\infty$ は1点を表すが，これは式(8.8)で示される孤立点 p（＝半径0の球面）とは幾何学的に区別され，**平坦点** (flat point) とよばれる．たとえば，平面と直線の交点，2直線の交点，3平面の交点はすべて平坦点 $p \wedge e_\infty$ である．その理由は，直線や平面はどれも無限遠点 e_∞ を通るので，それらの交点には e_∞ も含まれなければならないからである（図8.5(b)）．

8.4 双対表現

5次元共形空間の体積要素は

$$I_5 = e_0 \wedge e_1 \wedge e_2 \wedge e_3 \wedge e_\infty \tag{8.37}$$

であるから，双対は

$$(\cdots)^* = -(\cdots) \cdot I_5 \tag{8.38}$$

によって定義される．したがって，縮約の計算規則より（$\hookrightarrow$ 第5章5.3節），次の関係が成り立つ（$\hookrightarrow$ 第5章の式(5.78)）．

$$(p \wedge (\cdots))^* = p \cdot (\cdots)^* \tag{8.39}$$

ゆえに，$p \wedge (\cdots) = 0$ なら $p \cdot (\cdots)^* = 0$ であり，$p \cdot (\cdots) = 0$ なら $p \wedge (\cdots)^* = 0$ である（$\hookrightarrow$ 第5章の式(5.79)）．

以下，平面，直線，円周，点対，平坦点の具体的な双対表現を考える．それにより，外積 $\wedge$ が「直接表現では結合」を意味し，「双対表現では交差」を意味することが明らかになる．なお，直接表現と双対表現を区別するために，直接表現には大文字を，双対表現には対応する小文字を用いている．

8.4.1 平面の双対表現

平面について考える．3点 $p_i = e_0 + \boldsymbol{x}_i + \|\boldsymbol{x}_i\|^2 e_\infty/2$ $(i = 1, 2, 3)$ を通る平面 Π は

$$\Pi = p_1 \wedge p_2 \wedge p_3 \wedge e_\infty$$

$$= \left(e_0 + \boldsymbol{x}_1 + \frac{1}{2}\|\boldsymbol{x}_1\|^2 e_\infty\right) \wedge \left(e_0 + \boldsymbol{x}_2 + \frac{1}{2}\|\boldsymbol{x}_2\|^2 e_\infty\right)$$
$$\wedge \left(e_0 + \boldsymbol{x}_3 + \frac{1}{2}\|\boldsymbol{x}_3\|^2 e_\infty\right) \wedge e_\infty$$
$$= (e_0 + \boldsymbol{x}_1) \wedge (e_0 + \boldsymbol{x}_2) \wedge (e_0 + \boldsymbol{x}_3) \wedge e_\infty \tag{8.40}$$

であるから，前章のようにプリュッカー座標を用いて次のように書ける（↪ 第7章の式 (7.25)）．

$$\Pi = (n_1 e_0 \wedge e_2 \wedge e_3 + n_2 e_0 \wedge e_3 \wedge e_1 + n_3 e_0 \wedge e_1 \wedge e_2 + h e_1 \wedge e_2 \wedge e_3) \wedge e_\infty \tag{8.41}$$

縮約は符号を変えながら内側から順に内積を計算することに注意すると（↪ 第5章 5.3 節），定義より $e_0 \wedge e_2 \wedge e_3 \wedge e_\infty$ の双対は次のようになる．

$$(e_0 \wedge e_2 \wedge e_3 \wedge e_\infty)^* = -e_0 \wedge e_2 \wedge e_3 \wedge e_\infty \cdot e_0 \wedge e_1 \wedge e_2 \wedge e_3 \wedge e_\infty$$
$$= -e_0 \wedge e_2 \wedge e_3 \cdot (e_\infty \cdot e_0 \wedge e_1 \wedge e_2 \wedge e_3 \wedge e_\infty)$$
$$= -e_0 \wedge e_2 \wedge e_3 \cdot \langle e_\infty, e_0 \rangle \wedge e_1 \wedge e_2 \wedge e_3 \wedge e_\infty$$
$$= e_0 \wedge e_2 \wedge e_3 \cdot e_1 \wedge e_2 \wedge e_3 \wedge e_\infty = e_0 \wedge e_2 \cdot (e_3 \cdot e_1 \wedge e_2 \wedge e_3 \wedge e_\infty)$$
$$= e_0 \wedge e_2 \cdot e_1 \wedge e_2 \wedge \langle e_3, e_3 \rangle e_\infty = e_0 \wedge e_2 \cdot e_1 \wedge e_2 \wedge e_\infty$$
$$= e_0 \cdot (e_2 \cdot e_1 \wedge e_2 \wedge e_\infty) = -e_0 \cdot e_1 \wedge \langle e_2, e_2 \rangle e_\infty$$
$$= -e_0 \cdot e_1 \wedge e_\infty = e_1 \langle e_0, e_\infty \rangle = -e_1 \tag{8.42}$$

同様に次のようになる．

$$(e_0 \wedge e_3 \wedge e_1 \wedge e_\infty)^* = -e_2, \qquad (e_0 \wedge e_1 \wedge e_2 \wedge e_\infty)^* = -e_3 \tag{8.43}$$

また，$e_1 \wedge e_2 \wedge e_3 \wedge e_\infty$ の双対も，内側から順に縮約して，次のようになる．

$$(e_1 \wedge e_2 \wedge e_3 \wedge e_\infty)^* = -e_1 \wedge e_2 \wedge e_3 \wedge e_\infty \cdot e_0 \wedge e_1 \wedge e_2 \wedge e_3 \wedge e_\infty$$
$$= -e_1 \wedge e_2 \wedge e_3 \cdot (e_\infty \cdot e_0 \wedge e_1 \wedge e_2 \wedge e_3 \wedge e_\infty)$$
$$= -e_1 \wedge e_2 \wedge e_3 \cdot (\langle e_\infty, e_0 \rangle e_1 \wedge e_2 \wedge e_3 \wedge e_\infty)$$
$$= e_1 \wedge e_2 \wedge e_3 \cdot e_1 \wedge e_2 \wedge e_3 \wedge e_\infty = e_1 \wedge e_2 \cdot (e_3 \cdot e_1 \wedge e_2 \wedge e_3 \wedge e_\infty)$$
$$= e_1 \wedge e_2 \cdot e_1 \wedge e_2 \wedge \langle e_3, e_3 \rangle e_\infty = e_1 \cdot (e_2 \cdot e_1 \wedge e_2 e_\infty)$$
$$= -e_1 \cdot e_1 \wedge \langle e_2, e_2 \rangle e_\infty = -e_1 \cdot e_1 \wedge e_\infty = -\langle e_1, e_1 \rangle e_\infty = -e_\infty \tag{8.44}$$

ゆえに，式 (8.41) の双対は次のようになる．

$$\Pi^* = -n_1e_1 - n_2e_2 - n_3e_3 - he_\infty = -(\boldsymbol{n} + he_\infty) \qquad (8.45)$$

これは，符号を除いて，式 (8.13) の平面の双対表現 π に一致している．共形空間も同次空間であり，符号を変えても定数倍しても同じ対象を表す．同様に，式 (8.30) の球面 Σ の双対 Σ^* は符号と定数倍を除いて，式 (8.18) の球面双対表現 σ に一致することが示される．

8.4.2　直線の双対表現

直線は，式 (8.21) のように 2 点を指定して定義する代わりに，2 平面の交線としても定義できる．2 平面を Π_1, Π_2 とすると，その交線 $\Pi_1 \cap \Pi_2$ の双対は第 7 章 7.6.3 項に述べたように $\pi_1 \cup \pi_2$ $(= \pi_1 \wedge \pi_2)$ である．ただし，$\pi_i = \Pi_i^*$ $(i = 1, 2)$ とおいた．ゆえに，

$$l = \pi_1 \wedge \pi_2 \qquad (8.46)$$

が 2 平面の交線の双対表現になっているはずである．これを確かめるために，平面の双対表現として，式 (8.13) の形を用いて $\pi_i = \boldsymbol{n}_i + h_ie_\infty$ $(i = 1, 2)$ とし，$p = e_0 + \boldsymbol{x} + \|\boldsymbol{x}\|^2e_\infty/2$ とおく．すると，第 5 章の式 (5.32) より，$p \cdot l$ は次のようになる．

$$\begin{aligned} p \cdot l &= p \cdot \pi_1 \wedge \pi_1 = \langle p, \pi_1 \rangle \pi_2 - \langle p, \pi_2 \rangle \pi_1 \\ &= ((\langle \boldsymbol{n}_1, \boldsymbol{x} \rangle - h_1)(\boldsymbol{n}_2 + h_2e_\infty) - ((\langle \boldsymbol{n}_2, \boldsymbol{x} \rangle - h_2)(\boldsymbol{n}_1 + h_1e_\infty) \\ &= ((\langle \boldsymbol{n}_2, \boldsymbol{x} \rangle - h_2)\boldsymbol{n}_1 + ((\langle \boldsymbol{n}_1, \boldsymbol{x} \rangle - h_1)\boldsymbol{n}_2 + \langle h_2\boldsymbol{n}_1 - h_1\boldsymbol{n}_2, \boldsymbol{x} \rangle e_\infty \end{aligned} \qquad (8.47)$$

ただし，式 (8.15) より，$\langle p, \pi_i \rangle = \langle \boldsymbol{n}_i, \boldsymbol{x} \rangle - h_i$ となることを用いた．交線が存在するのは法線ベクトル $\boldsymbol{n}_1$, $\boldsymbol{n}_2$ が線形独立な場合であるから，上式が 0 になるのは $\boldsymbol{n}_1$, $\boldsymbol{n}_2$, e_∞ の係数が 0 になる場合である．したがって，$\langle \boldsymbol{n}_i, \boldsymbol{x} \rangle = h_i$ $(i = 1, 2)$ である．$\boldsymbol{x}$ はそれぞれの平面の方程式を満たすので，2 平面の交線の上にある．交線の支持平面の法線は $\boldsymbol{n} = h_2\boldsymbol{n}_1 - h_1\boldsymbol{n}_2$ であるから（$\hookrightarrow$ 第 2 章の式 (2.96)），e_∞ の係数が 0 になることは，$\langle \boldsymbol{n}, \boldsymbol{x} \rangle = 0$（$\hookrightarrow$ 第 2 章の式 (2.62)）を意味している．ゆえに，$p \cdot l = 0$ が直線の方程式であり，式 (8.46) がその直線の双対表現である．また，2 平面の双対表現として，式 (8.16) の垂直二等分

平面形で $\pi_1 = p_1 - p_2$, $\pi_2 = p_2 - p_3$ とおけば，それらの交線として 3 点 p_1, p_2, p_3 の作る三角形の外心（外接円の中心）を通る垂線の双対表現が得られる．

8.4.3 円周，点対，平坦点の双対表現

円周は，球面と球面の交わりとしても定義できる．2 球面の双対表現を，式 (8.18) の形を用いて $\sigma_1 = c_i - r_i^2 e_\infty/2$ $(i = 1, 2)$ とおくと．2 平面の交線として直線を定義したのと同様に，

$$s = \sigma_1 \wedge \sigma_2 \tag{8.48}$$

が 2 球面の交線としての円周の双対表現である．これを確認するために $p \cdot s$ を調べると，式 (8.19) より次のようになる．

$$\begin{aligned} p \cdot s = p \cdot \sigma \wedge \sigma_2 &= \langle p, \sigma_1 \rangle \sigma_2 - \langle p, \sigma_2 \rangle \sigma_1 \\ &= \left(-\frac{1}{2}\|\boldsymbol{x} - \boldsymbol{c}_1\|^2 - \frac{r_1^2}{2}\right)\left(c_2 - \frac{r_2^2}{2}e_\infty\right) \\ &\quad - \left(-\frac{1}{2}\|\boldsymbol{x} - \boldsymbol{c}_2\|^2 - \frac{r_2^2}{2}\right)\left(c_1 - \frac{r_1^2}{2}e_\infty\right) \end{aligned} \tag{8.49}$$

2 球面の中心 c_1, c_2 は異なる点であるから，線形独立である（すなわち，一方が他方の定数倍ではない）．したがって，両方の係数が 0 になり，$\|\boldsymbol{x} - \boldsymbol{c}_i\|^2 = r_i^2$ $(i = 1, 2)$ が得られる．すなわち，$\boldsymbol{x}$ は両方の球面上にあり，円周を定義する．ゆえに，式 (8.48) がその双対表現である．円周を球面と球面との交わりと考える代わりに，球面 σ と平面 π（= 半径無限大の球面）との交わりと考えて，$\sigma \wedge \pi$ としてもよい．

このように考えると，点対は円周 S と球面 σ または平面 π（= 半径無限大の球面）との交わりであるから，円周 S の双対表現を s $(= S^*)$ とすると，点対の双対表現が $s \wedge \sigma$ または $s \wedge \pi$ で与えられる．さらに同様に考えると，直接表現が $p \wedge e_\infty$ と表される平坦点は平面と直線の交点であるから，平面 Π の双対表現 π $(= \Pi^*)$ と直線 L の双対表現 l $(= L^*)$ を用いて $\pi \wedge l$ と書いたものが平坦点の双対表現となる．平坦点はまた，3 平面の交わりとみなせるから，3 平面 Π_i の双対表現 π_i $(= \Pi_i^*)$ $(i = 1, 2, 3)$ を用いて，双対表現を $\pi_1 \wedge \pi_2 \wedge \pi_3$ と書くこともできる．

以上に述べた共形空間の直接表現と双対表現をまとめると，表 8.1 のようになる．第 7 章 7.6 節に示した双対定理により，外積 $\wedge$ は**直接表現では結合を意**

表 8.1　共形空間における表現．ただし，π や π_i は平面の双対表現，l は直線の双対表現，σ や σ_i は球面の双対表現，s は円周の双対表現を表す．

対　象	直接表現	双対表現
（孤立）点	$p = e_0 + \boldsymbol{x} + \|\boldsymbol{x}\|^2 e_\infty/2$	$p = e_0 + \boldsymbol{x} + \|\boldsymbol{x}\|^2 e_\infty/2$
直　線	$p_1 \wedge p_2 \wedge e_\infty$	$\pi_1 \wedge \pi_2$
	$p \wedge \boldsymbol{u} \wedge e_\infty$	
平　面	$p_1 \wedge p_2 \wedge p_3 \wedge e_\infty$	$\boldsymbol{n} + he_\infty$
	$p_1 \wedge p_2 \wedge \boldsymbol{u} \wedge e_\infty$	$p_1 - p_2$
	$p \wedge \boldsymbol{u}_1 \wedge \boldsymbol{u}_2 \wedge e_\infty$	
球　面	$p_1 \wedge p_2 \wedge p_3 \wedge p_4$	$c - r^2 e_\infty/2$
円　周	$p_1 \wedge p_2 \wedge p_3$	$\sigma_1 \wedge \sigma_2$
		$\sigma \wedge \pi$
点　対	$p_1 \wedge p_2$	$s \wedge \sigma$
		$s \wedge \pi$
平坦点	$p \wedge e_\infty$	$\pi \wedge l$
		$\pi_1 \wedge \pi_2 \wedge \pi_3$
方程式	$p \wedge (\cdots) = 0$	$p \cdot (\cdots) = 0$

味し，双対表現では交差を意味している．

$$(\text{直接表現}) \wedge (\text{直接表現}) = (\text{結合の直接表現})$$

$$(\text{双対表現}) \wedge (\text{双対表現}) = (\text{交差の双対表現})$$

8.5 共形空間のクリフォード代数

第 6 章で述べたように，クリフォード代数は内積と外積を統合するものである．すなわち，幾何学積（クリフォード積）は**その対称化が内積，反対称化が外積になるように定義する**．これによって空間のさまざまな変換が幾何学積によって表せるようになる．以下，共形空間に幾何学積を導入し，並進，回転，およびその合成である剛体運動を幾何学積によって表す．

8.5.1 内積と外積の幾何学積による表現

8.1 節で定義した内積を実現するために，基底間の幾何学積を次の計算規則によって定義する（$\hookrightarrow$ 演習問題 8.2(4)）．

$$e_0^2 = e_\infty^2 = 0, \qquad e_0 e_\infty + e_\infty e_0 = -2 \tag{8.50}$$

$$e_ie_0 + e_0e_i = e_ie_\infty + e_\infty e_i = 0,$$
$$e_i^2 = 1, \quad e_ie_j + e_je_i = 0, \quad i, j = 1, 2, 3 \tag{8.51}$$

そして，結合則を満たし，基底の線形結合に対して線形に展開されるとする．式 (8.1) を $x = x_0e_0 + \boldsymbol{x} + x_\infty e_\infty$ と書き（$\boldsymbol{x} = x_1e_1 + x_2e_2 + x_3e_3$ とおく），同様に $y = y_0e_0 + \boldsymbol{y} + y_\infty e_\infty$ と書くと，式 (8.50), (8.51) より，幾何学積 xy は次のようになる．

$$\begin{aligned} xy &= (x_0e_0 + \boldsymbol{x} + x_\infty e_\infty)(y_0e_0 + \boldsymbol{y} + y_\infty e_\infty) \\ &= x_0y_0e_0^2 + x_0e_0\boldsymbol{y} + x_0y_\infty e_0e_\infty + y_0\boldsymbol{x}e_0 + \boldsymbol{xy} + y_\infty\boldsymbol{x}e_\infty \\ &\quad + x_\infty y_0e_\infty e_0 + x_\infty e_\infty\boldsymbol{y} + x_\infty y_\infty e_\infty^2 \\ &= (y_0\boldsymbol{x} - x_0\boldsymbol{y})e_0 + \boldsymbol{xy} + x_0y_\infty e_0e_\infty + x_\infty y_0e_\infty e_0 + (y_\infty\boldsymbol{x} - x_\infty\boldsymbol{y})e_\infty \end{aligned} \tag{8.52}$$

ただし，e_0 も e_∞ も e_i $(i = 1, 2, 3)$ と反可換であることから，$\boldsymbol{x}$, $\boldsymbol{y}$ とも反可換であることを用いた．この結果から幾何学積の対称化が

$$\begin{aligned} \frac{1}{2}(xy + xy) &= \frac{1}{2}\Big(\boldsymbol{xy} + \boldsymbol{yx} + x_0y_\infty(e_0e_\infty + e_\infty e_0) + x_\infty y_0(e_0e_\infty + e_\infty e_0)\Big) \\ &= \langle\boldsymbol{x}, \boldsymbol{y}\rangle - x_0y_\infty - x_\infty y_0 \end{aligned} \tag{8.53}$$

となり，式 (8.3) に一致する．すなわち，

$$\langle x, y\rangle = \frac{1}{2}(xy + yx) \tag{8.54}$$

が成り立つ．とくに，$\|x\|^2 = \langle x, x\rangle = x^2$ である．そして，第 6 章と同様に，外積を反対称化によって定義する．

$$\begin{aligned} x \wedge y &\equiv \frac{1}{2}(xy - yx), \\ x \wedge y \wedge z &\equiv \frac{1}{6}(xyz + yzx + zxy - zyx - yxz - xzy), \\ x \wedge y \wedge z \wedge w &\equiv \frac{1}{24}(xyzw - yxzw + yzxw - yzwx + \cdots), \\ x \wedge y \wedge z \wedge w \wedge u &\equiv \frac{1}{120}(xyzwu - yxzwu + yzxwu - \cdots) \end{aligned} \tag{8.55}$$

ただし，右辺は順序を変えたすべての並びであり，二つの順序を入れ換えるごとに符号を変える．そして，基底の 6 個以上の外積は 0 とする．このように定

義すれば，内積と外積のすべての性質が満たされることがわかる．とくに，e_0，e_∞ を含まない 3 次元空間の基底 $\{e_1, e_2, e_3\}$ に関する部分は，第 6 章の結果がそのまま成り立つ．

式 (8.54) と外積 $x \wedge y$ の定義より，第 6 章と同様に次の関係が成り立つ．

$$xy = \langle x, y \rangle + x \wedge y \tag{8.56}$$

この結果，式 (8.8) の形の点の位置を表す元 p に対しては，式 (8.9) より

$$p^2 = \langle p \cdot p \rangle + p \wedge p = \|p\|^2 = 0 \tag{8.57}$$

となる．式 (8.50) より，これは p が e_0, e_∞ であっても成立する．すなわち，(無限遠点を含めた) **すべての点の位置の 2 乗は 0** である．

8.5.2　並進子

点をベクトル $\boldsymbol{t} = t_1 e_1 + t_2 e_2 + t_3 e_3$ だけ並進させる演算は

$$\mathcal{T}_{\boldsymbol{t}} = 1 - \frac{1}{2}\boldsymbol{t}e_\infty \tag{8.58}$$

によって実行できることを示そう．上式を**並進子** (translator) とよぶ．これは

$$\mathcal{T}_{\boldsymbol{t}}(\cdots)\mathcal{T}_{\boldsymbol{t}}^{-1} \tag{8.59}$$

の形で作用する．ただし，$\mathcal{T}_{\boldsymbol{t}}^{-1}$ は $\mathcal{T}_{\boldsymbol{t}}$ の逆元であり，逆向きの $-\boldsymbol{t}$ だけの並進子である．

$$\mathcal{T}_{\boldsymbol{t}}^{-1} = 1 + \frac{1}{2}\boldsymbol{t}e_\infty \ \ (= \mathcal{T}_{-\boldsymbol{t}}) \tag{8.60}$$

これが式 (8.58) の逆元であることは，次のように確かめられる．

$$\begin{aligned}\mathcal{T}_{\boldsymbol{t}}\mathcal{T}_{\boldsymbol{t}}^{-1} &= \left(1 - \frac{1}{2}\boldsymbol{t}e_\infty\right)\left(1 + \frac{1}{2}\boldsymbol{t}e_\infty\right) \\ &= 1 + \frac{1}{2}\boldsymbol{t}e_\infty - \frac{1}{2}\boldsymbol{t}e_\infty + \frac{1}{4}\boldsymbol{t}e_\infty\boldsymbol{t}e_\infty = 1\end{aligned} \tag{8.61}$$

最後の項が消えるのは，式 (8.51) より e_∞ が e_i $(i = 1, 2, 3)$ と反可換 $(e_i e_\infty = -e_\infty e_i)$ であることから，$\boldsymbol{t}e_\infty\boldsymbol{t}e_\infty = -\boldsymbol{t}^2 e_\infty^2$ であり，式 (8.50) より $e_\infty^2 = 0$ となるからである．

式 (8.9) の点 p に，式 (8.59) のように並進子を作用させた結果を知るには，これを基底 e_i $(i = 0, 1, 2, 3, \infty)$ に，すなわち原点 e_0，ベクトル $\boldsymbol{a} = a_1 e_1 +$

$a_2e_2 + a_3e_3$，および無限遠点 e_∞ に作用させた結果がわかればよい．これは，それぞれ次のようになる．

原点 e_0　原点 e_0 を $\boldsymbol{t}$ だけ並進すると，次のようになる．

$$\begin{aligned}\mathcal{T}_{\boldsymbol{t}} e_0 \mathcal{T}_{\boldsymbol{t}}^{-1} &= \left(1 - \frac{1}{2}\boldsymbol{t}e_\infty\right) e_0 \left(1 + \frac{1}{2}\boldsymbol{t}e_\infty\right) \\ &= e_0 + \frac{1}{2}e_0\boldsymbol{t}e_\infty - \frac{1}{2}\boldsymbol{t}e_\infty e_0 - \frac{1}{4}\boldsymbol{t}e_\infty e_0 \boldsymbol{t}e_\infty \\ &= e_0 + \frac{1}{2}(e_0\boldsymbol{t}e_\infty - \boldsymbol{t}e_\infty e_0) - \frac{1}{4}\boldsymbol{t}e_\infty e_0\boldsymbol{t}e_\infty = e_0 + \boldsymbol{t} + \frac{1}{2}\|\boldsymbol{t}\|^2 e_\infty\end{aligned} \tag{8.62}$$

ただし，次の計算規則を適用した．

$$\begin{aligned}e_0\boldsymbol{t}e_\infty - \boldsymbol{t}e_\infty e_0 &= -\boldsymbol{t}e_0 e_\infty - \boldsymbol{t}e_\infty e_0 \\ &= -\boldsymbol{t}(e_0e_\infty + e_\infty e_0) = 2\boldsymbol{t}\end{aligned} \tag{8.63}$$

$$\begin{aligned}\boldsymbol{t}e_\infty e_0 \boldsymbol{t}e_\infty &= -\boldsymbol{t}e_\infty \boldsymbol{t}e_0 e_\infty = \boldsymbol{t}^2 e_\infty e_0 e_\infty = \|\boldsymbol{t}\|^2 e_\infty e_0 e_\infty \\ &= \|\boldsymbol{t}\|^2(-2 - e_0e_\infty)e_\infty = \|\boldsymbol{t}\|^2(-2e_\infty - e_0e_\infty^2) \\ &= -2\|\boldsymbol{t}\|^2 e_\infty\end{aligned} \tag{8.64}$$

式 (8.62) は，原点 e_0 を $\boldsymbol{t}$ だけ並進すると，点 $t = e_0 + \boldsymbol{t} + \|\boldsymbol{t}\|^2 e_\infty/2$ に移動することを表す．

ベクトル $\boldsymbol{a}$　ベクトル $\boldsymbol{a}$ を $\boldsymbol{t}$ だけ並進すると，次のようになる．

$$\begin{aligned}\mathcal{T}_{\boldsymbol{t}} \boldsymbol{a} \mathcal{T}_{\boldsymbol{t}}^{-1} &= \left(1 - \frac{1}{2}\boldsymbol{t}e_\infty\right) \boldsymbol{a} \left(1 + \frac{1}{2}\boldsymbol{t}e_\infty\right) \\ &= \boldsymbol{a} + \frac{1}{2}\boldsymbol{a}\boldsymbol{t}e_\infty - \frac{1}{2}\boldsymbol{t}e_\infty \boldsymbol{a} - \frac{1}{4}\boldsymbol{t}e_\infty \boldsymbol{a}\boldsymbol{t}e_\infty \\ &= \boldsymbol{a} + \frac{1}{2}(\boldsymbol{a}\boldsymbol{t}e_\infty - \boldsymbol{t}e_\infty \boldsymbol{a}) - \frac{1}{4}\boldsymbol{t}e_\infty \boldsymbol{a}\boldsymbol{t}e_\infty \\ &= \boldsymbol{a} + \langle \boldsymbol{a}, \boldsymbol{t}\rangle e_\infty\end{aligned} \tag{8.65}$$

ただし，次の計算規則を適用した．

$$\boldsymbol{a}\boldsymbol{t}e_\infty - \boldsymbol{t}e_\infty \boldsymbol{a} = \boldsymbol{a}\boldsymbol{t}e_\infty + \boldsymbol{t}\boldsymbol{a}e_\infty = (\boldsymbol{a}\boldsymbol{t} + \boldsymbol{t}\boldsymbol{a})e_\infty = 2\langle \boldsymbol{a}, \boldsymbol{t}\rangle e_\infty \tag{8.66}$$

$$\boldsymbol{t}e_\infty \boldsymbol{a}\boldsymbol{t}e_\infty = -\boldsymbol{t}\boldsymbol{a}e_\infty \boldsymbol{t}e_\infty = \boldsymbol{t}\boldsymbol{a}\boldsymbol{t}e_\infty^2 = 0 \tag{8.67}$$

無限遠点 e_∞　無限遠点 e_∞ を $\boldsymbol{t}$ だけ並進すると，次のようになる．

$$\mathcal{T}_{\boldsymbol{t}} e_\infty \mathcal{T}_{\boldsymbol{t}}^{-1} = \left(1 - \frac{1}{2}\boldsymbol{t}e_\infty\right) e_\infty \left(1 + \frac{1}{2}\boldsymbol{t}e_\infty\right)$$

$$= e_\infty + \frac{1}{2}e_\infty \boldsymbol{t} e_\infty - \frac{1}{2}\boldsymbol{t} e_\infty^2 - \frac{1}{4}\boldsymbol{t} e_\infty^2 \boldsymbol{t} e_\infty = e_\infty \quad (8.68)$$

ただし，関係 $e_\infty \boldsymbol{t} e_\infty = -\boldsymbol{t} e_\infty^2 = 0$ を用いた．上式は，無限遠点 e_∞ が並進しても依然として無限遠点 e_∞ であることを表している．

以上より，位置 $\boldsymbol{x}$ の点 $p = e_0 + \boldsymbol{x} + \|\boldsymbol{x}\|^2 e_\infty/2$ を $\boldsymbol{t}$ だけ並進すると，各項ごとに並進子を作用させて，次のようになる．

$$\begin{aligned}
\mathcal{T}_{\boldsymbol{t}} p \mathcal{T}_{\boldsymbol{t}}^{-1} &= \mathcal{T}_{\boldsymbol{t}}\Big(e_0 + \boldsymbol{x} + \frac{1}{2}\|\boldsymbol{x}\|^2 e_\infty\Big)\mathcal{T}_{\boldsymbol{t}}^{-1} \\
&= \mathcal{T}_{\boldsymbol{t}} e_0 \mathcal{T}_{\boldsymbol{t}}^{-1} + \mathcal{T}_{\boldsymbol{t}} \boldsymbol{x} \mathcal{T}_{\boldsymbol{t}}^{-1} + \frac{1}{2}\|\boldsymbol{x}\|^2 \mathcal{T}_{\boldsymbol{t}} e_\infty \mathcal{T}_{\boldsymbol{t}}^{-1} \\
&= e_0 + \boldsymbol{t} + \frac{1}{2}\|\boldsymbol{t}\|^2 e_\infty + \boldsymbol{x} + \langle \boldsymbol{x}, \boldsymbol{t}\rangle e_\infty + \frac{1}{2}\|\boldsymbol{x}\|^2 e_\infty \\
&= e_0 + \boldsymbol{x} + \boldsymbol{t} + \frac{1}{2}(\|\boldsymbol{x}\|^2 + 2\langle \boldsymbol{x}, \boldsymbol{t}\rangle + \|\boldsymbol{t}\|^2) e_\infty \\
&= e_0 + (\boldsymbol{x} + \boldsymbol{t}) + \frac{1}{2}\|\boldsymbol{x} + \boldsymbol{t}\|^2 e_\infty
\end{aligned} \quad (8.69)$$

すなわち，位置 $\boldsymbol{x} + \boldsymbol{t}$ の点に並進することが示された．

次に，並進の合成を考える．$\boldsymbol{t}_1$ だけ並進して $\boldsymbol{t}_2$ だけ並進すると，

$$\mathcal{T}_{\boldsymbol{t}_2}(\mathcal{T}_{\boldsymbol{t}_1}(\cdots)\mathcal{T}_{\boldsymbol{t}_1}^{-1})\mathcal{T}_{\boldsymbol{t}_2}^{-1} = (\mathcal{T}_{\boldsymbol{t}_2}\mathcal{T}_{\boldsymbol{t}_1})(\cdots)(\mathcal{T}_{\boldsymbol{t}_2}\mathcal{T}_{\boldsymbol{t}_1})^{-1} \quad (8.70)$$

となるが，これは $\boldsymbol{t}_1 + \boldsymbol{t}_2$ だけ並進することに等しいから，次のように書ける．

$$\mathcal{T}_{\boldsymbol{t}_1 + \boldsymbol{t}_2} = \mathcal{T}_{\boldsymbol{t}_2}\mathcal{T}_{\boldsymbol{t}_1} \quad (8.71)$$

$\boldsymbol{t}_1$ と $\boldsymbol{t}_2$ を入れ換えると，右辺は $\mathcal{T}_{\boldsymbol{t}_1}\mathcal{T}_{\boldsymbol{t}_2}$ と書けるから $\mathcal{T}_{\boldsymbol{t}_2}\mathcal{T}_{\boldsymbol{t}_1} = \mathcal{T}_{\boldsymbol{t}_1}\mathcal{T}_{\boldsymbol{t}_2}$ であり，並進子どうしは可換である．並進子は，形式的に次のように書くこともできる．

$$\mathcal{T}_{\boldsymbol{t}} = \exp\Big(-\frac{1}{2}\boldsymbol{t} e_\infty\Big) \quad (8.72)$$

ただし，指数関数 exp はテイラー展開によって定義する（↪ 第 4 章の式 (4.38)，第 6 章の式 (6.75)）．実際，$(\boldsymbol{t} e_\infty)^2 = \boldsymbol{t} e_\infty \boldsymbol{t} e_\infty = -\boldsymbol{t}^2 e_\infty^2 = 0$ であり，同様に $(\boldsymbol{t} e_\infty)^k = 0$ $(k = 2, 3, \ldots)$ であるから，次の関係が確かめられる．

$$\begin{aligned}
\exp\Big(-\frac{1}{2}\boldsymbol{t} e_\infty\Big) &= 1 - \frac{1}{2}\boldsymbol{t} e_\infty + \frac{1}{2!}\Big(\frac{1}{2}\boldsymbol{t} e_\infty\Big)^2 - \frac{1}{3!}\Big(\frac{1}{2}\boldsymbol{t} e_\infty\Big)^3 + \cdots \\
&= 1 - \frac{1}{2}\boldsymbol{t} e_\infty
\end{aligned} \quad (8.73)$$

8.5.3 回転子と運動子

第6章では，原点の周りの回転を指定する回転子が二つのベクトル $\boldsymbol{a}, \boldsymbol{b}$ を用いて

$$\mathcal{R} = \boldsymbol{b}\boldsymbol{a} \tag{8.74}$$

と表せることを示した（↪ 第6章の式 (6.62)）．とくに，回転面を指定する面積要素 $\mathcal{I}$ を用いれば，角度 Ω の回転子は

$$\mathcal{R} = \cos\frac{\Omega}{2} - \mathcal{I}\sin\frac{\Omega}{2} \tag{8.75}$$

と表せる（↪ 第6章の式 (6.69)）．そして，回転が $\mathcal{R}(\cdots)\mathcal{R}^{-1}$ の形で計算できる．これは共形空間でも同じである．それは，原点の周りの回転が原点 e_0 や無限遠点 e_∞ に影響を与えないからである．これは，幾何学積の演算規則により，e_0 も e_∞ も3次元空間のベクトルと反可換なことから，次のように確かめられる．

$$\begin{aligned}\mathcal{R}e_0\mathcal{R}^{-1} &= \boldsymbol{b}\boldsymbol{a}e_0\boldsymbol{a}^{-1}\boldsymbol{b}^{-1} = -\boldsymbol{b}e_0\boldsymbol{a}\boldsymbol{a}^{-1}\boldsymbol{b}^{-1}\\ &= e_0\boldsymbol{b}\boldsymbol{a}\boldsymbol{a}^{-1}\boldsymbol{b}^{-1} = e_0\end{aligned} \tag{8.76}$$

$$\begin{aligned}\mathcal{R}e_\infty\mathcal{R}^{-1} &= \boldsymbol{b}\boldsymbol{a}e_\infty\boldsymbol{a}^{-1}\boldsymbol{b}^{-1} = -\boldsymbol{b}e_\infty\boldsymbol{a}\boldsymbol{a}^{-1}\boldsymbol{b}^{-1}\\ &= e_\infty\boldsymbol{b}\boldsymbol{a}\boldsymbol{a}^{-1}\boldsymbol{b}^{-1} = e_\infty\end{aligned} \tag{8.77}$$

その結果，位置 $\boldsymbol{x}$ の点 $p = e_0 + \boldsymbol{x} + \|\boldsymbol{x}\|^2 e_\infty/2$ を回転すると，次のようになる．

$$\begin{aligned}\mathcal{R}p\mathcal{R}^{-1} &= \mathcal{R}\Big(e_0 + \boldsymbol{x} + \frac{1}{2}\|\boldsymbol{x}\|^2 e_\infty\Big)\mathcal{R}^{-1}\\ &= \mathcal{R}e_0\mathcal{R}^{-1} + \mathcal{R}\boldsymbol{x}\mathcal{R}^{-1} + \frac{1}{2}\|\boldsymbol{x}\|^2\mathcal{R}e_\infty\mathcal{R}^{-1}\\ &= e_0 + \mathcal{R}\boldsymbol{x}\mathcal{R}^{-1} + \frac{1}{2}\|\boldsymbol{x}\|^2 e_\infty\\ &= e_0 + \mathcal{R}\boldsymbol{x}\mathcal{R}^{-1} + \frac{1}{2}\|\mathcal{R}\boldsymbol{x}\mathcal{R}^{-1}\|^2 e_\infty\end{aligned} \tag{8.78}$$

すなわち，回転した位置 $\mathcal{R}\boldsymbol{x}\mathcal{R}^{-1}$ の点となる．回転によってノルムが変化しないことに注意（$\|\mathcal{R}\boldsymbol{x}\mathcal{R}^{-1}\|^2 = \|\boldsymbol{x}\|^2$）．

3次元空間の剛体運動は，原点の周りの回転と並進との合成であるから，

$$\mathcal{M} = \mathcal{T}_{\boldsymbol{t}}\mathcal{R} \tag{8.79}$$

とおけば，剛体運動が $\mathcal{M}(\cdots)\mathcal{M}^{-1}$ の形で計算できる．このように並進子と回転子を合成したものを**運動子** (motor) とよぶ（↪ 演習問題 8.4）．

8.6 共形幾何学

共形幾何学 (conformal geometry) とは，**共形変換** (conformal transformation) の性質を調べる学問であるが，後者は二つの意味で使われている．広い意味の共形変換は，2 曲線の交点における接線のなす角や 2 曲面の交線における接平面のなす角が保存される変換である．一方，狭い意味では無限遠点を含めた全空間で定義された変換であって球面を球面に変換するものを指す．区別するときは，後者を**球面共形変換** (spherical conformal transfromation)，あるいは**メビウス変換** (Möbius transformation) ともよぶ．ここでは狭い意味の共形変換，すなわち球面が球面に変換され，交線における接平面のなす角が保存される変換を考える．ただし，平面も半径無限大の球面と考える．球面と球面の交線は円であるから，円は円に写像される．円と円の交点における接線のなす角も保存される．ただし，直線も半径無限大の円とみなす．

以下では，共形変換が第 6 章 6.8 節で述べた「ベクトル作用子」によって記述されることを示し，鏡映，反転，拡大・縮小に対するベクトル作用子の具体的な形を導く．そして，鏡映と反転が基本的な変換であり，並進と回転は鏡映の合成によって，拡大・縮小は反転の合成によって表せることを示す．このことから，並進が無限遠方にある回転軸の周りの回転と解釈できることもわかる．最後に，ベクトル作用子の性質をまとめる．

8.6.1 共形変換とベクトル作用子

共形変換の全体は群を作り，**共形変換群** (group of conformal transformations) とよぶ．これはよく知られた次の部分群（= それ自身で閉じた群）を含む．

- 相似変換 (similarity)
- 剛体運動 (rigid motion)
- 回転 (rotation)
- 鏡映 (reflection)

- 拡大縮小 (dilation)
- 並進 (translation)
- 恒等変換 (identity)

これらのすべてによって無限遠点は移動しない．このうち剛体運動と鏡映を合成したものを**等長変換** (isometry)，あるいは**ユークリッド変換** (Euclid transformation) とよぶ．これは長さを保存する共形変換の部分群であり，並進，回転，恒等変換を含む．

共形幾何学では，グラスマン代数とクリフォード代数が大きな役割を果たす．グラスマン代数を用いれば，直線，平面，球面，円などの幾何学的対象が外積によって記述できる．そして，クリフォード代数を用いれば，共形変換が幾何学積によるベクトル作用子の形で生成できる．**ベクトル作用子** (versor) は次の形をしている（↪ 第 6 章の式 (6.77)）．

$$\mathcal{V} = v_k v_{k-1} \cdots v_1 \tag{8.80}$$

ただし，各 v_i は $a_0e_0 + a_1e_1 + a_2e_2 + a_3e_3 + a_\infty e_\infty$ の形の元である．k をこのベクトル作用子の**グレード** (grade) とよび，グレードが奇数のものを**奇ベクトル作用子** (odd versor)，偶数のものを**偶ベクトル作用子** (even versor) とよぶ．そして，逆元 $\mathcal{V}^{-1} = v_1^{-1}v_2^{-1}\cdots v_k^{-1}$ に符号 $(-1)^k$ を付けたものを

$$\mathcal{V}^\dagger \equiv (-1)^k\mathcal{V}^{-1} = (-1)^k v_1^{-1}v_2^{-1}\cdots v_k^{-1} \tag{8.81}$$

と書く（↪ 第 6 章の式 (6.78)）．このように定義したベクトル作用素 $\mathcal{V}$ は，共形空間の元に次の形で作用する（↪ 第 6 章の式 (6.79)）．

$$\mathcal{V}(\cdots)\mathcal{V}^\dagger \tag{8.82}$$

各元 v_i のノルムは左側の v_i と右側の v_i^{-1} によって打ち消されるので，ベクトル作用子による変換に影響を与えない．式 (8.82) をさらに別のベクトル作用子 $\mathcal{V}'$ で変換すると

$$\mathcal{V}'\mathcal{V}(\cdots)\mathcal{V}^\dagger\mathcal{V}'^\dagger = (\mathcal{V}'\mathcal{V})(\cdots)(\mathcal{V}'\mathcal{V})^\dagger \tag{8.83}$$

となるから，ベクトル作用子による変換の合成は，それぞれのベクトル作用子の幾何学積 $\mathcal{V}'' = \mathcal{V}'\mathcal{V}$ で与えられる（↪ 第 6 章の命題 6.10）．

8.6.2 鏡映子

最も基本的な共形変換は鏡映である．単位法線ベクトル $\boldsymbol{n}$ をもち，原点 e_0 から距離 h にある平面 π（h の符号は $\boldsymbol{n}$ の方向に正）に関する鏡映は，式 (8.13) の $\pi = \boldsymbol{n} + he_\infty$ がそのベクトル作用子となっていることを示そう．このベクトル作用子 π を**鏡映子** (reflector) とよぶ．その逆元は π^{-1} は π 自身である．実際，

$$\begin{aligned}\pi^2 &= (\boldsymbol{n} + he_\infty)(\boldsymbol{n} + he_\infty) = \boldsymbol{n}^2 + h\boldsymbol{n}e_\infty + he_\infty\boldsymbol{n} + h^2e_\infty^2 \\ &= 1 + h\boldsymbol{n}e_\infty - h\boldsymbol{n}e_\infty = 1 \end{aligned} \tag{8.84}$$

である．これは，「鏡映の鏡映はもとに戻る」という解釈と一致している．

一般の点 p に鏡映子を作用させた結果を知るには，これを原点 e_0，ベクトル $\boldsymbol{a}$，無限遠点 e_∞ に作用させた結果がわかればよい．これは，それぞれ次のようになる．

原点 e_0　原点 e_0 の鏡映は次のようになる．

$$\begin{aligned}\pi e_0\pi^\dagger &= -(\boldsymbol{n} + he_\infty)e_0(\boldsymbol{n} + he_\infty) \\ &= -\boldsymbol{n}e_0\boldsymbol{n} - h\boldsymbol{n}e_0e_\infty - he_\infty e_0\boldsymbol{n} - h^2e_\infty e_0e_\infty \\ &= \boldsymbol{n}^2e_0 - h\boldsymbol{n}e_0e_\infty - h\boldsymbol{n}e_\infty e_0 - h^2(-2 - e_0e_\infty)e_\infty \\ &= e_0 - h\boldsymbol{n}(e_0e_\infty + e_\infty e_0) + 2h^2e_\infty + e_0e_\infty^2e_\infty \\ &= e_0 + 2h\boldsymbol{n} + 2h^2e_\infty \\ &= e_0 + 2h\boldsymbol{n} + \frac{1}{2}\|2h\boldsymbol{n}\|^2e_\infty \end{aligned} \tag{8.85}$$

これは位置 $2h\boldsymbol{n}$ の点を表している．

ベクトル $\boldsymbol{a}$　ベクトル $\boldsymbol{a} = a_1e_1 + a_2e_2 + a_3e_3$ の鏡映は，次のようになる．

$$\begin{aligned}\pi\boldsymbol{a}\pi^\dagger &= -(\boldsymbol{n} + he_\infty)\boldsymbol{a}(\boldsymbol{n} + he_\infty) \\ &= -\boldsymbol{n}\boldsymbol{a}\boldsymbol{n} - h\boldsymbol{n}\boldsymbol{a}e_\infty - he_\infty\boldsymbol{a}\boldsymbol{n} - h^2e_\infty\boldsymbol{a}e_\infty \\ &= -\boldsymbol{n}\boldsymbol{a}\boldsymbol{n} - h\boldsymbol{n}\boldsymbol{a}e_\infty - h\boldsymbol{a}\boldsymbol{n}e_\infty + h^2\boldsymbol{a}e_\infty^2 \\ &= -\boldsymbol{n}\boldsymbol{a}\boldsymbol{n} - 2h\langle\boldsymbol{n}, \boldsymbol{a}\rangle e_\infty \end{aligned} \tag{8.86}$$

とくに $h = 0$ の場合，すなわち原点での鏡映は $-\boldsymbol{n}\boldsymbol{a}\boldsymbol{n}$ となり，第 6 章の結果と一致している．

無限遠点 e_∞　無限遠点 e_∞ の鏡映は次のようになる．

$$\begin{aligned}\pi e_\infty \pi^\dagger &= -(\boldsymbol{n} + he_\infty)e_\infty(\boldsymbol{n} + he_\infty) \\ &= -\boldsymbol{n}e_\infty\boldsymbol{n} - h\boldsymbol{n}e_\infty^2 - he_\infty^2\boldsymbol{n} - h^2e_\infty^3 \\ &= \boldsymbol{n}^2 e_\infty = e_\infty \end{aligned} \tag{8.87}$$

すなわち，無限遠点 e_∞ は変化しない．

以上より，位置 $\boldsymbol{x}$ の点 $p = e_0 + \boldsymbol{x} + \|\boldsymbol{x}\|^2 e_\infty/2$ の鏡映は，各項ごとに鏡映子を作用させて，次のようになる．

$$\begin{aligned}\pi p \pi^\dagger &= \pi e_0 \pi^\dagger + \pi \boldsymbol{x} \pi^\dagger + \frac{1}{2}\|\boldsymbol{x}\|^2 \pi e_\infty \pi^\dagger \\ &= \Big(e_0 + 2h\boldsymbol{n} + \frac{1}{2}\|2h\boldsymbol{n}\|^2 e_\infty\Big) - \Big(\boldsymbol{n}\boldsymbol{x}\boldsymbol{n} + 2h\langle\boldsymbol{n}, \boldsymbol{x}\rangle e_\infty\Big) + \frac{1}{2}\|\boldsymbol{x}\|^2 e_\infty \\ &= e_0 + (2h\boldsymbol{n} + \boldsymbol{x}') + \frac{1}{2}\|(2h\boldsymbol{n} + \boldsymbol{x}')\|^2 e_\infty \end{aligned} \tag{8.88}$$

ただし，$\boldsymbol{x}' = -\boldsymbol{n}\boldsymbol{x}\boldsymbol{n}$ とおき，関係 $\|\boldsymbol{x}'\|^2 = \|\boldsymbol{x}\|^2$, $\langle 2h\boldsymbol{n}, \boldsymbol{x}'\rangle = \langle 2h\boldsymbol{n}, \boldsymbol{x}\rangle$ を用いた．このことから，点 p が位置 $2h\boldsymbol{n} + \boldsymbol{x}'$ に鏡映されていることが示された (図 8.6)．

鏡映子の意義は，並進が鏡映の合成で表されることである．実際，平面 $\pi = \boldsymbol{n} + he_\infty$ に関する鏡映と平面 $\pi' = \boldsymbol{n} + h'e_\infty$ に関する鏡映を合成すると，

$$\begin{aligned}\pi'\pi &= (\boldsymbol{n} + h'e_\infty)(\boldsymbol{n} + he_\infty) = \boldsymbol{n}^2 + h\boldsymbol{n}e_\infty + h'e_\infty\boldsymbol{n} + hh'e_\infty^2 \\ &= 1 + h\boldsymbol{n}e_\infty - h'\boldsymbol{n}e_\infty = 1 - \frac{1}{2}(2(h' - h)\boldsymbol{n})e_\infty \end{aligned} \tag{8.89}$$

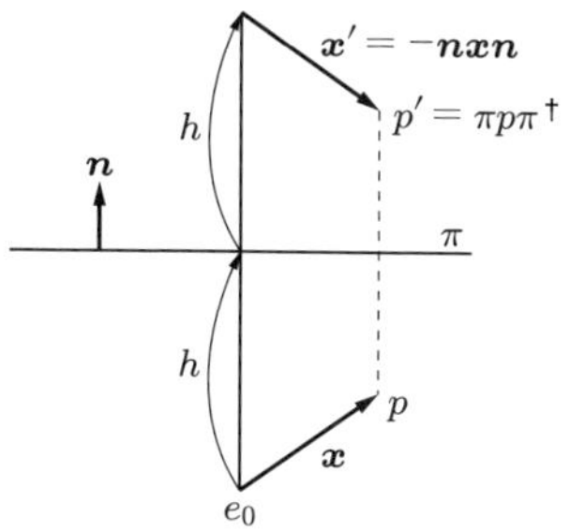

図 8.6 位置 $\boldsymbol{x}$ の点 p は，$\boldsymbol{x}' = -\boldsymbol{n}\boldsymbol{x}\boldsymbol{n}$ とおくと，平面 $\langle\boldsymbol{n}, \boldsymbol{x}\rangle = h$ によって位置 $2h\boldsymbol{n} + \boldsymbol{x}'$ の点 $p' = \pi p \pi^\dagger$ に鏡映される．

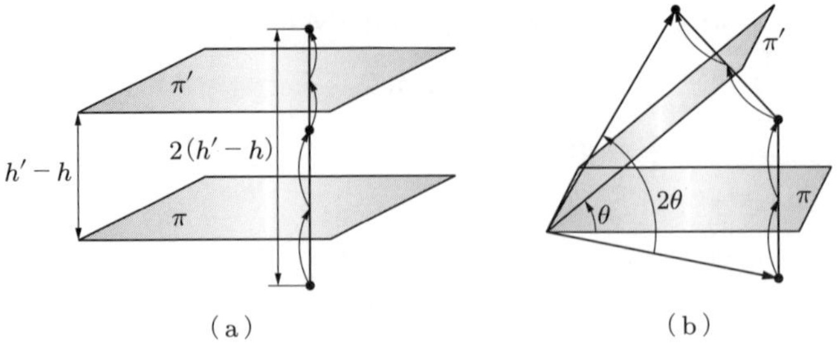

図 8.7　(a) 間隔 $h' - h$ の平行な 2 平面に関する鏡映を合成すると，距離 $2(h' - h)$ の並進となる．
(b) 角度 θ をなす 2 平面に関する鏡映を合成すると，角度 2θ の回転となる．

となり，これはベクトル $\boldsymbol{t} = 2(h' - h)\boldsymbol{n}$ だけの並進子である．すなわち，**平行な 2 平面に関する鏡映を合成すると，2 平面の間隔の 2 倍の並進となる**（図 8.7(a)）．それに対して，第 6 章 6.7.1 項では，**交わる 2 平面に関する鏡映を合成すると，2 平面のなす角の 2 倍の回転となる**ことを示した（図 8.7(b)，↪ 第 6 章の図 6.2）．このことから，並進は**無限遠方の回転軸の周りの回転**であると解釈される．また，並進子も回転子もグレード 2 のベクトル作用子であり，運動子がグレード 4 のベクトル作用子であることもわかる．

8.6.3　反転子

共形変換を生成する基本的な変換は，球面に関する**反転** (inversion) である．中心 $\boldsymbol{c}$，半径 r の球面に関する位置 $\boldsymbol{x}$ の反転とは，$\boldsymbol{c}$ を始点として $\boldsymbol{x}$ を通る半直線上で $\|\boldsymbol{x} - \mathbf{c}\|\|\boldsymbol{x}' - \mathbf{c}\| = r^2$ となる位置 $\boldsymbol{x}'$ のことである（図 8.8）．これは

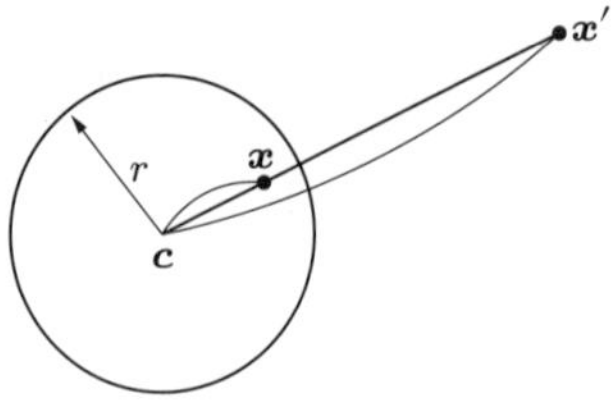

図 8.8　半径 r の球面に対して，点 $\boldsymbol{x}$ は球の中心 $\boldsymbol{c}$ を始点として $\boldsymbol{x}$ を通る半直線上で $\|\boldsymbol{x} - \mathbf{c}\|\|\boldsymbol{x}' - \mathbf{c}\| = r^2$ となる位置 $\boldsymbol{x}'$ に反転される．

式 (8.18) の $\sigma = c - r^2 e_\infty/2$ がベクトル作用子となっていることを示そう．これを**反転子** (invertor) とよぶ．その逆元は

$$\sigma^{-1} = \frac{\sigma}{r^2} \tag{8.90}$$

である．これは次のように確かめられる．

$$\begin{aligned}\sigma^2 &= \left(c - \frac{r^2}{2}e_\infty\right)\left(c - \frac{r^2}{2}e_\infty\right) = c^2 - \frac{r^2}{2}ce_\infty - \frac{r^2}{2}e_\infty c + \frac{r^4}{4}e_\infty^2 \\ &= -\frac{r^2}{2}(ce_\infty + e_\infty c) = r^2\end{aligned} \tag{8.91}$$

ただし，式 (8.57) より $c^2 = 0$ であることと，次の関係を用いた．

$$\begin{aligned}ce_\infty + e_\infty c &= \left(e_0 + \boldsymbol{c} + \frac{\|\boldsymbol{c}\|^2}{2}e_\infty\right)e_\infty + e_\infty\left(e_0 + \boldsymbol{c} + \frac{\|\boldsymbol{c}\|^2}{2}e_\infty\right) \\ &= (e_0e_\infty + e_\infty e_0) + (\boldsymbol{c}e_\infty + e_\infty\boldsymbol{c}) + \|\boldsymbol{c}\|^2e_\infty^2 \\ &= -2 + (\boldsymbol{c}e_\infty - \boldsymbol{c}e_\infty) = -2\end{aligned} \tag{8.92}$$

点 p を反転した位置を計算するには，まず原点 e_0 を中心とする球面

$$\sigma_0 = e_0 - \frac{r^2}{2}e_\infty \tag{8.93}$$

に関する反転を考えればよい．中心 c の位置 $\boldsymbol{c}$ とすれば，σ は並進子を用いて

$$\begin{aligned}\sigma &= c - \frac{r^2}{2}e_\infty = \mathcal{T}_{\boldsymbol{c}}e_0\mathcal{T}_{\boldsymbol{c}}^\dagger - \frac{r^2}{2}\mathcal{T}_{\boldsymbol{c}}e_\infty\mathcal{T}_{\boldsymbol{c}}^\dagger \\ &= \mathcal{T}_{\boldsymbol{c}}\left(e_0 - \frac{r^2}{2}e_\infty\right)\mathcal{T}_{\boldsymbol{c}}^\dagger = \mathcal{T}_{\boldsymbol{c}}\sigma_0\mathcal{T}_{\boldsymbol{c}}^\dagger\end{aligned} \tag{8.94}$$

と書ける．したがって，点 p の σ に関する反転は

$$\begin{aligned}\sigma p\sigma^\dagger &= (\mathcal{T}_{\boldsymbol{c}}\sigma_0\mathcal{T}_{\boldsymbol{c}}^\dagger)p(\mathcal{T}_{\boldsymbol{c}}\sigma_0\mathcal{T}_{\boldsymbol{c}}^\dagger)^\dagger = \mathcal{T}_{\boldsymbol{c}}\sigma_0\mathcal{T}_{\boldsymbol{c}}^\dagger p\mathcal{T}_{\boldsymbol{c}}\sigma_0^\dagger\mathcal{T}_{\boldsymbol{c}}^\dagger \\ &= \mathcal{T}_{\boldsymbol{c}}(\sigma_0(\mathcal{T}_{-\boldsymbol{c}}p\mathcal{T}_{-\boldsymbol{c}}^\dagger)\sigma_0^\dagger)\mathcal{T}_{\boldsymbol{c}}^\dagger\end{aligned} \tag{8.95}$$

となる．すなわち，まず p を $-\boldsymbol{c}$ だけ並進し，それを σ_0 に関して反転し，その結果を $\boldsymbol{c}$ だけ並進すればよい．

一般の点 p に反転子を作用させた結果を知るには，これを原点 e_0，ベクトル $\boldsymbol{a}$，無限遠点 e_∞ に作用させた結果がわかればよい．これは，それぞれ次のようになる．

原点 e_0　原点 e_0 を σ_0 に関して反転すると，次のようになる．

$$\sigma_0 e_0 \sigma_0^\dagger = -\frac{1}{r^2}\left(e_0 - \frac{r^2}{2}e_\infty\right)e_0\left(e_0 - \frac{r^2}{2}e_\infty\right) = -\frac{r^2}{4}e_\infty e_0 e_\infty$$
$$= -\frac{r^2}{4}e_\infty(-2 - e_\infty e_0) = \frac{r^2}{2}e_\infty \tag{8.96}$$

共形空間は同次空間であり，定数倍しても同じ意味をもつから，これは無限遠点を表す．すなわち，**原点 e_0 は無限遠点 e_∞ に写像される．**

ベクトル $\boldsymbol{a}$　ベクトル $\boldsymbol{a} = a_1 e_1 + a_2 e_2 + a_3 e_3$ の反転は，次のようになる．

$$\sigma_0 \boldsymbol{a} \sigma_0^\dagger = -\frac{1}{r^2}\left(e_0 - \frac{r^2}{2}e_\infty\right)\boldsymbol{a}\left(e_0 - \frac{r^2}{2}e_\infty\right)$$
$$= \frac{1}{r^2}e_0^2\boldsymbol{a} - \frac{1}{2}e_0 e_\infty \boldsymbol{a} - \frac{1}{2}e_\infty e_0 \boldsymbol{a} - \frac{r^2}{4}e_\infty^2 \boldsymbol{a}$$
$$= -\frac{1}{2}(e_0 e_\infty + e_\infty e_0)\boldsymbol{a} = \boldsymbol{a} \tag{8.97}$$

すなわち，ベクトルは反転によって変化しない．

無限遠点 e_∞　無限遠点 e_∞ は次のように写像される．

$$\sigma_0 e_\infty \sigma_0^\dagger = -\frac{1}{r^2}\left(e_0 - \frac{r^2}{2}e_\infty\right)e_\infty\left(e_0 - \frac{r^2}{2}e_\infty\right) = -\frac{1}{r^2}e_0 e_\infty e_0$$
$$= -\frac{1}{r^2}e_0(-2 - e_0 e_\infty) = \frac{2}{r^2}e_0 \tag{8.98}$$

同次空間であるから，これは原点を表す．すなわち，**無限遠点 e_∞ は原点 e_0 に写像される．**

以上より，点 $p = e_0 + \boldsymbol{x} + \|\boldsymbol{x}\|^2 e_\infty/2$ の反転は，各項に反転子を作用させて，次のように写像される．

$$\sigma_0 p \sigma_0^\dagger = \sigma_0 e_0 \sigma_0^\dagger + \sigma_0 \boldsymbol{x} \sigma_0^\dagger + \frac{1}{2}\|\boldsymbol{x}\|^2 \sigma_0 e_\infty \sigma_0^\dagger = \frac{r^2}{2}e_\infty + \boldsymbol{x} + \frac{1}{2}\|\boldsymbol{x}\|^2\left(\frac{2}{r^2}e_0\right)$$
$$= \frac{\|\boldsymbol{x}\|^2}{r^2}\left(e_0 + r^2\boldsymbol{x}^{-1} + \frac{1}{2}\|r^2\boldsymbol{x}^{-1}\|^2 e_\infty\right) \tag{8.99}$$

ただし，$\boldsymbol{x}^{-1} = \boldsymbol{x}/\|\boldsymbol{x}\|^2$ とおいた．同次空間であるから，これは $e_0 + r^2\boldsymbol{x}^{-1} + \|r^2\boldsymbol{x}^{-1}\|^2 e_\infty/2$ と同じ位置を表す．すなわち，球の中心から距離 $\|\boldsymbol{x}\|$ の点が，同じ方向の距離 $r^2/\|\boldsymbol{x}\|$ の点に反転されることが示された（$\hookrightarrow$ 演習問題 8.5）．

8.6.4 拡大子

平行な平面に関する鏡映を合成すると間隔の 2 倍の並進となり，交わる平面に関する鏡映を合成すると交角の 2 倍の回転となるように，反転を合成すると拡大縮小となる．なぜなら，中心が原点 e_0，半径が r_1 の球に関する反転子 $\sigma_1 = e_0 - r_1^2 e_\infty/2$ によって中心から距離 d の点は距離 r_1^2/d の点に反転され，これを中心が同じで半径 r_2 の球に関する反転子 $\sigma_2 = e_0 - r_2^2 e_\infty/2$ によって反転すると，距離 $r_2^2/(r_1^2/d) = (r_2/r_1)^2 d$ の点に移動するからである（図 8.9）．すなわち，**半径比の 2 乗倍の拡大**となる．これを表すベクトル作用素

$$\mathcal{D} = \frac{1}{r_1 r_2}\sigma_2\sigma_1 \tag{8.100}$$

を**拡大子** (dilator) とよぶ．係数 $1/(r_1 r_2)$ は表現を簡単にするためのものであり，定数倍は作用に影響を与えない．具体的な表現を得るには，やや工夫が必要である．まず，次のように書ける．

$$\begin{aligned}\mathcal{D} &= \frac{1}{r_1 r_2}\Big(e_0 - \frac{r_2^2}{2}e_\infty\Big)\Big(e_0 - \frac{r_1^2}{2}e_\infty\Big)\\ &= \frac{1}{r_1 r_2}\Big(e_0^2 - \frac{r_1^2}{2}e_0 e_\infty - \frac{r_2^2}{2}e_\infty e_0 + \frac{r_1^2 r_2^2}{4}e_\infty^2\Big)\\ &= -\frac{r_1/r_2}{2}e_0 e_\infty - \frac{r_2/r_1}{2}e_\infty e_0\end{aligned} \tag{8.101}$$

これは次のように変形できる．

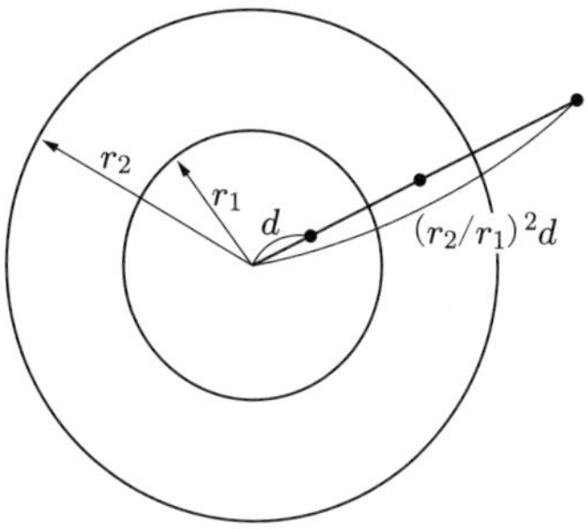

図 8.9　半径 r_1, r_2 の球面に関する反転を合成すると，$(r_2/r_1)^2$ だけ拡大される．

$$\mathcal{D} = -\frac{r_1/r_2}{2}(-2 - e_\infty e_0) - \frac{r_2/r_1}{2}(-2 - e_0 e_\infty)$$
$$= \frac{r_1}{r_2} + \frac{r_1/r_2}{2} e_\infty e_0 + \frac{r_2}{r_1} + \frac{r_2/r_1}{2} e_0 e_\infty \tag{8.102}$$

式 (8.101), (8.102) を足して 2 で割ると，次のようになる．

$$\mathcal{D} = \frac{r_1/r_2 + r_2/r_1}{2} + \frac{r_1/r_2}{2}\frac{e_\infty e_0 - e_0 e_\infty}{2} + \frac{r_2/r_1}{2}\frac{e_0 e_\infty - e_\infty e_0}{2}$$
$$= \frac{r_1/r_2 + r_2/r_1}{2} + \frac{r_1/r_2}{2} e_\infty \wedge e_0 + \frac{r_2/r_1}{2} e_0 \wedge e_\infty$$
$$= \frac{r_2/r_1 + r_1/r_2}{2} + \frac{r_2/r_1 - r_1/r_2}{2} e_0 \wedge e_\infty$$
$$= \frac{r_2/r_1 + r_1/r_2}{2} + \frac{r_2/r_1 - r_1/r_2}{2} \mathcal{O} \tag{8.103}$$

ただし，次のようにおいた．

$$\mathcal{O} = e_0 \wedge e_\infty \tag{8.104}$$

これは原点 e_0 を平坦点（すなわち孤立点ではなく，無限遠点 e_∞ との対）とみなすものである．パラメータとして拡大比 $(r_2/r_1)^2$ の対数

$$\gamma = \log\left(\frac{r_2}{r_1}\right)^2 \tag{8.105}$$

を用いると，

$$\frac{r_2}{r_1} = e^{\gamma/2} \tag{8.106}$$

と書けるので，式 (8.103) は次のように書ける．

$$\mathcal{D} = \frac{e^{\gamma/2} + e^{-\gamma/2}}{2} + \frac{e^{\gamma/2} - e^{-\gamma/2}}{2}\mathcal{O}$$
$$= \cosh\frac{\gamma}{2} + \mathcal{O}\sinh\frac{\gamma}{2} = \exp\left(\frac{\gamma}{2}\mathcal{O}\right) \tag{8.107}$$

ただし，指数関数 exp は，式 (8.73) のようにテイラー展開によって定義する．このような指数関数の形に書けることは，

$$\mathcal{O}^2 = 1 \tag{8.108}$$

となることから（$\hookrightarrow$ 演習問題 8.6 (1)），次のように確められる．

$$\begin{aligned}\exp\Bigl(\frac{\gamma}{2}\mathcal{O}\Bigr) &= 1+\frac{\gamma}{2}\mathcal{O}+\frac{1}{2!}\Bigl(\frac{\gamma}{2}\mathcal{O}\Bigr)^2+\frac{1}{3!}\Bigl(\frac{\gamma}{2}\mathcal{O}\Bigr)^3+\cdots \\ &= \Bigl(1+\frac{1}{2!}\Bigl(\frac{\gamma}{2}\Bigr)^2+\frac{1}{4!}\Bigl(\frac{\gamma}{2}\Bigr)^4+\cdots\Bigr)+\Bigl(\frac{\gamma}{2}+\frac{1}{3!}\Bigl(\frac{\gamma}{2}\Bigr)^3+\cdots\Bigr)\mathcal{O} \\ &= \cosh\frac{\gamma}{2}+\mathcal{O}\sinh\frac{\gamma}{2} \end{aligned} \tag{8.109}$$

式 (8.107) の逆元は次のようになる．

$$\mathcal{D}^{-1}=\cosh\frac{\gamma}{2}-\mathcal{O}\sinh\frac{\gamma}{2}=\exp\Bigl(-\frac{\gamma}{2}\mathcal{O}\Bigr) \tag{8.110}$$

これは，式 (8.105) から，拡大比 $(r_2/r_1)^2$ の逆数が γ の符号の反転になることから明らかであるが，直接には次のように確かめられる．

$$\begin{aligned}&\Bigl(\cosh\frac{\gamma}{2}-\mathcal{O}\sinh\frac{\gamma}{2}\Bigr)\Bigl(\cosh\frac{\gamma}{2}+\mathcal{O}\sinh\frac{\gamma}{2}\Bigr) \\ &= \cosh^2\frac{\gamma}{2}+\mathcal{O}\cosh\frac{\gamma}{2}\sinh\frac{\gamma}{2}-\mathcal{O}\cosh\frac{\gamma}{2}\sinh\frac{\gamma}{2}-\mathcal{O}^2\sinh^2\frac{\gamma}{2} \\ &= \cosh^2\frac{\gamma}{2}-\sinh^2\frac{\gamma}{2}=1 \end{aligned} \tag{8.111}$$

式 (8.107) が拡大子になっていることを確認するには，これを原点 e_0，ベクトル $\boldsymbol{a}$，無限遠点 e_∞ に作用させた結果がわかればよい．関係

$$\mathcal{O}e_0=-e_0=-e_0\mathcal{O}, \qquad \mathcal{O}e_\infty=e_\infty=-e_\infty\mathcal{O} \tag{8.112}$$

が成り立つことから（↪ 演習問題 8.6 (2)），次のことがわかる．

$$\begin{aligned}\mathcal{D}e_0 &= \Bigl(\cosh\frac{\gamma}{2}+\mathcal{O}\sinh\frac{\gamma}{2}\Bigr)e_0 \\ &= e_0\Bigl(\cosh\frac{\gamma}{2}-\mathcal{O}\sinh\frac{\gamma}{2}\Bigr)=e_0\mathcal{D}^{-1} \end{aligned} \tag{8.113}$$

$$\begin{aligned}\mathcal{D}e_\infty &= \Bigl(\cosh\frac{\gamma}{2}+\mathcal{O}\sinh\frac{\gamma}{2}\Bigr)e_\infty \\ &= e_\infty\Bigl(\cosh\frac{\gamma}{2}-\mathcal{O}\sinh\frac{\gamma}{2}\Bigr)=e_\infty\mathcal{D}^{-1} \end{aligned} \tag{8.114}$$

そして，$\mathcal{D}$ のグレードが 2 であって $\mathcal{D}^\dagger=\mathcal{D}^{-1}$ に注意すると，以下の結果を得る．

原点 e_0　原点 e_0 の拡大は次のようになる．

$$\begin{aligned}\mathcal{D}e_0\mathcal{D}^\dagger &= \mathcal{D}^2e_0=\Bigl(\exp\frac{\gamma}{2}\mathcal{O}\Bigr)^2e_0=\exp\gamma\mathcal{O}e_0=(\cosh\gamma+\mathcal{O}\sinh\gamma)e_0 \\ &= e_0\cosh\gamma-e_0\sinh\gamma=e^{-\gamma}e_0 \end{aligned} \tag{8.115}$$

同次空間であるから，これは位置としては依然として原点を表す．

ベクトル $\boldsymbol{a}$　基底 e_i $(i=1,2,3)$ は e_0, e_∞ と反可換であるから，$\mathcal{O}=(e_0e_\infty-e_\infty e_0)/2$ と可換である．ゆえに $\mathcal{D}$, $\mathcal{D}^{-1}$ とも可換であり，ベクトル $\boldsymbol{a}$ の拡大は次のようになる．

$$\mathcal{D}\boldsymbol{a}\mathcal{D}^\dagger=\mathcal{D}\mathcal{D}^{-1}\boldsymbol{a}=\boldsymbol{a} \tag{8.116}$$

すなわち，ベクトルは拡大に不変である．

無限遠点 e_∞　無限遠点 e_∞ の拡大は次のようになる．

$$\begin{aligned}\mathcal{D}e_\infty\mathcal{D}^\dagger&=\mathcal{D}^2e_\infty=\left(\exp\frac{\gamma}{2}\mathcal{O}\right)^2e_0=\exp\gamma Oe_\infty=(\cosh\gamma+\mathcal{O}\sinh\gamma)e_\infty\\&=e_\infty\cosh\gamma+e_\infty\sinh\gamma=e^\gamma e_\infty\end{aligned} \tag{8.117}$$

同次空間であるから，これは位置としては依然として無限遠点を表す．

以上より，点 $p=e_0+\boldsymbol{x}+\|\boldsymbol{x}\|^2e_\infty/2$ の拡大は，各項に拡大子を作用させて次のように写像される．

$$\begin{aligned}\mathcal{D}p\mathcal{D}^\dagger&=\mathcal{D}e_0\mathcal{D}^\dagger+\mathcal{D}\boldsymbol{x}\mathcal{D}^\dagger+\frac{1}{2}\|\boldsymbol{x}\|^2\mathcal{D}e_\infty\mathcal{D}^\dagger=e^{-\gamma}e_0+\boldsymbol{x}+\frac{1}{2}\|\boldsymbol{x}\|^2e^\gamma e_\infty\\&=e^{-\gamma}\left(e_0+e^\gamma\boldsymbol{x}+\frac{1}{2}\|e^\gamma\boldsymbol{x}\|^2e_\infty\right)\end{aligned} \tag{8.118}$$

同次空間であるから，これは $e_0+e^\gamma\boldsymbol{x}+\|e^\gamma\boldsymbol{x}\|^2e_\infty/2$ と同じ位置を表す．すなわち，位置 $e^\gamma\boldsymbol{x}$ の点に拡大されることが示された．

8.6.5 ベクトル作用子と共形変換

これまでに示したベクトル作用子をまとめると，表 8.2 のようになる．ベクトル作用子の重要な性質は，符号を除いて**幾何学積を保存する**ことである．その意味は，共形空間の元 x, y をグレード k のベクトル作用子で変換したものの幾何学積が

$$(\mathcal{V}x\mathcal{V}^\dagger)(\mathcal{V}y\mathcal{V}^\dagger)=\mathcal{V}x(\mathcal{V}^\dagger\mathcal{V})y\mathcal{V}^{-1}=(-1)^k\mathcal{V}(xy)\mathcal{V}^\dagger \tag{8.119}$$

となるということである．ただし，式 (8.81) の定義より，

$$\mathcal{V}^\dagger\mathcal{V}=V^\dagger\mathcal{V}=(-1)^k \tag{8.120}$$

であることに注意する．

外積 $x \wedge y$ は幾何学積の反対称化 $(xy - yx)/2$ によって定義されるから，次のことが成り立つ．

表 8.2 共形空間におけるベクトル作用子．

名 称	グレード	表 現
鏡映子	1	$\pi = \boldsymbol{n} + he_\infty$
反転子	1	$\sigma = c - r^2 e_\infty/2$
並進子	2	$\mathcal{T}_{\boldsymbol{t}} = 1 - \boldsymbol{t}e_\infty/2 = \exp(-\boldsymbol{t}e_\infty/2)$ 平行な 2 面に関する鏡映の合成
回転子	2	$\mathcal{R} = \cos\Omega/2 - \mathcal{I}\sin\Omega/2 = \exp(-\mathcal{I}\Omega/2)$ 交わる 2 平面に関する鏡映の合成
拡大子	2	$\mathcal{D} = \cosh\gamma/2 + O\sin\gamma/2 = \exp(O\gamma/2)$ 2 個の同心球に関する反転の合成
運動子	4	$\mathcal{M} = \mathcal{T}_{\boldsymbol{t}}\mathcal{R}$ 回転と並進の合成

命題 8.1 [ベクトル作用子と外積]

共形空間の元 x, y のグレード k のベクトル作用子による変換の外積は次のようになる．

$$(\mathcal{V}x\mathcal{V}^\dagger) \wedge (\mathcal{V}y\mathcal{V}^\dagger) = (-1)^k \mathcal{V}(x \wedge y)\mathcal{V}^\dagger \qquad (8.121)$$

すなわち，符号を除いて外積を保存する．

このことから次のことがわかる．

命題 8.2 [ベクトル作用子と球面]

4 点 p_i $(i = 1, 2, 3, 4)$ を通る球面 $p_1 \wedge p_2 \wedge p_3 \wedge p_4$ はベクトル作用子 $\mathcal{V}$ によって，各点を変換した $p_i' = \mathcal{V}p_i\mathcal{V}^\dagger$ を通る球面 $p_1' \wedge p_2' \wedge p_3' \wedge p_4'$ に変換される．

なぜなら，点 p が球面 $p_1 \wedge p_2 \wedge p_3 \wedge p_4$ の方程式

$$p \wedge (p_1 \wedge p_2 \wedge p_3 \wedge p_4) = 0 \qquad (8.122)$$

を満たし，p が $p' = \mathcal{V}p\mathcal{V}^\dagger$ に変換されるなら，上式にベクトル作用子 $\mathcal{V}$ を作用させて

$$0 = \mathcal{V}(p \wedge p_1 \wedge p_2 \wedge p_3 \wedge p_4)\mathcal{V}^\dagger$$

$$= (\mathcal{V}p\mathcal{V}^\dagger) \wedge (\mathcal{V}p_1\mathcal{V}^\dagger) \wedge (\mathcal{V}p_2\mathcal{V}^\dagger) \wedge (\mathcal{V}p_3\mathcal{V}^\dagger) \wedge (\mathcal{V}p_4\mathcal{V}^\dagger)$$
$$= p' \wedge (p'_1 \wedge p'_2 \wedge p'_3 \wedge p'_4) \tag{8.123}$$

となり，p' が $p'_1 \wedge p'_2 \wedge p'_3 \wedge p'_4$ の方程式を満たすからである．符号 $(-1)^k$ は 4 回現れて打ち消される（一般に，一方の辺が 0 となる方程式の変換では符号は考える必要がない）．このように，ベクトル作用子は球面を球面に写像する．また，鏡映，並進，回転，反転は角度を保つことが確かめられる．そして，球面を球面に写像して角度を保つ共形変換は，鏡映子，並進子，回転子，反転子を合成して得られることが知られている．

内積 $\langle x, y\rangle$ は幾何学積の対称化 $(xy + yx)/2$ によって定義され，かつ内積はスカラであるから，式 (8.120) より次のことが成り立つ．

$$\langle \mathcal{V}x\mathcal{V}^\dagger, \mathcal{V}y\mathcal{V}^\dagger\rangle = (-1)^k\mathcal{V}\langle x, y\rangle\mathcal{V}^\dagger = (-1)^k\langle x, y\rangle\mathcal{V}\mathcal{V}^\dagger = \langle x, y\rangle \tag{8.124}$$

ゆえに，次の結果を得る．

命題 8.3 [ベクトル作用子と内積]

共形空間の元 x, y の内積は，グレード k のベクトル作用子に対して次のように変換する．

$$\langle \mathcal{V}x\mathcal{V}^\dagger, \mathcal{V}y\mathcal{V}^\dagger\rangle = \langle x, y\rangle \tag{8.125}$$

すなわち，内積が保存される．

注意することは，内積が変化しないことは 2 点間の距離が変化しないこと意味するわけではないということである．式 (8.11) が成り立つのは，点を式 (8.8) のように表すときである．すなわち，e_0 の係数を 1 に正規化する場合である．共形空間では，0 でないスカラ α を掛けた

$$\tilde{p} = \alpha e_0 + \alpha\boldsymbol{x} + \frac{\alpha}{2}\|\boldsymbol{x}\|^2 e_\infty \tag{8.126}$$

も p と同じ位置を表す．このとき，$\langle e_0, e_\infty\rangle = -1$ であるから，

$$\langle \tilde{p}, e_\infty\rangle = \alpha\langle e_0, e_\infty\rangle = -\alpha \tag{8.127}$$

となる．すなわち，$\alpha = -\langle \tilde{p}, e_\infty\rangle$ であり，e_0 の係数が 1 であるように $\tilde{p}$ を正規化するには $-\tilde{p}/\langle \tilde{p}, e_\infty\rangle$ とする必要がある．これが形 (8.8) の形の表現である．したがって，式 (8.11) を e_0 の係数が 1 でない場合に拡張すると，次のようになる．

$$\|\boldsymbol{x}-\boldsymbol{y}\|^2 = \frac{-2\langle p, q\rangle}{\langle p, e_\infty\rangle\langle q, e_\infty\rangle} \tag{8.128}$$

これを用いると，位置 $\boldsymbol{x}, \boldsymbol{y}$ をベクトル作用子 $\mathcal{V}$ で変換した $\boldsymbol{x}', \boldsymbol{y}'$ の間の距離が次のように計算できる．

$$\begin{aligned}
\|\boldsymbol{x}'-\boldsymbol{y}'\|^2 &= \frac{-2\langle \mathcal{V}p\mathcal{V}^\dagger, \mathcal{V}q\mathcal{V}^\dagger\rangle}{\langle \mathcal{V}p\mathcal{V}^\dagger, e_\infty\rangle\langle \mathcal{V}q\mathcal{V}^\dagger, e_\infty\rangle} \\
&= \frac{-2\langle p, q\rangle}{\langle \mathcal{V}p\mathcal{V}^\dagger, \mathcal{V}(\mathcal{V}^\dagger e_\infty \mathcal{V})\mathcal{V}^\dagger\rangle\langle \mathcal{V}q\mathcal{V}^\dagger, \mathcal{V}(\mathcal{V}^\dagger e_\infty \mathcal{V})\mathcal{V}^\dagger\rangle} \\
&= \frac{-2\langle p, q\rangle}{\langle p, \mathcal{V}^\dagger e_\infty \mathcal{V}\rangle\langle q, \mathcal{V}^\dagger e_\infty \mathcal{V}\rangle}
\end{aligned} \tag{8.129}$$

もし，$\mathcal{V}^\dagger e_\infty \mathcal{V} = e_\infty$ なら，これは $\|\boldsymbol{x}-\boldsymbol{y}\|^2$ に等しい，$\mathcal{V}^\dagger e_\infty \mathcal{V} = e_\infty$ は，左から $\mathcal{V}$ を，右から $\mathcal{V}^\dagger$ を掛ければ $e_\infty = \mathcal{V} e_\infty \mathcal{V}^\dagger$ と書けるから，次のことがいえる．

命題 8.4 [ベクトル作用子と等長変換]

ベクトル作用子 $\mathcal{V}$ による共形変換が等長変換となる条件は，次式が成り立つことである．

$$\mathcal{V} e_\infty \mathcal{V}^\dagger = e_\infty \tag{8.130}$$

式 (8.68), (8.77), (8.87) より，並進子 $\mathcal{T}_{\boldsymbol{t}}$，回転子 $\mathcal{R}$，鏡映子 π に対しては式 (8.130) が成り立つが，式 (8.98), (8.117) からわかるように，反転子 σ と拡大子 $\mathcal{D}$ に対しては式 (8.130) が成り立たない．ゆえに，次のことがわかる．

命題 8.5 [等長共形変換]

共形変換が等長変換となるのは，それが並進，回転，および鏡映によって生成される場合である．

■補　足■

共形変換とは本来，接線のなす角度が保存される変換であり，**等角写像** (conformal mapping) ともよばれる．とくに，2 次元の場合には複素平面上の正則関数（解析関数）によって実現される．その中で，無限遠点を含む全複素平面

の変換で，円を円に写像する等角写像は

$$z' = \frac{\alpha z + \beta}{\gamma z + \delta}, \qquad \alpha\delta - \beta\gamma \neq 0$$

の形の 1 次分数変換であり，**メビウス変換** (Möbius transformation) ともよばれる．これは並進 $z' = z + \alpha$，回転・鏡映・拡大 $z' = \alpha z$，反転 $z' = \alpha/z$ の合成によって生成される．本章の共形変換はこの 3 次元版であり，記述は基本的には Dorst ら [5] に基づいている．

共形変換の性質を研究する共形幾何学は，歴史的には非常に古い分野であるが，これをクリフォード代数の観点から見直したのは米国の物理学者へステネスである (↪ 第 6 章の補足)．そして，クリフォード代数による共形幾何学の記述を特許化している [11]．ただし，学術的な利用は禁止していない．クリフォード自身は自分が導入した代数を**幾何学的代数** (geometric algebra) とよんだ．これは後の数学者によって「クリフォード代数」とよばれていたが，へステネスは純粋数学理論と区別してクリフォード自身の用いた「幾何学的代数」という用語を使うことを提唱している．

8.6.1 項に述べたように，二つのベクトル作用子の合成はそれらの幾何学積で与えられ，それもベクトル作用子である．すなわち，ベクトル作用子は幾何学積に関して群を作る．この群は**クリフォード群** (Clifford group) とよばれる．とくに，式 (8.80) の逆元が $\mathcal{V}^{-1} = v_1 v_2 \cdots v_k$ で与えられるベクトル作用子 $\mathcal{V}$ は**ユニタリ** (unitary) であるといい，グレードが偶数のものを**スピノル** (spinor) とよぶ．スピノルの合成に関して作る群を**スピノル群** (spinor group) とよぶ．第 6 章 6.8 節で述べた 3 次元の場合は，ユニタリベクトル作用子は単位ベクトルから作られる回転子しかないが，5 次元共形空間はノルムが負の方向が存在する非ユークリッド空間であり，スピノルの具体的な形は複雑になる．

共形幾何学では，球や円や平面や直線に関する非常に多くの定理を証明することができるが，本書では，グラスマン代数とクリフォード代数に関連する代数的な側面の一部のみを述べた．本章で示した共形幾何学の工学への応用は今後の課題であるが，Dorst ら [5] はコンピュータグラフィクスにおけるレイトレーシングの計算へ，Perwass [20] はコンピュータビジョンにおける姿勢推定へ，それぞれ自らが作成したソフトウェアツール [6, 21] による応用を示している．また，Bayro-Corrochano[3] はロボットアームの制御，画像処理，コンピュータビジョンの 3 次元形状モデリングなどへの応用を示している．

演習問題

8.1 5 次元共形空間は式 (8.1) の形の元の全体であるが，3 次元空間の点 $\boldsymbol{x}$ を式 (8.9) のように表すとき，$\boldsymbol{x}$ が 3 次元空間 $\mathbb{R}^3$ 全体に渡るとき，5 次元空間のどのような 3 次元部分集合になっているか．言い換えれば，式 (8.9) は $\mathbb{R}^3$ から $\mathbb{R}^5$ へのどのような**埋め込み** (embedding) を定義しているか．

8.2 基底 $\{e_1, e_2, e_3, e_4, e_5\}$ の張る 5 次元空間に次のようなミンコフスキー計量を導入して 5 次元ミンコフスキー空間 $\mathbb{R}^{4,1}$ を定義する．

$$\langle e_1, e_1 \rangle = \langle e_2, e_2 \rangle = \langle e_3, e_3 \rangle = \langle e_4, e_4 \rangle = 1, \qquad \langle e_5, e_5 \rangle = -1,$$
$$\langle e_i, e_j \rangle = 0, \qquad i \neq j$$

(1) この空間の元を

$$x = x_1 e_1 + x_2 e_2 + x_3 e_3 + x_4 e_4 + x_5 e_5$$

と表すとき，$\|x\|^2 = 0$ となる元全体はどのような集合であるか（この集合は**零円錐** (null cone) とよばれている）．

(2) 次のように e_0, e_∞ を定義する．

$$e_0 = \frac{1}{2}(e_4 + e_5), \qquad e_\infty = e_5 - e_4$$

これにより，この 5 次元空間 $\mathbb{R}^{4,1}$ は前問の 5 次元共形空間と同じものであることを示せ．

(3) このことから，共形空間は 3 次元ユークリッド空間 $\mathbb{R}^3$ を 5 次元ミンコフスキー空間 $\mathbb{R}^{4,1}$ にどのように埋め込むものであるといえるか．

(4) 5 次元ミンコフスキー空間 $\mathbb{R}^{4,1}$ におけるクリフォード代数を，次のような基底間の幾何学積によって定義する．

$$e_1^2 = e_2^2 = e_3^2 = e_4^2 = 1, \qquad e_5^2 = -1, \qquad e_i e_j = -e_j e_i, \qquad i \neq j$$

これが共形空間のクリフォード代数と一致することを示せ．

8.3 中心 $\boldsymbol{c}$，半径 r の球面の双対表現は，式 (8.18) に示すように

$$\sigma = c - \frac{r^2}{2} e_\infty$$

である．ただし，$c = e_0 + \boldsymbol{c} + \|\boldsymbol{c}\|^2 e_\infty / 2$ とおいている．

(1) 点 p が球面 σ の外部にあるとする．球 σ と点 p の**接線距離** (tangential distance)（点 p を始点として終点が球 σ に接する線分の長さ）を $t(\sigma, p)$ と書くとき（図

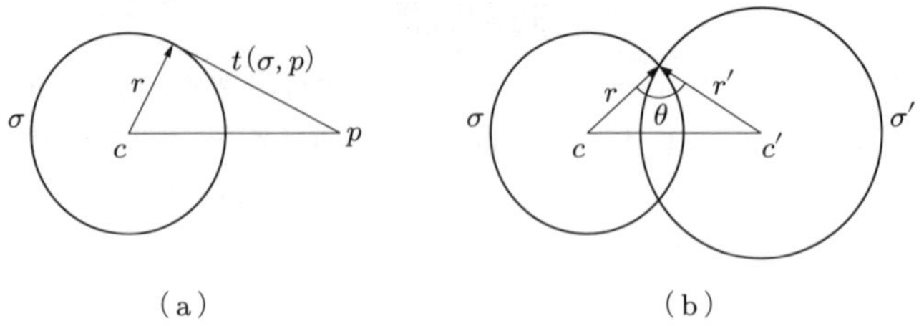

図 **8.10**

8.10(a))，σ と p の内積が

$$\langle \sigma, p \rangle = -\frac{1}{2} t(p, \sigma)^2$$

と書けること，その結果，点 p が球面 σ の上にある条件が次のように書けることを示せ．

$$\langle \sigma, p \rangle = 0$$

(2) もう一つの球面

$$\sigma' = c' - \frac{r'^2}{2} e_\infty$$

が (1) の球面 σ と交わるとする．交線での接平面のなす角（= 交点と両者の中心を結ぶ線分のなす角）を θ とするとき（図 8.10(b)），σ と σ' の内積が

$$\langle \sigma, \sigma' \rangle = rr' \cos\theta$$

と書けること，その結果，球面 σ, σ' が直交する（= 交線で接平面が直交する）条件は次のように書けることを示せ．

$$\langle \sigma, \sigma' \rangle = 0$$

8.4 (1) ベクトル $\boldsymbol{t}$ を回転子 $\mathcal{R}$ によって回転したベクトルを $\boldsymbol{t}'$ とする．このベクトル $\boldsymbol{t}'$ に対応する並進子 $\mathcal{T}_{\boldsymbol{t}'}$ は $\mathcal{R}\mathcal{T}_{\boldsymbol{t}}\mathcal{R}^{-1}$ に等しいこと，すなわち逆回転 $\mathcal{R}^{-1}$ を施して $\boldsymbol{t}$ だけ並進して，それに回転 $\mathcal{R}$ を施した運動子に等しいことを示せ．

(2) 回転子 $\mathcal{R}$ に対応する回転を，原点とは異なる点の周りで行うことを考える．点 p を位置ベクトル $\boldsymbol{t}$ の周りに同じだけ回転させると，これは p に $\mathcal{R}\mathcal{T}_{\boldsymbol{t}}\mathcal{R}^{-1}$ の形の運動子を施したことに等しいことを示せ．

(3) 上問の運動子は $\mathcal{T}_{\boldsymbol{t}-\mathcal{R}\boldsymbol{t}\mathcal{R}^{-1}}\mathcal{R}$ とも書けることを示せ．

8.5 球面に関する反転によって，球面の中心は無限遠点に，無限遠点は球面の中心に写像される．このことから，球面の双対表現 σ が与えられたとき，その中心 c が

次のように表せることを示せ．

$$c = -\frac{1}{2}\sigma e_\infty \sigma$$

8.6 式 (8.104) で定義される平坦点 $\mathcal{O}$ に対して，

(1) 式 (8.108) が成り立つことを示せ．

(2) 式 (8.112) が成り立つことを示せ．

第 9 章

カメラの幾何学と共形変換

第 2〜7 章では主として直線や平面に関する幾何学を扱ったが，第 8 章では，さらに球面や円周を含めた共形変換を考えた．共形変換には並進や回転やスケール変化などよく応用されるものが多いが，反転は球面や円周に関連する独特な変換である．本章では，反転が現れる幾何学的な問題として，カメラの撮像を取り上げる．まず，通常の透視投影カメラを調べ，次に魚眼レンズの場合を考える．さらに，放物面のミラーを用いる全方位カメラの撮像の幾何学的関係を解析する．そして，いずれにおいても球面に関する反転が本質的な役割を果たすことを示すとともに，全方位画像によるシーンの 3 次元解釈との関連を述べる．さらに，双曲面，楕円面のミラーを用いるカメラの撮像の幾何学的関係と比較する．

9.1 透視投影カメラ

通常のカメラの撮像の原理を単純化すると，図 9.1(a) のようになり，レンズの中心を通過する光線が撮像面に結像して上下左右が逆転した像が得られる．レンズの中心軸を**光軸** (optical axis) とよぶ．光軸を z 軸とし，レンズ中心 O を原点とする座標系を用いて抽象化したものが図 9.1(b) である．撮像面は**画像面** (image plane) ともよばれる．その光軸との交点を**光軸点** (principal point) とよび，レンズ中心 O と撮像面の距離 f を**焦点距離** (focal length) とよぶ．これはレンズの焦点距離そのものではないが，シーンが無限遠方にあるときは焦

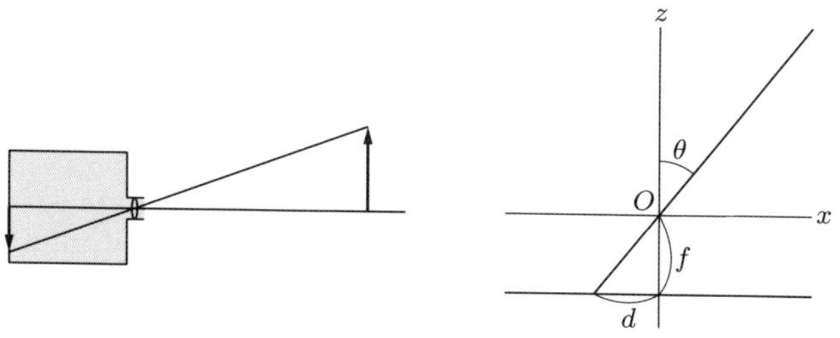

（a）カメラ撮像の原理　　（b）透視投影モデル

図 **9.1**

点距離に一致することから，この呼称が一般化している（無限遠方にないシーンの結像位置は**レンズ方程式** (lens equation) とよばれる式を解いて定まる）．レンズ中心 O を通過する光線が光軸となす角度 θ を**入射角** (incidence angle) とよぶ．図 9.1(b) からわかるように，焦点距離が f のとき，入射角 θ の光線は撮像面上の光軸点から距離

$$d = f \tan\theta \tag{9.1}$$

の位置に結像する．このようにして得られる外界の写像を**透視投影** (perspective projection) とよぶ（第 7 章の図 7.2 の透視投影のモデルでは，画像面をレンズ中心の前方に置いているが，幾何学的な関係は同じである）．

入射光線上の点はどこにあっても同じ点に撮影されるので，カメラの撮影は本質的に入射光を記録する操作である．したがって，撮像面はどこにあっても，あるいは平面でなくても，記録される情報は同じである．そう考えると，入射光を記録する最も単純な数学的モデルは，レンズ中心 O を取り囲む球面を考えて，入射光とその球面との交点にその光線の値（色や輝度値）が保存されると考えることである（図 9.2(a)）．このような球面を，以下では**画像球面** (image sphere) とよぶ．

しかし，通常のカメラでは前方からの入射光のみが撮影されるのに対して，この球面モデルでは全方向からの光がすべて撮影される．すなわち，図 9.2(a) は**全方位カメラ** (omnidirectional camera, catadioptric camera) のモデルである．前方からの光線のみを撮影するには，画像球面をレンズ中心 O に接するように置けばよい（図 9.2(b)）．以下，図 9.2(a) の球面上の画像を**中心球面画像** (central spherical image)，図 9.2(b) の球面上の画像を**透視球面画像**

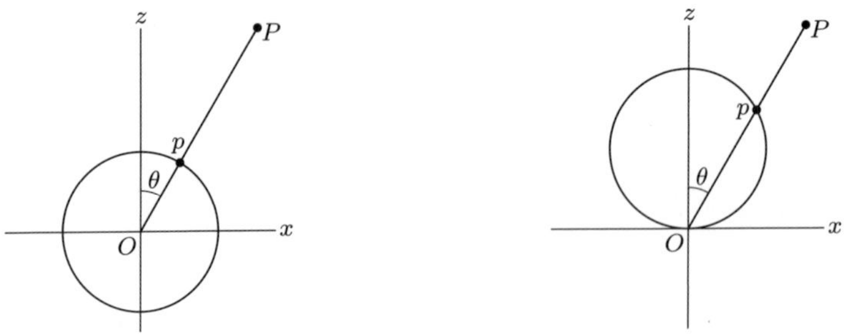

（a）全方位カメラモデルの中心球面画像　（b）透視投影カメラモデルの透視球面画像

図 **9.2**　球面カメラモデル．

(perspective spherical image) とよぶ．

図 9.2(b) の画像球面の半径を f とし，球面の中心を通って光軸に直交する位置に画像面があるとすると，画像球面と画像面は**立体射影** (stereographic projection) によって1対1対応する．これを示すのが図 9.3(a) であり，画像球面上の点 p は原点 O と p を結ぶ直線と画像面 $z = f$ との交点 p' に写像される（↪ 第4章の図 4.2，第8章の図 8.2）．この立体射影は前章で述べた反転になっている．原点 O を中心とする半径 $\sqrt{2}f$ の球面（図 9.3(a) の点線）を考え，これを**反転球** (inversion sphere) とよぶ．点 p はこの球に関する反転によって，直線 Op 上で $|Op'| = 2f^2/|Op|$ となる点 p' に写像されるが，これが画像面上の点であることは次のように考えればわかる．

この反転球と画像球面と画像面は半径 f の円 C を交線として共有している．円 C は反転球上にあるので反転によって変化しない．一方，反転によって球面

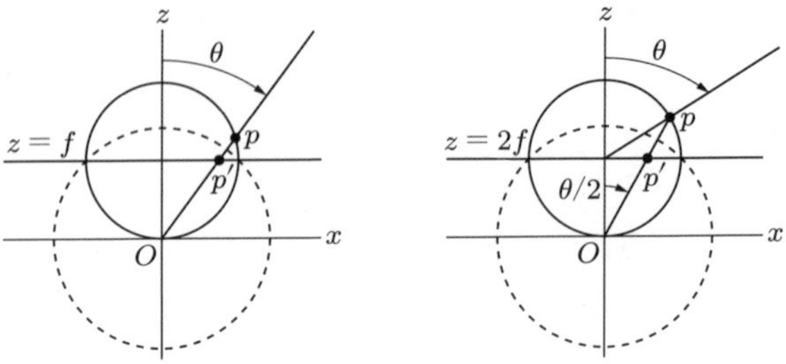

（a）透視投影カメラ　（b）魚眼レンズカメラ

図 **9.3**　球面から平面への立体射影．

は球面に写像され，原点 O は無限遠点に移るから，O を通る球面は円 C を含む半径無限大の球面（= 平面）となる．したがって，画像球面が画像面に反転され，反転は立体射影と一致する（$\hookrightarrow$ 演習問題 9.1）．

古典の世界 9.1 [球面三角法]

球面上の 2 点を結ぶ最短経路は，よく知られているように，その 2 点を通る**大円** (great circle)（= 球面の半径と同じ半径の円）である．球面上の 3 点をそのような大円の一部からなる弧で結んだものを**球面三角形** (spherical triangle) とよぶ．その性質は**球面三角法** (spherical trigonometry) として古くから知られている．半径 1 の単位球面上の球面三角形の頂点 A, B, C の内角（= その点において大円の接線のなす角度）をそれぞれ α, β, γ とし，向かい合う辺の長さ（= 球の中心から各点を指すベクトルのなす角度）をそれぞれ a, b, c とすると（図 9.4），次の関係が成り立つことが知られている．

$$\frac{\sin\alpha}{\sin a} = \frac{\sin\beta}{\sin b} = \frac{\sin\gamma}{\sin c} \tag{9.2}$$

$$\begin{aligned} \cos a &= \cos b\cos c + \sin b\sin c\cos\alpha, \\ \cos\alpha &= -\cos\beta\cos\gamma + \sin\beta\sin\gamma\cos a \end{aligned} \tag{9.3}$$

これらは平面上の三角形に関する**正弦定理** (law of sines)

$$\frac{\sin\alpha}{a} = \frac{\sin\beta}{b} = \frac{\sin\gamma}{c} \tag{9.4}$$

および**余弦定理** (law of cosines)

$$a^2 = b^2 + c^2 - 2bc\cos\alpha \tag{9.5}$$

に相当するものであり（α, β, γ は各頂点の内角，a, b, c は向かい合う各辺の長さ），式 (9.2), (9.3) をそれぞれ球面三角形の正弦定理，余弦定理とよぶ．直観的にもわか

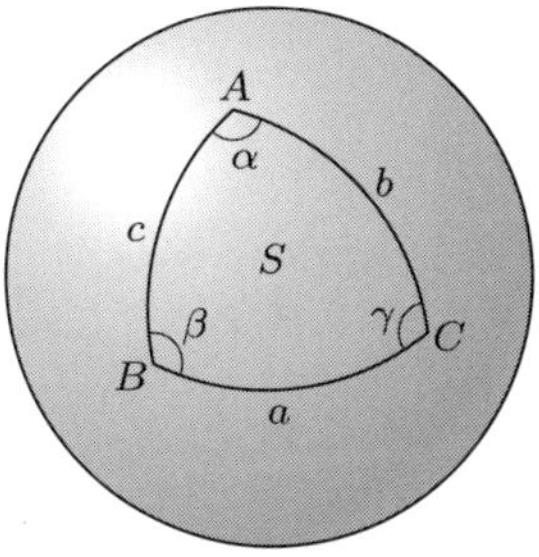

図 9.4 単位球面上の球面三角形 ABC.

るように，内角の和は π より大きく，球面三角形の面積を S とすると，

$$S = \alpha + \beta + \gamma - \pi \tag{9.6}$$

であることが知られている．半径 r の球面上なら，面積 S はこの r^2 倍になる．

9.2 魚眼レンズカメラ

通常のカメラの画角（撮影できる範囲）は $100°$ 程度であるが，それ以上の画角が撮影できるレンズは**広角レンズ** (wide-angle lens) とよばれる．しかし，最近では画角が $180°$ に近い，あるいはそれ以上が撮影できる**魚眼レンズ** (fish-eye lens) もよく用いられるようになった．そのような魚眼レンズによる撮像のモデルとして，図 9.2(a) の中心球面画像を考える．これを平面に写像にするには，前節と同じように立体射影すればよい．この場合は，図 9.3(b) に示すように，画像球面の半径を $2f$ とし，その中心を通る平面 $z = 2f$ を画像面とみなす．入射角 θ の光線は，中心球面画像の定義より，球面上の点 p に撮影されている．これを画像球面の南極から立体射影すると，円周角と中心角の関係から光軸と角度 $\theta/2$ をなす点 $p'O$ に写像される．したがって，光軸点から距離が

$$d = 2f \tan\frac{\theta}{2} \tag{9.7}$$

となる（図 9.5(a)）．この立体射影も反転である．反転球（図 9.3(b) の点線）の半径は $2f$ であり，画像面と画像球面と半径 $2f$ の円 C を交線として共有している．したがって，前節に述べた理由により，O を含む画像球面が C と無限遠点を含む球面（= 画像平面）に反転される．

市販の魚眼レンズでは，式 (9.7) が非常によい精度で成り立っている．便宜上，定数 f は魚眼レンズの「焦点距離」とよばれている．画像球面の半径を $2f$ とおいて，式 (9.7) 中の係数を $2f$ と書いているのは，$\theta \approx 0$ のとき $2f\tan(\theta/2) \approx f\tan\theta$ となることから，光軸点の近傍では式 (9.1) の透視投影の焦点距離 f と同じ意味をもつためである．式 (9.7) からわかるように，カメラの前方の画角 $180°$ の部分が光軸点を中心とする半径 $2f$ の円の内部に写像され，その外側にカメラの後方の部分が写る（図 9.5(b)）．市販の立体射影の魚眼レンズでは，画角が $200°$ 程度まで撮影できる（$\hookrightarrow$ 演習問題 9.2）．

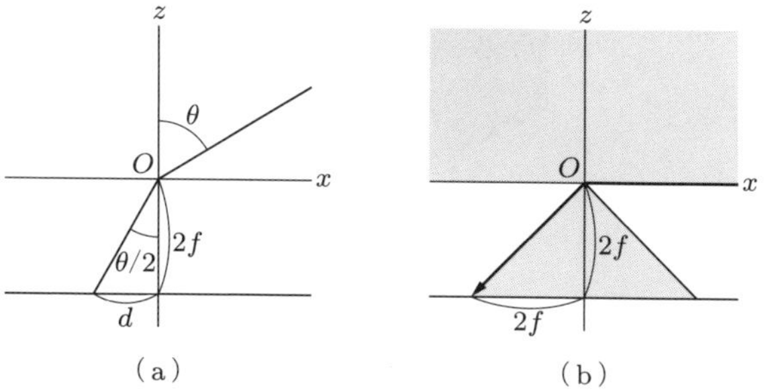

図 9.5　魚眼レンズによる撮像．(a) 入射角 θ の光線は，光軸点から距離 $d = 2f\tan\theta/2$ の位置に写る．(b) 前方の画角 180° の部分が光軸点を中心とする半径 $2f$ の円内に写り，その外側にカメラの後方部分が写る．

図 9.6　魚眼レンズカメラによって屋外で撮影した画像例．

図 9.6 は，魚眼レンズを用いて屋外で撮影した画像例である．このような魚眼レンズ画像を通常の透視投影に変換するには，図 9.3(b) の関係によって，まず画像を画像球面上に写像する．そして，注目したい点が北極に来るように画像球面を回転する．次に，各点の北極から測った緯度が 2 倍になるように，その北半球の部分を南半球まで全球面に広げる．得られる球面の半径を f として，南極から立体射影すれば，焦点距離 f で撮影したかのような透視投影画像が得られる．もちろん，この操作は仮想的なもので，実際に画像球面を用意する必要はなく，計算によって魚眼レンズ画像から透視投影画像へ直接に変換できる（$\hookrightarrow$ 演習問題 9.4）．図 9.7 は，そのようにして図 9.6 の魚眼レンズ画像から，

図 9.7　図 9.6 の魚眼レンズ画像を変換して得られる正面，真上，真下，左右 90° の画像．

カメラをあたかも正面，真上，真下，左右に 90° に向けて撮影したかのような画像に変換したものである．たとえば，車に搭載した魚眼レンズカメラの画像からこのようにして左右を見る画像を生成すれば，横方向から接近する車を発見するのに役立つ．あるいは，道路面をあたかも真上から見下ろしたかのような俯瞰画像を作成することもできる．このような技術は現在，車載カメラのいろいろな応用に用いられている．

表 9.1　いろいろな投影モデルによるレンズと光線の入射角 θ と結像する光軸点からの距離 d の関係式．f は焦点距離とよばれる定数．

名　称	投影式
1. 透視投影 (perspective projection)	$d = f \tan\theta$
2. 立体射影 (stereographic projection)	$d = 2f \tan(\theta/2)$
3. 等距離射影 (equidistance projection)	$d = f\theta$
4. 等立体角射影 (equisolid angle projection)	$d = 2f \sin(\theta/2)$
5. 直交射影 (orthogonal projection)	$d = f \sin\theta$

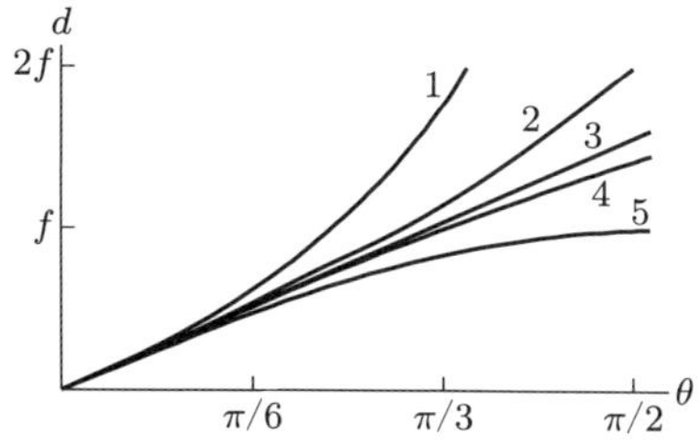

図 **9.8**　さまざまな投影モデルによるレンズの光線の入射角 θ と結像する光軸点からの距離 d の関係．1．透視投影．2．立体射影．3．等距離射影．4．等立体角射影．5．直交射影．

式 (9.7) が成り立つ魚眼レンズは，**立体射影レンズ** (stereograpic lens) とよばれて広く用いられているが，それ以外にもいろいろな投影モデルを実現するレンズが存在する（表 9.1）．それぞれ光線の入射角 θ と結像する光軸点からの距離 d の関係が異なり，図示すると図 9.8 のようになる．

9.3 全方位カメラ

ほぼ 360° に近い全周を撮影することができる代表的なカメラは，放物面状のミラーを用いるものであり，原理は図 9.9(a) のようになる．放物面の方程式を

$$z = -\frac{1}{4f}(x^2 + y^2) \tag{9.8}$$

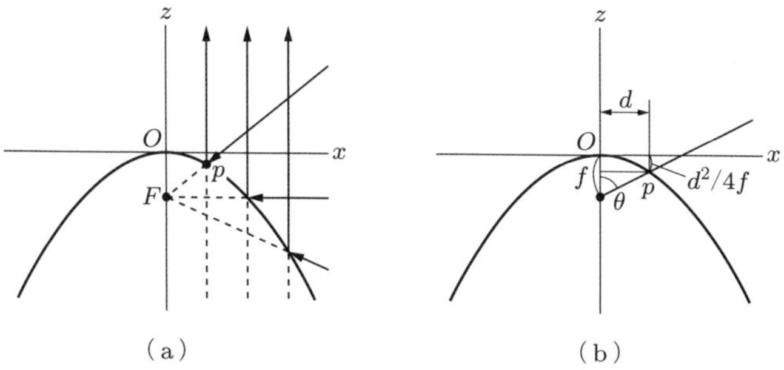

図 **9.9**　(a) 放物面を用いる全方位カメラの原理．
(b) 光線の入射角 θ と反射光の光軸からの距離 d の関係．

とするとき，点 $F:(0,0,-f)$ をこの放物面の**焦点** (focus)，f を**焦点距離** (focal length) とよぶ．外界から焦点 F へ入射する光線とこの放物面との交点を p とすると，光線は真上に反射することが知られている．あるいは，放物面の内部の下方から真上に入射した光線は放物面と交点 p で反射すると焦点 F に集まる．これはパラボラアンテナや指向性集音器の原理でもある．したがって，この放物面を真上から撮影すれば，焦点 F に入射するほとんどすべての入射光を記録することができる．

放物面は光軸（$=z$ 軸）の周りに回転対称であるから，zx 面上で考え，入射角 θ の光線が放物面上の点 p で反射して，光軸から距離 d の点を通過するとする．点 p は $(d,0,-d^2/4f)$ であるから，図 9.9(b) より，

$$\tan\theta=\frac{d}{f-d^2/4f} \tag{9.9}$$

である．これを tan の倍角の公式

$$\tan\theta=\frac{2\tan\theta/2}{1-\tan^2\theta/2} \tag{9.10}$$

と比較すると，次の関係がわかる．

$$d=2f\tan\frac{\theta}{2} \tag{9.11}$$

これは，式 (9.7) と同じである．すなわち，**放物面による全方位カメラと魚眼レンズカメラは同一の関係が成り立つ．そして，放物面の焦点距離と魚眼レンズの焦点距離が同じ意味をもつ**（↪ 演習問題 9.3）．

このことは，全方位カメラ画像が放物面の焦点を中心とする画像球面の立体射影とみなせることを意味している．これを示すのが図 9.10 である．焦点 F を中心として半径 $2f$ の画像球面を考え，画像面が焦点 F を通って光軸に直交する位置にあるとみなす．入射角 θ の光線は放物面の図の点 p で反射する．この点に対応する画像球面上の点は図の q である．この画像球面をその南極から立体射影すると，点 q は画像面上の図の点 p' に射影される．この点 p' は，放物面上の点 p の真下になっている．なぜなら，円周角と中心角の関係から，画像球面の南極を始点として点 p' を通る直線は光軸と角度 $\theta/2$ をなし，点 p' は画像面上で焦点 F から $2f\tan(\theta/2)$ だけ離れているからである．この立体射影は反転でもあり，反転球（図 9.10 の点線）の中心は画像球面の南極にあって，

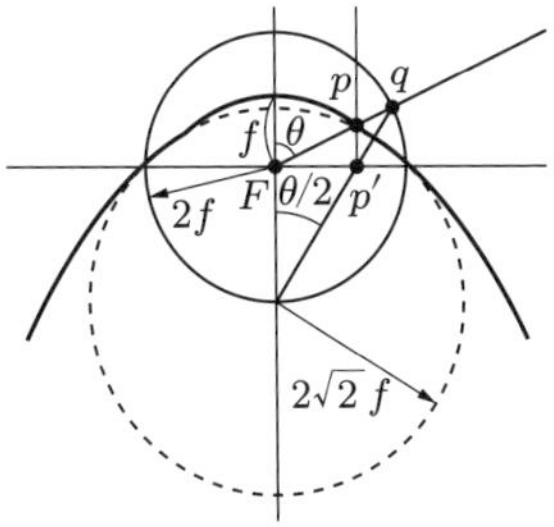

図 9.10　全方位画像を放物面の焦点 F を通って光軸と直交する平面とみなすと，これは，焦点 F を中心とする半径 $2f$ の画像球面をその南極から立体射影したものとなっている．

半径は $2\sqrt{2}f$ である．この反転球は，画像球面，画像面，および放物面と半径 $2f$ の円を交線として共有している．放物面の前方の視角 180° の部分がこの円内に写像され，後方の部分が円の外部に写像される．

9.4　全方位画像の 3 次元解釈

このように，魚眼レンズや全方位カメラによる全方位画像は中心球面画像の立体射影である．このことから，**3 次元シーン中の直線は円に写像される**ことがわかる．これは次のように考えればよい．

空間の直線 L と画像球面の中心 O を通る平面を考えると，その画像球面との交線は大円（= 球面の半径と同じ半径の円）となる（図 9.11(a)）．画像球面から画像面への立体射影は反転であり，したがって共形変換である．共形変換によって円は円に写像されるから，直線の像は全方位画像上で円となる．

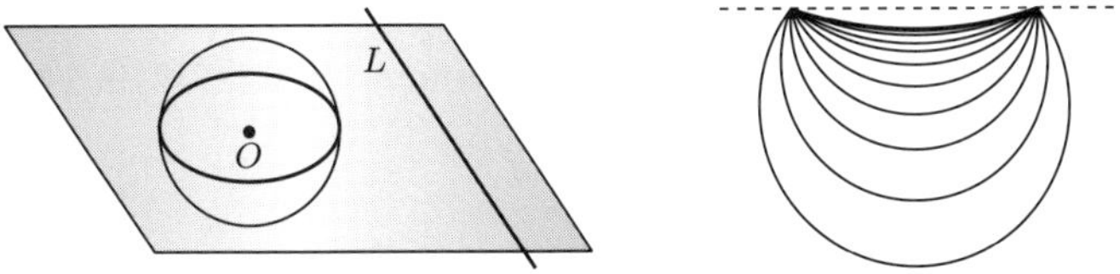

(a)　　　　(b)

図 9.11　(a) 空間の直線 L は球面画像上の大円に写像される．
(b) 空間の平行線は全方位画像上では消失点で交わる円となる．

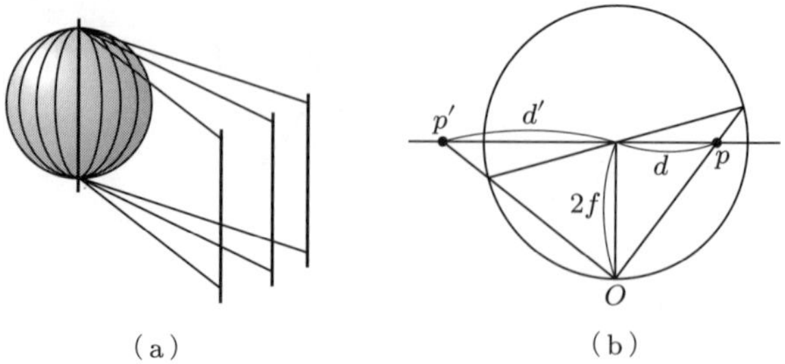

図 9.12　(a) 球面画像上では消失点は平行線の 3 次元方向を示す．
(b) 消失点の位置 p, p' からの全方位画像の焦点距離 f が計算できる．

3 次元シーン中には水平線，垂直線などの一定の方向の平行線が多い．これらの平行線は，全方位画像上では 1 点で交わる円となる．たとえば，限りなく広い平面上の平行線を撮影すると図 9.11(b) のようになる．このような平行線から生じる複数の円の交点を**消失点** (vanishing point) とよぶ．**消失点に対応する画像球面上の点は，それらの平行線の 3 次元方向を示す**．なぜなら，画像球面の中心と空間の平行な直線群を通る平面群の共通の交線は，それら平行線の方向を指す球面画像の直径になるからである（図 9.12(a)）．

このことを利用すると，全方位画像上でシーンの平行線に対応する曲線に円を当てはめて，それらの共通の交点として消失点を推定することができる．そして，その消失点を画像球面に対応させることによって，それらの平行線の 3 次元方向を知ることができる．そのためには焦点距離 f が既知である必要があるが，消失点の位置から焦点距離 f を計算することができる．図 9.12(b) に示すように，半径 $2f$ の画像球面の消失点対に対応するある直径の立体射影を pp' とし，p, p' の光軸点からの距離をそれぞれ d, d' とする．画像球面の南極を O とすると $\triangle Opp'$ は直角三角形になり，$|Op| = \sqrt{d^2 + 4f^2}$, $|Op'| = \sqrt{d'^2 + 4f^2}$, $|pp'| = d + d'$ であるから，$|Op|^2 + |Op'|^2 = |pp'|^2$ より次の関係を得る．

$$f = \frac{\sqrt{dd'}}{2} \tag{9.12}$$

すなわち，**消失点の光軸点から距離の相乗平均が** $2f$ **に等しい**．この計算には光軸点が既知であるとしているが，光軸点が未知でも，画像中に 2 組の平行線群が写っていれば，**それぞれの消失点対の線分の交点として光軸点位置が定まる**．

このような画像からの 3 次元解析は，全方位画像を，まず 9.2 節で述べたようにして透視投影画像に変換してから，よく知られたコンピュータビジョンの方法を用いて実行することができる．しかし，全方位画像が中心球面画像の立体射影による共形変換であるという事実を用いれば，同じことが透視変換画像への変換を経由せずに実行することができる（$\hookrightarrow$ 演習問題 9.4）．

古典の世界 9.2 [透視投影画像の解析]

透視投影カメラ画像の 3 次元解釈は古くから研究されている．よく知られているのは，3 次元シーン中の平行線の投影像は 1 点で交わるという事実である．たとえば，限りなく広い平面上の平行線を撮影すると図 9.13(a) のようになる．このような投影した平行線の交点は**消失点** (vanishing point) とよばれる．そして，消失点の位置から対応する直線の 3 次元方向がわかる．図 9.13(b) のように，シーン中の点 P を始点とする半直線 L は，画像面上の点 p を始点とし，消失点 v を終点とする線分に投影される．消失点 v は半直線 L 上の無限遠方の点の像であり，v とレンズ中心 O を通る方向が L の方向である．焦点距離を f とし，消失点の位置を $v : (a, b)$ とすると，その方向は $\overrightarrow{vO} = (a, b, f)^\top$ である．このとき焦点距離 f は既知としているが，焦点距離 f が未知のときは，シーン中で直交する 2 組の平行線の像から二つの消失点を検出すれば f が計算できる．具体的には，二つの消失点を $v : (a, b)$, $v' : (a', b')$ とすると，対応する平行線の方向はそれぞれ $(a, b, f)^\top$, $(a', b', f)^\top$ であり，これらが直交するから $aa' + bb' + f^2 = 0$ である．ゆえに，焦点距離が

$$f = \sqrt{-aa' - bb'} \tag{9.13}$$

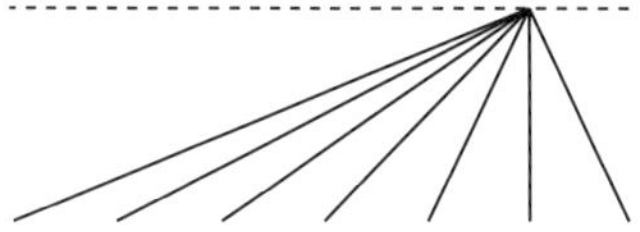

(a)

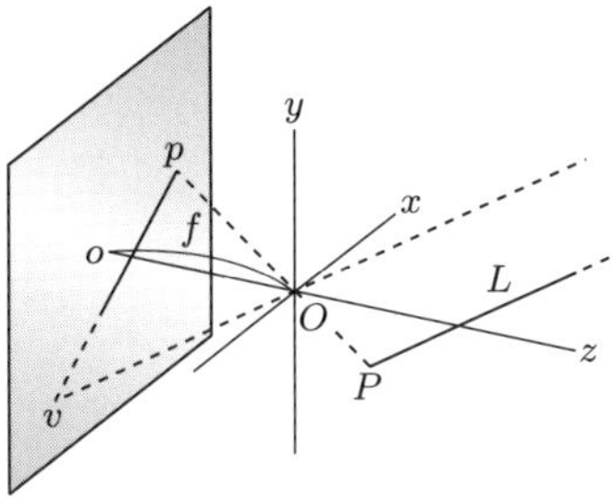

(b)

図 9.13 (a) 透視投影画像では平行線の像は消失点に集まる．
(b) 消失点の位置 p から対応する直線 L のシーン中の方向が計算できる．

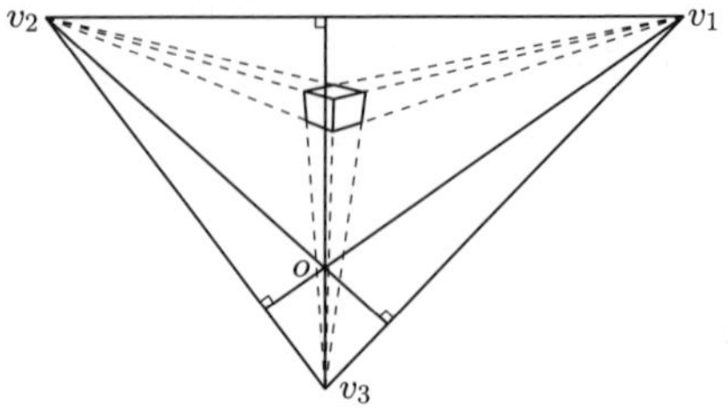

図 9.14　互いに直交する3組の平行線の消失点 v_1, v_2, v_3 が定まれば，光軸点 o はそれら3個の消失点 v_1, v_2, v_3 の作る三角形の垂心に一致する．

と計算できる．このような計算は光軸点 o を原点とする画像座標を用いているが，光軸点 o が未知の場合は，3組（たとえば，東西，南北，上下）の平行線の作る三つの消失点から o が定まる．図9.14のように，3組の平行線の消失点を v_1, v_2, v_3 とすると，三角形 $\triangle v_1v_2v_3$ の**垂心** (orthocenter) が光軸点 o になっている．これは，レンズ中心 O からの3方向 $\overrightarrow{Ov_1}$, $\overrightarrow{Ov_2}$, $\overrightarrow{Ov_3}$ が互いに直交すること，および $\overrightarrow{Oo}$ がレンズ中心 O から画像面に下ろした垂線であることの帰結である．ただし，これらの方法を用いるには画像上の点や直線を精密に検出する必要がある．しかし，実際の画像処理は多少の誤差を伴うので，精密な推定は容易ではない．3次元解釈には視野の広い全方位カメラのほうが原理的には有利である．

9.5　双曲面と楕円面による全方位カメラ

双曲面を用いても全方位カメラが実現できる．双曲面は二つの焦点をもち，図9.15(a) に示すように，一つの焦点 F に入射する光線は他の焦点 F' に収束するように反射する．したがって，焦点 F' の位置にレンズ中心をもつカメラを置けば，双曲面に入射した光がすべて撮影できる．図9.16(a) はそのようなカメラで撮影した室内シーンであり，図9.16(b) はその一部を透視投影画像に変換したものである．ただし，双曲面への入射光は，双曲面の漸近線（図9.15(a) の破線）によって作られる円錐面の外部に限られる．反射光が収束する焦点を無限に遠ざけた極限が放物面による全方位カメラである．

双曲面の場合も，光が入射する焦点 F を中心とする仮想的な画像球面を考え，これを平面上に射影すると全方位画像が得られる．図9.15(b) に示すように，双曲面上の点 p に入射した光線の反射光と画像面の交点 p' がその像となる．入射

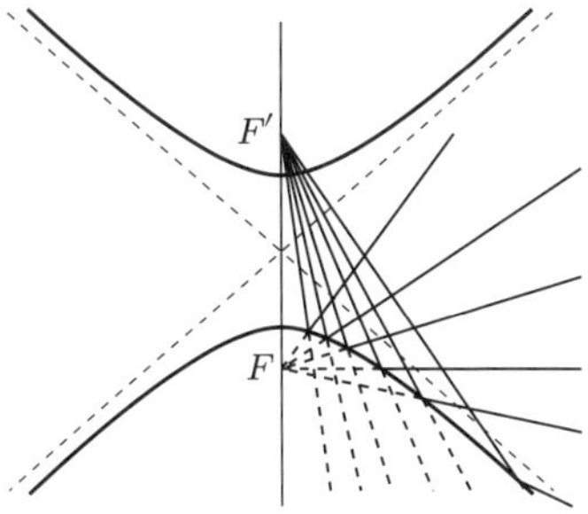

（a）

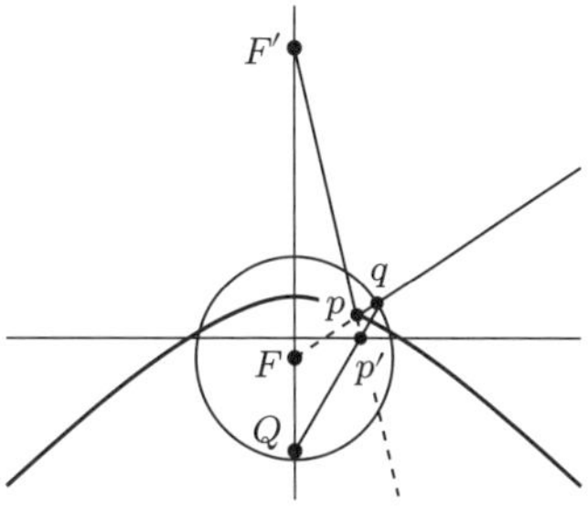

（b）

図 9.15　(a) 双曲面の一つの焦点 F に入射する光は，他の焦点 F' に収束するように反射する．
(b) 画像面をある位置に置き，焦点 F を中心とする画像球面をある位置 Q から射影すると観測画像が得られる．

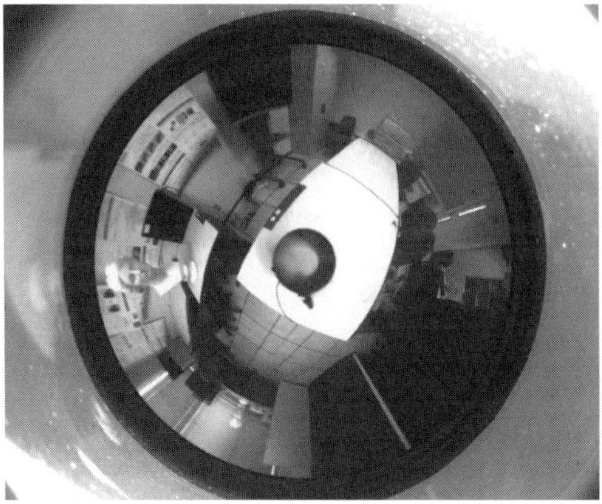

（a）

（b）

図 9.16　(a) 双曲面ミラーによる全方位カメラで撮影した室内シーン．
(b) その一部を変換した画像．

光の画像球面上では，点 p に入射した光線は画像球面上の点 q に記録されている．このとき，画像球面の内部の光軸上のある点 Q から点 q を画像面に射影すると，像 p' に一致するような射影位置 Q が存在する．そのような射影位置 Q と対応する画像面の位置は双曲面の形状に依存する．双曲面を放物面に近づけると，点 Q は画像球面の南極に近づき，画像面は焦点 F に近づき，立体射影となる．しかし，立体射影でない射影は球面に関する反転ではなく，したがって共形変換ではない．このため，双曲面による全方位カメラでは，3 次元シーン中の直線は一般に楕円や双曲線として撮影される．しかし，やはり平行線を撮影した曲線は 1 点（消失点）で交わり，画像上の消失点と双曲面の焦点 F を結ぶ線分が平行線の 3 次元方向を示す．

同様のことが楕円面を用いた場合も成り立つ．楕円面も二つの焦点をもち，一つの焦点 F に入射する光線は，あたかも他の焦点 F' から発散するかのように反射する（図 9.17(a)）．これを，たとえばレンズ系を用いて集光して撮影することによって，広い視野の画像が得られる．この場合も光が入射する焦点 F を中心とする仮想的な画像球面を考えれば，双曲面の場合と同じことが成り立つ．すなわち，楕円面上の点 p に入射する光の画像球面との交点 q とすると，この点を画像球面内のある位置 Q から画像面上に射影して得られる位置 p' が点 p における反射光の方向にある（図 9.17(b)）．そのような射影位置 Q と対応する画像面の位置は楕円面の形状に依存するが，楕円面の形状を調節すると，ある双曲面による全方位画像と同じ画像が得られることが知られている．これも立体射影ではないので，球面に関する反転ではなく，共形変換でもない．したがって，3 次元シーン中の直線は，一般に楕円や双曲線として撮影される．しかし，平行線を撮影した曲線は消失点で交わり，消失点と楕円面の焦点 F を結ぶ線分が平行線の 3 次元方向を示す．また，楕円面の形状を調節すると，与え

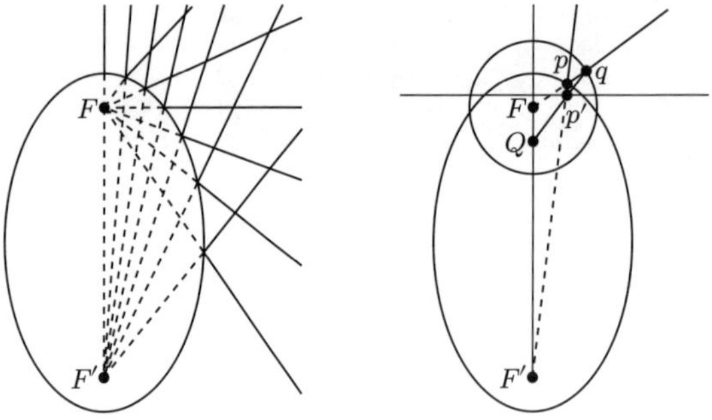

（a）　　（b）

図 9.17　(a) 楕円曲面の一つの焦点 F に入射する光は，他の焦点 F' から発散するように反射する．
(b) 画像面をある位置に置き，焦点 F を中心とする画像球面をある位置 Q から射影すると，観測画像が得られる．

られた双曲面による全方位画像と同じ画像が得られることが知られている．

古典の世界 9.3 [楕円，双曲線，放物線]

原点 O を中心として，**長軸** (major axis)，**短軸** (minor axis) がそれぞれ x, y 軸方向の**楕円** (ellipse) は，

$$\frac{x^2}{a^2} + \frac{y^2}{b^2} = 1 \tag{9.14}$$

と表される．x, y 軸方向の半径 a, b はそれぞれ，単にこの楕円の長軸，短軸（の長さ）とよばれる．この楕円の**焦点** (focus) F, F' は長軸上に原点 O から等距離 f の点にあり，

$$f = \sqrt{a^2 - b^2} \tag{9.15}$$

である．そして，この楕円上の任意の点 P に対して，

$$|FP| + |PF'| = 2a \tag{9.16}$$

が成り立つ（図 9.18(a)）．すなわち，楕円は**二つの焦点からの距離の和が一定となる点の軌跡**として定義され，この関係から式 (9.14) が得られる（↪ 演習問題 9.5(1)）．このとき，一方の焦点から発散した光は，楕円で反射して他の焦点に収束するように進む．このことは，楕円の式 (9.14) を微分して点 P における接線の傾きを計算すれば，FP と PF の入射角と反射角が等しいことからわかる．しかし，直観的には「光は最短光路を進む」という原理からも理解できる．これは数学的には**変分原理** (variational principle) として定式化される．すなわち，実際の光路を微小に変形すると（これを**摂動** (perturbation) とよぶ），光路の長さが停留するということである．ここで，停

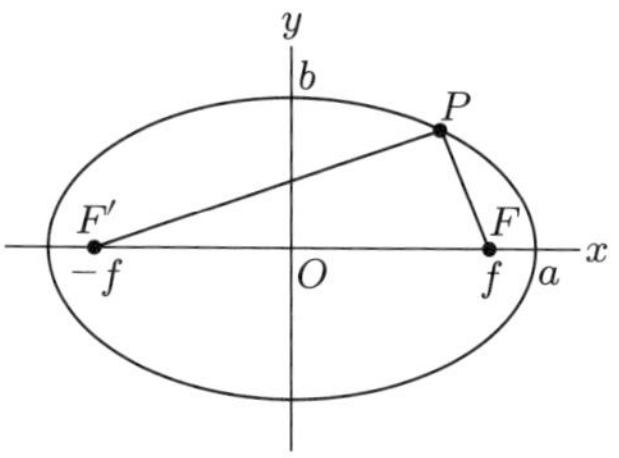

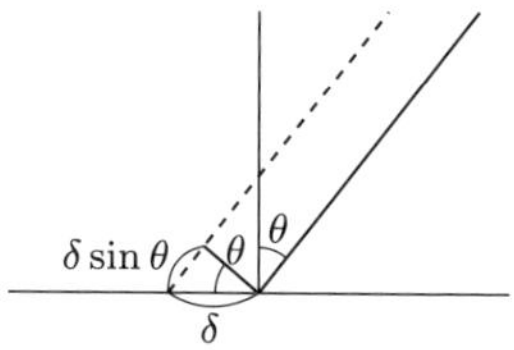

図 9.18 (a) 楕円は二つの焦点 F, F' からの距離の和が一定の点の軌跡として定義される．(b) 入射角 θ の光線は入射点を無限小距離 δ だけずらすと，光路長が $\delta \sin\theta$ だけ増加する．

留 (stationary) とは，摂動の大きさの高次の微少量を除いて一定という意味である．式 (9.16) は，反射点を摂動しても光路長が一定であることを意味する．これが実際の光路になっている理由は，次のように考えれば理解できる．入射角 θ で入射する光は，入射位置を無限小距離 δ だけ進めると，光路長が $\delta \sin\theta$ だけ増加する（図 9.18(b)）．したがって，光路長が変化しないためには，反射光も同じ角度 θ で反射して $\delta \sin\theta$ だけ光路長が減少しなければならない．ゆえに，入射角と反射角が等しくなり，実際の光の進路になっている．式 (9.14) の楕円の**離心率** (eccentricity) は，

$$e = \frac{f}{a} \quad (< 1) \tag{9.17}$$

で定義される．$e = 0$ の場合が円であり，e が 1 に近づくにつれて限りなく偏平になる．

原点 O を中心として x, y 軸に関して対称な**双曲線** (hyperbola) は，

$$\frac{x^2}{a^2} - \frac{y^2}{b^2} = 1 \tag{9.18}$$

（あるいは x, y を入れ換えた式）で表される．式 (9.18) の双曲線の**焦点** (focus) F, F' は，x 軸上に原点 O から等距離 f の点にあり，

$$f = \sqrt{a^2 + b^2} \tag{9.19}$$

である．この双曲線上の任意の点 P に対して，

$$|FP| - |PF'| = \pm 2a \tag{9.20}$$

が成り立つ（図 9.19(a)）．すなわち，双曲線は**二つの焦点からの距離の差が一定となる点の軌跡**として定義され，この関係から楕円の場合と同様にして式 (9.18) が得られる（$\hookrightarrow$ 演習問題 9.5(2)）．そして，一方の焦点から発散した光は双曲線で反射して，他の焦点から発散したかのように進む．このことは，微分して接線の傾きから確かめられるが，楕円の場合と同様に，光の最短光路の原理からも説明される．この場合は，式 (9.20) が光路が一定を意味し，反射点を無限小にずらしたとき，入射光の光路の増減と反射光の光路の増減が打ち消すことから入射角と反射角が等しいことが導かれる．式 (9.18) の双曲線に対しても，離心率を

$$e = \frac{f}{a} \quad (> 1) \tag{9.21}$$

で定義する．e が 1 に近づけば二つの曲線が x 軸に沿うように偏平になり，1 から離れれば y 軸方向に広がって直線的になる．また，$|x|$, $|y|$ が大きくなると，双曲線の式 (9.18) は $x^2/a^2 \approx y^2/b^2$ となり，2 直線

$$y = \pm \frac{b}{a} x \tag{9.22}$$

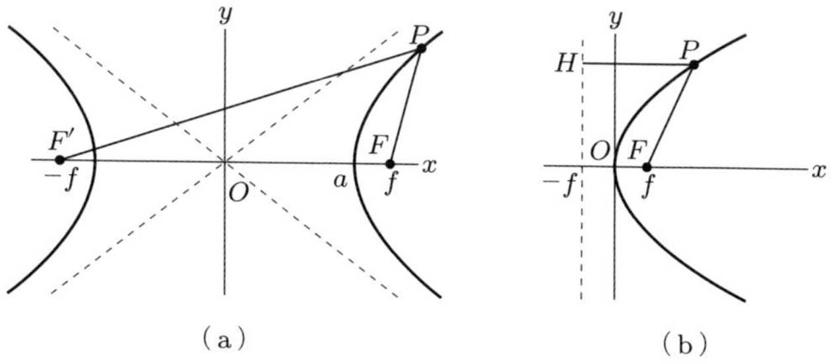

図 9.19 (a) 双曲線は二つの焦点 F, F' からの距離の差が一定の点の軌跡として定義される.
(b) 放物線は焦点 F からの距離と準線からの距離が等しい点の軌跡として定義される.

に近づく．これを双曲線 (9.18) の**漸近線** (asymptote) とよぶ.

原点 O を通って x 軸に関して対称な**放物線** (parabola) の方程式は,

$$y^2 = 4fx \tag{9.23}$$

と書ける．x 軸の点 $F : (f, 0)$ を**焦点** (focus) とよび，直線 $x = -f$ を**準線** (directrix) とよぶ．そして，この放物線上の任意の点 P から準線に下ろした垂線の足を H とすると,

$$|HP| = |PF| \tag{9.24}$$

が成り立つ (図 9.19(b))．すなわち，放物線は**焦点からの距離が準線までの距離と等しい点の軌跡**として定義され，この関係から式 (9.23) が得られる (↪ 演習問題 9.5(3))．式 (9.24) から，x 軸に左から平行に入射した光は焦点 F から発散するように反射すること，および x 軸に右から平行に入射した光は焦点 F に収束するように反射することがわかる．これも接線の方程式からも最短光路の原理からも説明できる．あるいは放物線を，楕円の一方の焦点を無限遠方に遠ざけた極限とみなすことによっても理解できる．そして，放物線の離心率を

$$e = 1 \tag{9.25}$$

と定義する．これは，放物線が楕円の離心率を 1 に近づけた極限でもあり，双曲線の離心率を 1 に近づけた極限ともみなせるからである.

■補　足■

透視投影カメラの撮像の幾何学的解析やそれによるシーンの 3 次元解析は，コンピュータビジョンの中心テーマである [7, 10, 14, 15, 16]．立体射影に基づく魚眼レンズのカメラの校正とその応用は Kanatani [19] を参照するとよい．全方位カメラの原理や応用は Benosman and Kang [2] に詳しい．双曲面や楕円面を用いる全方位カメラを画像球面の射影とみなしたときの射影位置や画像面の位置は Geyer and Daniilidis [9] が解析している．Perwass [20] や Bayro-Corrochano [3] は全方位カメラの撮像を幾何学的代数の式を用いて記述している．楕円や双曲線や放物線は総称して**円錐曲線** (conic) とよばれ，射影幾何学の立場からは統一的に扱われる．これについては教科書 [17, 24] を参照するとよい．なお，図 9.16 の全方位カメラ画像は，豊橋技術科学大学の金澤靖准教授の好意によった．

演習問題

9.1 原点 O を中心とする半径 1 の球面上の点 (X, Y, Z) を，南極 $(0, 0, -1)$ から xy 平面上へ立体射影した点を (x, y) とする（図 9.20）．

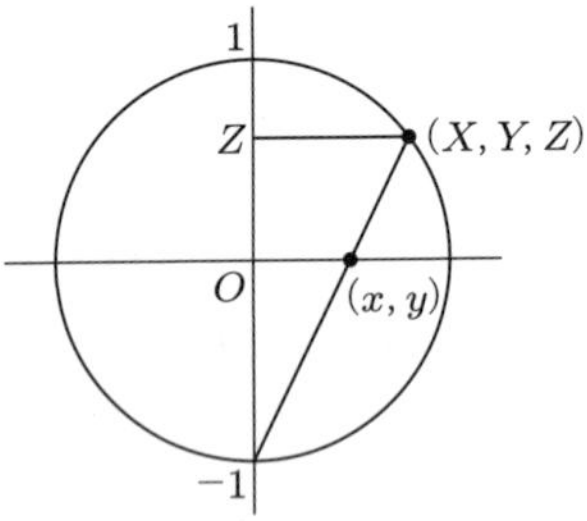

図 9.20

(1) 点 (X, Y, Z) と点 (x, y) は，次の関係で結ばれることを示せ．

$$x = \frac{X}{1+Z}, \qquad y = \frac{Y}{1+Z},$$

$$X = \frac{2x}{1+x^2+y^2}, \qquad Y = \frac{2y}{1+x^2+y^2}, \qquad Z = \frac{1-x^2-y^2}{1+x^2+y^2}$$

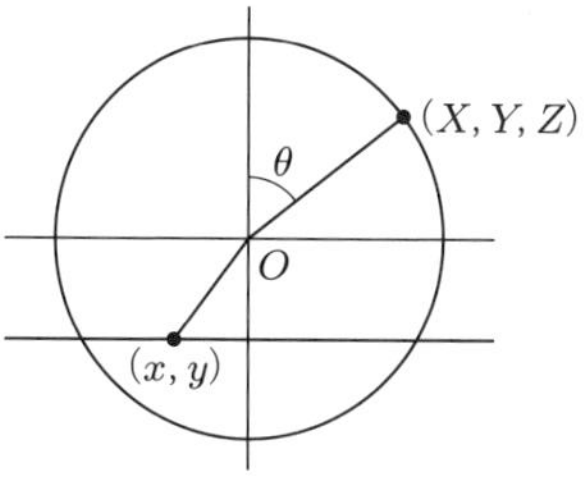

図 9.21

(2) この対応は，中心が南極 $(0, 0, -1)$ にあって半径 $\sqrt{2}$ の反転球に関する反転であることを確かめよ．

9.2 式 (9.7) が成り立つ魚眼レンズカメラのレンズ中心を原点 O とし，光軸を z 軸とする xyz 座標系をとる．中心が原点にある半径 1 の球面上の点 (X, Y, Z) が画像面の点 (x, y) に撮影されるとき，次の関係が成り立つことを示せ（図 9.21）．

$$x = \frac{2fX}{1+Z}, \qquad y = \frac{2fY}{1+Z}$$

ただし，画像面の原点は光軸点に一致し，x 軸，y 軸は X, Y の増加する方向に向きを合わせているとする．

9.3 式 (9.11) が成り立つ全方位カメラの放物面の焦点を原点 O とし，光軸を z 軸とする xyz 座標系をとる．中心が原点にある半径 1 の球面上の点 (X, Y, Z) が画像面の点 (x, y) に撮影されるとき，次の関係が成り立つことを示せ．

$$x = \frac{2fX}{1+Z}, \qquad y = \frac{2fY}{1+Z}$$

ただし，画像面の原点は光軸点に一致し，x 軸，y 軸は X, Y の増加する方向に向きを合わせているとする．

9.4 カメラによる撮影は光線の方向のみを記録し，距離によらないから，仮想的にシーンはレンズ中心を中心とする半径 1 の球面（これを仮に仮想天球とよぶ）であると考えることができる．

(1) このように考えるとき，焦点距離 f の透視投影カメラで撮影した画像上の点 (x, y) に対応する仮想天球上の点 (X, Y, Z) を求めよ（図 9.22(a)）．画像の x 軸，y 軸は X, Y の増加する方向に向きを合わせているとする．

(2) 画像が透視投影カメラで撮影したものでなく，光線の入射角 θ と光軸点からの距離 d が関係式 $d = d(\theta)$ で結ばれるようなカメラで撮影したものであるとする（図

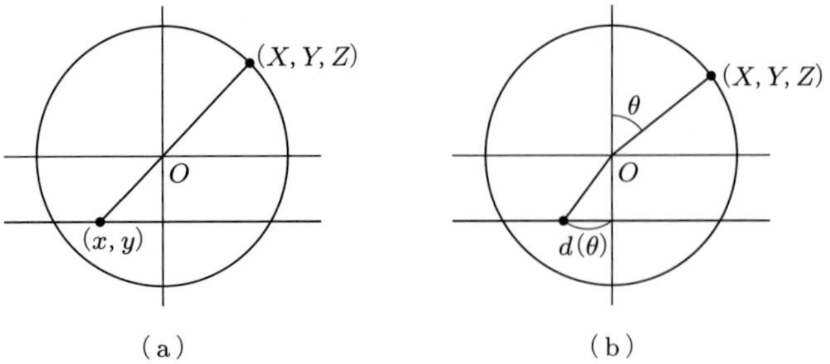

図 9.22

9.22(b))．これを，光軸方向が同じで焦点距離 f の透視投影カメラで撮影した場合に得られる画像に変換する具体的な手順を示せ．

(3) この考え方を用いて，指定した方向に光軸がある焦点距離 f の透視投影カメラで撮影したかのような画像を生成するにはどうすればよいか．

9.5 (1) 式 (9.16) から式 (9.14) を導け．

(2) 式 (9.20) から式 (9.18) を導け．

(3) 式 (9.24) から式 (9.23) を導け．

関連図書

[1] 甘利俊一，金谷健一，「線形代数」，講談社，1987.

[2] R. Benosman and S. Kang (Eds.), *Panoramic Vision*, Springer, New York, U.S.A., 2000.

[3] E. Bayro-Corrochano, *Geometric Computing: For Wavelet Transforms, Robot Vision, Learning, Control and Action*, Springer, London, U.K., 2010.

[4] C. Doran and A. Lasenby, *Geometric Algebra for Physicists*, Cambridge University Press, Cambridge, U.K., 2003.

[5] L. Dorst, D. Fontijne, and S. Mann, *Geometric Algebra for Computer Science: An Object-Oriented Approach to Geometry*, Morgan Kaufmann, Burlington, MA, U.S.A., 2007.

[6] L. Dorst, D. Fontijne, and S. Mann, `GAViewer`, 2007. http://www.geometricalgebra.net

[7] O. Faugeras and Q.-T. Luong, *The Geometry of Multiple Images*, MIT Press, Cambridge, MA, U.S.A., 2001.

[8] H. フランダース（岩堀長慶 訳)，「微分形式の理論—およびその物理科学への応用—」，岩波書店，2003.

[9] C. Geyer and K. Daniilidis, Catadioptric projective geometry, *International Journal of Computer Vision*, Vol. 45. No.3, December 2001, pp. 223–243.

[10] R. Hartley and A. Zisserman, *Multiple View Geometry in Computer Vision*, 2nd Ed., Cambridge University Press, Cambridge, U.K., 2003.

[11] D. Hestenes, A. Rockwood and H.Li, *System for Encoding and Manipulating Models of Objects*, U.S. Patent No. 6,853,964, 2005.

[12] D. Hestenes and G. Sobczyk, *Clifford Algebra to Geometric Calculus*, D. Reidel, Dordrecht, The Netherlands, 1984.

[13] 伊理正夫，韓太舜，「ベクトルとテンソル」，教育出版，1973.

[14] 金谷健一，「画像理解—3 次元認識の数理—」，森北出版，1990.

[15] K. Kanatani, *Group-Theoretical Methods in Image Understanding*, Springer, Berlin, Germany, 1990.

[16] K. Kanatani, *Geometric Computation for Machine Vision*, Oxford Univeristy Press, Oxford, U.K., 1993.

[17] 金谷健一,「形状 CAD と図形の数学」, 共立出版, 1998.

[18] 金谷健一,「これなら分かる応用数学教室—最小二乗法からウェーブレットまで」, 共立出版, 2003.

[19] K. Kanatani, Calibration of ultra-wide fisheye lens cameras by eigenvalue minimization, *IEEE Transactions on Pattern Analysis and Machine Intelligence*, Vol. 35, No. 4, April 2013, pp. 813-822.

[20] C. Perwass, *Geometric Algebra with Applications in Engineering*, Springer, Berlin, Germany, 2009.

[21] C. Perwass, `CLUCalc`, 2009. http://www.clucalc.info/

[22] ポントリャーギン (柴岡泰光, 杉浦光夫, 宮崎功 訳),「連続群論, 上」, 岩波書店, 1957.

[23] ポントリャーギン (柴岡泰光, 杉浦光夫, 宮崎功 訳),「連続群論, 下」, 岩波書店, 1958.

[24] J. G. Semple and G. T. Kneebone, *Algebraic Projective Geometry*, Oxford University Press, Oxford, U.K., 1952.

[25] J. G. Semple and L. Roth, *Introduction to Algebraic Geometry*, Oxford University Press, Oxford, U.K., 1949.

[26] J. A. Schouten, *Tensor Analysis for Physicists*, 2nd ed., Oxford University Press, Oxford, U.K., 1954.

[27] J. A. Schouten, *Ricci-Calculus: An Introduction to Tensor Analysis and its Geometrical Applications*, 2nd ed., Springer, Berlin, Germany, 1954.

[28] J. Stolfi, *Oriented Projective Geometry: A Framework for Geometric Computation*, Academic Press, San Diego, CA, U.S.A., 1991.

[29] 山内恭彦,「回転群とその表現」, 岩波書店, 1957.

[30] 山内恭彦, 杉浦光夫,「連続群論入門」, 培風館, 1960.

演習問題の解答

第 2 章

2.1 ベクトル $\boldsymbol{a}$, $\boldsymbol{b}$ の始点を原点 O に一致させ，ベクトル $\boldsymbol{a}$ の終点を A，ベクトル $\boldsymbol{b}$ の終点を B とする三角形 $\triangle OAB$ を考える（解図 2.1）．よく知られた余弦定理によって

$$AB^2 = OA^2 + OB^2 - 2OA \cdot OB\cos\theta$$

が成り立つ（これは B から直線 OA へ下ろした垂線の足を H とし，直角三角形 $\triangle OHB$, $\triangle HAB$ に三平方の定理を適用して得られる）．

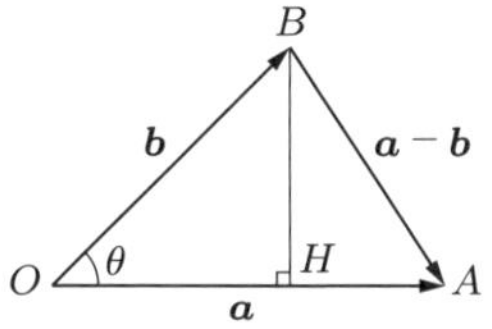

解図 2.1

したがって，次の式が成り立つ．

$$\|\boldsymbol{a}-\boldsymbol{b}\|^2 = \|\boldsymbol{a}\|^2 + \|\boldsymbol{b}\|^2 - 2\|\boldsymbol{a}\|\|\boldsymbol{b}\|\cos\theta$$

左辺が $\langle \boldsymbol{a}-\boldsymbol{b}, \boldsymbol{a}-\boldsymbol{b}\rangle = \langle \boldsymbol{a}, \boldsymbol{a}\rangle - 2\langle \boldsymbol{a}, \boldsymbol{b}\rangle + \langle \boldsymbol{b}, \boldsymbol{b}\rangle = \|\boldsymbol{a}\|^2 - 2\langle \boldsymbol{a}, \boldsymbol{b}\rangle + \|\boldsymbol{b}\|^2$ に等しいことから，式 (2.10) が得られる．

2.2 t の関数 $f(t) = \|\boldsymbol{a} - t\boldsymbol{b}\|^2$ を考える．これはすべての t に対して $f(t) \geq 0$ である．展開すると次のようになる．

$$f(t) = \langle \boldsymbol{a}-t\boldsymbol{b}, \boldsymbol{a}-t\boldsymbol{b}\rangle = \langle \boldsymbol{a}, \boldsymbol{a}\rangle - 2t\langle \boldsymbol{a}, \boldsymbol{b}\rangle + t^2\langle \boldsymbol{b}, \boldsymbol{b}\rangle = \|\boldsymbol{b}\|^2 t^2 - 2\langle \boldsymbol{a}, \boldsymbol{b}\rangle t + \|\boldsymbol{a}\|^2$$

$\boldsymbol{b} \neq 0$ のとき，これは t の 2 次式であり，すべての t で $f(t) \geq 0$ となる条件は 2 次方程式 $f(t) = 0$ が実数解をもたないか，一つの重解をもつことである（解図 2.2）．すなわち，判別式 D が 0 または負になることである．したがって，

$$D = \langle \boldsymbol{a}, \boldsymbol{b}\rangle^2 - \|\boldsymbol{a}\|^2\|\boldsymbol{b}\|^2 \leq 0$$

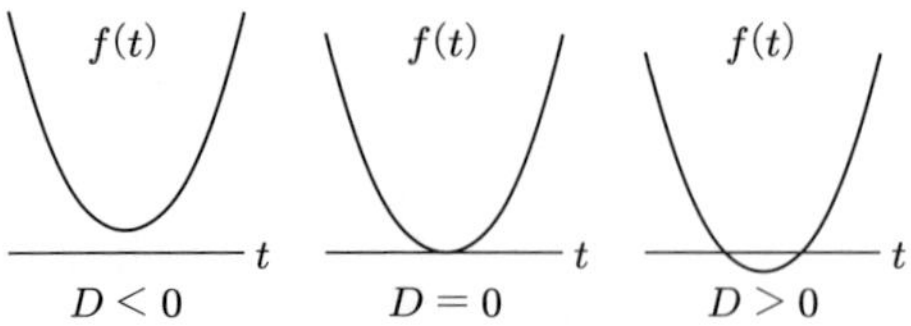

解図 **2.2**

である．これから式 (2.12) のシュワルツの不等式が得られる．$\boldsymbol{b} = 0$ なら，式 (2.12) は等号で成立する．また，$\boldsymbol{a} = 0$ でも等号で成立する．それ以外に等号が成立するのは，$f(t) = 0$ となる t が存在するとき，すなわち $\boldsymbol{a} = t\boldsymbol{b}$ となる t が存在するときである．

2.3 シュワルツの不等式を用いると，次式を得る．

$$\begin{aligned}\|\boldsymbol{a}+\boldsymbol{b}\|^2 &= \langle \boldsymbol{a}+\boldsymbol{b}, \boldsymbol{a}+\boldsymbol{b}\rangle = \langle \boldsymbol{a}, \boldsymbol{a}\rangle + 2\langle \boldsymbol{a}, \boldsymbol{b}\rangle + \langle \boldsymbol{b}, \boldsymbol{b}\rangle \\ &\leq \|\boldsymbol{a}\|^2 + 2\|\boldsymbol{a}\|\|\boldsymbol{b}\| + \|\boldsymbol{b}\|^2 = (\|\boldsymbol{a}\| + \|\boldsymbol{b}\|)^2\end{aligned}$$

これから式 (2.13) が得られる．等号が成り立つのは，シュワルツの不等式の等号が成り立つ場合である．ベクトル $\boldsymbol{a}$ の終点にベクトル $\boldsymbol{b}$ の始点を一致させてできる三角形を考えると，式 (2.13) は「三角形の 1 辺の長さは他の 2 辺の長さの和よりも小さい」ということを述べている（解図 2.3）．このことから式 (2.13) が「三角不等式」とよばれる．

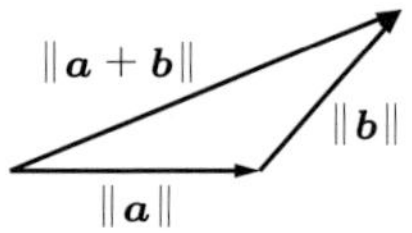

解図 **2.3**

2.4 ベクトル積の定義より $\boldsymbol{a} \times \alpha\boldsymbol{b} = \alpha\boldsymbol{a} \times \boldsymbol{b}$, $\boldsymbol{a} \times \beta\boldsymbol{c} = \beta\boldsymbol{a} \times \boldsymbol{c}$ であるから，線形性 $\boldsymbol{a} \times (\alpha\boldsymbol{b} + \beta\boldsymbol{c}) = \alpha\boldsymbol{a} \times \boldsymbol{b} + \beta\boldsymbol{a} \times \boldsymbol{c}$ を示すには，分配則 $\boldsymbol{a} \times (\boldsymbol{b} + \boldsymbol{c}) = \boldsymbol{a} \times \boldsymbol{b} + \boldsymbol{a} \times \boldsymbol{c}$ が示せればよい．

まず，$\boldsymbol{b}$, $\boldsymbol{c}$ が $\boldsymbol{a}$ に直交する場合を考える．$\boldsymbol{b}$, $\boldsymbol{c}$ は $\boldsymbol{a}$ に直交する平面 Π 上にあるから，和 $\boldsymbol{b} + \boldsymbol{c}$ も平面 Π 上にある．$\boldsymbol{a}$ とのベクトル積 $\boldsymbol{a} \times \boldsymbol{b}$, $\boldsymbol{a} \times \boldsymbol{c}$, $\boldsymbol{a} \times (\boldsymbol{b} + \boldsymbol{c})$ はどれも $\boldsymbol{a}$ と直交するので，すべて Π 上にある．そして，それらは Π 上でそれぞれ $\boldsymbol{b}$, $\boldsymbol{c}$, $\boldsymbol{b} + \boldsymbol{c}$ に直交する．また，それぞれの長さは $\|\boldsymbol{a}\|\|\boldsymbol{b}\|$, $\|\boldsymbol{a}\|\|\boldsymbol{c}\|$, $\|\boldsymbol{a}\|\|\boldsymbol{b}+\boldsymbol{c}\|$ である．ゆえに，$\boldsymbol{a} \times \boldsymbol{b}$, $\boldsymbol{a} \times \boldsymbol{c}$, $\boldsymbol{a} \times (\boldsymbol{b} + \boldsymbol{c})$ は $\boldsymbol{b}$, $\boldsymbol{c}$, $\boldsymbol{b} + \boldsymbol{c}$ のそれぞれを $\|\boldsymbol{a}\|$ 倍して，Π 上で $90°$ 回転したものである（解図 2.4(a) は平面 Π を真上から見たもの）．ゆえに，$\boldsymbol{a} \times (\boldsymbol{b} + \boldsymbol{c}) = \boldsymbol{a} \times \boldsymbol{b} + \boldsymbol{a} \times \boldsymbol{c}$ が成立している．

次に，$\boldsymbol{b}$, $\boldsymbol{c}$ が必ずしも $\boldsymbol{a}$ に直交しない場合を考える．$\boldsymbol{a}$ に垂直な平面を Π と

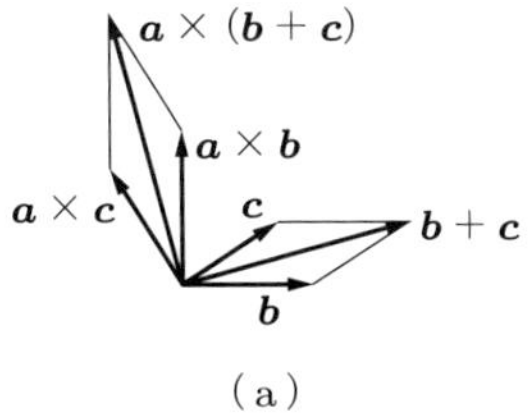

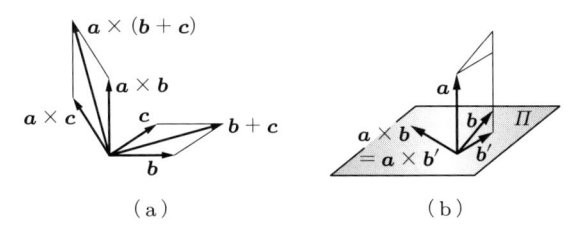

解図 2.4

し，$\boldsymbol{b}$ を平面 Π 上に射影したものを $\boldsymbol{b}'$ とすると，$\boldsymbol{a}$ と $\boldsymbol{b}$ の張る面と $\boldsymbol{a}$ と $\boldsymbol{b}'$ の張る面は一致する（解図 2.4(b)）．そして，ベクトル積の定義より $\boldsymbol{a}\times\boldsymbol{b}$ も $\boldsymbol{a}\times\boldsymbol{b}'$ も，ともにその面に垂直である．また，$\boldsymbol{a}$ と $\boldsymbol{b}$ の作る平行四辺形と $\boldsymbol{a}$ と $\boldsymbol{b}'$ の作る平行四辺形は面積が等しい．ゆえに，$\boldsymbol{a}\times\boldsymbol{b}=\boldsymbol{a}\times\boldsymbol{b}'$ である．同様に，$\boldsymbol{a}\times\boldsymbol{c}=\boldsymbol{a}\times\boldsymbol{c}'$ である．また，$\boldsymbol{b}+\boldsymbol{c}$ を Π 上に射影したものは $\boldsymbol{b}'+\boldsymbol{c}'$ であるから，$\boldsymbol{a}\times(\boldsymbol{b}+\boldsymbol{c})=\boldsymbol{a}\times(\boldsymbol{b}'+\boldsymbol{c}')$ も成り立つ．そして，$\boldsymbol{a}\times(\boldsymbol{b}'+\boldsymbol{c}')=\boldsymbol{a}\times\boldsymbol{b}'+\boldsymbol{a}\times\boldsymbol{c}'$ であるから，$\boldsymbol{a}\times(\boldsymbol{b}+\boldsymbol{c})=\boldsymbol{a}\times\boldsymbol{b}+\boldsymbol{a}\times\boldsymbol{c}$ でもある．

2.5 まず，$\boldsymbol{a}$ が y 軸上にあるとする．すると，$\boldsymbol{a}=a_2\boldsymbol{e}_2$ であり，y 軸から測った $\boldsymbol{b}$ の高さは，$\boldsymbol{a}$ を $\boldsymbol{b}$ に近づける回転方向の約束より $-b_1$ である（解図 2.5(a)）．ゆえに，面積は $-a_2b_1$ である．次に，$\boldsymbol{b}$ が y 軸上にあるときを考えると，$\boldsymbol{b}=b_2\boldsymbol{e}_2$ であり，y 軸から測った $\boldsymbol{a}$ の高さは，a_1 である（解図 2.5(b)）．ゆえに，面積は a_1b_2 である．したがって，これらの場合に与式は正しい．

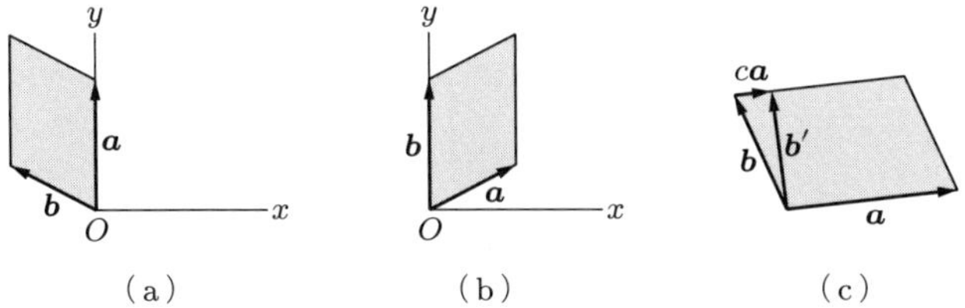

解図 2.5

そこで，$\boldsymbol{a}$ も $\boldsymbol{b}$ も y 軸上にないとする．$\boldsymbol{a}$ を底辺と考えれば，$\boldsymbol{a}$ からの高さを変化させないように $\boldsymbol{b}$ を変化させても面積は変化しない．したがって，任意の定数 c に対して，ベクトル $\boldsymbol{a}$, $\boldsymbol{b}'=\boldsymbol{b}+c\boldsymbol{a}$ の作る平行四辺形の面積は $\boldsymbol{a}$, $\boldsymbol{b}$ の作る平行四辺形の面積に等しい（解図 2.5(c)）．$\boldsymbol{a}$ が y 軸上にないという仮定より $a_1\neq 0$ であるから，$c=-b_1/a_1$ と選ぶと，

$$\boldsymbol{b}'=b_1\boldsymbol{e}_1+b_2\boldsymbol{e}_2-\frac{b_1}{a_1}(a_1\boldsymbol{e}_1+a_2\boldsymbol{e}_2)=\left(b_2-\frac{a_2b_1}{a_1}\right)\boldsymbol{e}_2$$

となる．この $\boldsymbol{b}'$ は y 軸上にあるから，$\boldsymbol{a}$, $\boldsymbol{b}'$ の作る面積が，上述のことから次のようになる．

$$S = a_1\left(b_2 - \frac{a_2 b_1}{a_1}\right) = a_1 b_2 - a_2 b_1$$

2.6 ベクトル $\boldsymbol{a}, \boldsymbol{b}$ のなす角を θ とすると，$\boldsymbol{a}, \boldsymbol{b}$ の作る平行四辺形の面積は次のように計算される．

$$S = \|\boldsymbol{a}\|\|\boldsymbol{b}\|\sin\theta = \|\boldsymbol{a}\|\|\boldsymbol{b}\|\sqrt{1-\cos^2\theta} = \|\boldsymbol{a}\|\|\boldsymbol{b}\|\sqrt{1-\frac{\langle\boldsymbol{a},\boldsymbol{b}\rangle^2}{\|\boldsymbol{a}\|^2\|\boldsymbol{b}\|^2}}$$
$$= \sqrt{\|\boldsymbol{a}\|^2\|\boldsymbol{b}\|^2 - \langle\boldsymbol{a},\boldsymbol{b}\rangle^2}$$

与式がこれに等しいことは，次の恒等式から確かめられる．

$$(a_2b_3 - a_3b_2)^2 + (a_3b_1 - a_1b_3)^2 + (a_1b_2 - a_2b_1)^2$$
$$= (a_1^2 + a_2^2 + a_3^2)(b_1^2 + b_2^2 + b_3^2) - (a_1b_1 + a_2b_2 + a_3b_3)^2$$

2.7 ベクトル $\boldsymbol{a} = a_1e_1 + a_2e_2 + a_3e_3$, $\boldsymbol{b} = b_1e_1 + b_2e_2 + b_3e_3$ を yz 平面に射影すると，それぞれ $a_2e_2 + a_3e_3$, $b_2e_2 + b_3e_3$ となる．これらの作る平行四辺形の面積は，演習問題 2.5 より $S_{yz} = |a_2b_3 - a_3b_2|$ である．同様に，zx, xy 平面に射影した平行四辺形の面積は，それぞれ $S_{zx} = |a_3b_1 - a_1b_3|$, $S_{xy} = |a_1b_2 - a_2b_{13}|$ である．ゆえに，$\boldsymbol{a}, \boldsymbol{b}$ の作る平行四辺形の面積 S が次のように表せる．

$$S = \|\boldsymbol{a}\times\boldsymbol{b}\| = \sqrt{(a_2b_3 - a_3b_2)^2 + (a_3b_1 - a_1b_3)^2 + (a_1b_2 - a_2b_1)^2}$$
$$= \sqrt{S_{yz}^2 + S_{zx}^2 + S_{xy}^2}$$

2.8 式 (2.18) のベクトル積 $\boldsymbol{a}\times\boldsymbol{b}$ を $\boldsymbol{c}$ とする．

$$\boldsymbol{c} = (a_2b_3 - a_3b_2)e_1 + (a_3b_1 - a_1b_3)e_2 + (a_1b_2 - a_2b_1)e_3$$

これと $\boldsymbol{a}$ との内積は，次のようになる．

$$\langle\boldsymbol{c},\boldsymbol{a}\rangle = (a_2b_3 - a_3b_2)a_1 + (a_3b_1 - a_1b_3)a_2 + (a_1b_2 - a_2b_1)a_3 = 0$$

$\boldsymbol{c}$ と $\boldsymbol{b}$ との内積は，次のようになる．

$$\langle\boldsymbol{c},\boldsymbol{a}\rangle = (a_2b_3 - a_3b_2)b_1 + (a_3b_1 - a_1b_3)b_2 + (a_1b_2 - a_2b_1)b_3 = 0$$

ゆえに，$\boldsymbol{c}$ は $\boldsymbol{a}, \boldsymbol{b}$ の両方に直交する．

2.9 ベクトル $\boldsymbol{a}, \boldsymbol{b}$ の作る平行四辺形を底面と考えると，その面積は $S = \|\boldsymbol{a}\times\boldsymbol{b}\|$ である．$\boldsymbol{a}\times\boldsymbol{b}$ は底面に直交するから，単位ベクトルに正規化した単位法線ベクトルは

$$\boldsymbol{n} = \frac{\boldsymbol{a}\times\boldsymbol{b}}{\|\boldsymbol{a}\times\boldsymbol{b}\|}$$

である．$\boldsymbol{a}, \boldsymbol{b}, \boldsymbol{c}$ の作る平行六面体の高さ h は，$\boldsymbol{c}$ の $\boldsymbol{n}$ 方向への射影であるから，

$$h = \langle\boldsymbol{n},\boldsymbol{c}\rangle = \left\langle\frac{\boldsymbol{a}\times\boldsymbol{b}}{\|\boldsymbol{a}\times\boldsymbol{b}\|},\boldsymbol{c}\right\rangle = \frac{\langle\boldsymbol{a}\times\boldsymbol{b},\boldsymbol{c}\rangle}{\|\boldsymbol{a}\times\boldsymbol{b}\|}$$

となる（解図 2.6）．これは $\boldsymbol{c}$ が $\boldsymbol{n}$ 方向にあるときは正，反対方向にあるときは

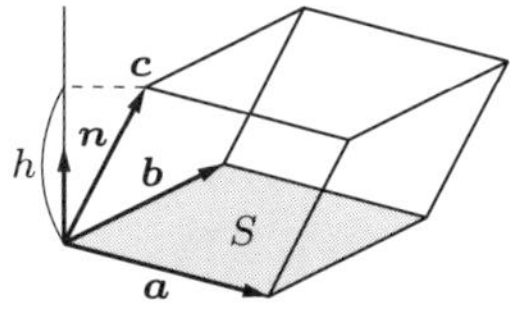

解図 2.6

負である．ゆえに，符号付き体積は次のようになる．

$$V = hS = \langle \boldsymbol{a} \times \boldsymbol{b}, \boldsymbol{c} \rangle$$

2.10 式 (2.20) より，次式が成り立つ．

$$(\boldsymbol{a}\times\boldsymbol{b})\times\boldsymbol{c} = \langle\boldsymbol{a},\boldsymbol{c}\rangle\boldsymbol{b} - \langle\boldsymbol{b},\boldsymbol{c}\rangle\boldsymbol{a}, \qquad \boldsymbol{a}\times(\boldsymbol{b}\times\boldsymbol{c}) = \langle\boldsymbol{a},\boldsymbol{c}\rangle\boldsymbol{b} - \langle\boldsymbol{a},\boldsymbol{b}\rangle\boldsymbol{c},$$
$$(\boldsymbol{b}\times\boldsymbol{c})\times\boldsymbol{a} = \langle\boldsymbol{b},\boldsymbol{a}\rangle\boldsymbol{c} - \langle\boldsymbol{c},\boldsymbol{a}\rangle\boldsymbol{b}, \qquad \boldsymbol{b}\times(\boldsymbol{c}\times\boldsymbol{a}) = \langle\boldsymbol{b},\boldsymbol{a}\rangle\boldsymbol{c} - \langle\boldsymbol{b},\boldsymbol{c}\rangle\boldsymbol{a},$$
$$(\boldsymbol{c}\times\boldsymbol{a})\times\boldsymbol{b} = \langle\boldsymbol{c},\boldsymbol{b}\rangle\boldsymbol{a} - \langle\boldsymbol{a},\boldsymbol{b}\rangle\boldsymbol{c}, \qquad \boldsymbol{c}\times(\boldsymbol{a}\times\boldsymbol{b}) = \langle\boldsymbol{c},\boldsymbol{b}\rangle\boldsymbol{a} - \langle\boldsymbol{c},\boldsymbol{a}\rangle\boldsymbol{b}$$

明らかに，左の 3 式の和も右の 3 左の和も 0 になる．

2.11 次のように示される．

$$\begin{aligned}\langle\boldsymbol{x}\times\boldsymbol{y},\boldsymbol{a}\times\boldsymbol{b}\rangle &= |\boldsymbol{x},\boldsymbol{y},\boldsymbol{a}\times\boldsymbol{b}| = \langle\boldsymbol{x},\boldsymbol{y}\times(\boldsymbol{a}\times\boldsymbol{b})\rangle \\ &= \langle\boldsymbol{x},\langle\boldsymbol{y},\boldsymbol{b}\rangle\boldsymbol{a} - \langle\boldsymbol{y},\boldsymbol{a}\rangle\boldsymbol{b}\rangle = \langle\boldsymbol{x},\boldsymbol{a}\rangle\langle\boldsymbol{y},\boldsymbol{b}\rangle - \langle\boldsymbol{x},\boldsymbol{b}\rangle\langle\boldsymbol{y},\boldsymbol{a}\rangle\end{aligned}$$

2.12 次のように示される．

$$\begin{aligned}a_1' &= a_1\cos\Omega + (l_2a_3 - l_3a_2)\sin\Omega + (a_1l_1 + a_2l_2 + a_3l_3)l_1(1-\cos\Omega) \\ &= \Big(\cos\Omega + l_1^2(1-\cos\Omega)\Big)a_1 + \Big(l_1l_2(1-\cos\Omega) - l_3\sin\Omega\Big)a_2 \\ &\quad + \Big(l_1l_3(1-\cos\Omega) + l_2\sin\Omega\Big)a_3 \\ a_2' &= a_2\cos\Omega + (l_3a_1 - l_1a_3)\sin\Omega + (a_1l_1 + a_2l_2 + a_3l_3)l_2(1-\cos\Omega) \\ &= \Big(l_2l_1(1-\cos\Omega) + l_3\sin\Omega\Big)a_1 + \Big(\cos\Omega + l_2^2(1-\cos\Omega)\Big)a_2 \\ &\quad + \Big(l_2l_3(1-\cos\Omega) - l_1\sin\Omega\Big)a_3 \\ a_3' &= a_3\cos\Omega + (l_1a_2 - l_2a_1)\sin\Omega + (a_1l_1 + a_2l_2 + a_3l_3)l_3(1-\cos\Omega) \\ &= \Big(l_3l_1(1-\cos\Omega) - l_2\sin\Omega\Big)a_1 + \Big(l_3l_2(1-\cos\Omega) + l_1\sin\Omega\Big)a_2 \\ &\quad + \Big(\cos\Omega + l_3^2(1-\cos\Omega)\Big)a_3\end{aligned}$$

2.13 2 直線を l, l' とする．これらが平行であれば，それらは同一平面上にある．それぞれの直線の支持点を H, H' とすれば，それらの原点 O からの位置ベクトル $\overrightarrow{OH}$, $\overrightarrow{OH'}$ はそれぞれ l, l' に直交するから，ベクトル $\overrightarrow{HH'}$ は 2 直線 l, l' に直交する．ゆえに，

$$d = \|\overrightarrow{HH'}\| = \left\| \frac{\boldsymbol{m} \times \boldsymbol{n}}{\|\boldsymbol{m}\|^2} - \frac{\boldsymbol{m}' \times \boldsymbol{n}'}{\|\boldsymbol{m}'\|^2} \right\|$$

である．2 直線は平行であるから，ある定数 α $(\neq 0)$ があって，$\boldsymbol{m}' = \alpha\boldsymbol{m}$ と書ける．ゆえに，次のように変形できる．

$$d = \left\| \frac{\boldsymbol{m} \times \boldsymbol{n}}{\|\boldsymbol{m}\|^2} - \frac{\boldsymbol{m} \times \boldsymbol{n}'}{\alpha\|\boldsymbol{m}\|^2} \right\| = \frac{\|\boldsymbol{m} \times (\boldsymbol{n} - \boldsymbol{n}'/\alpha)\|}{\|\boldsymbol{m}\|^2}$$

しかし，$\boldsymbol{n}, \boldsymbol{n}'$ は共に $\boldsymbol{m}$ $(= \boldsymbol{m}'/\alpha)$ に直交するから，$\boldsymbol{n} - \boldsymbol{n}'/\alpha$ も $\boldsymbol{m}$ に直交する．したがって，上式は次のように書ける．

$$d = \frac{\|\boldsymbol{m}\|\|\boldsymbol{n} - \boldsymbol{n}'/\alpha\|}{\|\boldsymbol{m}\|^2} = \frac{\|\boldsymbol{n} - \boldsymbol{n}'/\alpha\|}{\|\boldsymbol{m}\|} = \left\| \frac{\boldsymbol{n}}{\|\boldsymbol{m}\|} - \frac{\boldsymbol{n}'}{\|\alpha\boldsymbol{m}\|} \right\|$$
$$= \left\| \frac{\boldsymbol{n}}{\|\boldsymbol{m}\|} - \frac{\boldsymbol{n}'}{\|\boldsymbol{m}'\|} \right\|$$

2.14 平面 Π の単位法線ベクトル $\boldsymbol{n}$ は，直線 l の方向ベクトル $\boldsymbol{m}$ と与えられた単位方向ベクトル $\boldsymbol{u}$ の両方に直交するから，次のように書ける．

$$\boldsymbol{n} = \frac{\boldsymbol{m} \times \boldsymbol{u}}{\|\boldsymbol{m} \times \boldsymbol{u}\|}$$

平面の Π の原点からの距離 h は，直線 l の支持点 $\boldsymbol{x}_H = \boldsymbol{m} \times \boldsymbol{n}_l/\|\boldsymbol{m}\|^2$（式 (2.63)）を Π の単位法線ベクトル $\boldsymbol{n}$ の方向に射影した長さに等しいから，次のようになる．

$$h = \langle \boldsymbol{n}, \boldsymbol{x}_H \rangle = \left\langle \frac{\boldsymbol{m} \times \boldsymbol{u}}{\|\boldsymbol{m} \times \boldsymbol{u}\|}, \frac{\boldsymbol{m} \times \boldsymbol{n}_l}{\|\boldsymbol{m}\|^2} \right\rangle = \frac{\langle \boldsymbol{m} \times \boldsymbol{u}, \boldsymbol{m} \times \boldsymbol{n}_L \rangle}{\|\boldsymbol{m} \times \boldsymbol{u}\|\|\boldsymbol{n}\|\|\boldsymbol{m}\|^2}$$
$$= \frac{|\boldsymbol{m}, \boldsymbol{u}, \boldsymbol{m} \times \boldsymbol{n}_l|}{\|\boldsymbol{m} \times \boldsymbol{u}\|\|\boldsymbol{m}\|^2} = \frac{\langle \boldsymbol{m}, \boldsymbol{u} \times (\boldsymbol{m} \times \boldsymbol{n}_l) \rangle}{\|\boldsymbol{m} \times \boldsymbol{u}\|\|\boldsymbol{m}\|^2}$$
$$= \frac{\langle \boldsymbol{m}, \langle \boldsymbol{u}, \boldsymbol{n}_l \rangle \boldsymbol{m} \rangle}{\|\boldsymbol{m} \times \boldsymbol{u}\|\|\boldsymbol{m}\|^2} = \frac{\langle \boldsymbol{n}_l, \boldsymbol{u} \rangle \langle \boldsymbol{m}, \boldsymbol{m} \rangle}{\|\boldsymbol{m} \times \boldsymbol{u}\|\|\boldsymbol{m}\|^2} = \frac{\langle \boldsymbol{n}_l, \boldsymbol{u} \rangle}{\|\boldsymbol{m} \times \boldsymbol{u}\|}$$

ただし，ベクトル三重積の公式 (2.20) を用いた．

2.15 平面 Π の単位法線ベクトル $\boldsymbol{n}$ は，方向ベクトル $\boldsymbol{u}, \boldsymbol{v}$ の両方に直交するから，次のように書ける．

$$\boldsymbol{n} = \frac{\boldsymbol{u} \times \boldsymbol{v}}{\|\boldsymbol{u} \times \boldsymbol{v}\|}$$

平面 Π の原点からの距離 h は，点 $\boldsymbol{p}$ を単位法線ベクトル $\boldsymbol{n}$ の方向に射影した長さに等しいから，次のようになる．

$$h = \langle \boldsymbol{p}, \boldsymbol{n} \rangle = \left\langle \boldsymbol{p}, \frac{\boldsymbol{u} \times \boldsymbol{v}}{\|\boldsymbol{u} \times \boldsymbol{v}\|} \right\rangle = \frac{\langle \boldsymbol{p}, \boldsymbol{u} \times \boldsymbol{v} \rangle}{\|\boldsymbol{u} \times \boldsymbol{v}\|} = \frac{|\boldsymbol{p}, \boldsymbol{u}, \boldsymbol{v}|}{\|\boldsymbol{u} \times \boldsymbol{v}\|}$$

第3章

3.1 ベクトル $\boldsymbol{a}, \boldsymbol{b}, \boldsymbol{c}$ を基底とみなせば，その相反基底は次のようになる．

$$\boldsymbol{a}' = \frac{\boldsymbol{b}\times\boldsymbol{c}}{|\boldsymbol{a},\boldsymbol{b},\boldsymbol{c}|}, \qquad \boldsymbol{b}' = \frac{\boldsymbol{c}\times\boldsymbol{a}}{|\boldsymbol{a},\boldsymbol{b},\boldsymbol{c}|}, \qquad \boldsymbol{c}' = \frac{\boldsymbol{a}\times\boldsymbol{b}}{|\boldsymbol{a},\boldsymbol{b},\boldsymbol{c}|}$$

したがって，$\boldsymbol{x} = a\boldsymbol{a} + b\boldsymbol{b} + c\boldsymbol{c}$ と表せるなら，式 (3.7) より a, b, c は次のように書ける．

$$a = \langle \boldsymbol{a}', \boldsymbol{x}\rangle = \frac{\langle \boldsymbol{b}\times\boldsymbol{c}, \boldsymbol{x}\rangle}{|\boldsymbol{a},\boldsymbol{b},\boldsymbol{c}|} = \frac{|\boldsymbol{x},\boldsymbol{b},\boldsymbol{c}|}{|\boldsymbol{a},\boldsymbol{b},\boldsymbol{c}|},$$
$$b = \langle \boldsymbol{b}', \boldsymbol{x}\rangle = \frac{\langle \boldsymbol{c}\times\boldsymbol{a}, \boldsymbol{x}\rangle}{|\boldsymbol{a},\boldsymbol{b},\boldsymbol{c}|} = \frac{|\boldsymbol{a},\boldsymbol{x},\boldsymbol{c}|}{|\boldsymbol{a},\boldsymbol{b},\boldsymbol{c}|},$$
$$c = \langle \boldsymbol{c}', \boldsymbol{x}\rangle = \frac{\langle \boldsymbol{a}\times\boldsymbol{b}, \boldsymbol{x}\rangle}{|\boldsymbol{a},\boldsymbol{b},\boldsymbol{c}|} = \frac{|\boldsymbol{a},\boldsymbol{b},\boldsymbol{x}|}{|\boldsymbol{a},\boldsymbol{b},\boldsymbol{c}|}$$

3.2 クロネッカのデルタ δ_i^j は，$i = j$ のときのみ 1 でそれ以外は 0 であるから，次式が成り立つ．

$$\delta_i^j a^i = \delta_1^j a^1 + \delta_2^j a^2 + \delta_3^j a^3 = a^j, \qquad \delta_i^j a_j = \delta_i^1 a_1 + \delta_i^2 a_2 + \delta_i^3 a_3 = a_i$$

3.3 (1) 式 (3.29) のダミー添字の i を k に書き換えて，両辺に g^{ij} を掛けて和をとると，

$$g^{ij} g_{kj} a^k = g^{ij} a_j$$

となる．式 (3.32) より，左辺は次のようになる．

$$g_{kj} g^{ji} a^k = \delta_k^i a^k = a^i$$

ゆえに，式 (3.30) が得られる．また，式 (3.30) のダミー添字 j を k に書き換えて，両辺に g_{ij} を掛けて和をとると，

$$g_{ij} a^i = g_{ij} g^{ik} a_k$$

となる．式 (3.32) より，右辺は次のようになる．

$$g_{ji} g^{ik} a_k = \delta_j^k a_k = a_j$$

ゆえに，式 (3.29) が得られる．

(2) 式 (3.35) のダミー添字の j を k に書き換えて，両辺に g^{ij} を掛けて和をとると，

$$g^{ij} g_{ik} e^k = g^{ij} e_i$$

となる．式 (3.32) より，左辺は次のようになる．

$$g_{ki} g^{ij} e^k = \delta_k^j e^k = e^j$$

そして，添字 i, j を入れ換えると，式 (3.36) が得られる．また，式 (3.36) の

ダミー添字 j を k に書き換えて，両辺に g_{ij} を掛けて和をとると，

$$g_{ij}e^i = g_{ij}g^{ik}e_k$$

となる．式 (3.32) より，右辺は次のようになる．

$$g_{ji}g^{ik}e_k = \delta_j^k e_k = e_j$$

そして，添字 i, j を入れ換えると，式 (3.35) が得られる．

3.4 (1) 微分すると次のようになる．

$$\begin{aligned} e_r &= e_1 \sin\theta\cos\phi + e_2 \sin\theta\sin\phi + e_3\cos\theta, \\ e_\theta &= e_1 r\cos\theta\cos\phi + e_2 r\cos\theta\sin\phi - e_3 r\sin\theta, \\ e_\phi &= -e_1 r\sin\theta\sin\phi + e_2 r\sin\theta\cos\phi \end{aligned}$$

このことから，計量テンソルが次のようになる．

$$\begin{aligned} g_{rr} &= \langle e_r, e_r\rangle = \sin^2\theta\cos^2\phi + \sin^2\theta\sin^2\phi + \cos^2\theta \\ &= \sin^2\theta(\cos^2\phi + \sin^2\phi) + \cos^2\theta = 1 \\ g_{\theta\theta} &= \langle e_\theta, e_\theta\rangle = r^2\cos^2\theta\cos^2\phi + r^2\cos^2\theta\sin^2\phi + r^2\sin^2\theta \\ &= r^2\cos^2\theta(\cos^2\phi + \sin^2\phi) + r^2\sin^2\theta = r^2 \\ g_{\phi\phi} &= \langle e_\phi, e_\phi\rangle = r^2\sin^2\theta\sin^2\phi + r^2\sin^2\theta\cos^2\phi \\ &= r^2\sin^2\theta(\sin^2\phi + \cos^2\phi) = r^2\sin^2\phi \\ g_{r\theta} &= \langle e_r, e_\theta\rangle = r\sin\theta\cos\theta\cos^2\theta + r\sin\theta\cos\theta\sin^2\theta - r\cos\theta\sin\theta \\ &= r\cos\theta\sin\theta(\cos^2\theta + \sin^2\theta - 1) = 0 \\ g_{r\phi} &= \langle e_r, e_\phi\rangle = -r\sin^2\theta\cos\theta\sin\theta + r\sin^2\theta\sin\theta\cos\theta = 0 \\ g_{\theta\phi} &= -r^2\cos\theta\sin\theta\cos\phi\sin\phi + r^2\cos\theta\sin\theta\sin\phi\cos\phi = 0 \end{aligned}$$

(2) g_{ij} $(i,\ j = r,\ \theta,\ \phi)$ を行列とみなしたときの行列式は

$$g = 1\cdot r^2\cdot r^2\sin^2\theta = r^4\sin^2\theta$$

である．角度 θ, ϕ の取り方の約束から $\{e_r,\ e_\theta,\ e_\phi\}$ は右手系である．ゆえに，式 (3.45) より体積要素は次のようになる．

$$I_{r\theta\phi} = \sqrt{g} = r^2\sin\theta$$

したがって，半径 R の球の体積 V は次のように計算できる．

$$\begin{aligned} V &= \int_0^{2\pi}\int_0^{\pi}\int_0^{R} I_{r\theta\phi}\,drd\theta d\phi = \int_0^{2\pi} d\phi\int_0^{\pi}\sin\theta d\theta\int_0^{R} r^2dr \\ &= 2\pi\Big[-\cos\theta\Big]_0^{\pi}\left[\frac{r^3}{3}\right]_0^{r} = 2\pi(1+1)\frac{R^3}{3} = \frac{4}{3}\pi R^3 \end{aligned}$$

3.5 (1) 微分すると次のようになる．

$$e_r = e_1 \cos\theta + e_2 \sin\theta, \qquad e_\theta = -e_1 r \sin\theta + e_2 r \cos\theta, \qquad e_z = e_3$$

このことから計量テンソルが次のようになる．

$$\begin{aligned} g_{rr} &= \langle e_r, e_r \rangle = \cos^2\theta + \sin^2\theta = 1, \\ g_{\theta\theta} &= \langle e_\theta, e_\theta \rangle = r^2 \sin^2\theta + r^2 \cos^2\theta = r^2, \\ g_{r\theta} &= \langle e_r, e_\theta \rangle = -r\cos\theta\sin\theta + r\sin\theta\cos\theta = 0, \\ g_{zz} &= \langle e_z, e_z \rangle = 1, \quad g_{rz} = \langle \boldsymbol{e}_r, \boldsymbol{e}_z \rangle = 0, \quad g_{\theta z} = \langle \boldsymbol{e}_\theta, \boldsymbol{e}_z \rangle = 0 \end{aligned}$$

(2) g_{ij} $(i,\, j = r,\, \theta,\, \phi)$ を行列とみなしたときの行列式は

$$g = 1 \cdot r^2 \cdot 1 = r^2$$

である．角度 θ の取り方の約束から $\{e_r,\, e_\theta,\, e_z\}$ は右手系である．ゆえに，式 (3.45) より体積要素は次のようになる．

$$I_{r\theta z} = \sqrt{g} = r$$

したがって，高さ h，半径 R の円柱の体積 V は次のように計算できる．

$$\begin{aligned} V &= \int_0^h \int_0^{2\pi} \int_0^R I_{r\theta z} dr d\theta dz = \int_0^h dz \int_0^{2\pi} d\theta \int_0^R r dr \\ &= h \cdot 2\pi \left[\frac{r^2}{2} \right]_0^r = 2h\pi \frac{R^2}{2} = \pi R^2 h \end{aligned}$$

3.6 (1) 式 (3.51) の第 1 式のダミー添字 i を k に書き換えて，両辺に $A_i^{i'}$ を掛けて和をとると，

$$A_i^{i'} e_{i'} = A_i^{i'} A_{i'}^k e_k$$

となる．式 (3.50) より，右辺は次のようになる．

$$A_{i'}^k A_i^{i'} e_k = \delta_i^k e_k = e_i$$

ゆえに，第 2 式が得られる．第 2 式のダミー添字 i' を k' に書き換えて，両辺に $A_{i'}^i$ を掛けて和をとると，

$$A_{i'}^i e_i = A_{i'}^i A_i^{k'} e_{k'}$$

となる．式 (3.50) より，右辺は次のようになる．

$$A_i^{k'} A_{i'}^i e_{k'} = \delta_{i'}^{k'} e_{k'} = e_{i'}$$

ゆえに，第 1 式が得られる．

(2) 式 (3.51) の第 1 式のダミー添字 i を k に書き換えて，両辺に $A_{i'}^i$ を掛けて和をとると，

$$A_{i'}^i a^{i'} = A_{i'}^i A_k^{i'} a^k$$

となる．式 (3.50) より，右辺は次のようになる．

$$\delta^i_k a^k = a^i$$

ゆえに，第 2 式が得られる．第 2 式のダミー添字 i' を k' に書き換えて，両辺に $A^{i'}_i$ を掛けて和をとると，

$$A^{i'}_i a^i = A^{i'}_i A^i_{k'} a^{k'}$$

となる．式 (3.50) より，右辺は次のようになる．

$$\delta^{i'}_{k'} a^{k'} = a^{i'}$$

ゆえに，第 1 式が得られる．

(3) 式 (3.55) の第 1 式のダミー添字 i を k に書き換えて，両辺に $A^i_{i'}$ を掛けて和をとると，

$$A^i_{i'} e^{i'} = A^i_{i'} A^{i'}_k e^k$$

となる．式 (3.50) より，右辺は次のようになる．

$$\delta^i_k e^k = e^i$$

ゆえに，第 2 式が得られる．第 2 式のダミー添字 i' を k' を書き換えて，両辺に $A^{i'}_i$ を掛けて和をとると，

$$A^{i'}_i e^i = A^{i'}_i A^i_{k'} e^{k'}$$

となる．式 (3.50) より，右辺は次のようになる．

$$\delta^{i'}_{k'} e^{k'} = e^{i'}$$

ゆえに，第 1 式が得られる．

(4) 式 (3.57) の第 1 式のダミー添字 i を k に書き換えて，両辺 $A^{i'}_i$ を掛けて和をとると，

$$A^{i'}_i a_{i'} = A^{i'}_i A^k_{i'} a_k$$

となる．式 (3.50) より，右辺は次のようになる．

$$A^k_{i'} A^{i'}_i a_k = \delta^k_i a_k = a_i$$

ゆえに，第 2 式が得られる．第 2 式のダミー添字 i' を k' に書き換えて，両辺に $A^i_{i'}$ を掛けて和をとると，

$$A^i_{i'} a_i = A^i_{i'} A^{k'}_i a_{k'}$$

となる．式 (3.50) より，右辺は次のようになる．

$$A^{k'}_i A^i_{i'} a_{k'} = \delta^{k'}_{i'} a_{k'} = a_{i'}$$

ゆえに，第 1 式が得られる．

(5) 式 (3.59) の第 1 式のダミー添字 i, j を k, l に書き換えて，両辺 $A^{i'}_i A^{j'}_j$ を

掛けて和をとると，

$$A_i^{i'} A_j^{j'} g_{i'j'} = A_i^{i'} A_j^{j'} A_{i'}^k A_{j'}^l g_{kl}$$

となる．式 (3.50) より，右辺は次のようになる．

$$A_{i'}^k A_i^{i'} A_{j'}^l A_j^{j'} g_{kl} = \delta_i^k \delta_j^l g_{kl} = g_{ij}$$

ゆえに，第 2 式が得られる．第 2 式のダミー添字 i', j' を k', l' に書き換えて，両辺に $A_{i'}^i A_{j'}^j$ を掛けて和をとると，

$$A_{i'}^i A_{j'}^j g_{ij} = A_{i'}^i A_{j'}^j A_i^{k'} A_j^{l'} g_{k'l'}$$

となる．式 (3.50) より，右辺は次のようになる．

$$A_i^{k'} A_{i'}^i A_j^{l'} A_{j'}^j g_{k'l'} = \delta_{i'}^{k'} \delta_{j'}^{l'} g_{k'l'} = g_{i'j'}$$

ゆえに，第 1 式が得られる．

(6) 式 (3.62) の第 1 式のダミー添字 i, j を k, l に書き換えて，両辺に $A_{i'}^i A_{j'}^j$ を掛けて和をとると，

$$A_{i'}^i A_{j'}^j g^{i'j'} = A_{i'}^i A_{j'}^j A_k^{i'} A_l^{j'} g^{kl}$$

となる．式 (3.50) より，右辺は次のようになる．

$$A_{i'}^i A_k^{i'} A_{j'}^j A_l^{j'} g^{kl} = \delta_k^i \delta_l^j g^{kl} = g^{ij}$$

ゆえに，第 2 式が得られる．第 2 式のダミー添字 i', j' を k', l' に書き換えて，両辺に $A_i^{i'} A_j^{j'}$ を掛けて和をとると，

$$A_i^{i'} A_j^{j'} g^{ij} = A_i^{i'} A_j^{j'} A_{k'}^i A_{l'}^j g^{k'l'}$$

となる．式 (3.50) より，右辺は次のようになる．

$$A_i^{i'} A_{k'}^i A_j^{j'} A_{l'}^j g^{k'l'} = \delta_{k'}^{i'} \delta_{l'}^{j'} g^{k'l'} = g^{i'j'}$$

ゆえに，第 1 式が得られる．

第 4 章

4.1 四元数 q のベクトル部分を $\boldsymbol{q} = q_1 i + q_2 j + q_3 k$ とおくと，式 (4.21) は次のように書ける．

$$\boldsymbol{a}' = (q_0 + \boldsymbol{q})\boldsymbol{a}(q_0 - \boldsymbol{q}) = q_0^2 \boldsymbol{a} + q_0(\boldsymbol{qa} - \boldsymbol{aq}) - \boldsymbol{qaq}$$

式 (4.10) より，$\boldsymbol{qa} - \boldsymbol{aq}$ は次のようになる．

$$\begin{aligned} \boldsymbol{qa} - \boldsymbol{aq} &= \boldsymbol{q} \times \boldsymbol{a} - \boldsymbol{a} \times \boldsymbol{q} = 2\boldsymbol{q} \times \boldsymbol{a} \\ &= 2(q_2 a_3 - q_3 a_2)i + 2(q_3 a_1 - q_1 a_3)j + 2(q_1 a_2 - q_2 a_1)k \end{aligned}$$

$\boldsymbol{qaq}$ は，式 (4.26) の計算と同様にして，

$$\boldsymbol{qaq} = \|\boldsymbol{q}\|^2\boldsymbol{a} - 2\langle \boldsymbol{q}, \boldsymbol{a}\rangle \boldsymbol{q}$$

となる．ゆえに，$\boldsymbol{a}' = a_1'i + a_2'j + a_3'k$ とおくと，a_1' は次のようになる．

$$\begin{aligned} a_1' &= q_0^2 a_1 + 2q_0(q_2a_3 - q_3a_2) - \|\boldsymbol{q}\|^2 a_1 + 2\langle \boldsymbol{q}, \boldsymbol{a}\rangle q_1 \\ &= q_0^2 a_1 + 2q_0q_2a_3 - 2q_0q_3a_2 - \|\boldsymbol{q}\|^2 a_1 + 2(q_1a_1 + q_2a_2 + q_3a_3)q_1 \\ &= (q_0^2 - \|\boldsymbol{q}\|^2 + 2q_1^2)a_1 + (-2q_0q_3 + 2q_2q_1)a_2 + (2q_0q_2 + 2q_3q_1)a_3 \\ &= (q_0^2 + q_1^2 - q_2^2 - q_3^2)a_1 + 2(q_1q_2 - q_0q_3)a_2 + 2(q_1q_3 + q_0q_2)a_3 \end{aligned}$$

同様にして，a_2', a_3' は次のようになる．

$$\begin{aligned} a_2' &= 2(q_2q_1 + q_0q_3)a_1 + (q_0^2 - q_1^2 + q_2^2 - q_3^2)a_2 + 2(q_2q_3 - q_0q_1)a_3, \\ a_3' &= 2(q_3q_1 - q_0q_2)a_1 + 2(q_3q_2 + q_0q_1)a_2 + (q_0^2 - q_1^2 - q_2^2 + q_3^2)a_3 \end{aligned}$$

4.2 逆三角関数 $\cos^{-1} x$ は $x = \pm 1$ が特異点となる．計算機を用いる計算ではデータは有限長なので，$x \approx \pm 1$ のとき $\cos^{-1} x$ が精密に計算できない．同様に，$\sin^{-1} x$ は $x = \pm 1$ が特異点であり，$x \approx \pm 1$ のとき $\sin^{-1} x$ が精密に計算できない．これを考慮すると，次のように場合分けをするとよい（$q_0 = 0.5$ のときはどちらでもよい）．

$$\Omega = \begin{cases} 2\cos^{-1} q_0 & |q_0| \le 0.5 \\ 2\sin^{-1}\sqrt{q_1^2 + q_2^2 + q_3^2} & |q_0| \ge 0.5 \end{cases}$$

4.3 前問の方法で回転角 Ω を定めて，対応する回転軸を式 (4.24) の関係から

$$\boldsymbol{l} = \frac{q_1i + q_2j + q_3k}{\sqrt{q_1^2 + q_2^2 + q_3^2}}$$

とすると，$\Omega > \pi$ となるのは $q_0 < 0$ の場合である．したがって，$q_0 < 0$ のときは

$$\Omega \leftarrow 2\pi - \Omega, \qquad \boldsymbol{l} \leftarrow -\boldsymbol{l}$$

と置き換えればよい．

4.4 $i^\dagger = -i$ であるから，$iii^\dagger = -i^3 = i$, $iji^\dagger = -iji = -ki = -j$, $iki^\dagger = -iki = ji = -k$ であり，

$$i\boldsymbol{a}i^\dagger = i(a_1i + a_2j + a_3k)i^\dagger = a_1i - a_2j - a_3k$$

となる．これは，ベクトル $\boldsymbol{a}$ の x 軸に関する反射（x 軸の周りの 180° 回転）を表す．同様に，j, k はそれぞれ y 軸，z 軸に関する反射を表す．単位ベクトル $\boldsymbol{l}$ は $q_0 = 0$ の四元数とみなせるから，$\boldsymbol{lql}^\dagger$ は $\boldsymbol{a}$ の $\boldsymbol{l}$ に関する反射，すなわち $\boldsymbol{l}$ の周りの 180° 回転を表す．

4.5 $\boldsymbol{a}' = \alpha\boldsymbol{a}\alpha^* = \alpha^2\boldsymbol{a}$ であるから，これはベクトル $\boldsymbol{a}$ の α^2 倍の拡大（$\alpha^2 < 1$ の

場合は縮小）である．0 でない四元数 q に対して $\tilde{q} = q/\|q\|$ とおくと，これは単位四元数である．そして，$q = \|q\|\tilde{q}$ と書けるから，ベクトル $\boldsymbol{a}$ に対して，

$$\boldsymbol{a}' = q\boldsymbol{a}q^{\dagger} = \|q\|\tilde{q}\boldsymbol{a}\tilde{q}^{\dagger}\|q\| = \|q\|^2\tilde{q}\boldsymbol{a}\tilde{q}^{\dagger}$$

となる．これは，単位四元数 $\tilde{q}$ による回転を施してから $\|q\|^2$ 倍に拡大縮小すること（「スケール回転」ともよばれる）を表す．

4.6 式 (4.48) を

$$z'' = \frac{\gamma' + \delta' z'}{\alpha' + \beta' z'}$$

に代入すると，次のようになる．

$$\begin{aligned} z'' &= \frac{\gamma' + \delta'(\gamma + \delta z)/(\alpha + \beta z)}{\alpha' + \beta'(\gamma + \delta z)/(\alpha + \beta z)} = \frac{\gamma'(\alpha + \beta z) + \delta'(\gamma + \delta z)}{\alpha'(\alpha + \beta z) + \beta'(\gamma + \delta z)} \\ &= \frac{\gamma'\alpha + \delta'\gamma + (\gamma'\beta + \delta'\delta)z}{\alpha'\alpha + \beta'\gamma + (\alpha'\beta + \beta'\delta)z} \end{aligned}$$

合成した 1 次分数変換を

$$z'' = \frac{\gamma'' + \delta'' z}{\alpha'' + \beta'' z}$$

と書くと，パラメータ α'', β'', γ'', δ'' は次のようになる．

$$\alpha'' = \alpha'\alpha + \beta'\gamma, \quad \beta'' = \alpha'\beta + \beta'\delta, \quad \gamma'' = \gamma'\alpha + \delta'\gamma, \quad \delta'' = \gamma'\beta + \delta'\delta$$

合成前のパラメータを式 (4.46) の形の行列で表すと，その積は次のように書ける．

$$\begin{pmatrix} \alpha' & \beta' \\ \gamma' & \delta' \end{pmatrix}\begin{pmatrix} \alpha & \beta \\ \gamma & \delta \end{pmatrix} = \begin{pmatrix} \alpha'\alpha + \beta'\gamma & \alpha'\beta + \beta'\delta \\ \gamma'\alpha + \delta'\gamma & \gamma'\beta + \delta'\delta \end{pmatrix}$$

これは合成後のパラメータ α'', β'', γ'', δ'' の行列表示

$$\begin{pmatrix} \alpha'' & \beta'' \\ \gamma'' & \delta'' \end{pmatrix}$$

になっている．

第 5 章

5.1 基底 $\{e_1,\ e_2,\ e_3\}$ を用いれば，任意個数の二重ベクトルの和は次の形に整理できる．

$$xe_2 \wedge e_3 + ye_3 \wedge e_1 + ze_1 \wedge e_2$$

これをあるベクトル $\boldsymbol{a} = a_1e_1 + a_2e_2 + a_3e_3$, $\boldsymbol{b} = b_1e_1 + b_2e_2 + b_3e_3$ によって

$$\boldsymbol{a} \wedge \boldsymbol{b} = (a_1e_1 + a_2e_2 + a_3e_3) \wedge (b_1e_1 + b_2e_2 + b_3e_3)$$
$$= (a_2b_3 - a_3b_2)e_2 \wedge e_3 + (a_3b_1 - a_1b_3)e_3 \wedge e_1 + (a_1b_2 - a_2b_1)e_1 \wedge e_2$$

と表すには，x, y, z に対して

$$x = a_2b_3 - a_3b_2, \qquad y = a_3b_1 - a_1b_3, \qquad z = a_1b_2 - a_2b_1$$

となる a_1, a_2, a_3, b_1, b_2, b_3 を見つければよい．そのためには，ベクトル $\boldsymbol{x} = xe_1 + ye_2 + ze_3$ に直交する二つのベクトル $\boldsymbol{a}$, $\boldsymbol{b}$ で，$\{\boldsymbol{a}, \boldsymbol{b}, \boldsymbol{x}\}$ が右手系をなして $\boldsymbol{a}$, $\boldsymbol{b}$ の作る平行四辺形の面積が $\|\boldsymbol{x}\|$ に等しいものを求めればよい．そのようなベクトル $\boldsymbol{a}$, $\boldsymbol{b}$ は無数に存在する．

5.2 (1) $\boldsymbol{a} \wedge \boldsymbol{b}$ は $-(\boldsymbol{a} \times \boldsymbol{b})^*$ と書けるから，次のように変形できる．

$$\boldsymbol{x} \cdot \boldsymbol{a} \wedge \boldsymbol{b} = -\boldsymbol{x} \cdot (\boldsymbol{a} \times \boldsymbol{b})^* = -(\boldsymbol{x} \wedge (\boldsymbol{a} \times \boldsymbol{b}))^* = -\boldsymbol{x} \times (\boldsymbol{a} \times \boldsymbol{b})$$

ゆえに，与式は次のベクトル三重積の式を表している．

$$\boldsymbol{x} \times (\boldsymbol{a} \times \boldsymbol{b}) = \langle \boldsymbol{x}, \boldsymbol{b} \rangle \boldsymbol{a} - \langle \boldsymbol{x}, \boldsymbol{a} \rangle \boldsymbol{b}$$

(2) $\boldsymbol{a} \wedge \boldsymbol{b} = -(\boldsymbol{a} \times \boldsymbol{b})^*$，および $(\boldsymbol{a} \wedge \boldsymbol{b} \wedge \boldsymbol{c})^* = |\boldsymbol{a}, \boldsymbol{b}, \boldsymbol{c}|$ を用いると，次のように変形できる．

$$-\boldsymbol{x} \wedge \boldsymbol{y} \cdot (\boldsymbol{a} \times \boldsymbol{b})^* = -((\boldsymbol{x} \wedge \boldsymbol{y}) \wedge (\boldsymbol{a} \times \boldsymbol{b}))^* = -(\boldsymbol{x} \wedge \boldsymbol{y} \wedge (\boldsymbol{a} \times \boldsymbol{b}))^*$$
$$= -|\boldsymbol{x}, \boldsymbol{y}, \boldsymbol{a} \times \boldsymbol{b}| = -\langle \boldsymbol{x} \times \boldsymbol{y}, \boldsymbol{a} \times \boldsymbol{b} \rangle$$

ゆえに，与式は次の関係式を表している．

$$\langle \boldsymbol{x} \times \boldsymbol{y}, \boldsymbol{a} \times \boldsymbol{b} \rangle = \langle \boldsymbol{x}, \boldsymbol{a} \rangle \langle \boldsymbol{y}, \boldsymbol{b} \rangle - \langle \boldsymbol{x}, \boldsymbol{b} \rangle \langle \boldsymbol{y}, \boldsymbol{a} \rangle$$

5.3 (1) 二重ベクトル $\overrightarrow{OA} \wedge \overrightarrow{OC}$ の（符号を考えた）大きさは，ベクトル $\overrightarrow{OA}$, $\overrightarrow{OC}$ の作る平行四辺形の符号付き面積，すなわち三角形 $\triangle OAC$ の符号付き面積の 2 倍である．他の二重ベクトルも同様である．原点 O から直線 l までの距離を h とすると，三角形 $\triangle OAC$ の面積は $h \cdot AC/2$ である．このことから，複比は直線 l に沿う長さの比として，$(AC/BC)/(AD/BD)$ と書ける．

(2) ベクトル $\overrightarrow{OA}$, $\overrightarrow{OB}$, $\overrightarrow{OC}$, $\overrightarrow{OD}$ をそれぞれの長さ $|OA|$, $|OB|$, $|OC|$, $|OD|$ で割って単位ベクトルに正規化したものを $\boldsymbol{a}$, $\boldsymbol{b}$, $\boldsymbol{c}$, $\boldsymbol{d}$ とおく．

$$\boldsymbol{a} = \frac{\overrightarrow{OA}}{|OA|}, \qquad \boldsymbol{b} = \frac{\overrightarrow{OB}}{|OB|}, \qquad \boldsymbol{c} = \frac{\overrightarrow{OC}}{|OC|}, \qquad \boldsymbol{d} = \frac{\overrightarrow{OD}}{|OD|}$$

すると，複比 $[A, B; C, D]$ は次のように書ける．

$$[A, B; C, D] = \frac{|OA|\boldsymbol{a} \wedge |OC|\boldsymbol{c}}{|OB|\boldsymbol{b} \wedge |OC|\boldsymbol{c}} \Bigg/ \frac{|OA|\boldsymbol{a} \wedge |OD|\boldsymbol{d}}{|OB|\boldsymbol{b} \wedge |OD|\boldsymbol{d}} = \frac{\boldsymbol{a} \wedge \boldsymbol{c}}{\boldsymbol{b} \wedge \boldsymbol{c}} \Bigg/ \frac{\boldsymbol{a} \wedge \boldsymbol{d}}{\boldsymbol{b} \wedge \boldsymbol{d}}$$

すなわち，4 点の複比は方向のみに依存する．ゆえに，直線 OA, OB, OC, OD に交わる任意の直線との交点に対して複比を計算しても，値は同じである．

第6章

6.1 i^2 は，隣接する記号を符号を変えながら順序を入れ換えていくと，次のようになる．

$$i^2 = (e_3 \underbrace{e_2)(e_3}\, e_2) = -\underbrace{e_3 e_3}_{1}\underbrace{e_2 e_2}_{1} = -1$$

同様にして，$j^2 = -1, k^2 = -1$ が示せる．ij, ji は隣接する記号を符号を変えながら順序を入れ換えていくと，次のようになる．

$$ij = (e_3 e_2)(\underbrace{e_1 e_3}) = -e_3 \underbrace{e_2 e_3}\, e_1 = \underbrace{e_3 e_3}_{1}\underbrace{e_2 e_1}_{k} = k,$$

$$ji = (e_1 \underbrace{e_3)(e_3}_{1}\, e_2) = \underbrace{e_1 e_2} = -\underbrace{e_2 e_1}_{k} = -k$$

同様にして，$jk = i = -kj,\ ki = j = -jk$ が示せる．

6.2 まず，次の関係が成り立つ．

$$\boldsymbol{a} \wedge \boldsymbol{b} = \frac{\boldsymbol{ab} - \boldsymbol{ba}}{2} = \boldsymbol{ab} - \frac{\boldsymbol{ab} + \boldsymbol{ba}}{2} = \boldsymbol{ab} - \langle \boldsymbol{a}, \boldsymbol{b} \rangle,$$

$$\boldsymbol{b} \wedge \boldsymbol{a} = \frac{\boldsymbol{ba} - \boldsymbol{ab}}{2} = \boldsymbol{ba} - \frac{\boldsymbol{ab} + \boldsymbol{ba}}{2} = \boldsymbol{ba} - \langle \boldsymbol{a}, \boldsymbol{b} \rangle$$

ゆえに，次のようになる．

$$\begin{aligned}
&(\boldsymbol{a} \wedge \boldsymbol{b})(\boldsymbol{b} \wedge \boldsymbol{a}) \\
&= (\boldsymbol{ab} - \langle \boldsymbol{a}, \boldsymbol{b} \rangle)(\boldsymbol{ba} - \langle \boldsymbol{a}, \boldsymbol{b} \rangle) \\
&= \boldsymbol{ab}^2\boldsymbol{a} - \langle \boldsymbol{a}, \boldsymbol{b} \rangle \boldsymbol{ab} - \langle \boldsymbol{a}, \boldsymbol{b} \rangle \boldsymbol{ba} + \langle \boldsymbol{a}, \boldsymbol{b} \rangle^2 \\
&= \|\boldsymbol{b}\|^2 \boldsymbol{a}^2 - \langle \boldsymbol{a}, \boldsymbol{b} \rangle (\boldsymbol{ab} + \boldsymbol{ba}) + \langle \boldsymbol{a}, \boldsymbol{b} \rangle^2 \\
&= \|\boldsymbol{a}\|^2 \|\boldsymbol{b}\|^2 - 2\langle \boldsymbol{a}, \boldsymbol{b} \rangle^2 + \langle \boldsymbol{a}, \boldsymbol{b} \rangle^2 \\
&= \|\boldsymbol{a}\|^2 \|\boldsymbol{b}\|^2 - \langle \boldsymbol{a}, \boldsymbol{b} \rangle^2 = \|\boldsymbol{a} \wedge \boldsymbol{b}\|^2
\end{aligned}$$

6.3 式 (6.30) から，$\boldsymbol{x}$ は次のように表せる．

$$\begin{aligned}
\boldsymbol{x} &= \boldsymbol{x}(\boldsymbol{a} \wedge \boldsymbol{b})(\boldsymbol{a} \wedge \boldsymbol{b})^{-1} = (\boldsymbol{x} \cdot \boldsymbol{a} \wedge \boldsymbol{b} + \boldsymbol{x} \wedge \boldsymbol{a} \wedge \boldsymbol{b})(\boldsymbol{a} \wedge \boldsymbol{b})^{-1} \\
&= (\boldsymbol{x} \cdot \boldsymbol{a} \wedge \boldsymbol{b})(\boldsymbol{a} \wedge \boldsymbol{b})^{-1} + \boldsymbol{x} \wedge \boldsymbol{a} \wedge \boldsymbol{b}(\boldsymbol{a} \wedge \boldsymbol{b})^{-1}
\end{aligned}$$

第 1 項は平面 $\boldsymbol{a} \wedge \boldsymbol{b}$ に平行で，第 2 項は平面 $\boldsymbol{a} \wedge \boldsymbol{b}$ に垂直であることが，次のように確かめられる．$\boldsymbol{x}$ が平面 $\boldsymbol{a} \wedge \boldsymbol{b}$ と直交する場合を考えると，第 5 章の式 (5.32) より

$$\boldsymbol{x} \cdot \boldsymbol{a} \wedge \boldsymbol{b} = \langle \boldsymbol{x}, \boldsymbol{a} \rangle \boldsymbol{b} - \langle \boldsymbol{x}, \boldsymbol{b} \rangle \boldsymbol{a} = 0$$

となり，第 1 項は 0 になる．ゆえに，第 2 項は $\boldsymbol{x}$ である．一方，$\boldsymbol{x}$ が平面 $\boldsymbol{a} \wedge \boldsymbol{b}$ に含まれれば，外積の性質から $\boldsymbol{x} \wedge \boldsymbol{a} \wedge \boldsymbol{b} = 0$ であるから，第 1 項は $\boldsymbol{x}$ である．したがって，

$$\boldsymbol{x}_{\parallel} = (\boldsymbol{x} \cdot \boldsymbol{a} \wedge \boldsymbol{b})(\boldsymbol{a} \wedge \boldsymbol{b})^{-1}, \qquad \boldsymbol{x}_{\perp} = \boldsymbol{x} \wedge \boldsymbol{a} \wedge \boldsymbol{b}(\boldsymbol{a} \wedge \boldsymbol{b})^{-1}$$

である．$\boldsymbol{x}$ の平面 $\boldsymbol{a} \wedge \boldsymbol{b}$ に関する鏡映 $\boldsymbol{x}_{\top}$ は，$\boldsymbol{x}$ から反射影 $\boldsymbol{x} \wedge \boldsymbol{a} \wedge \boldsymbol{b}(\boldsymbol{a} \wedge \boldsymbol{b})^{-1}$ の 2 倍を引けばよい．式 (6.30) を示したのと同様にして

$$(\boldsymbol{b} \wedge \boldsymbol{c})\boldsymbol{a} = -\boldsymbol{a} \cdot \boldsymbol{b} \wedge \boldsymbol{c} + \boldsymbol{a} \wedge \boldsymbol{b} \wedge \boldsymbol{c}$$

が示せるので，$\boldsymbol{x}_{\top}$ が次のように書ける．

$$\begin{aligned}
\boldsymbol{x}_{\top} &= \boldsymbol{x} - 2\boldsymbol{x} \wedge \boldsymbol{a} \wedge \boldsymbol{b}(\boldsymbol{a} \wedge \boldsymbol{b})^{-1} \\
&= (\boldsymbol{x} \cdot \boldsymbol{a} \wedge \boldsymbol{b})(\boldsymbol{a} \wedge \boldsymbol{b})^{-1} - \boldsymbol{x} \wedge \boldsymbol{a} \wedge \boldsymbol{b}(\boldsymbol{a} \wedge \boldsymbol{b})^{-1} \\
&= (\boldsymbol{x} \cdot \boldsymbol{a} \wedge \boldsymbol{b} - \boldsymbol{x} \wedge \boldsymbol{a} \wedge \boldsymbol{b})(\boldsymbol{a} \wedge \boldsymbol{b})^{-1} \\
&= -(-\boldsymbol{x} \cdot \boldsymbol{a} \wedge \boldsymbol{b} + \boldsymbol{x} \wedge \boldsymbol{a} \wedge \boldsymbol{b})(\boldsymbol{a} \wedge \boldsymbol{b})^{-1} \\
&= -(\boldsymbol{a} \wedge \boldsymbol{b})\boldsymbol{x}(\boldsymbol{a} \wedge \boldsymbol{b})^{-1}
\end{aligned}$$

6.4 ベクトル $\boldsymbol{a}, \boldsymbol{b}$ の張る平面の面積要素は，式 (6.68) で定義される．ゆえに，次の関係が成り立つ．

$$\begin{aligned}
\mathcal{I}\boldsymbol{a} &= \frac{\boldsymbol{aba} - \boldsymbol{baa}}{2\|\boldsymbol{a}\|\|\boldsymbol{b}\|\sin\theta} = \frac{\boldsymbol{aba} - \|\boldsymbol{a}\|^2\boldsymbol{b}}{2\|\boldsymbol{a}\|\|\boldsymbol{b}\|\sin\theta}, \\
\boldsymbol{a}\mathcal{I} &= \frac{\boldsymbol{aab} - \boldsymbol{aba}}{2\|\boldsymbol{a}\|\|\boldsymbol{b}\|\sin\theta} = \frac{\|\boldsymbol{a}\|^2\boldsymbol{b} - \boldsymbol{aba}}{2\|\boldsymbol{a}\|\|\boldsymbol{b}\|\sin\theta}, \\
\mathcal{I}\boldsymbol{b} &= \frac{\boldsymbol{abb} - \boldsymbol{bab}}{2\|\boldsymbol{a}\|\|\boldsymbol{b}\|\sin\theta} = \frac{\|\boldsymbol{b}\|^2\boldsymbol{a} - \boldsymbol{bab}}{2\|\boldsymbol{a}\|\|\boldsymbol{b}\|\sin\theta}, \\
\boldsymbol{b}\mathcal{I} &= \frac{\boldsymbol{bab} - \boldsymbol{bba}}{2\|\boldsymbol{a}\|\|\boldsymbol{b}\|\sin\theta} = \frac{\boldsymbol{bab} - \|\boldsymbol{b}\|^2\boldsymbol{a}}{2\|\boldsymbol{a}\|\|\boldsymbol{b}\|\sin\theta}
\end{aligned}$$

すなわち，

$$\mathcal{I}\boldsymbol{a} = -\boldsymbol{a}\mathcal{I}, \qquad \mathcal{I}\boldsymbol{b} = -\boldsymbol{b}\mathcal{I}$$

であり，$\boldsymbol{a}, \boldsymbol{b}$ は $\mathcal{I}$ と反可換である．この平面内の任意のベクトル $\boldsymbol{u}$ は $\alpha\boldsymbol{a} + \beta\boldsymbol{b}$ の形に書けるから，やはり $\mathcal{I}\boldsymbol{u} = -\boldsymbol{u}\mathcal{I}$ が成り立つ．すなわち，面積要素 $\mathcal{I}$ の指定する平面内の任意のベクトルは $\mathcal{I}$ と反可換である．

6.5 ベクトル $\boldsymbol{u}$ に式 (6.69) の回転子を作用させると，次のようになる．

$$\begin{aligned}
\boldsymbol{u}' &= \mathcal{R}\boldsymbol{u}\mathcal{R}^{-1} = \left(\cos\frac{\Omega}{2} - \mathcal{I}\sin\frac{\Omega}{2}\right)\boldsymbol{u}\left(\cos\frac{\Omega}{2} + \mathcal{I}\sin\frac{\Omega}{2}\right) \\
&= \boldsymbol{u}\cos^2\frac{\Omega}{2} + (\boldsymbol{u}\mathcal{I} - \mathcal{I}\boldsymbol{u})\cos\frac{\Omega}{2}\sin\frac{\Omega}{2} - \mathcal{I}\boldsymbol{u}\mathcal{I}\sin^2\frac{\Omega}{2} \\
&= \boldsymbol{u}\cos^2\frac{\Omega}{2} + 2\boldsymbol{u}\mathcal{I}\cos\frac{\Omega}{2}\sin\frac{\Omega}{2} - \boldsymbol{u}\sin^2\frac{\Omega}{2} = \boldsymbol{u}\left(\cos^2\frac{\Omega}{2} - \sin^2\frac{\Omega}{2}\right) \\
&\quad + 2\boldsymbol{u}\mathcal{I}\cos\frac{\Omega}{2}\sin\frac{\Omega}{2} = \boldsymbol{u}\cos\Omega + \boldsymbol{u}\mathcal{I}\sin\Omega
\end{aligned}$$

である．ただし，$\boldsymbol{u}$ はこの面内にあって $\mathcal{I}$ と反可換であること，および $\mathcal{I}^2 = -1$ を用いた．同様に，

$$\boldsymbol{v}' = \boldsymbol{v}\cos\Omega + \boldsymbol{v}\mathcal{I}\sin\Omega$$

となる．$\boldsymbol{u}, \boldsymbol{v}$ が直交する単位ベクトルであり，その向きの約束から，面積要素 $\mathcal{I}$ は

$$\mathcal{I} = \boldsymbol{u} \wedge \boldsymbol{v}$$

とも書ける．$\boldsymbol{u}, \boldsymbol{v}$ は直交するから，式 (6.29) より，

$$\boldsymbol{u}\boldsymbol{v} = \boldsymbol{u} \wedge \boldsymbol{v}$$

である．ゆえに，

$$\boldsymbol{u}\mathcal{I} = \boldsymbol{u}(\boldsymbol{u} \wedge \boldsymbol{v}) = \boldsymbol{u}\boldsymbol{u}\boldsymbol{v} = \|\boldsymbol{u}\|^2\boldsymbol{v} = \boldsymbol{v}$$

となる．また，$\boldsymbol{u}, \boldsymbol{v}$ は直交するから反可換であり，

$$\boldsymbol{v}\mathcal{I} = \boldsymbol{v}(\boldsymbol{u} \wedge \boldsymbol{v}) = \boldsymbol{v}\boldsymbol{u}\boldsymbol{v} = -\boldsymbol{v}\boldsymbol{v}\boldsymbol{u} = -\|\boldsymbol{v}\|^2\boldsymbol{u} = -\boldsymbol{u}$$

である．ゆえに，次のように書ける．

$$\boldsymbol{u}' = \boldsymbol{u}\cos\Omega + \boldsymbol{v}\sin\Omega, \qquad \boldsymbol{v}' = -\boldsymbol{u}\sin\Omega + \boldsymbol{v}\cos\Omega$$

6.6 式 (6.22) より，次のように示される．

$$\begin{aligned}
&-(\boldsymbol{n}\boldsymbol{a}\boldsymbol{n}^{-1}) \wedge (\boldsymbol{n}\boldsymbol{b}\boldsymbol{n}^{-1}) \wedge (\boldsymbol{n}\boldsymbol{c}\boldsymbol{n}^{-1}) \\
&= -\frac{1}{6}\Big((\boldsymbol{n}\boldsymbol{a}\boldsymbol{n}^{-1})(\boldsymbol{n}\boldsymbol{b}\boldsymbol{n}^{-1})(\boldsymbol{n}\boldsymbol{c}\boldsymbol{n}^{-1}) + (\boldsymbol{n}\boldsymbol{b}\boldsymbol{n}^{-1})(\boldsymbol{n}\boldsymbol{c}\boldsymbol{n}^{-1})(\boldsymbol{n}\boldsymbol{a}\boldsymbol{n}^{-1}) \\
&\quad + (\boldsymbol{n}\boldsymbol{c}\boldsymbol{n}^{-1})(\boldsymbol{n}\boldsymbol{a}\boldsymbol{n}^{-1})(\boldsymbol{n}\boldsymbol{b}\boldsymbol{n}^{-1}) - (\boldsymbol{n}\boldsymbol{c}\boldsymbol{n}^{-1})(\boldsymbol{n}\boldsymbol{b}\boldsymbol{n}^{-1})(\boldsymbol{n}\boldsymbol{a}\boldsymbol{n}^{-1}) \\
&\quad - (\boldsymbol{n}\boldsymbol{b}\boldsymbol{n}^{-1})(\boldsymbol{n}\boldsymbol{a}\boldsymbol{n}^{-1})(\boldsymbol{n}\boldsymbol{c}\boldsymbol{n}^{-1}) - (\boldsymbol{n}\boldsymbol{a}\boldsymbol{n}^{-1})(\boldsymbol{n}\boldsymbol{c}\boldsymbol{n}^{-1})(\boldsymbol{n}\boldsymbol{b}\boldsymbol{n}^{-1})\Big) \\
&= -\frac{1}{6}\boldsymbol{n}(\boldsymbol{a}\boldsymbol{b}\boldsymbol{c} + \boldsymbol{b}\boldsymbol{c}\boldsymbol{a} + \boldsymbol{c}\boldsymbol{a}\boldsymbol{b} - \boldsymbol{c}\boldsymbol{b}\boldsymbol{a} - \boldsymbol{b}\boldsymbol{a}\boldsymbol{c} - \boldsymbol{a}\boldsymbol{c}\boldsymbol{b})\boldsymbol{n}^{-1} \\
&= -\boldsymbol{n}(\boldsymbol{a} \wedge \boldsymbol{b} \wedge \boldsymbol{c})\boldsymbol{n}^{-1}
\end{aligned}$$

第7章

7.1 2点 $\boldsymbol{x}_2, \boldsymbol{x}_3$ を通る直線は $p_2 \wedge p_3$ であり，直線の方程式は $p \wedge (p_2 \wedge p_3) = 0$ である．したがって，点 $\boldsymbol{x}_1$ がこの直線上にある条件は $p_1 \wedge (p_2 \wedge p_3) = 0$ である．

7.2 3点 $\boldsymbol{x}_2, \boldsymbol{x}_3, \boldsymbol{x}_4$ を通る平面は $p_2 \wedge p_3 \wedge p_4$ であり，平面の方程式は $p \wedge (p_2 \wedge p_3 \wedge p_4) = 0$ である．したがって，点 $\boldsymbol{x}_1$ がこの平面上にある条件は $p_1 \wedge (p_2 \wedge p_3 \wedge p_4) = 0$ である．

7.3 $x = x_0e_0 + x_1e_1 + x_2e_2 + x_3e_3$, $y = y_0e_0 + y_1e_1 + y_2e_2 + y_3e_3$ とおくと，これらの外積は次のようになる．

$$x \wedge y = (x_0y_1 - x_1y_0)e_0 \wedge e_1 + (x_0y_2 - x_2y_0)e_0 \wedge e_2$$

$$+ (x_0y_3 - x_3y_0)e_0 \wedge e_3 + (x_2y_3 - x_3y_2)e_2 \wedge e_3$$
$$+ (x_3y_1 - x_1y_3)e_3 \wedge e_1 + (x_2y_3 - x_3y_2)e_2 \wedge e_3$$

したがって，L を因数分解することは，与えられた $m_1, m_2, m_3, n_1, n_2, n_3$ に対して，

$$m_1 = x_0y_1 - x_1y_0, \qquad m_2 = x_0y_2 - x_2y_0, \qquad m_3 = x_0y_3 - x_3y_0,$$
$$n_1 = x_2y_3 - x_3y_2, \qquad n_2 = x_3y_1 - x_1y_3, \qquad n_3 = x_2y_3 - x_3y_2$$

となる $x_0, x_1, x_2, x_3, y_0, y_1, y_2, y_3$ を見つけることである．このことは，

$$\boldsymbol{m} = m_1e_1 + m_2e_2 + m_3e_3, \qquad \boldsymbol{n} = n_1e_1 + n_2e_2 + n_3e_3,$$
$$\boldsymbol{x} = x_1e_1 + x_2e_2 + x_3e_3, \qquad \boldsymbol{y} = y_1e_1 + y_2e_2 + y_3e_3$$

とおけば，与えられた $\boldsymbol{m}, \boldsymbol{n}$ に対して

$$\boldsymbol{m} = x_0\boldsymbol{y} - y_0\boldsymbol{x}, \qquad \boldsymbol{n} = \boldsymbol{x} \times \boldsymbol{y}$$

となる $x_0, y_0, \boldsymbol{x}, \boldsymbol{y}$ を見つける問題とみなせる．明らかに，そのような $x_0, y_0, \boldsymbol{x}, \boldsymbol{y}$ が存在すれば $\langle \boldsymbol{m}, \boldsymbol{n} \rangle = 0$ である．逆に $\langle \boldsymbol{m}, \boldsymbol{n} \rangle = 0$ であるとする．その場合は，$\boldsymbol{n}$ に直交する二つのベクトル $\boldsymbol{x}, \boldsymbol{y}$ を選んで $\boldsymbol{n} = \boldsymbol{x} \times \boldsymbol{y}$ と表すことができる．$\boldsymbol{m}$ が $\boldsymbol{n}$ に直交するから，$\boldsymbol{m}$ はそのような $\boldsymbol{x}, \boldsymbol{y}$ の線形結合として $\boldsymbol{m} = \alpha\boldsymbol{x} + \beta\boldsymbol{y}$ と表せる．すなわち，$x_0 = -\alpha, y_0 = \beta$ とすればよい．ゆえに，$\langle \boldsymbol{m}, \boldsymbol{n} \rangle = 0$ が因数分解できる必要十分条件である．

7.4 ベクトル $\boldsymbol{n} = n_1e_1 + n_2e_2 + n_3e_3$ を定義し，$\boldsymbol{n}$ に直交するベクトル $\boldsymbol{a}, \boldsymbol{b}$ を

$$\boldsymbol{n} = \boldsymbol{a} \times \boldsymbol{b}$$

であるように選ぶ．そして，ベクトル $\boldsymbol{x} = x_1e_1 + x_2e_2 + x_3e_3$, $\boldsymbol{y} = y_1e_1 + y_2e_2 + y_3e_3$, $\boldsymbol{z} = z_1e_1 + z_2e_2 + z_3e_3$ を次のように定義する．

$$\boldsymbol{x} = \frac{h}{\|\boldsymbol{n}\|}\boldsymbol{n}, \qquad \boldsymbol{y} = \boldsymbol{x} + \boldsymbol{a}, \qquad \boldsymbol{z} = \boldsymbol{x} + \boldsymbol{b}$$

このことから，次の関係が成り立つ．

$$\boldsymbol{z} \wedge \boldsymbol{x} = \boldsymbol{b} \wedge \boldsymbol{x}, \quad \boldsymbol{x} \wedge \boldsymbol{y} = \boldsymbol{x} \wedge \boldsymbol{a},$$
$$\boldsymbol{y} \wedge \boldsymbol{z} = \boldsymbol{x} \wedge \boldsymbol{b} + \boldsymbol{a} \wedge \boldsymbol{x} + \boldsymbol{a} \wedge \boldsymbol{b} = \boldsymbol{x} \wedge (\boldsymbol{b} - \boldsymbol{a}) + \boldsymbol{a} \wedge \boldsymbol{b}$$

ゆえに，次の関係が成り立つ．

$$\boldsymbol{y} \wedge \boldsymbol{z} + \boldsymbol{z} \wedge \boldsymbol{x} + \boldsymbol{y} \wedge \boldsymbol{z} = \boldsymbol{a} \wedge \boldsymbol{b} = n_1e_2 \wedge e_3 + n_2e_3 \wedge e_1 + n_3e_1 \wedge e_2$$

また，次の関係が成り立つ．

$$\begin{aligned}\boldsymbol{x} \wedge \boldsymbol{y} \wedge \boldsymbol{z} &= \boldsymbol{x} \wedge (\boldsymbol{x} + \boldsymbol{a}) \wedge (\boldsymbol{x} + \boldsymbol{b}) = \boldsymbol{x} \wedge \boldsymbol{a} \wedge \boldsymbol{b} = |\boldsymbol{x}, \boldsymbol{a}, \boldsymbol{b}|e_1 \wedge e_2 \wedge e_3 \\ &= \langle \frac{h}{\|\boldsymbol{n}\|}\boldsymbol{n}, \boldsymbol{a} \times \boldsymbol{b} \rangle e_1 \wedge e_2 \wedge e_3 = \langle \frac{h}{\|\boldsymbol{n}\|}\boldsymbol{n}, \boldsymbol{n} \rangle e_1 \wedge e_2 \wedge e_3 \\ &= he_1 \wedge e_2 \wedge e_3\end{aligned}$$

したがって，$x = e_0 + \boldsymbol{x}$, $y = e_0 + \boldsymbol{y}$, $z = e_0 + \boldsymbol{z}$ とおくと，次のようになる．

$$\begin{aligned} x \wedge y \wedge z &= (e_0 + \boldsymbol{x}) \wedge (e_0 + \boldsymbol{y}) \wedge (e_0 + \boldsymbol{z}) \\ &= e_0 \wedge (\boldsymbol{y} \wedge \boldsymbol{z} + \boldsymbol{z} \wedge \boldsymbol{x} + \boldsymbol{x} \wedge \boldsymbol{y}) + \boldsymbol{x} \wedge \boldsymbol{y} \wedge \boldsymbol{z} \\ &= n_1 e_0 \wedge e_2 \wedge e_3 + n_2 e_0 \wedge e_3 \wedge e_1 + n_3 e_0 \wedge e_1 \wedge e_2 \\ &\quad + h e_1 \wedge e_2 \wedge e_3 = \Pi \end{aligned}$$

ゆえに，任意の三重ベクトル Π は常に因数分解できる．

7.5 (1) 次のように計算される．

$$\begin{aligned} L \wedge L' &= (m_1 e_0 \wedge e_1 + m_2 e_0 \wedge e_2 + m_3 e_0 \wedge e_3 \\ &\quad + n_1 e_2 \wedge e_3 + n_2 e_3 \wedge e_1 + n_3 e_1 \wedge e_2) \\ &\quad \wedge (m'_1 e_0 \wedge e_1 + m'_2 e_0 \wedge e_2 + m'_3 e_0 \wedge e_3 \\ &\quad + n'_1 e_2 \wedge e_3 + n'_2 e_3 \wedge e_1 + n'_3 e_1 \wedge e_2) \\ &= m_1 n'_1 e_0 \wedge e_1 \wedge e_2 \wedge e_3 + m_2 n'_2 e_0 \wedge e_2 \wedge e_3 \wedge e_1 \\ &\quad + m_3 n'_3 e_0 \wedge e_3 \wedge e_1 \wedge e_2 \\ &\quad + n_1 m'_1 e_2 \wedge e_3 \wedge e_0 \wedge e_1 + n_2 m'_2 e_3 \wedge e_1 \wedge e_0 \wedge e_2 \\ &\quad + n_3 m'_3 e_1 \wedge e_2 \wedge e_0 \wedge e_3 \\ &= (m_1 n'_1 + m_2 n'_2 + m_3 n'_3 + n_1 m'_1 + n_2 m'_2 + n_3 m'_3) e_0 \\ &\quad \wedge e_1 \wedge e_2 \wedge e_3 \end{aligned}$$

(2) 直線 L が 2 点 p_1, p_2 によって定義されるなら $L = p_1 \wedge p_2$ と書ける．直線 L' が 2 点 p_3, p_4 によって定義されるなら $L' = p_3 \wedge p_4$ と書ける．直線 L, L' が共面である条件はそのような 4 点 p_1, p_2, p_3, p_4 が共面であることであり，$p_1 \wedge p_2 \wedge p_3 \wedge p_4 = 0$ と書ける．これは $L \wedge L' = 0$ とも書ける．ゆえに上の (1) より，$\langle \boldsymbol{m}, \boldsymbol{n}' \rangle + \langle \boldsymbol{n}, \boldsymbol{m}' \rangle = 0$ と書ける．

7.6 (1) $L = p_2 \cup p_3$ とおくと，式 (7.80) は $\Pi = p_1 \cup L$ と書ける．その双対は命題 7.4 より $\Pi^* = p_1^* \cap L^*$ である．そして，命題 7.5 より $L^* = p_2^* \cap p_3^*$ であるから，$\Pi^* = p_1^* \cap p_2^* \cap p_3^*$ と書ける．ゆえに，式 (7.81) が成り立つ．

(2) $L = \Pi_1 \cap \Pi_2$ とおくと，式 (7.81) は $p = L \cap \Pi_3$ と書ける．その双対は命題 7.4 より $p^* = L^* \cup \Pi_3^*$ である．そして，命題 7.5 より $L^* = \Pi_1^* \cup \Pi_2^*$ であるから，$p^* = \Pi_1^* \cup \Pi_2^* \cup \Pi_3^*$ と書ける．ゆえに，式 (7.82) が成り立つ．

第 8 章

8.1 式 (8.9) に示されるように，p は

$$\|p\|^2 = x_1^2 + x_2^2 + x_3^2 - 2x_\infty = 0$$

を満たし，$x_0 = 1$ である．ゆえに，すべての p は 5 次元空間の超曲面

$$x_\infty = \frac{1}{2}(x_1^2 + x_2^2 + x_3^2)$$

と超平面 $x_0 = 1$ の交線として定まる 3 次元放物面に埋め込まれている．

8.2 (1) ノルム $\|x\|^2$ は次のように書ける．

$$\begin{aligned}\|x\|^2 &= \langle x, x\rangle \\ &= \langle x_1e_1 + x_2e_2 + x_3e_3 + x_4e_4 + x_5e_5, \\ &\quad x_1e_1 + x_2e_2 + x_3e_3 + x_4e_4 + x_5e_5\rangle \\ &= x_1^2 + x_2^2 + x_3^2 + x_4^2 - x_5^2\end{aligned}$$

ゆえに，$\|x\|^2 = 0$ となる元の集合は，e_5 を軸とする次のような超円錐面である．

$$x_5 = \pm\sqrt{x_1^2 + x_2^2 + x_3^2 + x_4^2}$$

(2) e_0, e_∞ の定義より，

$$e_4 = e_0 - \frac{1}{2}e_\infty, \qquad e_5 = e_0 + \frac{1}{2}e_\infty$$

と書ける．ゆえに，$\mathbb{R}^{4,1}$ の元は次のように書ける．

$$\begin{aligned}x &= x_1e_1 + x_2e_2 + x_3e_3 + x_4\Big(e_0 - \frac{1}{2}e_\infty\Big) + x_5\Big(e_0 + \frac{1}{2}e_\infty\Big) \\ &= (x_4 + x_5)e_0 + x_1e_1 + x_2e_2 + x_3e_3 + \frac{1}{2}(x_5 - x_4)e_0\end{aligned}$$

したがって，

$$x_0 = x_4 + x_5, \qquad x_\infty = \frac{1}{2}(x_5 - x_4)$$

とおけば，この空間の元は式 (8.1) のように書ける．x_4, x_5 を x_0, x_∞ で表せば，

$$x_4 = \frac{1}{2}x_0 - x_\infty, \qquad x_5 = \frac{1}{2}x_0 + x_\infty$$

であるから，ノルム $\|x\|^2$ が次のように表される．

$$\begin{aligned}\|x\|^2 &= x_1^2 + x_2^2 + x_3^2 + x_4^2 - x_5^2 \\ &= x_1^2 + x_2^2 + x_3^2 + \Big(\frac{1}{2}x_0 - x_\infty\Big)^2 - \Big(\frac{1}{2}x_0 + x_\infty\Big)^2 \\ &= x_1^2 + x_2^2 + x_3^2 - 2x_0x_\infty\end{aligned}$$

これは 5 次元共形空間の定義に一致している．

(3) $x_0 = 1$ は $x_4 + x_5 = 1$ と書けるから，共形空間は，$\mathbb{R}^3$ を $\mathbb{R}^{4,1}$ の超円錐面

$$x_5 = \pm\sqrt{x_1^2 + x_2^2 + x_3^2 + x_4^2}$$

と超平面 $x_4 + x_5 = 1$ の交線として定まる 3 次元放物面に埋め込むもので

ある．

(4) 定義より，e_i $(i=1,2,3)$ に対しては幾何学積が次のようになる．

$$e_i^2 = 1, \qquad e_ie_j + e_je_i = 0,$$

次に，e_i $(i=1,2,3)$ と e_0, e_∞ に関する幾何学積が次のようになる．

$$\begin{aligned} e_ie_0 + e_0e_i &= e_i\Big(\frac{e_4+e_5}{2}\Big) + \Big(\frac{e_4+e_5}{2}\Big)e_i \\ &= \frac{1}{2}(e_ie_4 + e_ie_5 + e_4e_i + e_5e_i) = 0 \\ e_ie_\infty + e_\infty e_i &= e_i(e_5 - e_4) + (e_5 - e_4)e_i \\ &= e_ie_5 - e_ie_4 + e_5e_i - e_4e_i = 0 \end{aligned}$$

最後に，e_0, e_∞ に関する幾何学積が次のようになる．

$$\begin{aligned} e_0^2 &= \Big(\frac{e_4+e_5}{2}\Big)^2 = \frac{e_4^2 + e_4e_5 + e_5e_4 + e_5^2}{4} = \frac{1-1}{4} = 0, \\ e_\infty^2 &= (e_5 - e_4)^2 = e_5^2 - e_5e_4 - e_4e_5 + e_4^2 = -1 + 1 = 0, \\ e_0e_\infty + e_\infty e_0 &= \Big(\frac{e_4+e_5}{2}\Big)(e_5 - e_4) + (e_5 - e_4)\Big(\frac{e_4+e_5}{2}\Big) \\ &= \frac{1}{2}(e_4e_5 - e_4^2 + e_5^2 - e_5e_4) + \frac{1}{2}(e_5e_4 + e_5^2 - e_4^2 - e_4e_5) \\ &= \frac{1}{2}(-1-1) + \frac{1}{2}(-1-1) = -2 \end{aligned}$$

これらは式 (8.50), (8.51) の規則に一致している．

8.3 (1) $p = e_0 + \boldsymbol{x} + \|\boldsymbol{x}\|^2 e_\infty/2$ とおく．e_∞ は e_0 との内積が -1 である以外はすべての基底ベクトルと内積が 0 であること，および式 (8.10) より，p と σ は内積が次のようになる．

$$\begin{aligned} \langle \sigma, p\rangle &= \langle c - \frac{r^2}{2}e_\infty, p\rangle = \langle c, p\rangle - \frac{r^2}{2}\langle e_\infty, p\rangle \\ &= -\frac{1}{2}\|\mathbf{c} - \boldsymbol{x}\|^2 - \frac{r^2}{2}\langle e_\infty, e_0 + \boldsymbol{x} + \frac{\|\boldsymbol{x}\|^2}{2}e_\infty\rangle \\ &= -\frac{1}{2}\|\mathbf{c} - \boldsymbol{x}\|^2 + \frac{r^2}{2} \end{aligned}$$

接線距離は

$$t(p, \sigma) = \sqrt{\|\mathbf{c} - \boldsymbol{x}\|^2 - r^2}$$

であるから，$\langle \sigma, p\rangle = -t(p,\sigma)^2/2$ となる．したがって，点 p が球面 σ 上にあるのは $\langle \sigma, p\rangle = 0$ のときである．

(2) σ と σ' の内積は次のようになる．

$$\langle \sigma, \sigma'\rangle = \Big\langle c - \frac{r^2}{2}e_\infty, c' - \frac{r'^2}{2}e_\infty\Big\rangle = \langle c, c'\rangle - \frac{r^2}{2}\langle e_\infty, c'\rangle - \frac{r'^2}{2}\langle c, e_\infty\rangle$$

$$= -\frac{1}{2}\|\boldsymbol{c}-\boldsymbol{c}'\|^2 + \frac{r^2}{2} + \frac{r'^2}{2}$$

図 8.10(b) からわかるように，角度 θ は余弦定理

$$\|\boldsymbol{c}-\boldsymbol{c}'\|^2 = r^2 + r'^2 - 2rr'\cos\theta$$

を満たす．ゆえに，内積の $\langle\sigma,\sigma'\rangle$ が次のように書ける．

$$\langle\sigma,\sigma'\rangle = -\frac{1}{2}(r^2 + r'^2 - 2rr'\cos\theta) + \frac{r^2+r'^2}{2} = rr'\cos\theta$$

したがって，σ と σ' が直交するのは $\langle\sigma,\sigma'\rangle = 0$ のときである．

8.4 (1) 式 (8.58) から，次の関係が成り立つ．

$$\mathcal{R}\mathcal{T}_{\boldsymbol{t}}\mathcal{R}^{-1} = \mathcal{R}\Big(1-\frac{1}{2}\boldsymbol{t}e_\infty\Big)\mathcal{R}^{-1} = \mathcal{R}\mathcal{R}^{-1} - \frac{1}{2}\mathcal{R}\boldsymbol{t}e_\infty\mathcal{R}^{-1}$$
$$= 1 - \frac{1}{2}\mathcal{R}\boldsymbol{t}\mathcal{R}^{-1}\mathcal{R}e_\infty\mathcal{R}^{-1} = 1 - \frac{1}{2}\mathcal{R}\boldsymbol{t}\mathcal{R}^{-1}e_\infty = \mathcal{T}_{\mathcal{R}\boldsymbol{t}\mathcal{R}^{-1}}$$

ただし，無限遠点 e_∞ は原点の周りの回転に不変であり，$\mathcal{R}e_\infty\mathcal{R}^{-1} = e_\infty$ であることを用いた．

(2) 点 p を原点の周りに回転すると $\mathcal{R}p\mathcal{R}^{-1}$ になるが，位置ベクトル $\boldsymbol{t}$ の周りで同じ回転を行うには，まず，点 p を $-\boldsymbol{t}$ だけ平行移動して原点の周りで $\mathcal{R}$ だけ回転して，それを $\boldsymbol{t}$ だけ平行移動すればよい．すなわち，次のように与えられる．

$$\mathcal{T}_{\boldsymbol{t}}(\mathcal{R}(\mathcal{T}_{-\boldsymbol{t}}p\mathcal{T}_{-\boldsymbol{t}}^{-1})\mathcal{R}^{-1})\mathcal{T}_{\boldsymbol{t}}^{-1} = (\mathcal{T}_{\boldsymbol{t}}\mathcal{R}\mathcal{T}_{\boldsymbol{t}}^{-1})p(\mathcal{T}_{\boldsymbol{t}}\mathcal{R}\mathcal{T}_{\boldsymbol{t}}^{-1})^{-1}$$

(3) 次のように変形できる．

$$\mathcal{T}_{\boldsymbol{t}}\mathcal{R}\mathcal{T}_{\boldsymbol{t}}^{-1} = \mathcal{T}_{\boldsymbol{t}}\mathcal{R}\mathcal{T}_{-\boldsymbol{t}}\mathcal{R}^{-1}\mathcal{R} = \mathcal{T}_{\boldsymbol{t}}(\mathcal{R}\mathcal{T}_{-\boldsymbol{t}}\mathcal{R}^{-1})\mathcal{R} = \mathcal{T}_{\boldsymbol{t}}\mathcal{T}_{-\mathcal{R}\boldsymbol{t}\mathcal{R}^{-1}}\mathcal{R}$$
$$= \mathcal{T}_{\boldsymbol{t}-\mathcal{R}\boldsymbol{t}\mathcal{R}^{-1}}\mathcal{R}$$

8.5 無限遠点 e_∞ の球面 σ に関する反転は $\sigma e_\infty\sigma^\dagger$ であり，球面 σ の半径を r とすると，式 (8.90) より $\sigma^\dagger = -\sigma^{-1} = -\sigma/r^2$ である．したがって，e_∞ の反転は

$$\sigma e_\infty\sigma^\dagger = -\sigma e_\infty\sigma^{-1} = -\frac{\sigma e_\infty\sigma}{r^2}$$

である．式 (8.98) の関係より，これは球面 σ の中心 c の $2/r^2$ 倍になっているはずである．ゆえに，中心が次のように書ける．

$$c = -\frac{1}{2}\sigma e_\infty\sigma$$

8.6 式 (8.104) は

$$\mathcal{O} = \frac{1}{2}(e_0e_\infty - e_\infty e_0)$$

と書き直せる．そして，$e_0^2 = e_\infty^2 = 0$, $e_0e_\infty + e_\infty e_0 = -2$ を用いることによ

り，次のように示せる．

(1) 次のように変形できる．

$$\begin{aligned}\mathcal{O}^2 &= \left(\frac{e_0e_\infty - e_\infty e_0}{2}\right)^2\\ &= \frac{1}{4}\Big((e_0e_\infty + e_\infty e_0)^2 - 4e_0e_\infty e_\infty e_0 - 4e_\infty e_0e_0e_\infty\Big)\\ &= \frac{1}{4}\Big((-2)^2 - 4e_0e_\infty^2 e_0 - 4e_\infty e_0^2 e_\infty\Big) = 1\end{aligned}$$

(2) 次の関係が成り立つ．

$$\begin{aligned}\mathcal{O}e_0 &= \frac{1}{2}(e_0e_\infty - e_\infty e_0)e_0 = \frac{1}{2}(-2 - e_\infty e_0 - e_\infty e_0)e_0\\ &= \frac{1}{2}(-2e_0) = -e_0,\\ e_0\mathcal{O} &= \frac{1}{2}e_0(e_0e_\infty - e_\infty e_0) = \frac{1}{2}e_0(e_0e_\infty + 2 + e_0e_\infty) = \frac{1}{2}(2e_0) = e_0,\\ \mathcal{O}e_\infty &= \frac{1}{2}(e_0e_\infty - e_\infty e_0)e_\infty = \frac{1}{2}(e_0e_\infty + 2 + e_0e_\infty)e_\infty\\ &= \frac{1}{2}(2e_\infty) = e_\infty,\\ e_\infty\mathcal{O} &= \frac{1}{2}e_\infty(e_0e_\infty - e_\infty e_0) = \frac{1}{2}e_\infty(-2 - e_\infty e_0 - e_\infty e_0)\\ &= \frac{1}{2}e_\infty(-2e_\infty) = -e_\infty\end{aligned}$$

これらから，式 (8.112) が得られる．

第9章

9.1 (1) 点 (X, Y, Z) は平面 $z = Z$ 上にあり，この平面は南極 $(0, 0, -1)$ から距離 $1 + Z$ にある．これを南極から距離 1 の xy 平面に射影すると，$1/(1 + Z)$ 倍されるから

$$x = \frac{X}{1+Z}, \qquad y = \frac{Y}{1+Z}$$

となる．したがって，

$$x^2 + y^2 = \frac{X^2 + Y^2}{(1+Z)^2} = \frac{1 - Z^2}{(1+Z)^2} = \frac{1-Z}{1+Z}$$

となる．これを Z について解くと，

$$Z = \frac{1 - x^2 - y^2}{1 + x^2 + y^2} = \frac{2}{1 + x^2 + y^2} - 1$$

となる．ゆえに，X, Y は次のように表される．

$$X = (1+Z)x = \frac{2x}{1+x^2+y^2}, \qquad Y = (1+Z)y = \frac{2y}{1+x^2+y^2}$$

(2) 点 (X, Y, Z) の南極 $(0, 0, -1)$ からの距離は，次のように書き換えられる．

$$\begin{aligned}
&\sqrt{X^2+Y^2+(1+Z)^2} \\
&= \sqrt{\frac{4x^2}{(1+x^2+y^2)^2} + \frac{4y^2}{(1+x^2+y^2)^2} + \frac{4}{(1+x^2+y^2)^2}} \\
&= \frac{2}{\sqrt{1+x^2+y^2}}
\end{aligned}$$

xy 平面上の点 (x, y) の $(0, 0, -1)$ からの距離は $\sqrt{x^2+y^2+1}$ であり，上式との積は 2 であるから，半径 $\sqrt{2}$ の球面に関する反転になっている．

9.2 レンズ中心が原点にあるから，点 (X, Y, Z) を通る光線の入射角を θ とすると，

$$Z = \cos\theta$$

である．tan の半角の公式

$$\tan\frac{\theta}{2} = \sqrt{\frac{1-\cos\theta}{1+\cos\theta}}$$

を用いると，撮影される点 (x, y) の原点からの距離 d は，次のように書ける．

$$\begin{aligned}
d &= 2f\tan\frac{\theta}{2} = 2f\sqrt{\frac{1-\cos\theta}{1+\cos\theta}} = 2f\sqrt{\frac{1-Z}{1+Z}} = 2f\sqrt{\frac{1-Z^2}{(1+Z)^2}} \\
&= 2f\frac{\sqrt{1-Z^2}}{1+Z}
\end{aligned}$$

これを用いると，点 (x, y) は $(d\cos\phi, d\sin\phi)$ と書ける．ただし，ϕ は x 軸から測った方向角である．これは (X, Y) の方向角と同じであるから，

$$\cos\phi = \frac{X}{\sqrt{X^2+Y^2}} = \frac{X}{\sqrt{1-Z^2}}, \qquad \sin\phi = \frac{Y}{\sqrt{X^2+Y^2}} = \frac{Y}{\sqrt{1-Z^2}}$$

である．ゆえに，x, y は次のように書ける．

$$\begin{aligned}
x &= d\cos\phi = 2f\frac{\sqrt{1-Z^2}}{1+Z}\frac{X}{\sqrt{1-Z^2}} = \frac{2fX}{1+Z}, \\
y &= d\sin\phi = 2f\frac{\sqrt{1-Z^2}}{1+Z}\frac{Y}{\sqrt{1-Z^2}} = \frac{2fY}{1+Z}
\end{aligned}$$

9.3 焦点が原点にあるから，点 (X, Y, Z) を通る光線の入射角を θ とすると，$Z = \cos\theta$ である．そして，式 (9.11) が式 (9.7) と同じ形をしているので，前問と同じ関係が成り立つ．

9.4 (1) 3 次元空間の点 (X,Y,Z) を焦点距離 f の透視投影カメラで撮影した位置を (x,y) とすると，次の関係が成り立つ．

$$x=\frac{fX}{Z},\qquad y=\frac{fY}{Z}$$

これを X, Y, Z について解くと，仮定 $X^2+Y^2+Z^2=1$ より，次のようになる．

$$X=\frac{x}{x^2+y^2+f^2},\qquad Y=\frac{y}{x^2+y^2+f^2},\qquad Z=\frac{f}{x^2+y^2+f^2}$$

したがって，画像上の点 (x,y) は，この点 (X,Y,Z) の像であるとみなすことができる．

(2) 作成したい透視投影画像を格納するバッファーを用意し，書き込みたい画素の位置を (x,y) とすると，焦点距離 f の透視投影カメラによってこの点に撮影されるべき仮想天球上の点 (X,Y,Z) は，上の (1) のように与えられる．その点からの光の入射角 θ は，

$$\theta=\tan^{-1}\frac{\sqrt{X^2+Y^2}}{Z}$$

である．この光線は，現実のカメラでは光軸点からの距離 $d=d(\theta)$ の位置 $(d\cos\phi, d\sin\phi)$ に撮影されているはずである．ただし，ϕ は x 軸から測った方向角であり，これは (X,Y) の方向角と同じであるから，

$$\cos\phi=\frac{X}{\sqrt{X^2+Y^2}},\qquad \sin\phi=\frac{Y}{\sqrt{X^2+Y^2}}$$

である．ゆえに，バッファーの画素 (x,y) に現実の画像の点 $(dX/\sqrt{X^2+Y^2}$, $dY/\sqrt{X^2+Y^2})$ の画素値（座標が整数でない場合は，周囲の画素値から適当な補間を行う）をコピーすればよい．これをバッファーの全画素について行うと，焦点距離 f の透視投影カメラで撮影したような画像が得られる．

(3) 想定する透視投影カメラの光軸が z 軸方向がないときは，その方向が z 軸方向に来るような回転 R を仮想天球に施す．具体的には，次の手順となる．

(i) 作成したい透視投影画像を格納するバッファー画素の位置 (x,y) から，対応する仮想天球上の点 (X,Y,Z) を上の (1) のように計算する．

(ii) その点をレンズ中心の周りに逆回転 R^{-1} を施した位置を (X',Y',Z') とする．

(iii) この点に関する入射角 θ' による距離 $d'=d(\theta')$ を計算する．

(iv) バッファーの画素 (x,y) に現実の画像の点 $(d'X'/\sqrt{X'^2+Y'^2}, d'Y'/\sqrt{X'^2+Y'^2})$ の画素値をコピーする（必要なら適当な補間を行う）．

9.5 (1) 式 (9.16) を次のように変形する．

$$|FP|^2 = (2a - |PF'|)^2$$

図 9.18(a) より，$|FP| = \sqrt{(x-f)^2+y^2}$, $|PF'| = \sqrt{(x+f)^2+y^2}$ であるから，上式は次のように書き直せる．

$$\begin{aligned}(x-f)^2+y^2 &= (2a - \sqrt{(x+f)^2+y^2})^2 \\ &= 4a^2 - 4a\sqrt{(x+f)^2+y^2} + (x+f)^2+y^2\end{aligned}$$

これを変形すると，次のようになる．

$$a\sqrt{(x+f)^2+y^2} = fx + a^2$$

両辺を 2 乗すると，次のようになる．

$$a^2((x+f)^2+y^2) = f^2x^2 + 2fa^2 + a^4$$

整理すると，次のようになる．

$$(a^2-f^2)x^2 + a^2y^2 = a^2(a^2-f^2)$$

式 (9.16) より $a^2 - f^2 = b^2$ であるから，変形すると式 (9.14) となる．

(2) 式 (9.20) を次のように変形する．

$$|FP|^2 = (|PF'| \pm 2a)^2$$

図 9.19(a) より，$|FP| = \sqrt{(x-f)^2+y^2}$, $|PF'| = \sqrt{(x+f)^2+y^2}$ であるから，上式は次のように書き直せる．

$$\begin{aligned}(x-f)^2+y^2 &= (\sqrt{(x+f)^2+y^2} \pm 2a)^2 \\ &= 4a^2 \pm 4a\sqrt{(x+f)^2+y^2} + (x+f)^2+y^2\end{aligned}$$

これを変形すると，次のようになる．

$$\pm a\sqrt{(x+f)^2+y^2} = -fx - a^2$$

両辺を 2 乗すると，次のようになる．

$$a^2((x+f)^2+y^2) = f^2x^2 + 2fa^2 + a^4$$

整理すると，次のようになる．

$$(a^2-f^2)x^2 + a^2y^2 = a^2(a^2-f^2)$$

式 (9.19) より $a^2 - f^2 = -b^2$ であるから，変形すると式 (9.18) となる．

(3) 図 9.19(b) より，$|HP| = x + f$, $|PF'| = \sqrt{(x-f)^2+y^2}$ であるから，式 (9.24) は次のように書き直せる．

$$x + f = \sqrt{(x-f)^2+y^2}$$

両辺を 2 乗すると，次のようになる．

$$x^2 + 2fx + f^2 = x^2 - 2fx + f^2 + y^2$$

変形すると，式 (9.23) となる．

索　引

あ　行

アインシュタインの総和規約　Einstein's summation convention　45
アフィン結合　affine combination　27
位相幾何学　topology　69
位相同型　homeomorphic　69
1 形式　1-form　106
1 次分数変換　linear fractional transformation　73
1 重ベクトル　1-vector　82
位置ベクトル　position vector　7
1 点コンパクト化　one-point compactification　165
因数分解　factorization　105
埋め込み　embedding　197
運動子　motor　182
エディングトンのイプシロン　Eddington epsilon　14
エルミート共役　Hermitian conjugate　73
LU 分解　LU decomposition　154
円錐曲線　conic　218
円柱座標系　cylindrical coordinate system　51

か　行

外積　outer product, exterior product　78
解析幾何学　analytical geometry　9
回転角　angle of rotation　22
回転行列　rotation matrix　24
回転群　group of rotations　72
回転子　rotor　67, 125
回転軸　axis of rotation　22
外テンソル　extensor　157
外微分　exterior derivative　106
ガウス–ザイデル反復法　Gauss–Seidel iterations　154
ガウス消去法　Gaussian elimination　154
可換　commutative　63
角速度　angular velocity　24
拡大子　dilator　189
画像球面　image sphere　201
画像座標　image coordinates　137
画像面　image plane　137, 200
幾何学積　geometric product　112
幾何学的代数　geometric algebra　1, 130, 196
奇偶性　parity　113
疑似スカラ　pseudoscalar　101, 105
疑似ベクトル　pseudovector　57
奇多重ベクトル　odd multivector　113
奇置換　odd permutation　14
基底　basis　8
ギブス　Josiah Willard Gibbs　38
奇ベクトル作用子　odd versor　128, 183
逆元　inverse　65, 72, 118
球面共形変換　spherical conformal

transfromation　182
球面座標系　spherical coordinate system　51
球面三角形　spherical triangle　203
球面三角法　spherical trigonometry　203
鏡映　surface reflection　20
鏡映行列　surface reflection matrix　22
鏡映子　reflector　129, 184
共形幾何学　conformal geometry　4, 182
共形空間　conformal space　162
共形変換　conformal transformation　4, 182
共形変換群　group of conformal transformations　182
共線　collinear　13, 159
行ベクトル　row vector　9
共変テンソル　covariant tensor　56
共変ベクトル　covariant vector　56
共面　coplanar　18, 159
共役四元数　conjugate quaternion　64
行列式　determinant　18
魚眼レンズ　fish-eye lens　4, 204
局所座標系　local coordinate system　51
極性ベクトル　polar vector　57
曲線座標系　curvilinear coordinate system　51
空間的　space-like　163
偶多重ベクトル　even multivector　114
偶置換　even permutation　14
偶ベクトル作用子　even versor　128, 183
グラスマン　Hermann Günther Grassmann　104
グラスマン–ケイリー代数　Grassmann–Cayley algebra　4, 156
グラスマン代数系　Grassmann algebra　110
グラム・シュミットの直交化　Gramm-Schmidt orthogonlaization　120
クラメルの公式　Cramer's formula　154
クリフォード　William Kingdon Clifford　130
クリフォード群　Clifford group　196
クリフォード積　Clifford product　112
クリフォード代数系　Clifford algebra　112
グレード　grade　105, 113, 128, 183
クロス積　cross product　12
クロネッカのデルタ　Kronecker delta　10, 42
群　group　72
形式和　formal sum　61
ケイリー　Arthur Cayley　156
ケイリー–クラインのパラメーター　Cayley–Klein parameters　73
ケイリー代数　Cayley algebra　156
計量　metric　48
計量テンソル　metric tensor　48
k 重ベクトル　k-vector　82
結合　join　149
結合則　associativity　8, 84
原点　origin　7, 8
広角レンズ　wide-angle lens　204
交換則　commutativity　8
交差　meet　150
光軸　optical axis　137, 200
光軸点　principal point　137, 200
合成　composition　67
コンパクト　compact　165

さ 行

差　difference　7
座標変換則　coordinate transformation rule　56
三角不等式　triangle inequality　11
三重ベクトル　trivector, 3-vector　81
三重ベクトル部分　trivector part　113
時間的　time-like　163
軸性ベクトル　axial vector　57
四元数　quaternion　61
支持点　supporting point　28
支持平面　supporting plane　28
視線　line of sight　137
視点　viewpoint　137
射影　projection　19, 20
射影幾何学　projective geometry　4, 135, 156
射影行列　projection matrix　21, 22
射影空間　projective space　69, 135, 156
射影した長さ　projected length　19
射影変換　projective transformation, homography　136
斜交座標系　oblique coordinate system　41
シャッフル　shuffle　157
シャッフル積　shuffle product　157
自由ベクトル　free vector　6
縮約　contraction　86
シュミットの直交化　Schmidt orthogonlaization　120
シュワルツの不等式　Schwartz inequality　11
循環置換　cyclic permutation　16
準線　directrix　217
準同型　homomorphic　68
順列符号　permutation signature　14
小行列式　minor　32
消失点　vanishing point　210, 211
焦点　focus　208, 215–217
焦点距離　focal length　137, 200, 208
シルベスタの慣性則　Sylvester's law of inertia　163
垂心　orthocenter　212
スカラ　scalar　7
スカラ演算　scalar operation　84
スカラ三重積　scalar triple product　16
スカラ積　scalar product　10
スカラ部分　scalar part　63, 113
ステップ　step　157
スピノル　spinor　196
スピノル群　spinor group　196
正規直交基底　orthonormal basis　10
正弦定理　law of sines　203
生成　generate　62
正値性　positivity　10
正値対称行列　positive definite matrix　48
成分　component　8, 42
世界線　world line　163
接線距離　tangential distance　197
摂動　perturbation　215
漸近線　asymptote　217
線形空間　linear space　56
線形写像　linear mapping　21
線形性　linearity　10, 13, 16, 84
線形代数　linear algebra　9
全方位カメラ　omnidirectional camera, catadioptric camera　4, 201
双曲線　hyperbola　216
双対　dual　96
双対構造　duality　156
双対直線　dual line　148
双対点　dual point　149
双対表現　dual representation　102

双対平面 dual plane 149
相反基底 reciprocal basis 42
相反成分 reciprocal components 45
束縛ベクトル bound vector 7

た 行

体 field 65
大円 great circle 203
対称化 symmetrization 117
対称性 symmetry 10
対称テンソル symmetric tensor 48
代数学 algebra 1
代数幾何学 algebraic geometry 157
代数系 algebra 9, 63
体積要素 volume element 17, 43, 97, 145
楕円 ellipse 215
多重ベクトル multivector 110, 113
ダミー dummy 46
単位疑似スカラ unit pseudoscalar 105
単位元 identity 72
単位四元数 unit quaternion 66
単位ベクトル unit vector 7
短軸 minor axis 215
単純 k 重ベクトル simple k-vector 105
単連結 simply connected 70
中心球面画像 central spherical image 201
長軸 major axis 215
直接表現 direct representation 102
直交行列 orthogonal matrix 25
直交座標系 orthogonal coordinate system 8
直交射影 orthogonal projection 206
直交する orthogonal 11
直交変換 orthogonal transformation 24, 129
直交補空間 orthogonal complement 91
停留 stationary 215
デカルト座標系 Cartesian coordinate system 8
テンソル解析 tensor calculus 3, 14, 52
転置 transpose 12
等角写像 conformal mapping 195
等距離射影 equidistance projection 206
透視球面画像 perspective spherical image 201
同次空間 homogeneous space 133
同次座標 homogeneous coordinates 28, 135, 138
同次線形方程式 homogeneous linear equations 27
透視投影 perspective projection 136, 201, 206
等長変換 isometry 183
等立体角射影 equisolid angle projection 206
特殊ユニタリ群 special unitary group 73
ドット積 dot product 10
トポロジー topology 69

な 行

内積 inner product 9
二重代数 double algebra 156
二重ベクトル bivector, 2-vector 78
二重ベクトル部分 bivector part 113
入射角 incidence angle 201
ねじれの位置 skew position 30
ノルム norm 10, 65, 93

は　行

場　field　52
ハミルトン　Sir William Rowan Hamilton　74
ハミルトン代数系　Hamilton algebra　111
張る　span　77
反可換　anticommutative　117
反射　line reflection　20
反射影　rejection　19, 20
反射影行列　rejection matrix　21, 22
反射行列　line reflection matrix　21
反対称化　antisymmetrization　85, 115
反対称性　antisymmetry　13, 16, 84
反対称テンソル　antisymmetric tensor　86
反転　inversion　186
反転球　inversion sphere　202
反転子　invertor　187
反変テンソル　contravariant tensor　56
反変ベクトル　contravariant vector　56
左手系　leftt-handed system　16
非同次座標　inhomogeneous coordinates　135
微分形式　differential form　106
非ユークリッド空間　non-Euclidean space　4, 162
非ユークリッド計量　non-Euclidean metric　38, 162
表現　representation　72
標準形　canonical form　163
複比　cross ratio　107
符号　signature　162
部分空間　subspace　77
部分代数系　subalgebra　115
プリュッカー座標　Plücker coordinates　28, 33, 138, 141
プリュッカー条件　Plücker condition　33, 159
ブレード　blade　105
分配則　distributivity　8, 84
並進子　translator　178
平坦点　flat point　172
ベクトル　vector　6, 56
ベクトル解析　vector calculus　3, 7
ベクトル空間　vector space　56, 62
ベクトル作用子　versor　4, 128, 183
ベクトル三重積　vector triple product　14
ベクトル積　vector product　12
ベクトル部分　vector part　63, 113
ヘステネス　David Orlin Hestenes　130
変分原理　variational principle　215
方向ベクトル　direction vector　6
放物線　parabola　217
ホッジの星印作用素　Hodge star operator　106

ま　行

右手系　right-handed system　16
ミンコフスキー計量　Minkowski metric　163
ミンコフスキーノルム　Minkowski norm　163
無限遠直線　line at infinity　140
無限遠点　point at infinity　135
無限遠平面　plane at infinity　144
メビウス変換　Möbius transformation　73, 182, 196
面積要素　surface element　126

や　行

有向射影幾何学　oriented projective geometry　158
ユークリッド空間　Euclidean space

38, 162
ユークリッド計量 Euclidean metric 38, 162
ユークリッド変換 Euclid transformation 183
ユニタリ unitary 196
ユニタリ行列 unitary matrix 73
余弦定理 law of cosines 203

ら 行

ランク rank 32
離心率 eccentricity 216
立体射影 stereographic projection 74, 202, 206
立体射影レンズ stereograpic lens 207
リーマン球面 Riemann sphere 165
零円錐 null cone 197
0 重ベクトル 0-vector 82
零ベクトル zero vector 9
列ベクトル column vector 9
レビ・チビタのイプシロン Levi-Civita epsilon 14
連結 connected 70
レンズ方程式 lens equation 201
ロドリーグ Benjamin Olinde Rodrigues 38
ロドリゲスの式 Rodrigues formula 24

わ 行

和 sum 7

著　者　略　歴

金谷　健一（かなたに・けんいち）
1972 年　東京大学工学部計数工学科（数理工学専修）卒業
1979 年　東京大学大学院博士課程修了，工学博士
1988 年　群馬大学教授
2001 年　岡山大学教授
2013 年　岡山大学名誉教授
現在に至る

【著　書】
「線形代数」，講談社，1987.
「画像理解」，森北出版，1990.
“Group-Theoretical Methods in Image Understanding”, Springer, 1990.
“Geometric Computation for Machine Vision”, Oxford University Press, 1993.
“Statistical Optimization for Geometric Computation”, Elsevier Science, 1996.
「空間データの数理」，朝倉書店，1995.
「形状 CAD と図形の数学」，共立出版，1998.
「これなら分かる応用数学教室」，共立出版，2003.
「これなら分かる最適化数学」，共立出版，2005.
「数値で学ぶ計算と解析」，共立出版，2010.
「理数系のための技術英語練習帳」，共立出版，2012.

編集担当　加藤義之・福島崇史（森北出版）
編集責任　富井　晃（森北出版）
組　　版　中央印刷
印　　刷　　同
製　　本　ブックアート

幾何学と代数系　Geometric Algebra
ハミルトン，グラスマン，クリフォード

2014 年 7 月 31 日　第 1 版第 1 刷発行
2020 年 8 月 25 日　第 1 版第 3 刷発行

著　　者　金谷健一
発 行 者　森北博巳
発 行 所　**森北出版株式会社**
東京都千代田区富士見 1-4-11（〒102-0071）
電話 03-3265-8341／FAX 03-3264-8709
https://www.morikita.co.jp/
日本書籍出版協会・自然科学書協会　会員
JCOPY ＜（一社）出版者著作権管理機構　委託出版物＞

Printed in Japan／ISBN978-4-627-07741-6